SHUZHI YEYA CESHI
YU DASHUJU GONGXIANG JISHU

数智液压测试与大数据共享技术

王起新　许仰曾　赵静一　等◎著

化学工业出版社
·北京·

内 容 简 介

本书在简要介绍我国液压测试技术现状及发展趋势的基础上，系统介绍了各类前沿和创新型测试技术，详细阐述了数智液压测试与大数据共享技术的相关知识。内容涵盖有源液压测试技术、“中国天眼”液压促动器试验装置设计与故障诊断、数字液压元件与数字液压控制技术、液压高速开关数字阀和增量式数字液压控制元件的国内创新范例、数智液压元件的产生与数智液压生态技术体系、液压区块链测试技术与大数据共享服务，以及数智液压技术创新与试验检测公共服务平台建设等。

本书内容系统、先进、实用，可作为国内液压行业数智化发展的风向标，适合企业及科研院所液压工程技术人员阅读，也可作为高等院校智能制造相关专业师生的教学参考用书。

图书在版编目（CIP）数据

数智液压测试与大数据共享技术 / 王起新等著. 北京 ：化学工业出版社，2025. 9. -- ISBN 978-7-122-48473-4

Ⅰ. TH137-39

中国国家版本馆 CIP 数据核字第 20254S3T79 号

责任编辑：黄　滢　　　　装帧设计：王晓宇

责任校对：李露洁

出版发行：化学工业出版社

（北京市东城区青年湖南街 13 号　邮政编码 100011）

印　　装：高教社（天津）印务有限公司

787mm×1092mm　1/16　印张 16½　字数 373 千字

2025 年 11 月北京第 1 版第 1 次印刷

购书咨询：010-64518888　　　　售后服务：010-64518899

网　　址：http://www.cip.com.cn

凡购买本书，如有缺损质量问题，本社销售中心负责调换。

定　　价：99.00 元

序

在哈工新欧王起新总经理的盛情邀请下，我有幸为他新出版的《数智液压测试与大数据共享技术》撰写序言。此刻，我既感到责任重大，又满怀期待，因为这本著作正是我一直期盼的佳作。自 2020 年起，我参与了国家工信部“面向高端工程机械的数字液压技术创新及试验检测产业技术基础公共服务平台建设”项目，从此便一直在思考如何将区块链技术与液压测试数据应用更好地结合起来，以及公共服务平台搭建后的可持续性运营问题。当我得知该书即将出版时，仿佛找到了指引方向的“定海神针”，使我对数字液压公共服务平台的可持续性运营有了更明确的认识，该书为这一领域提供了努力方向和理论指导。

液压数智化是工业 4.0 时代的必然发展趋势和方向，液压测试技术正朝着高速化、功能多样化、高智能化的方向迈进。在数智化驱动下，液压测试需求日益多样化，技术指标更加精细全面，测试设备智能化程度不断提高。尤其是在区块链、5G 通信、人工智能等先进前沿技术的加持和推动下，液压测试技术已成为国家高质量发展不可或缺的重要基础性技术之一。

大数据共享作为万物互联、产业数据化和数据产业化的基础，其前提是信用和信任。区块链技术作为一种分布式数据库技术，是保障测试数据真实、可靠，进行工业信用赋能的关键技术之一。其去中心化部署和数据安全可靠、不可篡改的特点，为测试大数据共享、数据要素资产化提供了更多、更优的解决方案。

本书详细阐述了数智液压测试技术和大数据共享技术的理论知识、实际应用案例以及未来发展趋势。我相信这本书对于从事液压测试或相关工作的工程师和研究人员来说，都具有很好的参考学习价值。同时，我也真诚地希望，这本书能引起更多液压同仁的共鸣，对液压数智化发展给予更多关注和研究，共同推动我国数智液压技术向更深层次、更多领域迈进，为我国高质量发展保驾护航。

广东许仰曾数字液压研究院执行院长　刘亦新

前言

本书是对液压行业在数字化浪潮中前行的记录。随着工业4.0时代的到来，传统的液压测试模式已难以满足新时代的需求。本书的问世，正是在这样的背景下，成为液压行业数字化发展转型特别是测试技术与实践方面的先行者。

本书也是作者在参与了国家工信部的重大工程项目“面向高端工程机械的数字液压技术创新及试验检测产业技术基础公共服务平台建设”的基础上的一种总结。通过国家项目的助推，利用区块链技术与液压测试数据紧密结合，既是新时代发展提供的技术可能性，也是液压测试技术在网络时代向大数据方向发展的要求，经过在项目实践中的探索与创新，寻求到为液压公共服务平台的可持续运营提供的解决方案。我们知道，在液压行业发展“去仿兴创”的大趋势下，各个企业在这方面可以得到借鉴，也可以共同继续发展或合作，使液压行业的创新与大数据跨界融合成为一种新的检测发展模式。

书中根据技术发展探讨了数智液压测试技术的理论基础，从最基本的数据处理到大数据共享，为行业的全生命周期健康管理铺开了道路。未来，随着区块链、5G通信、人工智能等前沿技术的加持，液压测试技术将更加深入地融入液压生态，会形成一个全新的体系。

大数据共享，作为万物互联的基础，将推动产业数据化和数据产业化的进程。本书以分布式数据库技术和区块链技术为突破口，确保了测试数据的真实性和可靠性，为数据要素资产化提供了更多优质的解决方案。

希望本书能够起到液压行业数智化发展风向标的作用，为液压技术的数智化转型不仅提供相关的理论支撑和实践效果，更能唤起液压界的共鸣，推动我国数智液压技术成果更多固化到产业化方向，使液压技术能够在数智化的浪潮中，迎来更加辉煌的明天。

国务院特殊津贴专家、教授

中国液压气动密封件工业协会专家委员会顾问　许仰曾

上海液压气动密封行业协会专家委员会专家

目录

第 1 章 概述

1.1 液压测试技术的重要性

液压测试技术作为液压元件及液压系统研制和生产的关键技术，是验证产品性能指标、可靠性和寿命等的重要手段。长期以来，由于国内液压产品的自主知识产权不多，测试设备的投入较大等因素，液压测试技术未得到深入的利用和有效的重视。液压测试设备在军工行业相对投入较多，在民品领域，尤其是主机单位，仅仅是做一些必要的验证，甚至是随主机进行考核试验。

进入 21 世纪以来，随着中国经济的快速增长，国家发展军工行业和民用高端装备制造业的决心及能力逐步增强。尤其是 2005 年金融危机以来，民用主机厂家及液压专业厂家因转型升级的需要，自主研发的动力极大提升。在此背景下，液压技术作为军民用高端装备制造业的关键技术，得到了比较大的推动，液压测试技术也因此呈现出较大的发展变化。

1.2 我国液压测试技术现状

液压测试技术经过最近十年的发展，从传统的以稳态测试为主，仅满足一些必要的工作应力和环境应力模拟，逐渐过渡到关注动态性能、微观特性以及系统匹配性能等测试技术。液压测试设备从手动操作和二次仪表显示逐步过渡到以计算机为测控中心，兼具数据处理、分析的复杂系统技术。其主要技术特点有以下几个方面。

1.2.1 测试设备智能化

测试设备智能化主要指的是根据通信技术、网络技术、智能控制技术、信息处理技术等汇集而成的针对液压测试设备及技术的应用，其重点及方向主要有下述 5 个方面。

(1) 执行器件电控化

为了实现计算机测控，液压测试设备的各类控制阀等执行元器件必须实现电控操作。尤其是液压调节单元和液压加载单元，需要应用比例伺服技术或数字控制技术。比例伺服技术应用较多，响应较快；数字控制技术重复精度较高，主要应用于一些高压场合的溢流阀和节流阀。

（2）自诊断技术

随着测试设备的技术越来越复杂，价值越来越高，保护设备和被试产品的安全也越来越重要。设备异常报警功能可以保护测试设备的正常运行。故障诊断功能可以帮助一般的技术维护人员及时排除设备故障。同时，产品健康预警技术对被测试产品在测试中的故障先兆可以及时发现和识别，报警并停机，避免被试产品彻底损坏，对分析产品的故障症候尤为关键。自诊断技术应该在某些关键点采取冗余设计的方法。

（3）测试工艺自动化

测试工艺员可以根据产品的试验流程，事先设置试验工艺路线及合格判据。由测试设备根据事先设置的程序进行试验，减少人员的工作量，避免人为测试误差的影响。应用于批量生产试验和寿命试验，可以较大提高测试效率及测试质量。

（4）产品装夹自动化

液压产品与测试设备的连接较复杂。比如，液压泵的连接，既要对接传动轴，又要连接不同的油管。装拆复杂，费人工，效率低。滴落的油液也不环保。使用自动装夹的目的主要是减少人员的工作量，提高效率，并达到在装拆产品过程中油液尽量不溢出的目的。

产品自动装夹系统主要由自动传送系统、自动对中系统、自动夹紧系统、自动连接管路系统、自动注排油系统等组成。目前欧美国家液压测试设备仅具备部分自动装夹功能，如自动夹紧、自动注排油、管路连接使用快换接头等。日本盛和工业（CSEIWA）的技术较完备并且成熟，但待试产品要通过人工预先装在专用工装上才能进行自动装夹，实际上并没有省人工，仅仅只是节省了测试设备等待装拆的时间。中航力源液压公司近年来致力于研究自动装夹系统，目前已取得了一些突破，既可以省人工，又可节省设备等待装拆产品的时间，该项成果应用在批产试验台上将大大提高测试效率。

（5）仪器仪表在线校验

仪器仪表作为液压测试设备的检测系统，测试数据的准确性非常重要。因此，需要定期或不定期进行校验。传统的校验方法需要把各种传感器、二次仪表拆下来送检。如果配置的是计算机测试系统，需要拆信号传感器、板卡等送检，很不方便。因此，在线校验测试系统越来越得到用户的共识，同时还可以消除信号导线不同带来的微小误差。在线校验主要采用比较法进行静态标定。

1.2.2 节能环保技术

基于资源的短缺及生态的需要，为促进经济可持续发展，倡导绿色工业，国家出台了一系列节约能源和环境保护的法律法规。对于液压测试设备，也应该充分考虑节能环保技术的应用。

（1）节能技术

长期以来，液压测试台对被试产品的加载均使用的是节流或溢流加载，不但造成加载功率全部损耗，而且因油液吸能温度升高，还要采取冷却措施，耗费了大量的能源，尤其是生产企业大批量的生产试验耗能更多。因此，液压测试设备需要采用功率回收技术，达到节省能源和降低成本的目的。

功率回收技术主要有机械功率回收、液压功率回收和电功率回收三种。机械功率回收和液压功率回收适用范围较窄，控制不便，较少使用。由于变频技术的发展及价格下降，目前电功率回收技术得到了较多的推广应用。液压测试台既具备能源电动机又具备加载发电机，因此采用共直流母线的电功率回收方式性价比较高。由于液压元件及液压测试系统的效率不同，功率回收效率也不尽相同，一般可以达到65%，通常设备运行2～3年即可收回投入成本。

（2）环保技术

液压元件及系统的环保技术主要涉及三个方面。一是降低工作噪声。为了避免测试设备本身工作噪声对被测产品的影响，需要设置专用的噪声测试间，单独对被测产品进行隔离测试。目前国内仅有极个别航空航天研究院所具备测试能力，绝大部分的单位均无液压产品工作状态下的噪声测试手段。二是防止渗漏油。主要研究液压产品的动、静密封性能，需要配置专用的动、静密封测试台。三是环保工作介质的研究。比如水液压系统，芬兰的坦佩雷理工大学有较成熟的研究经验，国内浙江大学也有一些研究成果，但要完全取代液压油还有很多困难。

1.3 液压测试技术发展趋势

老式的液压测试设备主要以敞开分布式为主，便于搭建和维护。近年来，随着集成阀块的大量应用以及人们对设备安全性和人性化的要求提升，液压测试台逐渐向集成化、封闭式的机床化方向发展。国内液压测试技术经过多年发展，在硬件方面基本达到了欧洲、美国、日本等发达国家和地区的水平。但在帮助液压产品研制方面，缺乏对试验方法的理论支撑，在分析试验方法和辅助分析软件应用等方面与这些国家和地区差距还较大。因此，今后液压测试技术除了继续完善和提升现有技术外，应该在以下方面着力加强。

1.3.1 模拟主机环境的测试技术

所有液压元件及液压系统技术参数的测试验证，都应该尽量模拟主机装机的真实运行状态和考虑工作环境的影响。只有贴近真实环境的测试，才能研制出合适的产品，既不会达不到设计指标，也不会造成较大的设计余量。尤其是液压泵、液压马达、液压阀等液压核心器件更应该予以考虑。比如同一台液压泵，装在起重机和挖掘机上，虽然工作压力及转速都没有超过液压泵额定值，但是因运行状态不同，寿命肯定不同，且差异可能还比较大。

（1）随机载荷谱的研究

绝大部分机器的运行都是无规律的，所承受的载荷也是随机的。但因机器不同，随机中又有一定的规律可循。因此，需要根据主机的运行状态，研究相适应的随机载荷谱用于测试产品。国内在材料强度等领域有一些研究及应用，但在液压行业，几乎没有进入实用阶段的研究，国标规定的测试载荷谱也不是随机载荷谱。

（2）模拟环境因素的测试技术

液压产品在装机运行中，工作性能总会受到运行环境因素的影响。比如，因主机工作带来的振动，因天气变化带来的环境温度及工作介质温度的变化，因高海拔地区带来的大气压的变化等。因此，液压产品在研制过程中，需要模拟各种环境因素并在这些复合应力的共同作用下测试产品性能，才能更加真实地反映产品装机性能。军品领域很早就开展了相关工作，早期主要是非工作状态下各种环境因素分别施加测试，以后逐渐过渡到工作状态下同时施加某几种环境因素（如振动、环境高低温等）。对民品领域的液压产品，试验室条件下的环境测试工作几乎是空白，一般以随主机考核为主。今后该测试技术的发展必然是液压产品在工作状态下、多种环境因素同时施加测试。某航天研究所搭建的液压产品综合测试台，可以在液压泵工作状态下，同时施加振动因素（通过振动台）和环境温度因素（通过高低温箱）进行试验，对产品的研制起到了重要的作用。

（3）模拟主机系统的测试技术

该技术需要按主机液压系统的配置情况及相对位置，按 1∶1 的比例，在地面搭建系统测试台。主要目的是测试各液压元件和液压系统的动态性能。通过先期测试验证，得到优化匹配的液压系统。航空领域的“铁鸟”台、潜艇领域的“铁鱼”台等运用的就是此类测试技术。

该类测试技术的难点主要有两方面：一方面是加载装置的设计，需要模拟主机运行时承受的各种复合载荷；另一方面是辅助分析软件的应用。今后，系统匹配测试应该是半物理分析和仿真软件的有机结合。

（4）加速寿命试验技术

寿命试验是液压元件及系统必须要做的测试项目。随着国内装备制造业的不断发展，对液压产品寿命的要求也不断提高，一些要求高的主机提出的寿命要求甚至达到 3 万小时。按一年 365 天，每天 24 小时不间断试验，都需要三年半。如果其中有一些问题需要反复，加上测试设备也需要维护，试验时间就更长了。因此，加速寿命试验就成为必然的选择。

加速寿命试验的统一定义最早由美罗姆航展中心于 1967 年提出，加速寿命试验实际上是在进行合理工程及统计假设的基础上，通过提高产品的试验参数，如转速、压力、动态冲击频率等，利用与物理失效规律相关的统计模型对在超出正常应力水平的加速环境下获得的信息进行转换，得到产品在额定应力水平下的特征可复现的数值估计，但不改变产品失效分布的方法。俄罗斯苏-27 飞机主液压泵采用的就是加速寿命试验，加速比达到了 1∶8，即加速试验 1h 等同于可靠性寿命达 8h。国内航空领域，中航力源液压公司南京液压中心在液压泵加速寿命试验方面开展了一些研究应用。但总体来说，缺乏足够的理论及实践基础，难以形成普适性的加速寿命测试方法。今后，应该借助国家项目，采取院校与企业联合的方式，结合国外的专业技术公司，研究液压产品加速寿命测试方法，有效缩短产品的研制周期及试验成本。

1.3.2 修订国家标准

国家标准是一个国家指导行业发展的规范和准则。有关部门应该积极组织相关院校、科研院所及企业，及时总结国内液压测试技术一段时间以来的成果和经验，充分考虑今后的发展趋势，及时修订完善或制定新的液压测试标准。从国家层面，引导整个液压行业的提升和发展。

1.3.3　数字化测试工作平台

通过平台软件的规划管理，最大限度地提高测试效率。为企业提供测试协同工作平台，使液压产品测试的准备、执行、分析、评估四大阶段处于自动和受控的状态，对测试各阶段的工作进行专业协作，帮助企业从测试数据中获取知识和经验，达到改进产品设计、提高产品质量，提升企业生产力和竞争力的目的。

第 2 章 有源液压测试技术及应用

2.1 设备现场故障常用诊断法的优缺点

常用的故障诊断法是人们在设备维修实践中探讨、研究出的行之有效的方法，在设备现场故障排除中起到很大的作用，但是目前应用较多的几种故障诊断方法都存在各自优缺点。

① 四觉诊断法的优点是不使用各种仪器仪表，不用拆卸液压元件和管道，不会引起二次污染；但缺点也很明显，其要求液压设备维修人员的专业素质高并有丰富的实战经验，常常结合替换诊断法来诊断排除液压系统故障，易出现误诊断问题，浪费时间和资金。

② 替换诊断法的优点是简单、易行和诊断效果直观，不需要特殊的仪器仪表进行测量诊断。缺点是对人员专业素质要求较高，维修人员要有很强的实践经验，需要大量的备件和多次更换试验，以及容易引起二次污染等。

③ 测量仪器仪表诊断法的优点是可以对液压系统的各个支路或液压元件进行逐个测量，从而判断是否存在故障，该方法直观、准确，对使用者的专业知识要求较低，根据原始的资料或数据进行对比很容易发现故障元件；但需要使用者频繁地拆卸管道，连接 T 形接头，不可避免地会引起二次污染，并且由于液压系统的管道直径规格不同，因此，对诸多的液压系统的测试存在很大的难度，甚至不可能实现。所以，其使用受到严重的限制，虽然国产或进口的液压测试仪有的采用了流量、压力、温度等传感器元件，对各种流量大小或压力高低有了很大的适用性，但对测试部位仍需要设置测试点（需要在原管道上加工设计测试端口，测试完后需要堵死），这样不可避免地产生机械加工铁屑，即便拆卸加工、清理也会造成一定程度的污染。

④ 液压试验台诊断法的优点是可以借助液压元件生产厂家的液压试验台，对可疑液压元件进行测试，省去了设备使用者设计、制造对应的液压元件试验台，试验结果可靠、准确，并且可以在价格合理的情况下维护液压元件；但需要联系、发送、等待试验结果，这将消耗较多宝贵的时间，因此，该方法适合昂贵或进口的液压元件的故障诊断，使该方法的应用在一定程度上受到限制。

⑤ 故障树诊断法的优点是可以借助计算机定性、定量地逻辑分析液压元件或部位出

现故障的概率，分析出某种顶事件的下拉底事件的重要度，从而为维护、保养设备提供较科学的依据。但对一台出现故障的液压系统进行故障诊断显然是力不从心的，因为液压系统的很多故障是很少出现的，甚至在故障树中未有统计。因此，故障树诊断法对设备的维护保养有很高的价值，但对故障的诊断作用有限，并且设备种类繁多，每种设备故障繁杂，需要建立故障树和统计软件等。

综上所述，在液压系统常用的故障诊断方法中，广泛应用的是四觉诊断法结合替换诊断法来进行故障诊断和排除，但需要大量液压元件的备件，存储成本增大。新的液压设备在使用的前 2～3 年，往往准备的备件很少使用，存放 3 年以上的备件，液压密封件老化变质，备件内液压油发生分解，甚至卡死内部运动的部件，以致备件无法使用等，造成资金的严重浪费。因此，在设备使用中，液压元件的在线健康状态诊断技术，越来越引起国内外液压行业专家的高度重视，力争减少使用中液压元件的库存，甚至没有库存，利用在线健康状态诊断技术，对液压元件的泄漏量进行排序，为生产间隙更换有问题的液压元件提供准确、科学的依据。在这种大环境下，经过多年的研究和实践，笔者首次提出了“有源液压测试理论”，开发了便携式有源液压测试仪，制造的样机完成了对轮船、锻造机、三连轧机、桥梁检测车等设备液压系统测试实验项目，并经过多次改进，在 2012 年 8 月研制出第一代测试仪产品。产品先后在烟台兴民钢圈、北京百善、燕山大学、江苏海鹏、河北玉田兴民钢圈和河北钢铁等企业和大学使用，推动了我国液压测试技术的快速发展。

2.2　液压系统常用的故障监测设备

液压系统是否正常工作，取决于压力和流量，这两个参数是否处于正常的工作状态，将对系统的温度、系统中液压泵容积效率、系统泄漏量和噪声等辅助参数有很大影响。液压设备在一定的工况下，每个部位都有一定的工况值，即任何液压系统工作正常时，其工作参数值都应该在工况值附近小范围变化，若液压系统的主要工作参数（压力和流量）与设备正常工况值相比有较大的变化，则表明液压系统的某个液压元件或某些元件有了故障。进行液压系统状态监测和故障诊断，关键的问题是对这两个参数的可靠获取。将测得数值与液压系统工作的正常值相比较，就可以诊断液压系统是否正常，是否发生故障以及故障的具体位置。

目前市场上的测量仪表包括光电数字转速表、温度表、秒表、压力表、听诊器、油质快速分析仪等。在工程中常用的液压测试仪有两类：一类是表盘读数式，如山东济南海兰德公司生产的液压测试仪，如图 2-1 所示，该测试仪的特点是对可疑支路或液压元件，利用 T 形接头连接测试仪进行数据的采集，包括压力、流量和温度等数据，进而分析出故障部位；另一类是传感数据处理式，如德国西德福公司生产的 PPC-04 手持式液压测试仪，俗称液压万用表，如图 2-2 所示，其需要将三个数字传感器安装到可疑部位，采集压力、温度、流量、频率和速度等参数的数据并进行处理，进而诊断出故障部位。以上两种液压测试仪都需要被测试液压系统处于工作状态，为其提供液压功率，属于无源测试仪器。它们不能检测无法工作或因故障禁止启动的液压系统，因此，在工程应用中受到了一定的限制。

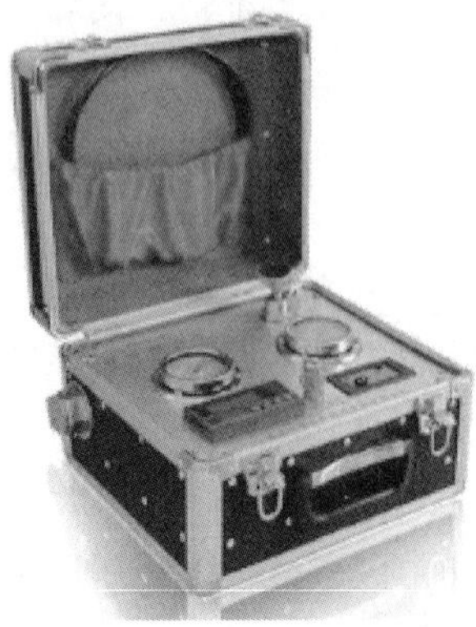

图 2-1　山东济南海兰德公司生产的液压测试仪

图 2-2　德国西德福公司生产的 PPC-04 手持式液压测试仪

应用测量仪器诊断法时必须具备的条件和需注意的问题如下。

(1) 需具备的条件

① 准备与被诊断的液压系统压力和流量相匹配的压力、流量仪表或者液压测试仪。

② 测试仪表需连接到需要诊断测试的支路中或者需将测试的传感器连接到需要测试的回路中。

③ 对不同的测试部位要进行测量点的计划和安装测试仪表。

④ 测试各支路的流量时，需要将流量测试仪器串接在管路中。

⑤ 需对测试回路的正常参数进行必要的收集整理。

(2) 需注意的问题

① 对需要拆装的部位或元件进行前期保洁，清除杂物和污染物。

② 准备承接漏油的合适的容器，禁止随意乱放污染环境。

③ 对有蓄能器的液压系统，为了防止事故发生，首先要将蓄能器中的压力油排空，注意排空后要及时关闭阀门。

④ 检查执行元件驱动的负载是否在零势能位置，若不在零势能位置，必须采用合适的支撑机构使其处于零势能位置，然后拆卸，再连接测试仪。

⑤ 各加装的检测点安装紧固到位，防止试车中漏油，造成意想不到的事故和环境污染。

2.3　有源液压测试系统

2.3.1　有源液压测试原理

有源液压测试技术是在无源测试仪器无法满足液压装备（不能启动或因故障禁止启动）故障诊断需求的情况下发展起来的一种全新的液压测试技术，其是利用液压元件的泄漏特性、依据泄漏标准来进行测试的。

有源液压测试是向被测试的液压系统输入恒定流量的压力油液，通过传感器对液压元件的泄漏量进行检测，依据液压元件出厂泄漏量标准，来确定液压元件的性能优劣。具体应用中是利用有源液压测试仪（简称测试仪）充当被测试液压系统的动力源，通过被测试液压系统的测压口或压力表接口，向被测试的液压系统输入测试油液，使被测试液压系统的液压泵停止工作；并用堵塞将液压泵的出油孔封闭，借助截堵法或者改变液压换向控制元件的控制参数法，利用测试仪回油流量的变化，来测试被测试液压系统各个支路或液压元件的泄漏量，进而确定液压系统或液压元件性能的优劣。如图 2-3 所示为测试仪原理示意。

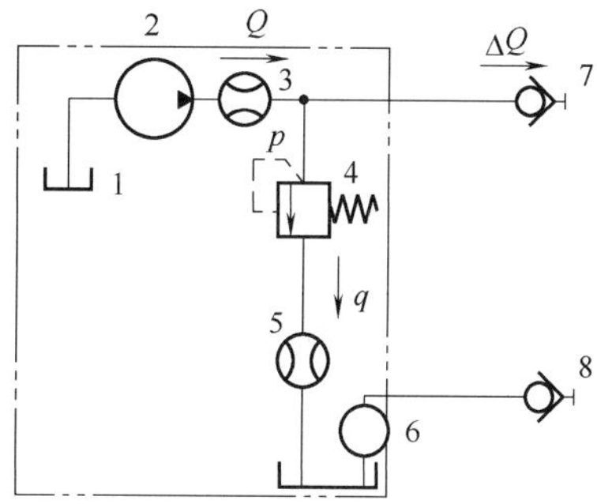

图 2-3　测试仪原理示意

1—油箱；2—液压泵；3，5—流量计；4—溢流阀；6—污染物检测计；7，8—快换接头

2.3.2　有源液压测试分类

有源液压测试可以分为如下几类：a. 静态测试（主油路压力控制元件输入额定控制信号，其余换向控制元件输入信号为零）；b. 动态测试（主油路压力控制元件输入额定控制信号，其余换向控制元件按照工艺循环依次输入控制信号）；c. 液压元件离线测试；d. 液压系统排气、组装中泄漏处检验；e. 耐压试验及液压系统调试等。

2.3.3　有源液压测试注意事项

① 被测试液压系统中蓄能器必须处于关闭状态。

② 被测试液压系统液压泵停止工作。

③ 动态测试中，比例阀和伺服阀电气控制信号需要通过被测试液压系统提供。

④ 测试结束必须将测试仪的测试油液放回到被测试系统中，并将测试仪油箱清理干净，以防液压油交叉感染。

⑤ 测试中压力信号由测试的种类决定，故障诊断、液压元件在线泄漏测试按照被测试液压系统的额定压力的 70％设定，被测系统排气、耐压试验等按照 115％～120％设定。

2.4　有源液压测试仪

有源液压测试理论是针对目前液压系统泄漏检测存在的不足，本着便携、轻便并广泛适用的理念，将事后维修转变为视情维修。根据有源液压测试理论研究成果，研发出了有源液压测试仪，在线检测液压系统和液压元件的泄漏量，并进行泄漏量排序，依据排序结果，在设备正常停机情况下进行即将出现显现故障的液压元件的更换。

2.4.1　有源液压测试仪 AMESim 仿真

有源液压测试仪的液压测试系统主要包括轴向柱塞泵、直动式溢流阀、流量计、电磁换向阀等，在测试过程中，可依据被测试项目需求的测试压力在 0～31.5MPa 进行标定；油液温度随着测试时间的延续而发生变化，必然引起液压油液的黏度发生变化，当压力和油液黏度发生变化时，就会引起液压元件的内泄漏量增大，因此，有源液压测试仪在不同的压力或不同的油液温度下，输出的测试流量发生变化。为了研究测试仪的测试精度，对有源液压测试仪进行 AMESim 仿真研究。有源液压测试仪的 AMESim 仿真模型如图 2-4 所示。

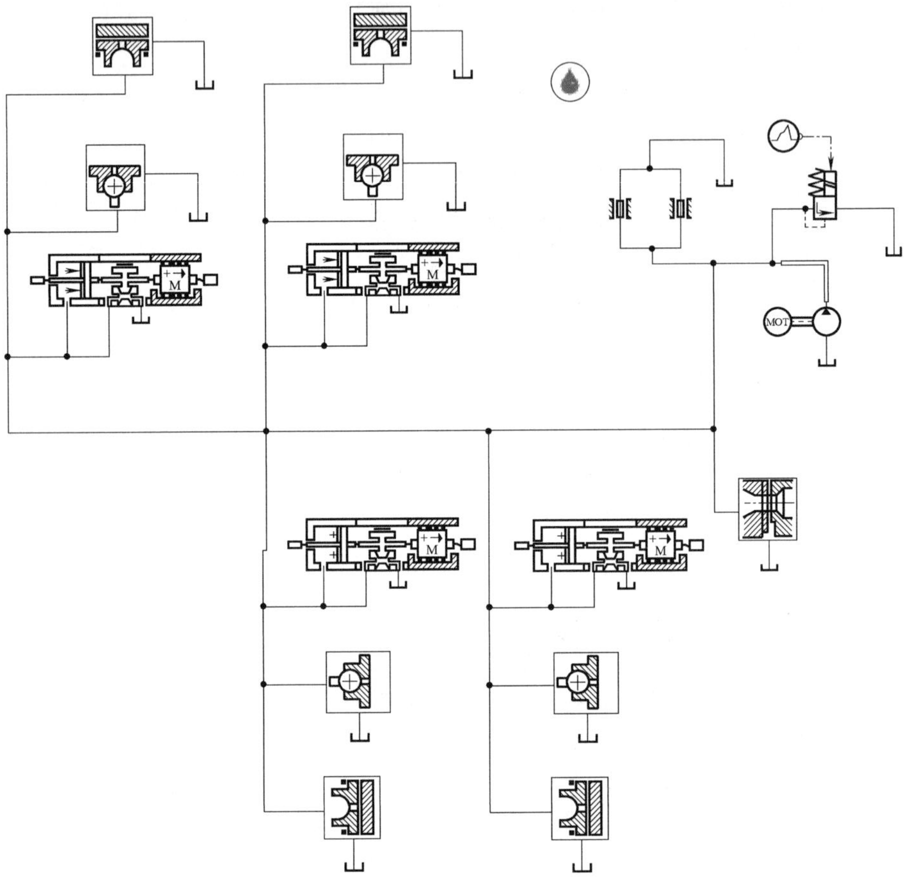

图 2-4　有源液压测试仪的 AMESim 仿真模型

该模型液压泵用恒流源和四个间隙（柱塞和缸体之间、柱塞球面和滑靴之间、配流盘和缸体之间、滑靴和斜盘之间）模拟。仿真参数见表 2-1。

表 2-1　有源液压测试仪仿真参数

参数名称	数值
泵排量/(mL/r)	2.5
电机转速/(r/min)	1500
油液运动黏度/(mm^2/s)	46
泵端面高压区向内外两侧泄漏的平面间隙/mm	0.001
泵高压区至低压区泄漏的平面间隙/mm	0.001
滑靴与斜盘间隙/mm	0
滑靴与柱塞球面间隙/mm	0
换向阀环形缝隙/mm	0.005

仿真结果与分析如下。

① 不同测试压力 p 与溢流阀溢流量 q 的特性曲线如图 2-5 所示。

从图 2-5 可知，电磁换向阀的阀芯与阀体油口的左右遮盖量分别为 0.01mm 和 0.09mm 时，随着测试压力的升高，中位时泄漏量变化率 $\Delta q/\Delta p$ 为 8.6×10^{3}（L/min)/MPa；当左右遮盖量为 0.005mm 和 0.095mm 时，此变化率变为 0.159（L/min)/MPa；当左右遮盖量为 0.001mm 和 0.099mm 时，此变化率变为 0.764（L/min)/MPa。可以发现，电磁换向阀向右离开常态位时的泄漏越来越大，直至开启。同样，当阀芯向左发生微小的偏移时，泄漏量也会发生很大的变化。因此，当测试油液中有敏感颗粒存在并出现微小的卡死时，电磁换向阀的阀芯停留位置发生向左或右偏移，将对有源液压测试仪测试精度造成很大的影响。

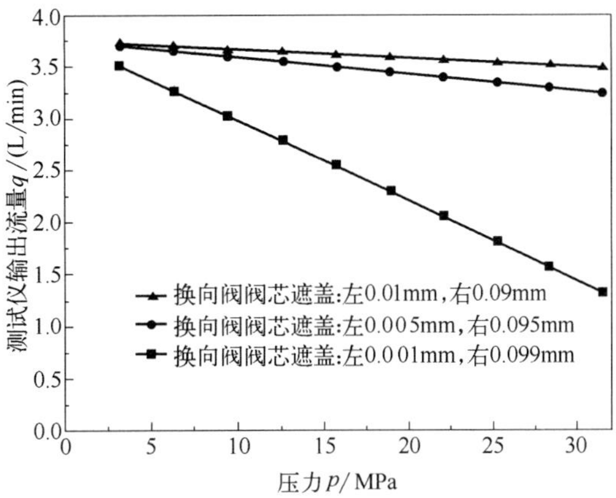

图 2-5　测试压力与溢流阀溢流量的特性曲线

② 不同温度 t 与溢流阀溢流量 q 的特性曲线如图 2-6 所示。

从图 2-6 可知，测试温度在 10～55℃范围内，测试仪测试时的温度变化对测试仪泄漏量变化率 $\Delta q/\Delta t$ 为（2.06×10^{4}～7.22×10^{4}）(L/min)/℃，而且随着温度的升高，测试精度会降低。

油液的黏度变化或油液品种发生变化与溢流阀溢流量 q 的特性曲线如图 2-7 所示。

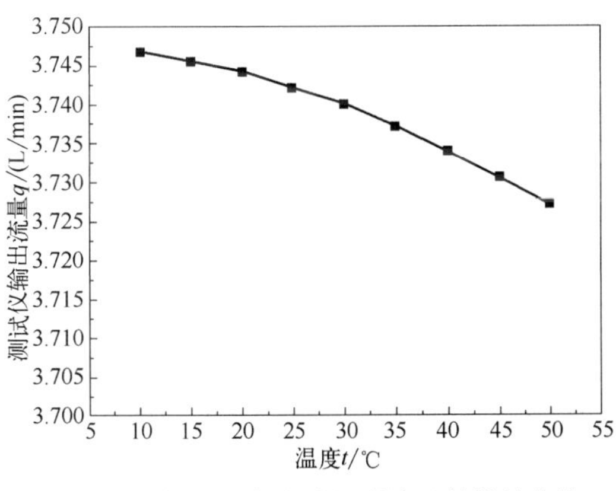

图 2-6　测试温度与溢流阀溢流量的特性曲线

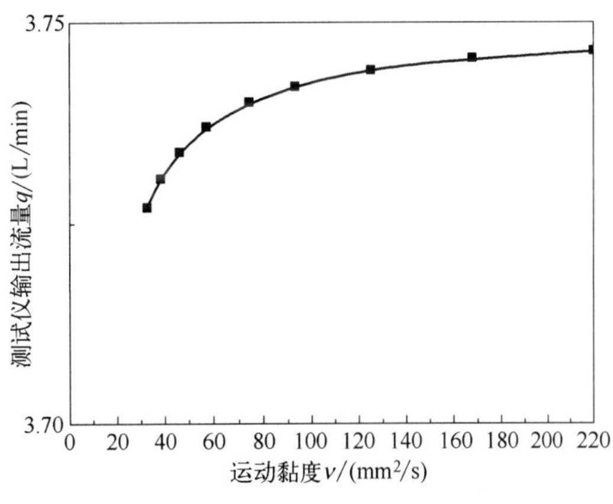

图 2-7　运动黏度与溢流阀溢流量的特性曲线

从图 2-7 可知，测试油液运动黏度不同，测试仪测试时的运动黏度变化对测试仪泄漏量变化率 $\Delta q/\Delta\nu$ 为（1.98×10^{5}～6.0×10^{4}）(L/min)/(mm^2/s)，而且，随着运动黏度提高，测试精度会提高。

根据仿真分析结果，为了提高有源测试的测试精度，减少测量误差，需要遵循一定的策略，才能使测试的结果更接近真值。提高测试精度的策略如下。

① 根据图 2-5 分析结果，有源液压测试仪加油支路必须加装高精度过滤芯；测试过程中，测试仪在某一测试压力下，测试误差有明显增大迹象时，就需要更换该电磁换向阀。

② 根据图 2-6 分析结果，为了防止测试过程中油液温度变化造成的误差，每一次测试都需要对测试仪进行压力和流量的标定。

③ 根据图 2-7 分析结果，为了防止测试过程中，由于油液种类的不同而造成的测试误差，测试中要使用被测试液压系统中的油液，这样黏度是一致的，并消除由于油液不同而造成的二次污染问题。

2.4.2 有源液压测试仪样机和第一代产品

依据仿真的结果，对便携式有源液压测试仪样机进行改进，如图 2-8（a）所示为样机，如图 2-8（b）所示为改进后的第一代产品。

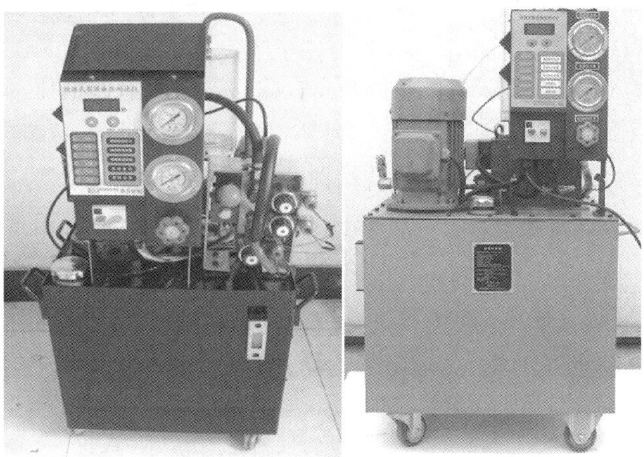

(a) 样机　　(b) 改进后的第一代产品

图 2-8　测试仪样机与第一代产品对比

（1）测试仪加油和污染检测

第一代产品在样机的基础上，加装了污染检测功能，采用了被测试液压系统液压泵，一路经过高精度过滤器给测试仪油箱加油，另外一路经污染检测计检测被测试液压系统中工作液压油液的污染物状态，为科学地更换液压油提供技术支撑。加油和污染检测原理如图 2-9 所示。

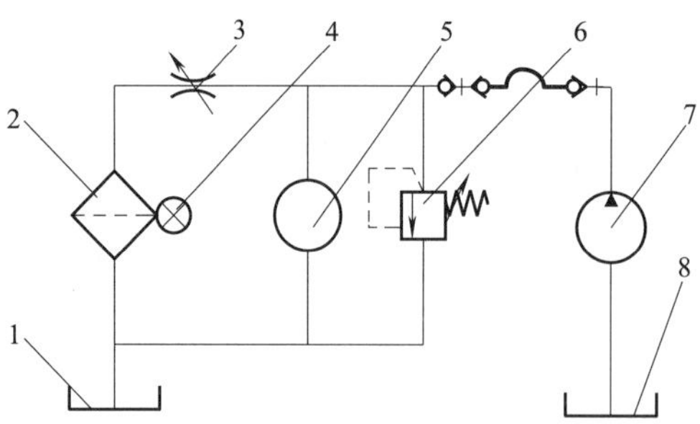

图 2-9　加油和污染检测原理

1—测试仪油箱；2—高精度过滤器；3—节流阀；4—污染报警器；5—污染检测计；6—安全阀；7—被测试系统液压泵；8—被测试系统油箱

（2）信号输入输出

为了控制测试过程中的测试误差，新一代产品加装了被测试液压系统的电控制信号，实现测试过程中先导溢流阀的同步加载和电磁换向阀支路控制，完成支路元件的测试（如支路过载阀和执行元件的泄漏量测试)。同时，加装有信号输入端口（用于收集压力、流量和温度模拟信号）和数据处理端口（用于过程数据的输出）。

（3）高精度过滤器

为了将测试油液中的污染物控制在一定范围内，防止电磁换向阀发生卡死或者常态下阀芯偏离正常位置，加装了插入式高精度的过滤器。

（4）有源液压测试仪控制面板

测试仪的测试压力标定，要依据测试项目的不同要求进行，点击按键，结合溢流阀的压力调节完成。通过测试时间的设定，可以增加和减少测试时间。在标定压力下，进行流量标定。复位按键，完成测试过程。测试仪的控制面板如图 2-10 所示。

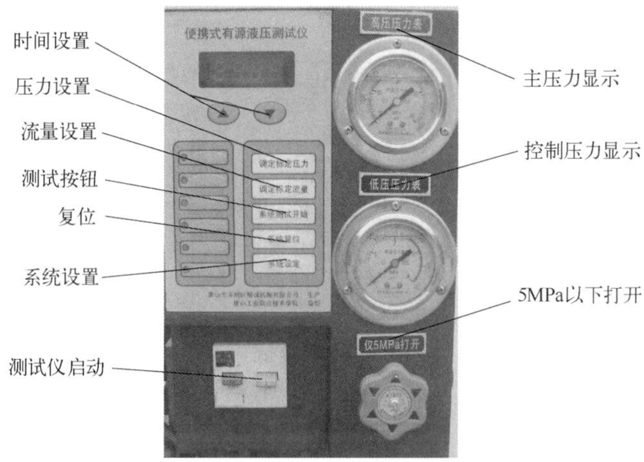

图 2-10　第一代有源液压测试仪的控制面板

2.4.3　第二代有源液压测试仪

第二代机为分体机，使用时更加轻便灵活。其面板简洁清晰，能够更清楚地展现液压系统的各种数据，同时可以为油液监测提供有效的保障。

测试仪可以提供包括含水量、含空气量以及颗粒指数等方面的数据。需要定期采样，通过将这些实时数据与理化性能指标、光谱分析等数据分析方式相结合，最终可以得出油液的污染程度，并据此分析是否要对液压油液进行更换或进行其他的处理（图 2-11)。

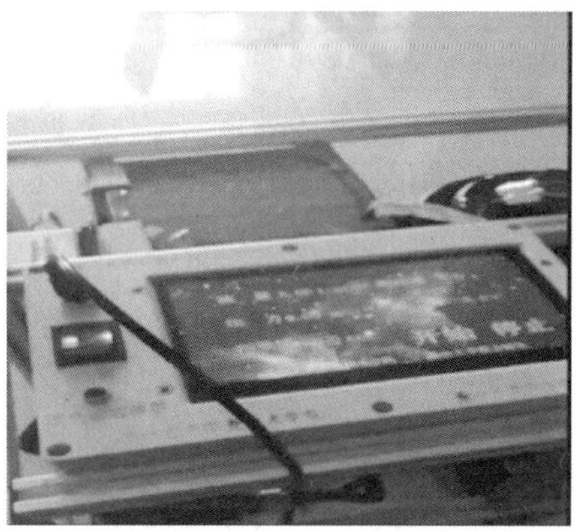

图 2-11　第二代机面板

2.4.4　有源液压测试仪第三代机

（1）有源液压测试仪第三代机设计

随着有源液压测试仪几代产品的应用，根据使用情况，有源液压测试仪的第三代机的改进团队进行了认真研发，向轻量化、小型化的方向发展。有源液压测试仪第三代机的设计流程如图 2-12 所示。

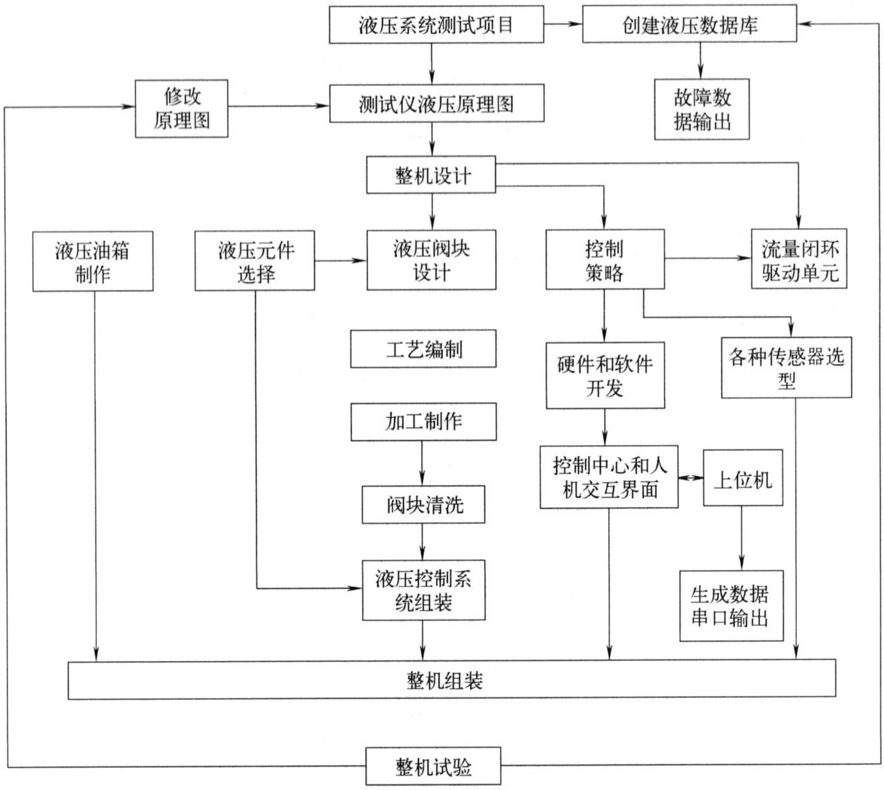

图 2-12 有源液压测试仪第三代机的设计流程

① 关键技术。

a. 液压泵测试流量的闭环恒流量控制，不受环境温度、黏度和压力等参数变化的影响，保证测试的精度要求。

b. 测试仪既受到下位机人机交互界面的控制，同时也可以被上位机控制，测试中的数据通过上位机输出。

c. 创建机械液压装备的液压数据健康数据库，为诊断故障提供数据来源。

d. 智能化、轻量化和分体组装特点。

② 主要功能。

a. 采集压力、泄漏量和油液颗粒污染数据：采集液压系统各支路的压力、泄漏量和液压油污染状态数据。

b. 故障部位确定：对故障支路上的液压元件，利用切除法，进而确定故障部位或元件。

c. 辅助功能：离线液压元件性能测试（出厂检验或修后测试），液压系统排气、安装与调试和耐压试验。

有源液压测试仪系列产品如图 2-13 所示。

(2) 有源液压测试仪第三代机使用方法

① 动力加油及在线液压系统颗粒污染状态检测。所谓动力加油，就是利用被测试液

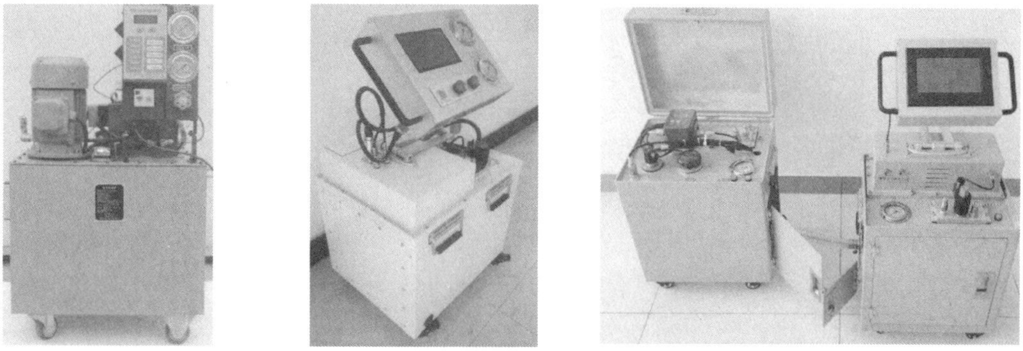

(a) 第一代机(数据人工读取)　　(b) 第二代机(数据生成曲线)　　(c) 第三代机(数据生成曲线并输出)

图 2-13　有源液压测试仪系列产品

压系统液压泵，通过连接到总测压点的测试软管给测试仪加油，并检测被测试液压系统油液固体污染颗粒状态的方法。为了保护油液固体污染颗粒计，加油过程中压力要限定在1MPa，动力加油溢流阀位置参见图 2-14。

将测试软管一端与快速加油口连接，参照图 2-14，另一端与被测试液压系统的测压口或压力表接口连接（用接头 G1/4-M14×1.5 外喇叭替换），接好测试仪的电源，然后启动被测试系统液压泵即可。如图 2-15 所示为加油和污染检测界面。

图 2-14　动力加油溢流阀位置

1—溢流阀；2—动力加油口

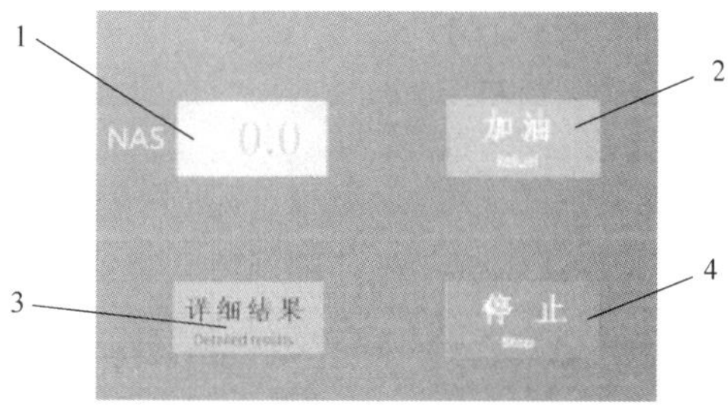

图 2-15　加油和污染检测界面

1—NAS 等级；2—加油按键；3—详细结果按键；4—停止按键

在加油过程中，先绿灯亮后红灯亮即可停止加油［在测试中发现绿灯灭时（油液不足），也可采用本法及时补充］。可以点击详细结果查看液压油污染状态，当按下停止加油按键时，该结果通过数据输出口（图 2-16）导出。如图 2-17 所示为数据生成。

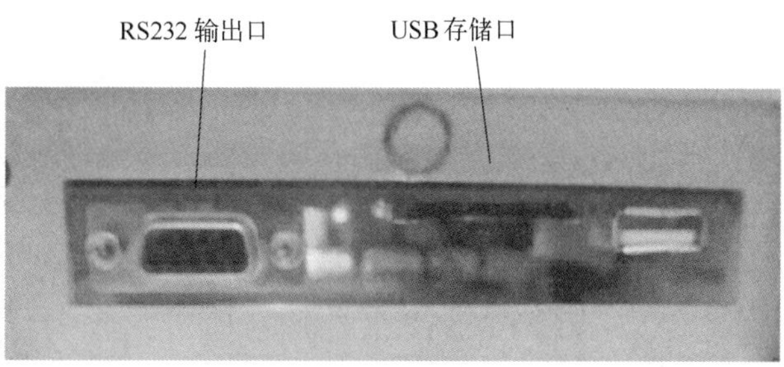

图 2-16　数据输出口

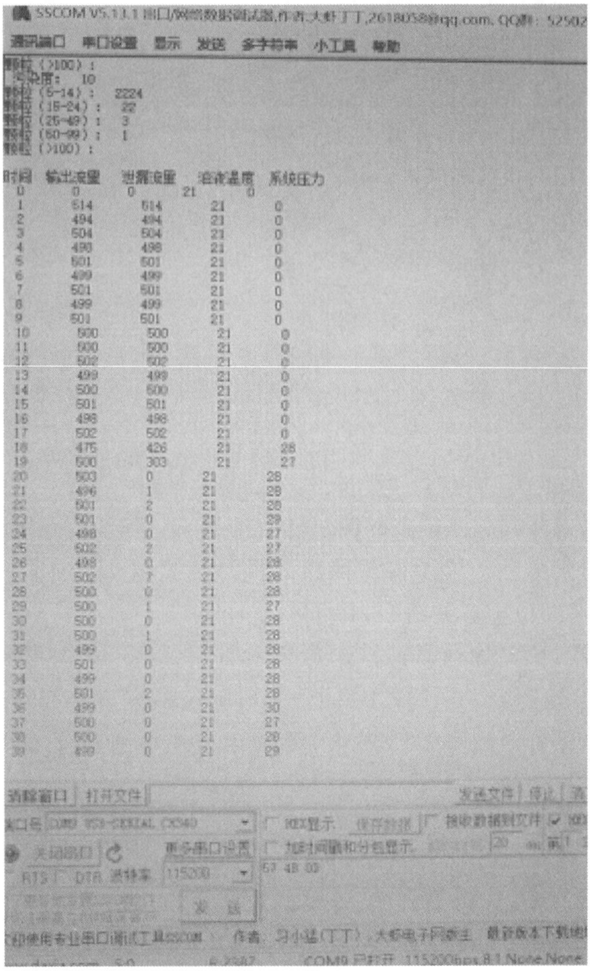

图 2-17　数据生成

② 测试仪参数的标定。为了精准测量液压系统和液压元件的泄漏状态，需要对测试仪的测试时间、测试压力、输出流量等参数进行标定。

a. 时间设置。按图 2-18 所示，点“＋”或“－”按键，可以增加或降低测试时间，时间设置范围为 0～999s。

b. 压力设置。压力设置界面如图 2-19 所示，点击开始，调整溢流阀压力达到测试设定值，按下停止按键结束调试压力。

c. 流量设置。流量设置界面如图 2-20 所示，点击左侧流量值按键，根据流量压力曲线，利用右侧键盘数字在 1000～3000mL/min 之间设置，点击确定按键。

图 2-18　时间设置

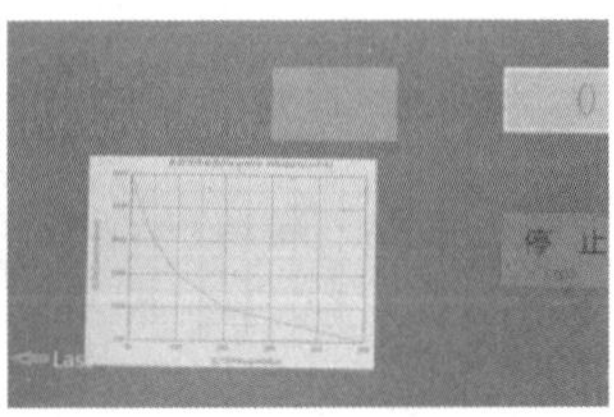

图 2-19　压力设置

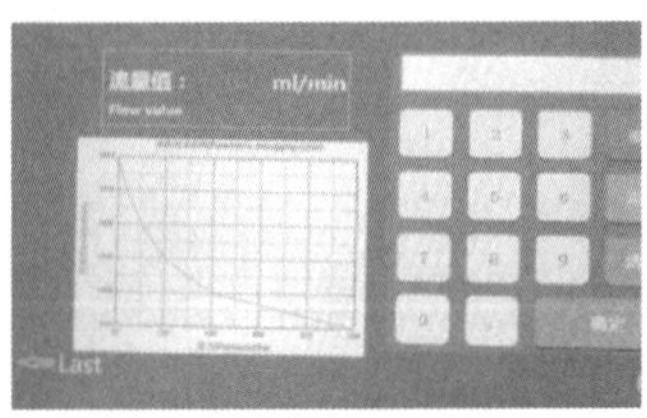

图 2-20　流量设置

③ 启动测试和数据上传。点击启动按键，参照图 2-21，进入测试过程，在数据窗口瞬时显示各数据状态值。若需暂停，可以点击暂停键，然后点击继续键，测试结束，也可以根据需要随时停止测试，如图 2-22 所示。按下信息采集键，可以得到具体的数据曲线，如图 2-23 所示，点击 Upload 上传按键，通过 RS232 口串口和数据线上传到笔记本电脑或 PC 机上，数据参照图 2-17 所示。注意电脑需要下载 sscom5.13.1 软件，并点击打开该软件，开启串口端，端口号选择 COM9 USB-SERIAL CH340，连接选择 115200 即可。也可以通过上位机实现数据下载。

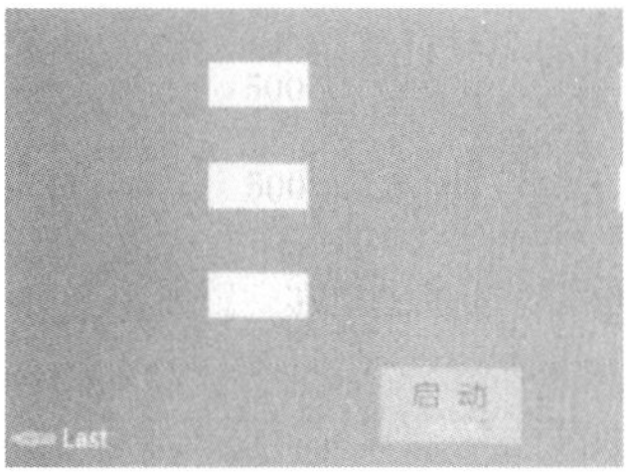

图 2-21　启动界面

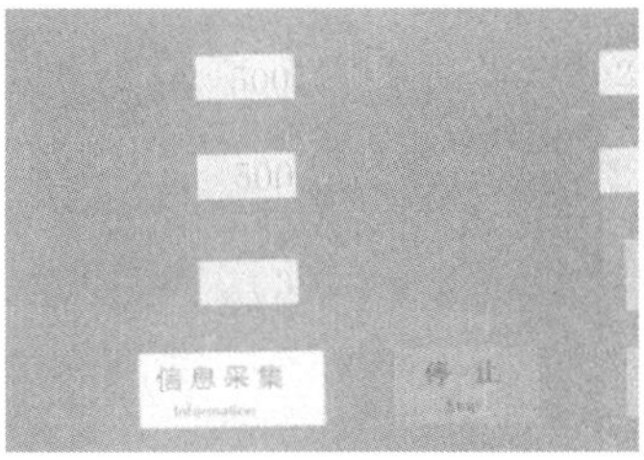

图 2-22　瞬时数据界面

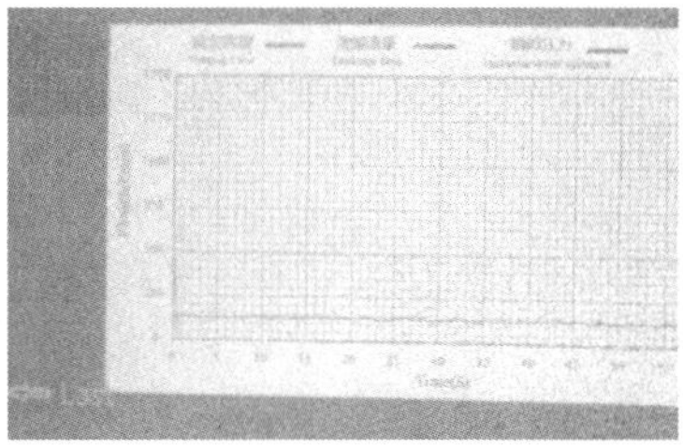

图 2-23　数据曲线

④ 测试过程中的控制信号。测试过程中，需要对被测试液压系统的电磁溢流阀进行加载，或者按照测试设备工艺流程实现对某一支路的控制，测试仪控制箱提供两根信号通信线。如图 2-24（a）所示为控制信号输出端两个航空插头端子，分别为信号口 1、2；如图 2-24（b）所示为信号通信线。

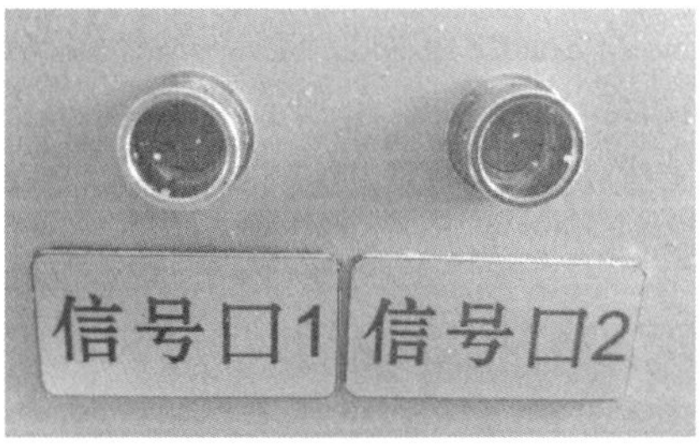

(a) DC 24V输出信号端

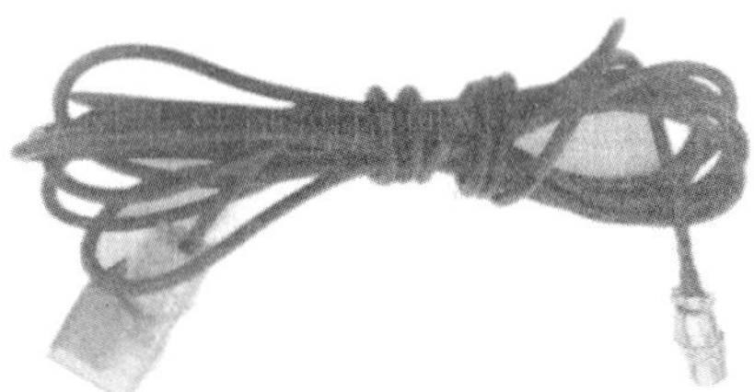

(b) 信号通信线

图 2-24　控制信号

2.5　河北某公司翻车机有源液压测试仪应用实例

大型翻车机因为压梁液压缸和靠车液压系统发生故障，引起落箱事故时有发生，给企业造成巨大的经济损失。在事故现场，普通的便携式液压测试仪都失去作用，采用第三代有源液压测试仪对翻车机液压系统进行了故障诊断工作。为了保证翻车机的落箱事故发生时，对正常运行的数据可进行采集和存储，从而为故障预测提供数据。如图 2-25～图 2-29 所示为测试仪采集的四个压梁缸和靠车板的流量变化数据，如图 2-30 所示为测试现场。

通过对工作系统测试数据的分析，判断出是因为系统流量的波动引起液压缸的速度变化，造成压梁缸产生不同步引发车厢掉落的事故。

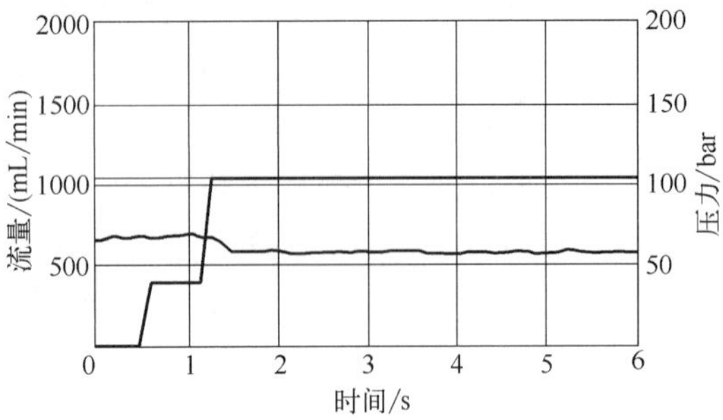

图 2-25　压梁缸 1 数据

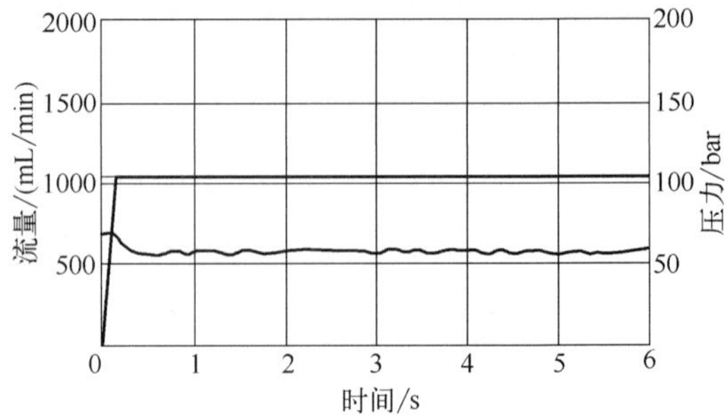

图 2-26　压梁缸 2 数据

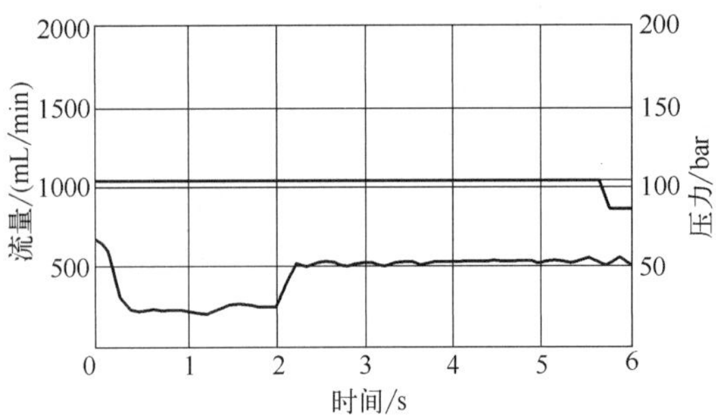

图 2-27　压梁缸 3 数据

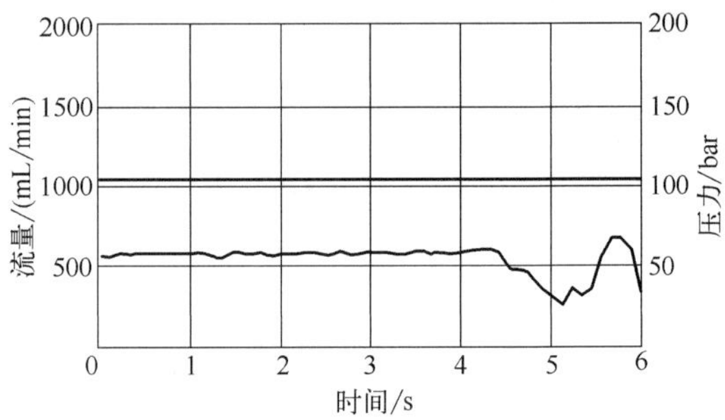

图 2-28　压梁缸 4 数据

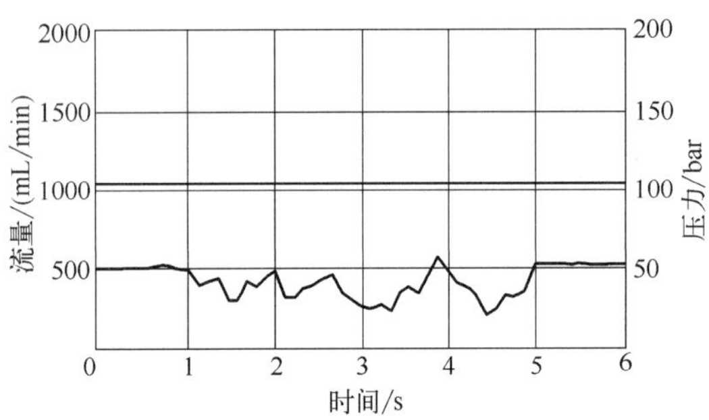

图 2-29　靠车板数据

图 2-30　河北某公司翻车机现场

2.6　有源液压测试技术在实践教学中的应用

液压教学实验台是培养学生的实践技能和操作能力，以及增强观察问题、分析问题和解决问题能力的教学仪器，能够较全面地提高学生的专业素质。由于学生对液压传动和液压元件功能没有具象的认识，并且不了解其工作原理和构造特性，从而在拆装液压系统和元件时常出现一系列问题，导致液压系统无法正常工作。如管路和元件安装不正确导致的漏油现象，换向阀阀芯安装错误或漏装零件引起的执行元件工作失常，溢流阀安装错误引起的系统无压力、系统压力失调等，为了了解液压实验台是否安装正确，传统办法都是实验教师凭借自身的专业经验来查找，学生由于专业知识有限，无法自行排除故障，导致教师的工作量会非常大。并且学生安装错误，不仅可能在实验中导致人身和设备事故，而且会打击学生上实验课的积极性和主动性。所以液压实验室急需一部仪器来对液压系统和液压元件进行快速、准确的测试，能在液压教学实验台搭建系统完成后，对其进行安装检测，对各元件的调试和对安装后性能的可靠性进行测试等一系列工作。让学生查找自己的错误并且及时改正，这样才能更好地学习专业知识，增强操作技能。而有源液压测试仪恰恰能满足这种要求，来保证学生在搭建液压教学实验台后对其进行相关的测试，确保液压实验台安全运行，提高液压实验课的学习效率。

有源液压测试技术在教学实验台的应用以燕山大学和北京华德液压工业集团有限责任公司联合研制的液压教学实验台为测试对象，液压教学实验台的原理如图 2-31 所示。

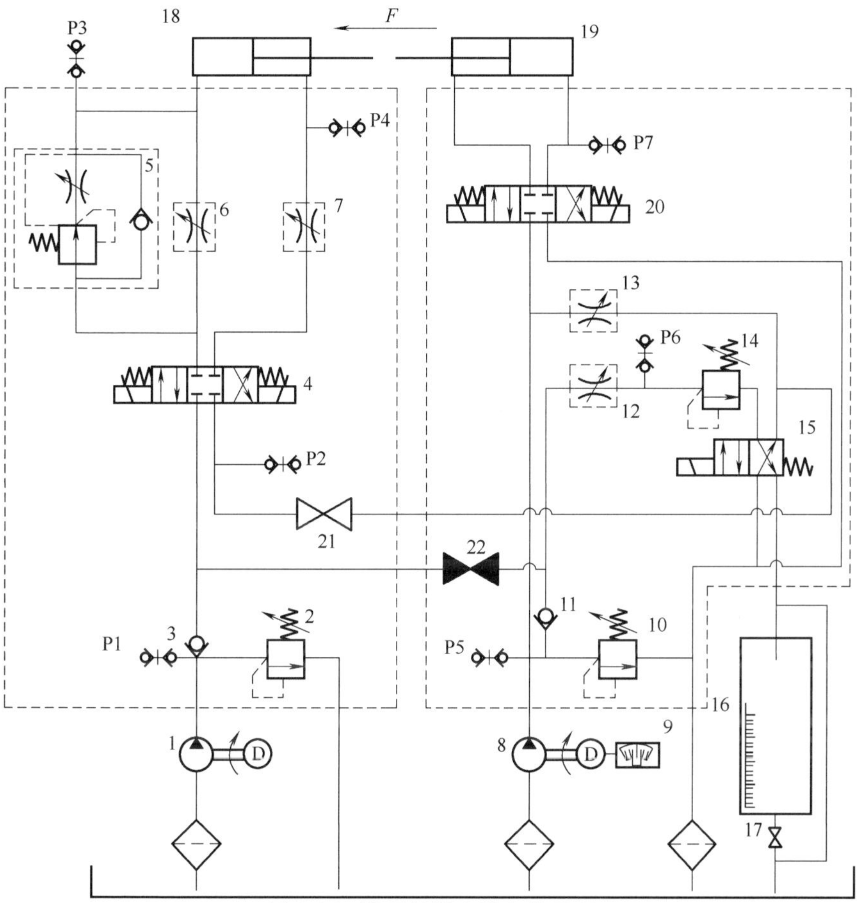

图 2-31　液压教学实验台的原理

1,8—液压泵；2,10,14—溢流阀；3,11—单向阀；4,15,20—电磁换向阀；5—单向调速阀；6,7,12,13—节流阀；9—转速表；16—量筒；17,21,22—截止阀；18,19—液压缸；P1～P7—压力表接口

2.6.1　对液压系统管路和液压元件外泄漏的检测

教学实验台液压系统管路连接和液压元件安装如图 2-32 所示。

从图 2-32 可以看出，教学实验台液压系统管路连接较复杂，当管路连接和液压元件发生较小的外泄漏时，操作者很难发现泄漏处。但是将有源液压测试仪通过压力表接口 P1 接入被测液压系统后，堵住液压泵 1 和液压泵 8 的出油口（参考图 2-33 和图 2-31），通过借助堵截法对被测液压系统各支路进行泄漏量的逐级排查，即可找到管路连接和液压元件外泄漏故障部位。

图 2-32 教学实验台液压系统管路连接和液压元件安装

图 2-33 有源液压测试仪与液压试验台连接

2.6.2 对电磁换向阀和溢流阀的检测

由于有些电磁换向阀的阀芯结构看起来好像是对称的，两边的结构似乎都是一样的，但是实际上并不是这样的（图 2-34），一旦学生将电磁换向阀拆解并将阀芯取出来，再次进行安装时很可能由于疏忽导致将阀芯装反或者漏装零件。之后当系统开机运转时很可能出现执行元件工作异常的现象。

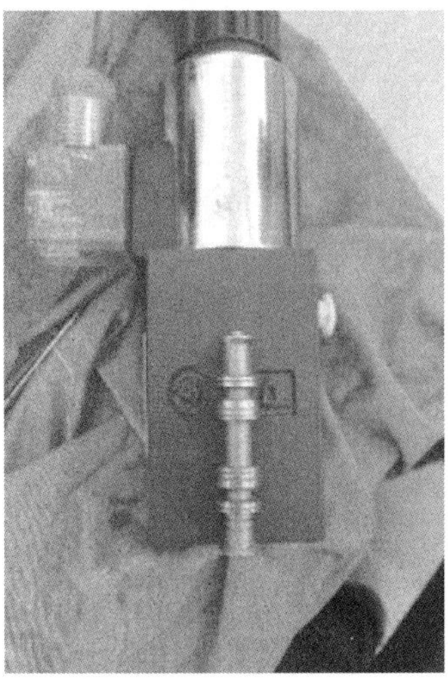

图 2-34 电磁换向阀阀芯

当学生搭建好液压实验台时，对系统中溢流阀的调试是至关重要的。如果学生拆装溢流阀时出现安装错误，将会引起系统无压力或系统压力失调等现象。所以需要用有源液压测试仪对教学实验台液压系统中的电磁换向阀和溢流阀进行检测。

（1）检测前准备

① 有源液压测试仪加油。通过高压软管把有源液压测试仪的接口与教学实验台液压系统的压力表接口连接；接好有源液压测试仪的电源，按下 3YA 按钮使 3YA 电磁铁通电（图 2-35），被测教学实验台电机启动，注意观察测试仪的油位计，当油位达到高位即可。

② 液压泵停止工作。有源液压测试技术需要让被检测液压系统的液压泵停止工作，利用测试仪本身的小流量液压源给液压系统供油测试，所以液压教学实验台不需要通电，用堵

塞堵住液压泵 1 和液压泵 8 的出油口（图 2-31），防止有源液压测试仪提供的液压油进入液压泵。

③ 拆下单向阀 11，将其倒置安装；开启阀门 22，关闭节流阀 12 和节流阀 13（图 2-31）。

④ 将有源液压测试仪通过软管从 P1 处接入液压系统（图 2-31）。

⑤ 调定测试液压源的压力。将液压教学实验台的溢流阀 2 和溢流阀 10 的压力调定为最大值（图 2-31），目的是防止溢流阀在测试过程中出现溢流损耗，造成测试不准确，调定测试仪的测试压力为 5MPa。

⑥ 设定有源液压测试仪测试时间为 12s。

⑦ 按照实验要求依次用堵板（图 2-36）替换电磁换向阀和溢流阀。在图 2-36 中，所有的大孔为盲孔，所有的小孔为通孔。

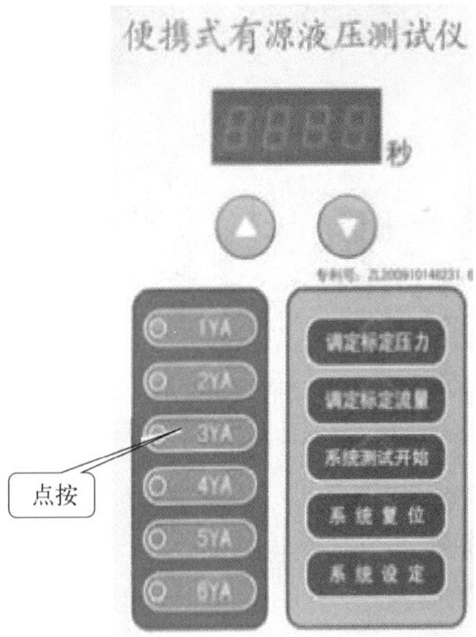

图 2-35　测试面板

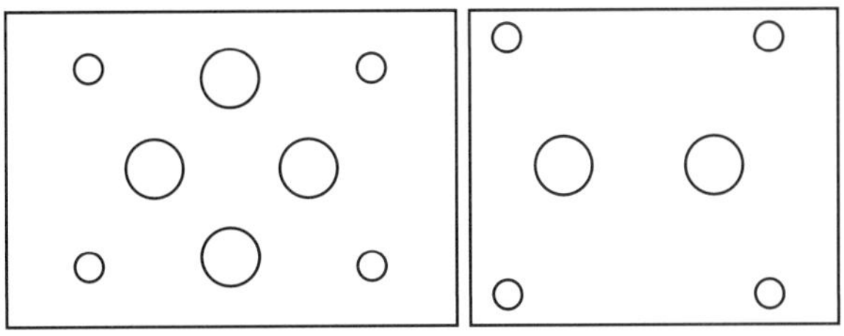

(a) 电磁换向阀堵板　　(b) 溢流阀堵板

图 2-36　连接附件盲板

（2）测试过程（参考图 2-31）

① 启动有源液压测试仪，标定流量，读出数值并填入表 2-2。

② 溢流阀 2 的泄漏量测试。拆卸溢流阀 2，用溢流阀堵板替换，并安装好，启动有源液压测试仪，测试流量，读出数值并填入表 2-2。

③ 电磁换向阀 4 的泄漏量测试。拆卸电磁换向阀 4，用电磁换向阀堵板替换，并安装好，启动有源液压测试仪，测试流量，读出数值并填入表 2-2。

④ 溢流阀 10 的泄漏量测试。拆卸溢流阀 10，用溢流阀堵板替换，并安装好，启动有源液压测试仪，测试流量，读出数值并填入表 2-2。

⑤ 电磁换向阀 20 的泄漏量计算。电磁换向阀 20 泄漏量通过计算得出，将数值填入表 2-2。

表 2-2　测试数据　　单位：mL/min

项目	标定流量	测试流量	堵板替换测试流量	测试阀在线泄漏量	新阀在线泄漏量
溢流阀 2			3930	180	10
溢流阀 10			4030	80	10
电磁换向阀 4			3950	20	5
电磁换向阀 20	4060	3750		30	5

根据测试结果绘制如图 2-37 所示曲线。

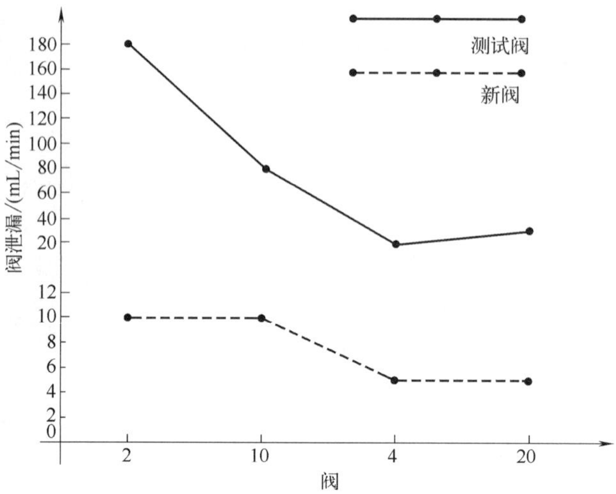

图 2-37　测试结果

将各个堵板拆下，将电磁换向阀和溢流阀重新安装，使电磁换向阀 4 处于左端工位，使电磁换向阀 20 处于右端工位，让有源液压测试仪为系统供油，观察到液压缸 18 和液压缸 19 都能正常工作。

根据有源液压测试仪对液压教学实验台故障诊断试验结果可知，电磁换向阀 4 和 20 泄漏量较小，阀芯和密封件安装正确，能够正常使用；溢流阀 2 和 10 泄漏量较大，需要拆下检查。

通过上述试验过程和结果可以发现，有源液压测试仪能让学生对自己搭建后的液压教学实验台进行安装检测、系统耐压性测试、对各元件的调试和对安装后性能的可靠性测试等一系列工作。并且能够快速、准确地测试出液压试验台系统中各个液压元件的泄漏量，及时地让学生自己查找安装错误，确保学生能够顺利地进行实验。很大程度上增强了学生的专业技能和操作能力，增强了实验课的学习效果。由此可见，有源液压测试技术将是学生在做液压实验时的坚实后盾。

2.7　有源液压测试仪对飞机起落架泄漏预知研究

飞机起落架收放、襟翼收放、开关舱门、机轮刹车、前轮转弯等动作都是由液压系统来完成的。在使用中，流动的液压油液中含有一定的固体颗粒污染物，这些污染物对液压系统元件造成不同程度破坏，如液压元件配合间隙增大、内外泄漏量增大、系统温升加剧、液压油液氧化黏度下降，甚至出现阀芯卡死等造成机毁人亡的重大空难事故。目前，飞机的维修和维护广泛采用的是事后维修和计划维修，既可能造成不足维修（规定的检修期未到，装备已出现故障），也可能因过度维修（规定的检修期已到，装备并未损坏，但不得不按制度进行例行检修）造成人力和物力的浪费。因此，迫切需要对维护和维修技术创新理论进行研究。

现今，比较理想的可用于提高系统运行安全与可靠性、降低维修成本的维护方式有视情维修（condition based maintenance，CBM）、智能维护系统（intelligent maintenance system，IMS）、故障预测与健康管理（prognostics and health management，PHM）。飞机液压系统故障预知是一个新领域，目前，各种飞机故障预测系统在理论上都取得进展，但对实际的飞机液压系统维护和保养技术的推进作用有限。有源液压测试技术是一种实用、快速、准确的飞机液压系统故障预测技术。

2.7.1 飞机起落架液压故障现象及分析

飞机起落架的动作是依靠液压系统来完成的，液压系统主要由油箱、液压泵、电液换向阀、单向阀、单向节流阀、安全阀、主动作筒、开锁动作筒、压力开关等部分组成，实现起落架的收上和放下动作，并到位锁定。如图 2-38 所示为某型飞机起落架液压系统原理。

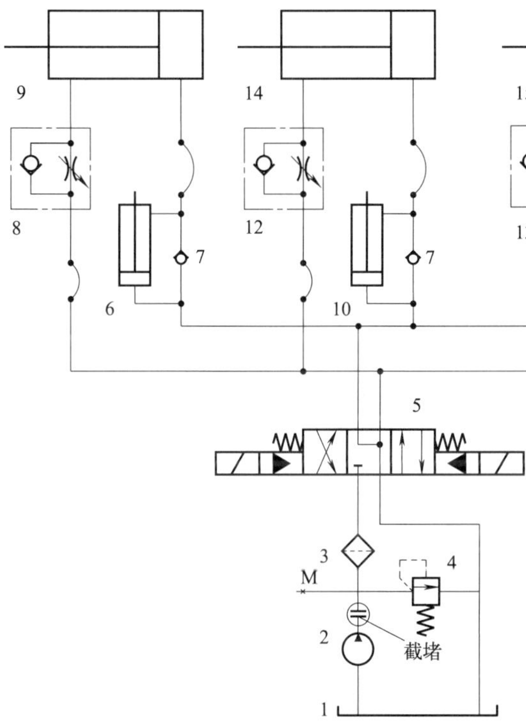

图 2-38　某型飞机起落架液压系统原理

1—油箱；2—液压泵；3—过滤器；4—安全阀、5—电液换向阀；6,10,11—上位开锁动作筒；7—单向阀；8,12,13—单向节流阀；9—前起落架收放动作筒；14,15—主起落架收放动作筒；M—测压口

飞机在飞行中起落架常出现如下故障现象：

① 起落架已完全收上，但液压泵不停止工作；

② 起落架在收上过程中，液压泵突然停止工作；

③ 起落架收上特别慢，超过 5～10s 的正常范围；

④ 起落架收起后，液压泵间断工作。

综合以上故障现象，是飞机起落架液压系统中出现了液压系统内泄漏和外泄漏，产生的原因是液压系统中污染物（如气体和固体颗粒污染物等）超过了规定值。因此，只要采用一定的技术，提前检测出污染物污染程度以及液压系统的泄漏量程度，就可以实现故障预知。

2.7.2 飞机起落架液压故障预知

（1）飞机液压油污染物状态预知

飞机使用中，液压元件的配合副之间金属颗粒以及密封件老化脱落，致使液压油液中不同尺寸的固体污染物会逐渐增多，当达到一定程度时这些污染物会加速配合副的磨损，造成内泄漏量加剧和外泄漏产生，甚至卡死运动零件，导致难以想象的事故。因此，对飞机液压系统中油液的污染物状态的预知，是消除各种液压故障现象的关键。某型飞机起落架液压系统油液污染物预知框图如图 2-39 所示。

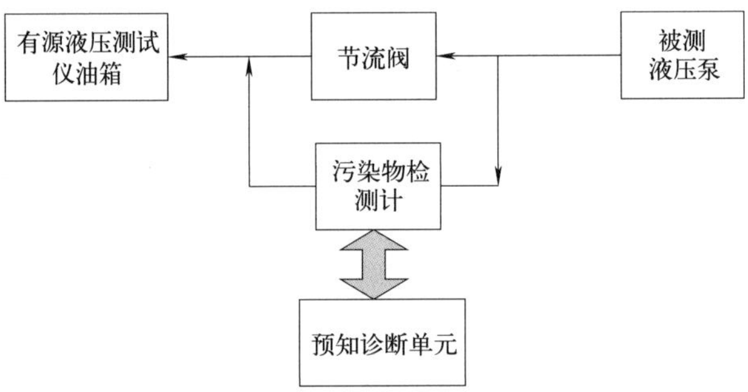

图 2-39　某型飞机起落架液压系统油液污染物预知框图

被测试的飞机起落架液压系统中，液压泵输出的液压油液通过测压口连接管道经节流阀和污染物检测计进入测试仪油箱，预知诊断单元采集信号并处理信号，预知被测液压油的污染物状态。当超过危险数值时，清洗液压系统并替换液压油。污染物检测计如图 2-40 所示。

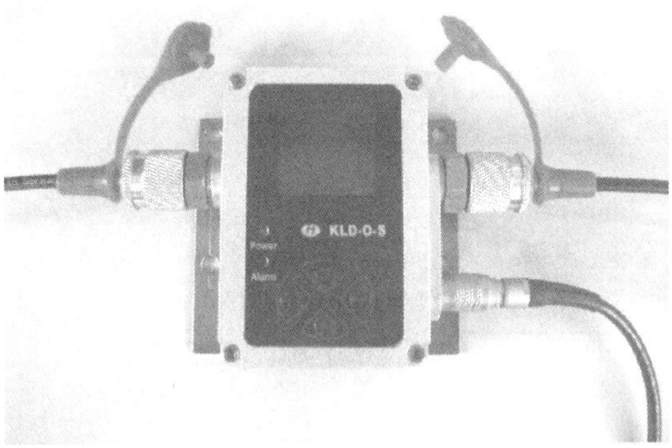

图 2-40　污染物检测计

（2）飞机液压系统液压元件及附件泄漏量预知

液压系统允许存在少量的泄漏量，对于润滑和冷却液压系统有益处，但随着使用时间的延长及系统污染物的增多，各液压元件的配合副会渐渐老化，间隙增大，泄漏量逐渐增多。在飞机正常维护期间，运用测试仪进行泄漏量预知，为科学更换、维护提供预知手段。

① 预知前测试仪参数的标定。为了防止液压系统安全阀在预知过程中造成测试油液从安全阀溢流，将测试仪的标定压力按照图 2-38 中安全阀 4 设定压力的 70%调定，调定测试时间为 12～15s。在测试仪标定压力下，溢流阀的溢流量为标定流量 Q_1。

② 泄漏量预知原理图。飞机液压系统泄漏量预知液压原理如图 2-41 所示。为了防止测试油液从液压泵 2 反转回流，造成预知不准确，液压泵 2 的出油口要用合适的接头堵塞，不允许泄漏。

按照图 2-41 所示，电液换向阀 5 处在中位状态下，启动测试仪，测试飞机起落架液压系统的总泄漏量 ΔQ_L，$\Delta Q_L = Q - Q_1$。

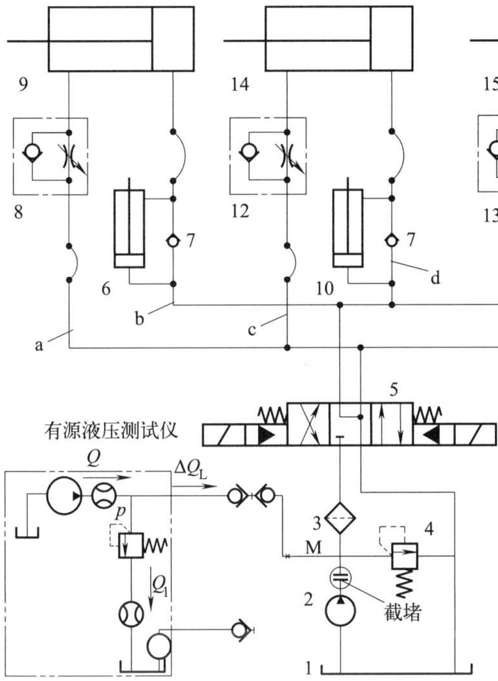

图 2-41　飞机液压系统泄漏量预知液压原理

a～f—支路

(3) 安全阀 4 和电液换向阀 5 泄漏量预知

安全阀 4 泄漏量预知原理如图 2-42 所示，测试油液经测压口 M 进入，用合适的堵件将安全阀 4 切除。此时，Q_1、$Q_1^{4堵}$、$\Delta Q_L^{4堵}$ 和 ΔQ_4 的关系满足下式：

$$\Delta Q_4 = \Delta Q_L - \Delta Q_L^{4堵} = Q_1^{4堵} - Q_1 \tag{2-1}$$

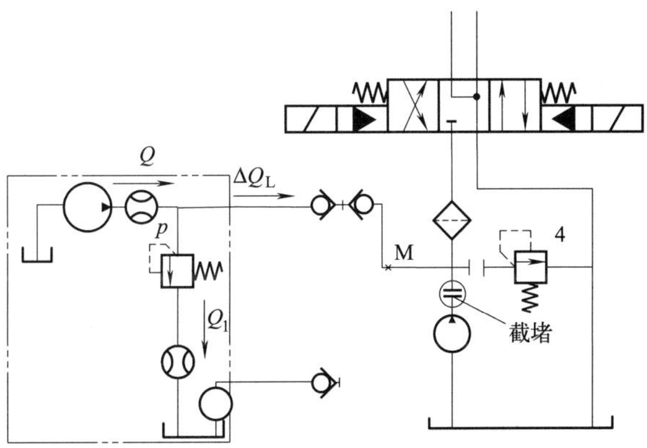

图 2-42　安全阀 4 泄漏量预知原理

测试仪生成并存储了安全阀 4 的泄漏量，显示预知结果。

电液换向阀 5 的泄漏量预知原理如图 2-43 所示，测试油液经测压口 M 进入，用合适的堵件将电液换向阀 5 切除。此时，Q_1、$Q_1^{5堵}$、$\Delta Q_L^{5堵}$ 和 ΔQ_5 的关系满足下式：

$$\Delta Q_5 = \Delta Q_L - \Delta Q_L^{5堵} = Q_1^{5堵} - Q_1 \tag{2-2}$$

测试仪生成并存储了电液换向阀 5 的泄漏量，显示预知结果。

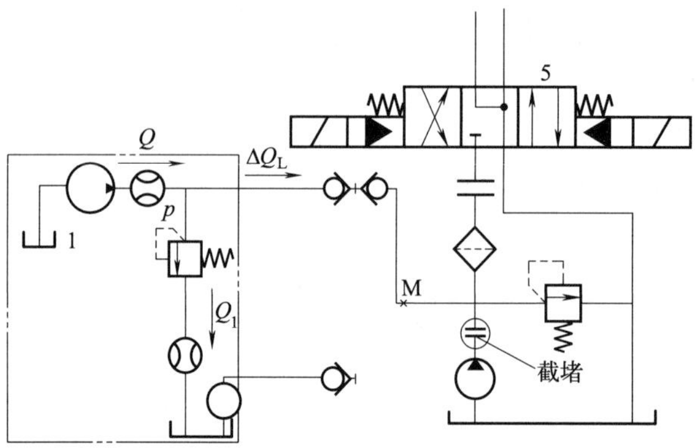

图 2-43　电液换向阀 5 的泄漏量预知原理

（4）前起落架支路 a 的泄漏量预知

前起落架支路 a 的泄漏量预知，可以从原理图 2-41 中看到，实际上就是对收上和放下回路的液压管道、接头以及动作筒的内部活塞密封件的泄漏量预知。前起落架收上和放下的泄漏量预知原理如图 2-44 所示。

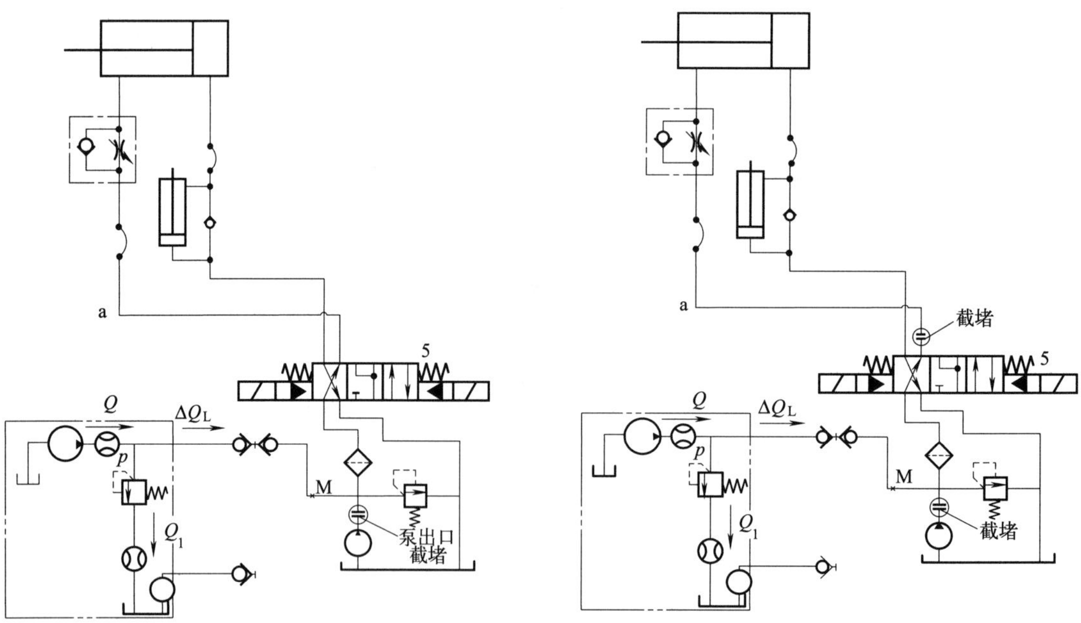

(a) 前起落架收上支路高压　　(b) 支路截堵

图 2-44　前起落架支路 a 泄漏量预知原理

按照图 2-44（a）所示，电液换向阀 5 处在左位状态下，启动测试仪，测试飞机起落架液压系统的总泄漏量 ΔQ_L^a，$\Delta Q_L^a = Q - Q_1$。

按照图 2-44（b）所示，支路截堵后，再次启动测试仪测试总泄漏量为 $\Delta Q_L^{a堵}$，其值为：

$$\Delta Q_a = \Delta Q_L^a - \Delta Q_L^{a堵} = Q_1^{a堵} - Q_1 \tag{2-3}$$

同理，支路 b 可以测出 ΔQ_b 前起落架放下支路的泄漏量。

（5）前起落架支路 b 的液压元件及附件的泄漏量预知

在测试前起落架支路 a 泄漏量超常后，进一步完成液压元件和附件泄漏量预知，参照图 2-45 所示进行。

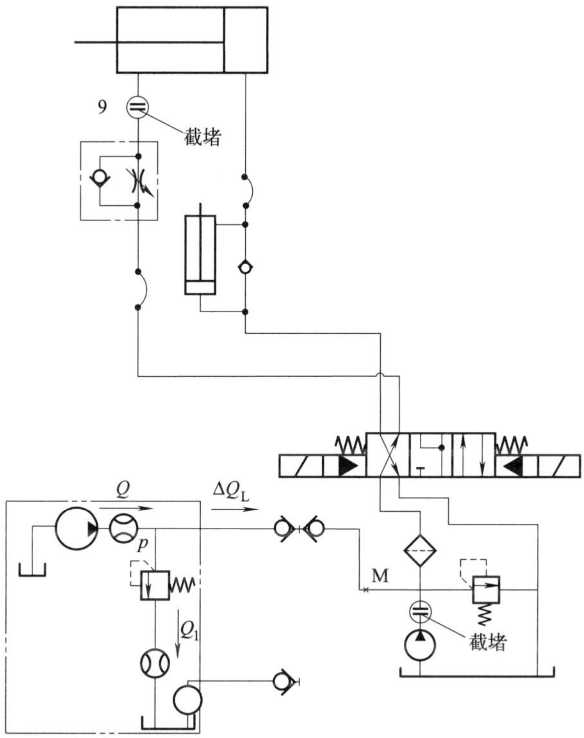

图 2-45　前起落架支路 a 元件及附件泄漏量预知原理

在前起落架动作筒有杆腔进油口截堵，电液换向阀处在左位状态下，启动测试仪进行测试，可得到前起落架动作筒 9 的泄漏量为：

$$\Delta Q_{a,9} = \Delta Q_L^a - \Delta Q_L^{a,9堵} = Q_1^{a,9堵} - Q_1 \tag{2-4}$$

同样，可以测出接头和管道的外泄漏量，这里不再赘述。

采用同样方法，支路 b 的上位开锁动作筒 6 的泄漏量为：

$$\Delta Q_{b,6} = \Delta Q_L^b - \Delta Q_L^{b,6堵} = Q_1^{b,6堵} - Q_1 \tag{2-5}$$

（6）主起落架支路、液压元件及附件的泄漏量预知

① 主起落架支路的泄漏量预知。主起落架支路泄漏量预知可以参照上述方法测出。测试支路 c～f 的泄漏量分别为 ΔQ_c、ΔQ_d、ΔQ_e、ΔQ_f。

② 各支路液压元件和附件泄漏量预知。同样液压元件及附件泄漏量预知，可以参照

上述方法测出主起落架动作筒 14、15，上位开锁动作筒 10 和 11 等泄漏量为 $\Delta Q_{c,14}$、$\Delta Q_{e,15}$、$\Delta Q_{d,10}$、$\Delta Q_{f,11}$。

（7）飞机起落架维护次序确定

飞机起落架液压系统泄漏量占支路泄漏量的 80%，可以按照下式求得：

$$80\%\Delta Q_L = \max\{\Delta Q_a, \Delta Q_b, \Delta Q_c, \Delta Q_d, \Delta Q_e, \Delta Q_f\} \tag{2-6}$$

飞机起落架液压元件准备的次序见下式：

$$\text{sort}(\Delta Q_{a,9}, \Delta Q_{b,6}, \Delta Q_{c,14}, \Delta Q_{e,15}, \Delta Q_{d,10} \Delta Q_{f,11}) \tag{2-7}$$

依据上述排序结果，科学准备备件，在间隙时间按次序更换，保证飞机起落架液压系统内外泄漏量控制在允许的范围内。

2.7.3 实验验证

为验证飞机起落架泄漏故障预知理论的可行性，在实验室搭建了实验系统。图 2-46 为搭建的模拟实验现场。该系统的主要组成元件和参数见表 2-3。

图 2-46 飞机起落架泄漏故障预知模拟实验现场

表 2-3 实验系统使用的元件和参数

序号	名称	型号/参数	单位	数量	备注
1	电液换向阀	华德 4WEH16E	台	1	新阀
2	动作筒	MOB32×200LB	台	6	液压缸
3	快速四通连接块	QZB27577-6"	个	8	
4	单向节流阀	DVP-06	台	6	其中有 3 台作为单向阀
5	高压软管		根	26	
6	溢流阀	DBDH6P10B/100	台	1	调定压力 8MPa
7	有源液压测试仪	流量范围 1～3L/min,压力范围 0～31.5MPa,测试时间设定 11～15s	台	1	输出流量调定 2.0L/min，设定压力 55.6MPa，设定测试时间 12s
8	抗磨液压油	L-HM46 41.4～50.6mm^2/s	L	20	
9	液压油污染度(NAS)	NAS 0～12	等级	9	

（1）模拟系统总泄漏、溢流阀和电液换向阀泄漏量测试

测试仪与模拟系统对接完成，设定测试流量、测试时间以及测试压力，并完成电液换向阀中位时总泄漏量的测试数据，如表 2-4 所示。电液换向阀和溢流阀的泄漏量测试数据如表 2-5 所示。

表 2-4　电液换向阀中位时模拟系统总泄漏量实验数据

Q/(mL/min)	$Q_{1中}$/(mL/min)	ΔQ_L/(mL/min)
2000	1850	150

注：压力设定 5.6MPa，测试时间 12s。

表 2-5　电液换向阀和溢流阀泄漏量实验数据

ΔQ_L/(mL/min)	$\Delta Q_L^{0,4堵}$/(mL/min)	$\Delta Q_{0,4}$/(mL/min)	ΔQ_L/(mL/min)	$\Delta Q_L^{0,5堵}$/(mL/min)	$\Delta Q_{0,5}$/(mL/min)
150	110	40	150	40	110

注：压力设定 5.6MPa，测试时间 12s。

从表 2-4 和表 2-5 可以看出，模拟系统存在 150mL/min 的泄漏量，该泄漏量包括电液换向阀和溢流阀的泄漏量。

(2) 各支路泄漏量测试

各支路的泄漏量实验数据如表 2-6 所示。

表 2-6　支路泄漏量实验数据

ΔQ_L^a/(mL/min) 240	$\Delta Q_L^{a堵}$/(mL/min) 150	ΔQ_a/(mL/min) 90	电液换向阀左位通电,ce 支路未连接
ΔQ_L^b/(mL/min) 163	$\Delta Q_L^{b堵}$/(mL/min) 150	ΔQ_b/(mL/min) 13	电液换向阀右位通电,df 支路未连接
ΔQ_L^c/(mL/min) 160	$\Delta Q_L^{c堵}$/(mL/min) 150	ΔQ_c/(mL/min) 10	电液换向阀左位通电,ae 支路未连接
ΔQ_L^d/(mL/min) 162	$\Delta Q_L^{d堵}$/(mL/min) 150	ΔQ_d/(mL/min) 12	电液换向阀右位通电,bf 支路未连接
ΔQ_L^e/(mL/min) 165	$\Delta Q_L^{e堵}$/(mL/min) 150	ΔQ_e/(mL/min) 15	电液换向阀左位通电,ac 支路未连接
ΔQ_L^f/(mL/min) 230	$\Delta Q_L^{f堵}$/(mL/min) 150	ΔQ_f/(mL/min) 80	电液换向阀右位通电,bd 支路未连接

注：压力设定 5.6MPa，测试时间 12s。

表 2-6 中电液换向阀左位总泄漏量 $\Delta Q_{L左}=\Delta Q_L^a+\Delta Q_L^c+\Delta Q_L^e$，同样，电液换向阀右位的总泄漏量 $\Delta Q_{L右}=\Delta Q_L^b+\Delta Q_L^d+\Delta Q_L^f$。因此，电液换向阀左位泄漏量的 80%可以表示为：

$$80\%\Delta Q_{L左}=\max\{\Delta Q_L^a,\Delta Q_L^c,\Delta Q_L^e\}=\Delta Q_L^a \tag{2-8}$$

因此，支路 a 是泄漏故障点。

同样，可以得到：

$$80\%\Delta Q_{L右}=\max\{\Delta Q_L^b,\Delta Q_L^d,\Delta Q_L^f\}=\Delta Q_L^f \tag{2-9}$$

因此，支路 f 是泄漏故障点。

(3) 故障支路液压元件泄漏量预知

① 支路 a 液压元件及附件的泄漏量预知。支路 a 包含单向节流阀 8、高压软管、前起落架动作筒 9 有杆腔以及接头等部位，$Q_{1左}$是电液换向阀处在左位时测试仪溢流量。支路 a 的液压元件及附件的泄漏量实验数据如表 2-7 所示。

表 2-7 模拟系统支路 a 故障点实验数据

$Q_{1左}$/(mL/min)	$Q_1^{a,9堵}$/(mL/min)	$\Delta Q_{a,9}$/(mL/min)	$Q_{1左}$/(mL/min)	$Q_1^{a,8堵}$/(mL/min)	$\Delta Q_{a,8}$/(mL/min)
1760	1850	90	1760	1760	0

注：1. 动作筒 9 在退回极限位置或刚性定位。

2. 电液换向阀工作左位，压力设定 5.6MPa，测试时间 12s。

② 支路 f 液压元件及附件的泄漏量预知。支路 f 包含上位开锁动作筒 11、高压软管、主起落架动作筒 15 无杆腔以及接头等部位，$Q_{1右}$是电液换向阀处在右位时测试仪溢流量。支路 f 的液压元件及附件的泄漏量实验数据如表 2-8 所示。

表 2-8 模拟系统支路 f 故障点实验数据

$Q_{1右}$/(mL/min)	$Q_1^{f,15堵}$/(mL/min)	$\Delta Q_{f,15}$/(mL/min)	$Q_{1右}$/(mL/min)	$Q_1^{f,11堵}$/(mL/min)	$\Delta Q_{f,11}$/(mL/min)
1770	1840	70	1770	1770	10

注：1. 动作筒 15 在伸出极限位置或刚性定位。

2. 电液换向阀工作右位，压力设定 5.6MPa，测试时间 12s。

因此，该模拟系统故障点排序为 sort($\Delta Q_{a,9}$，$\Delta Q_{f,15}$，$\Delta Q_{f,11}$)，依据故障点排序，实现了飞机起落架液压系统的故障预知。

如图 2-47 所示为模拟飞机起落架液压系统电液换向阀、溢流阀以及各支路泄漏量柱形对比。

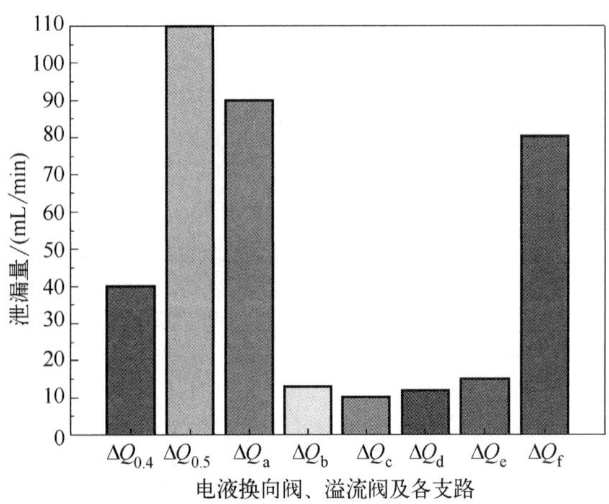

图 2-47 电液换向阀、溢流阀以及各支路泄漏量柱形对比

从图 2-47 可以看出，模拟飞机起落架液压系统中，泄漏量从大到小的顺序为 sort ($\Delta Q_{0,5}$，ΔQ_a，ΔQ_f，$\Delta Q_{0,4}$，ΔQ_e，ΔQ_b，ΔQ_d，ΔQ_c) 即为：溢流阀 5、支路 a、支路 f、溢流阀 4、支路 e、支路 b、支路 d 和支路 c。可见，利用有源液压测试技术对飞机起落架液压系统泄漏量的预知是可行的。

运用有源液压测试理论可以解决飞机起落架液压系统的如下问题。

① 解决飞机起落架液压系统在线污染物状态的预知问题，为科学更换液压油液提供检测手段。

② 解决飞机起落架液压系统支路泄漏预知的问题，为准确、快速查询故障支路提供全新的检测手段。

③ 解决液压元件泄漏量的预知，并根据预知结果的排序，为科学准备备件及正常维护更换提供了可能。

④ 解决事后维修和计划维修带来的缺陷，为机械师维护飞机起落架提供科学的检测手段，保障飞机的安全飞行。

2.8　有源液压测试仪在盾构机液压系统绿色化中的应用

盾构机是一种集机、电、液控等技术为一体，大型工程化的隧道掘进施工设备，它具有掘进速度快、施工效率高、施工质量好，对生态友好等特点；穿越河底或海底时，施工不影响航道，也不受气候的影响，同时在软弱地层亦有较强的适应性。盾构设备在城市地铁区间隧道施工中也得到越来越广泛的使用，从多方面考虑，传统隧道开挖方法将逐渐被盾构掘进法取代，盾构施工成为必选的方法。

为实现盾构机在设计生产与制造过程中的绿色化技术升级，在盾构中占主导地位的电液系统和关键液压件的绿色化是必不可少的。盾构机液压系统主要由驱动盘、盾构推进机、螺旋输送机、管片拼装机、铰接机构、液压辅助系统、扩挖刀控制系统等组成。因为其体积庞大、结构复杂，使用传统的测试系统难以准确检测出故障产生的原因及部位，并且成本非常高。在工作过程中任一部位的损坏都可能造成工作的停止。在不能确定损坏部位的情况下对盾构机进行拆卸，会造成很大的浪费，也会造成巨大的污染，对环境造成很大的影响。必须要找到一种液压系统能够在原位或者是进行少量的拆卸，就可以对其整体性能进行比较准确的分析测试方法。

有源液压测试仪技术可以在被测试液压系统的液压泵停止工作时，测试仪与被测试液压系统通过测压口或压力表接口对接，测试仪向被测试液压系统输入测试压力油的方法来诊断故障部位。它的原理就是采用被测试系统的测试参数和有源液压测试仪的设定参数对比的方法来分析。如图 2-48 所示为该测试仪与被测试液压系统示意。

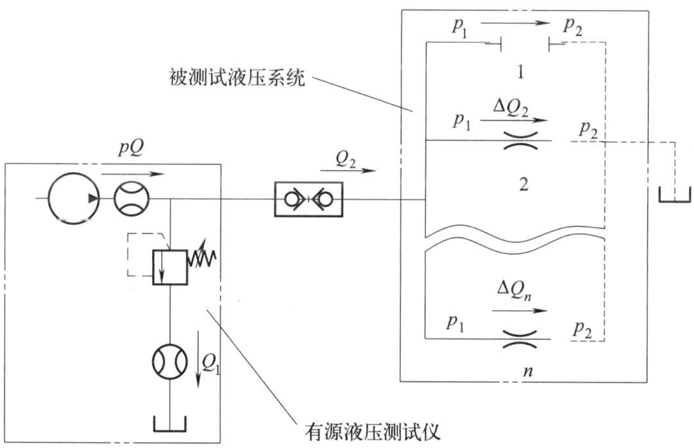

图 2-48　有源液压测试仪与被测试系统示意

1～n—支路

在测试过程中对被测试液压系统的元件采用分别切除法，液压系统性能测试示意如图 2-49 所示，其为被测试液压系统中支路 1 切除。被测试系统的所有元件分别切除后的测试结果，按容积效率或泄漏量大小确定性能等级，为备品备件提供准确的依据。

① 在快速接头不接通被测试液压系统，并在某一压力 p 下，总测试流量 Q 与溢流阀溢流量 Q_1 关系如下：

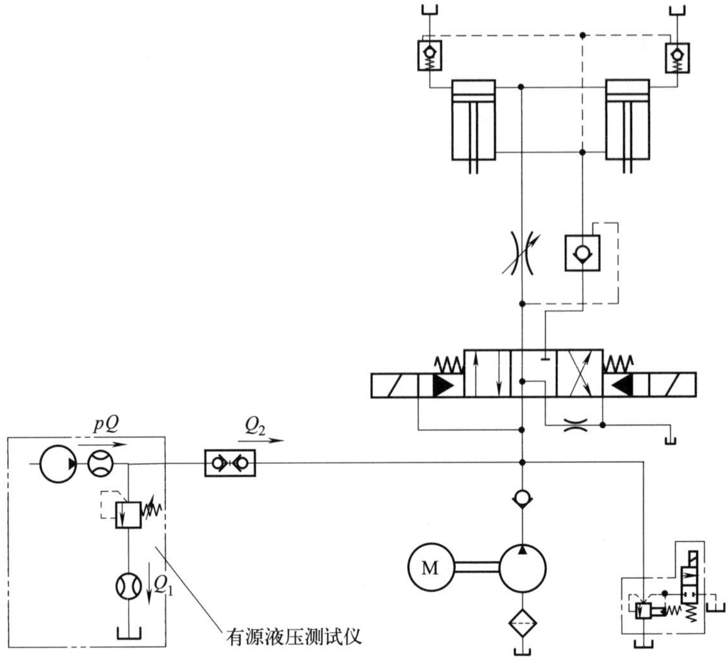

图 2-49　有源液压测试仪与系统原理路径

$$Q=Q_1 \tag{2-10}$$

② 在对接被测试液压系统，并在某一压力 p 下，支路不截堵如图 2-48 所示，Q、Q_1、Q_2 三者关系为

$$Q=Q_1+Q_2 \tag{2-11}$$

各支路的泄漏量关系如下式（从图 2-49 分析可知）

$$Q_2=\Delta Q_1+\Delta Q_2+\cdots+\Delta Q_n \tag{2-12}$$

③ 在快速接头接通被测试液压系统时，并在某一压力 p 下，支路 1 截堵，Q_1 与 Q_2 都将发生变化分别用 $Q_{11堵}$ 和 $Q_{21堵}$ 表示，ΔQ_1 可以用下式求得：

$$\Delta Q_1=Q_2-Q_{21堵} \tag{2-13}$$

$$Q_{21堵}=Q-Q_{11堵} \tag{2-14}$$

将式（2-11）、式（2-13）代入式（2-14），整理可得：

$$\Delta Q_1=Q_{11堵}-Q_1 \tag{2-15}$$

同理：

$$\Delta Q_2=Q_{12堵}-Q_1 \tag{2-16}$$

……

$$\Delta Q_n=Q_{1n堵}-Q_1 \tag{2-17}$$

因此，可以根据各支路的泄漏量的大小进行排序，很容易地找到故障支路。同理，也可以找到泄漏量最大的液压元件。根据各液压元件泄漏量的大小排序，精确地确定出液压元件的配件次序。

故障诊断过程实际操作步骤如下。

① 测试仪按图 2-49 与盾构机刀盘液压驱动系统对接，启动被测系统给测试仪加油并

诊断污染颗粒。

② 拆卸电液换向阀，将 P 口放置堵塞并安装好。

③ 按照被测试系统的 80%标定测试压力。

④ 按测试按钮，记录 $Q_2=Q-Q_1$。

⑤ 拆卸电磁溢流阀，用合适堵塞放置 P 口，并安装好，不得漏油。

⑥ 按测试按钮，记录 $Q_2=Q-Q_1$，比较 Q_2 与 Q，可发现故障部位。

操作注意事项如下。

① 被测试液压系统执行元件驱动的负载，必须为零势能。

② 被测试液压系统的蓄能器进油开关关掉或切除。

③ 被测试液压系统液压泵的出油口堵塞。

④ 对被测试液压系统的各液压元件的外表进行彻底清洗。

⑤ 对具有卸荷回路的被测试液压系统，要利用测试仪的控制线，实现不卸荷。

在对液压元件进行检测后，会得到一系列关于流量、压力的数据。将这些数据与元件正常时期的泄漏量（出厂数据）相对比，即可得出故障元件。

使用测试仪并进行上述操作可以实现液压元件在线状态测试，准确、高效、快捷地确定故障部位，排除故障，并对液压元件损坏部分进行及时的更换。被测系统不必重新开机进行检测，测试仪本身带有油箱，减少了能源的浪费，同时也减少了对系统本身的损耗。大大提高了动作效率，并且减少了对环境的破坏和污染，提高了盾构机液压系统绿色化程度。

同时，使用有源液压测试仪也可以对被测试液压系统的固体污染物、空气含量等指标进行有效的监测，为科学合理地更换液压油提供科学的依据。

在液压系统中液压油除去传递压力之外，还担任着液压元件的润滑、抗磨等方面作用。盾构液压设备中主要使用福斯抗磨液压油。在液压设备的运行过程中，液压系统的故障约有 70%是由于液压油液污染引起的。加强日常的油液检测，通过检测出的液压油中颗粒物的含量，可以判断液压系统运行的状况，对系统给出一个接近真实的评价，延长了液压系统的工作寿命，与此同时也降低了故障发生率。

将有源液压测试仪与盾构机液压系统结合起来使用的效用是非常显著的。第一，在盾构机出现故障之后可以快速定位故障部位并进行一系列处理，同时总结出快速故障定位及检测的试验方法与理论；第二，可以提前进行支路泄漏量预知和支路液压元件泄漏量预知的测试，得出支路和液压元件泄漏量的排序结果，一来对泄漏量较高的部件可以提前购买质量较好的液压元件以进行替换，二来可以在故障发生后迅速找到故障元件，同时提高了工作效率；第三，可以使用测试仪定期对盾构机液压系统油液进行监测，并评估判断不同状态下油液的污染程度，如发现问题便可及时更换油液，以防出现故障。

使用有源液压测试仪对盾构机的正常工作起到了积极的促进作用，减少了对环境的破坏，同时提高了盾构机液压系统的绿色化程度。未来还可以使用测试仪对盾构机液压系统进行可靠性分析与评估。通过测量出的液压元件具体数据，建立可靠性模型并进行分析。

2.9 “天眼”液压促动器有源液压故障诊断

2.9.1 实验样本选择

由于液压促动器在工作时，系统的载荷处于不断变化的过程，模拟变化负载存在较大难度，因此其可靠性验证试验只能用恒定负载进行加载。且 2225 台液压促动器协同工作，相互之间存在一些耦合关系，使得模拟实际的试验环境难度更大。因此，从 A 型液压促动器样本中，随机选取 6 台样本，进行可靠性验证试验，试验条件如表 2-9 所示。

表 2-9 试验条件

促动器编号	负载	工作模式
1 号(2080)	7t	0.58mm/s 往复
2 号(1568)	7t	1.16mm/s 往复
3 号(2002)	7t	1.6mm/s 往复
4 号(1159)	6t	1.6mm/s 往复
5 号(1972)	6t	1.16mm/s 往复
6 号(2011)	6t	0.58mm/s 往复

2.9.2 试验装置和试验步骤

试验装置采用 FAST 现场已有的试验机试验装置，试验装置现场如图 2-50 和图 2-51 所示。将 3 台 A 型液压促动器样本置于 7t 的负载下进行试验，将另外 3 台 A 型液压促动器样本置于 6t 的负载下同时进行试验。

图 2-50 7t 试验装置

图 2-51 6t 试验装置

本次液压促动器可靠性验证试验的试验步骤如下。

① 开启试验装置，经短时间跑和，待系统压力、流量、温度等参数指标稳定后，进行性能测试和相关试验数据记录。

② 通过设定电机的控制器程序，让液压促动器系统以 3 种不同观测速度（1.6mm/s、

1.16mm/s、0.58mm/s）不断进行往复伸缩。

③ 由各类传感器在线监测每个液压促动器样本的运行状态，目前试验现场已有的传感器布局如图 2-50 和图 2-51 所示，并在试验过程中记录液压缸和电机控制器等元件的试验数据。

④ 当样本发生故障时，暂停试验并拆卸故障样品，运用理论分析和故障检测设备，逐项检测故障液压促动器样品中的失效元件，以排除故障。

⑤ 失效元件由工程组和其他各方的参试专家共同分析，如果确认属于设计缺陷时，提出纠正措施，委托方负责实施返厂维修，并记录下相关故障信息。如果确认为偶然故障，如电气接头松动、密封圈损坏等，则排除上述偶然故障后，继续将该样本投入试验。

针对试验液压促动器的 6 台试验机的超载、超速，定时出现的爬行，异常振动和噪声异常等故障，拟定采用有源液压测试仪在线进行故障诊断。诊断项目包括相关液压元件内泄漏试验、油液污染度等级检测、气体含量的检测等。

2.9.3　液压促动器有源液压故障诊断模型

液压促动器有源液压故障诊断的简化模型如图 2-52 所示。

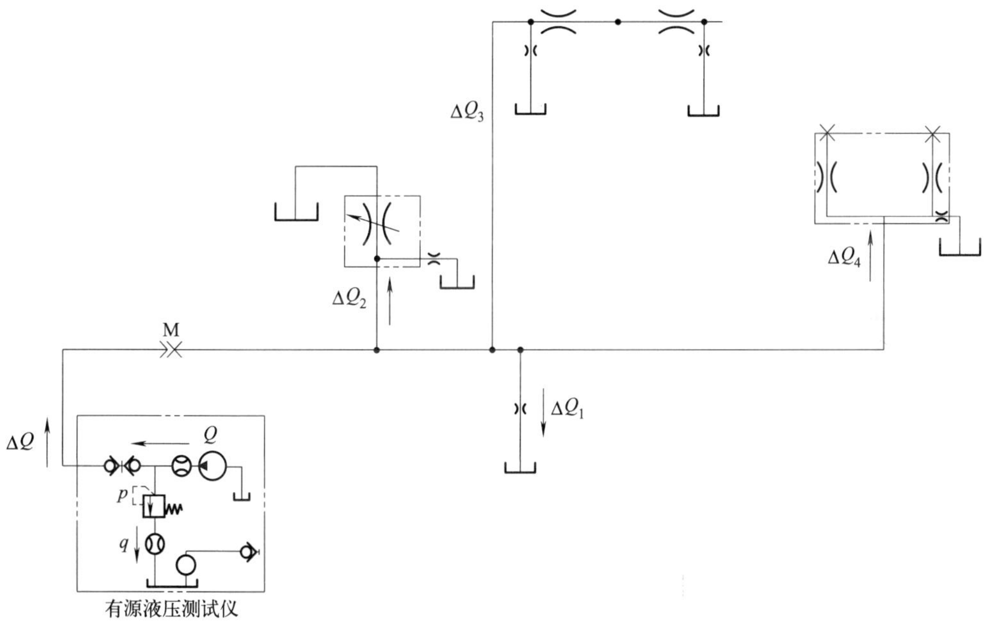

图 2-52　液压促动器有源液压故障诊断简化模型

由图 2-52 可知，测试仪输出的测试油液量与其他相关各元件泄漏量的关系可以用下式表示。

$$\Delta Q=\Delta Q_1+\Delta Q_2+\Delta Q_3+\Delta Q_4 \tag{2-18}$$

$$Q-q=\Delta Q_1+\Delta Q_2+\Delta Q_3+\Delta Q_4$$

$$q=Q-\Delta Q_1-\Delta Q_2-\Delta Q_3-\Delta Q_4 \tag{2-19}$$

Q 是设定的测试仪输出流量，其是恒定的。因此，当切除任意一个先关的液压元件时 q 都将发生变化，利用其变化值就可得到被切除液压元件的在线泄漏量的真实值。

2.9.4 液压促动器有源液压故障诊断

（1）诊断条件

① 液压促动器驱动负载卸除。启动液压促动器，输入信号，使液压促动器负载放下，并达到零势能。

② 液压促动器在线油液污染度检测和测试仪加油。按照图 2-53 连接油路，启动液压促动器，液压促动器输出的油液经测试软管流入污染颗粒检测计，其检测出在线的油液污染等级，当读完读数后关闭液压促动器，然后用加油机给测试仪加满到油位上止点。液压油污染状态参见表 2-10。

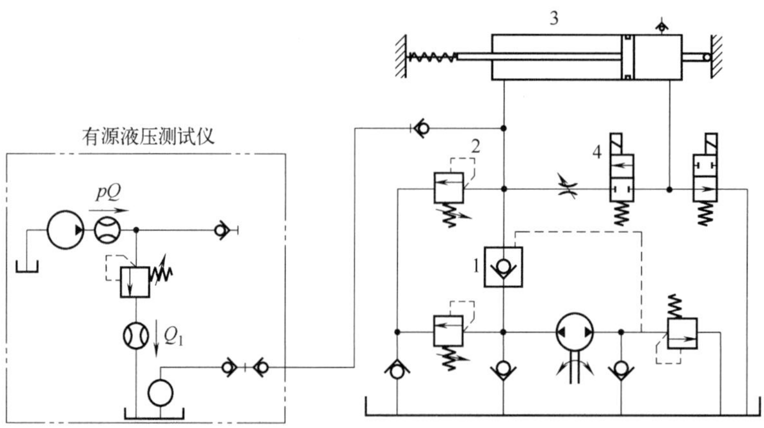

图 2-53 液压促动器油液污染检测和加油油路

表 2-10 液压油污染状态

促动器编号	运行时间/天	加载量/t	工作模式/(mm/s)	固体颗粒污染度(NAS)
1 号(2080)	25	7	0.58 往复	9.8
2 号(1568)	2	7	1.16 往复	10.5
3 号(2002)	27	7	1.6 往复	12.7
4 号(1159)	2	6	1.6 往复	11
5 号(1972)	1	6	1.16 往复	9.1
6 号(2011)	2	6	0.58 往复	10

从表 2-10 可知，含污染物颗粒最大的 3 号液压促动器，液压油液的固体颗粒污染物 NAS 等级对主要运行时间和运行速度影响较大，而对负载影响较小，影响最大的是运行速度。

③ 测试仪测试参数标定。测试仪的参数按照被测试的回路进行标定，具体参数如表 2-11 所示。

表 2-11　测试仪参数标定

序号	名 称	型号/参数	备注
1	液压油种类	L-HM46 41.4～50.6mm^2/s	液压促动器液压油品种相同
2	标定压力/MPa	15	按照 YL2 调定 22MPa 的 70%设定
3	测试时间设置/s	12	
4	标定流量/(mL/min)	1500	误差±0.5%
5	颗粒污染度检测(NAS)	0～12	
6	油液温度/℃	20～30	

④ 测试用附件的准备。测试中使用的附件如图 2-54 所示，电磁换向阀使用盲板如图 2-54（a）所示，溢流阀使用盲板如图 2-54（b）所示，液压缸油口使用盲板如图 2-54（c）所示。在测试过程中，要依据液压元件类型选择适当的堵塞，连接时要紧固好，不得漏油。

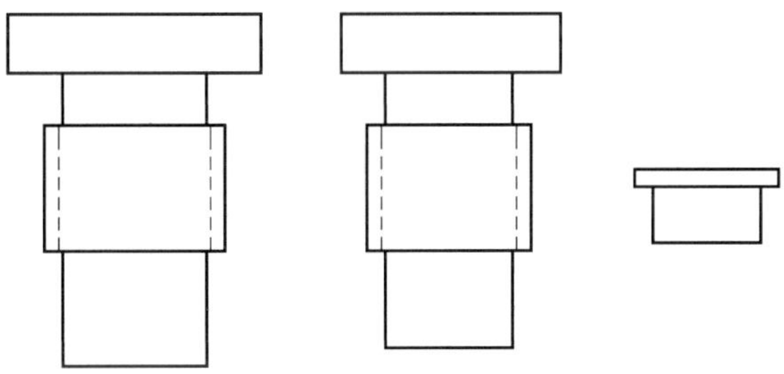

图 2-54　测试中使用的附件

（2）诊断

利用有源液压测试仪分别对 6 台液压促动器进行故障诊断。诊断的液压原理如图 2-55 所示。测试仪输出口与液压促动器外接快速接头口连接。诊断数据参见表 2-12。

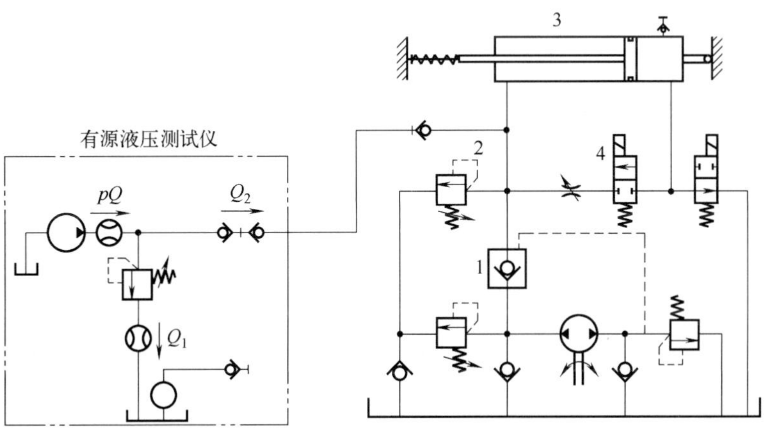

图 2-55　液压促动器有源液压故障诊断原理

表 2-12 诊断数据 单位：mL/min

促动器编号	总泄漏量	液控单向阀 1 泄漏量	溢流阀 2 泄漏量	电磁换向阀 4 泄漏量	液压缸 3 泄漏量	备注
1 号(2080)	80	0	0	0	80	NAS 9.8
2 号(1568)	120	0	0	0	120	NAS 10.5
3 号(2002)	200	0	0	0	200	NAS 12.7
4 号(1159)	160	0	0	0	160	NAS 11
5 号(1972)	100	0	0	0	100	NAS 9.1
6 号(2011)	110	0	0	0	110	NAS 10

从诊断数据可知，促动器液压系统泄漏为液压缸的泄漏，其他元件密封良好。6 台液压促动器的泄漏量都与液压油污染状态相关联，最大的泄漏量发生在 3 号（2002）促动器，其液压缸泄漏 200mL/min，液压油颗粒污染等级 NAS 12.7（严重污染），依据液压缸标准 JB/T 10205—2010（90mm 缸径的泄漏量为 0.32mL/min），可以断定故障是因液压缸超量磨损而产生的。故障诊断现场如图 2-56～图 2-59 所示。

图 2-56 液压元件泄漏测试

图 2-57 促动器运行噪声测试

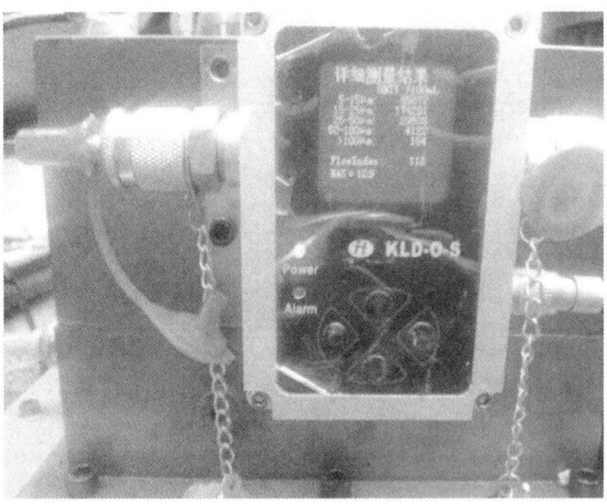

图 5-58 油液污染度测试

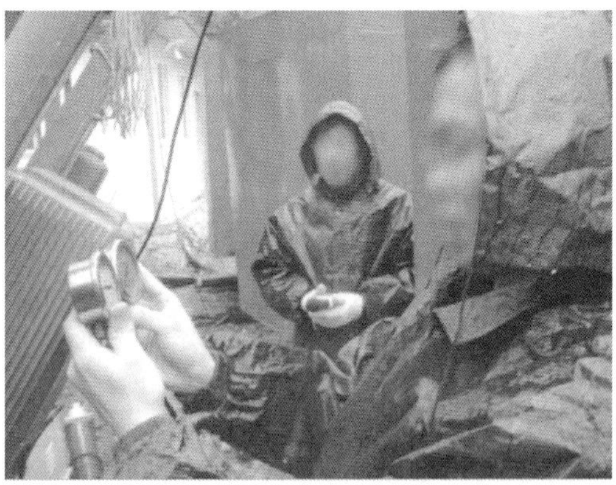

图 2-59 促动器系统压力测试

第 3 章 数字液压元件的产生到数智液压元件

3.1 数字液压元件概述

通俗地讲，数字液压技术就是能够接受计算机控制信号并且无需数模转换而产生液压输出的技术，而数字液压元件就是可以通过微处理器直接控制的液压元件。

在 20 世纪 90 年代前后，数字式控制阀进入液压领域，数字液压元件对介质污染不敏感、抗干扰、成本低，如嵌入式数字芯片放大器功耗小、工作稳定、重复精度高；由伺服类电机驱动的增量式液压数字阀与液压高速开关电磁铁驱动的直接式液压数字阀，都有很好的工程应用与市场业绩；工程机械用数字液压比例多路阀、轴控液压伺服比例阀已经成为今后产品的明显趋势。表 3-1 将数字液压元件与模拟液压元件进行对比，可以看出，数字液压元件必将取代模拟液压元件。

表 3-1　数字液压元件与模拟液压元件性能比较

项目	性能	模拟比例控制		数字比例控制		
		伺服阀	比例阀	增量数字式	直接数字式	元件组合式
				伺服步进电机	高速开关、力马达	阀岛、泵岛
电控	计算机控制适应性	需要 A/D 与 D/A	需要 A/D 与 D/A	不需 A/D 与 D/A	不需 A/D 与 D/A	不需 A/D 与 D/A
	输入信号性质	模拟	模拟	PNM/PWM/PFM	PWM/PFM/PWM-PFM	PWM
	抗干扰能力	弱	弱	强	强	强
	温度漂移(20～60)/℃	2～3	6～8	2	—	—
	微机数控系统造价	高	高	较低	低	一般
参数	频率响应/Hz	20～500	10～100	＞10～100	200 以上	10 左右
	控制精度/%	0.1～3	0.1～7	＜0.1	0.1～5	一般
	滞环/%	0.1～0.5	3	N/A	0.1	N/A

续表

项目	性能	模拟比例控制		数字比例控制		
		伺服阀	比例阀	增量数字式	直接数字式	元件组合式
				伺服步进电机	高速开关、力马达	阀岛、泵岛
参数	重复精度/%	0.5～1	0.5～1	N/A	<0.1	N/A
	功率消耗/W	0.05～5	3～25	8	3～60	3～60(单个)
	中位死区	无	有	有	有	有
	阀内压降/MPa	7	0.5～2	N/A	0.25～0.5	取决元件
生产维护	结构与制造工艺	极复杂	复杂	较复杂	简单	比较简单
	液压组件成本	最高	中等	较低	低	较低
	抗污染能力	差	较差	较好	很强	一般
	维护方便性	较差	较差	较好	较好	一般
	工作可靠性	较差	较差	较好	较好	较好
	清洁度要求	15/12	17/14	N/A	29/16	同普通元件
	过滤精度/μm	1～5	20	20	>25	同普通元件
市场	价格因子	1	0.5	0.2	0.1～0.2	同普通元件
	技术发展程度	成熟产品，20世纪50～60年代研发出来	目前是应用主流，发展数字放大器集成一体式	性能方面已经超过传统比例与伺服同类产品	发动机燃油喷射、比例多路阀等产品已经成熟应用	易于应用与解决数字式大流量问题处理方案

从表3-1可知，今后数字液压元件将不断涌现，并形成市场主体取代现有模拟式电液控制元件。这些新的数字液压元件的创新主要体现在5个方面：一是电-机-液转换器驱动元件的创新；二是控制放大器的创新，特别是先进微处理器的引入；三是嵌入式传感器与控制电路的发展与AI控制策略（数字孪生）的创新；四是新型材料如3D打印等的应用创新；五是阀芯和阀体新结构的研制。主要产品性能方向是：响应更快、流量更大、精度更高、发热更低与保证成本优势等5个方面。

3.2 电液数字液压元件的产生

如图3-1所示，电液控制元件的发展有三个历程。第一个阶段是液压工业2.0时代的开关式电磁铁控制阶段，从第二次世界大战到20世纪60年代将近30年。第二个阶段是工业3.0信息化时代的电液一体化比例控制阶段，从20世纪70年代开始到2010年左右接近40年。现在进入了第三阶段，工业4.0的数智一体化比例伺服阶段，目前处于数字液压元件发展时期，有待向数智液压比例伺服元件发展。

初期液压比例阀的工作频宽低（仅1～5Hz），稳态磁环大（仅4%～7%），体积也大，多用在开环系统。20世纪80年代后采用了压力、流量、位移内反馈和动压反馈及电校正等手段，使阀的稳态精度、动态响应和稳定性都有了进一步的提高。由于制造成本原因，一般比例阀除在中位仍保留死区和频响外，其稳态和动态特性均已和工业伺服阀相

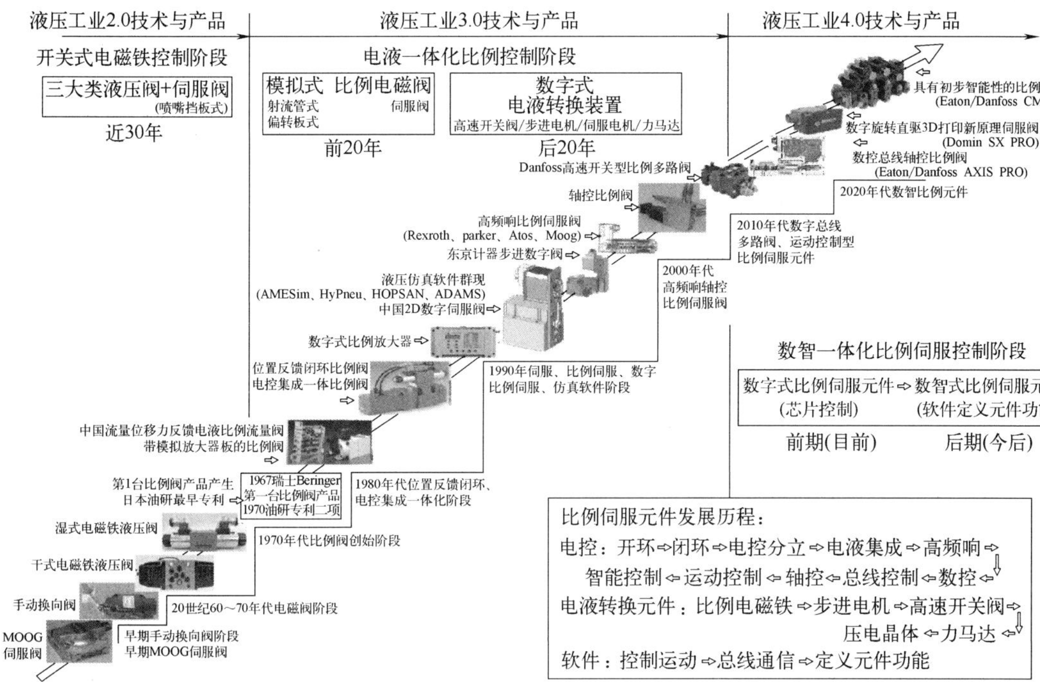

图 3-1　电液控制元件从工业 1.0 到工业 4.0 的发展历程

近。发展到现在，比例阀采用了伺服阀的阀芯阀套技术，产生了比例伺服阀，使比例阀与伺服阀的性能差距又有所缩小。电液比例插装技术与集成化趋势为大功率工程控制系统的应用与节能提供了技术基础，现在可以达到：压力 120MPa、流量 8000L/min、频响 60ms 左右。

如前所述数字液压元件出现在 20 世纪 90 年代前后，其最早是由日本东京计器开发的全系列增量式步进电机式的液压数字阀（图 3-1）。该公司开发的三大类液压阀产品样本上，压力达到 21MPa，流量 1～500L/min，输入脉冲数为 100～126，其重复特性精度和滞环精度均在 0.1%以下。我国广研所随后研制出的 SZY-F6B 数字先导溢流阀、SZY-F10B 数字溢流阀、SZQ-F8/16 数字调速阀、84SZ-F10/68B 数字换向阀产品，但是由于当时数字阀缺乏合适应用场景、步进电机价高质低、过载易失步、惯量大、频响低与性能不过关等，没有被市场接受均已淡出。但是我国同时期发展的阮氏 2D 液压数字伺服阀在工作原理上独辟蹊径，巧妙地将步进电机旋转与伺服开口特点转换成直线运动，成功获得“旋转直驱”技术的突破，至今仍在市场上发挥着突出的效益。后来的 Domin（英）也开发了类似的伺服电机，解决了将旋转通过机械转换为直驱的伺服阀，达到异曲同工的效果。

在液压领域里高速开关阀的数字控制元件开发也十分活跃，汽车燃油喷射高速开关阀应用非常成功，其中 Danfoss 的 PVG 比例多路阀是市场最成功的产品，产值以亿美元计。我国 20 世纪 90 年代贵州红林车用电控技术有限公司生产 HSV 系列开关式高速电磁阀，也制定了“汽车自动变速器的高速开关电磁阀国家标准（GB/T 35175—2017）”，该阀产品为螺纹插装式结构，开启时间为 3ms，关闭时间为 2ms，最高额定工作压力为 20MPa，额定流量为 2～9L/min。该元件对我国液压行业发展高速开关阀数字技术起到了积极的推动作用。

因此可以看出在工业 3.0 电液一体化阶段所开发的数字液压产品，它的重点是开发数字性电液转换元件。这种电液转换元件是可以接受计算机的输入数字信号与接受数字电路组成的控制器输出放大的元件。因此数字液压比例元件实际就是具备与数字控制器集成的液压元件。

从液压比例控制发展图（图 3-1）可见，20 世纪 80～90 年代是发展很快的时期。这时液压比例阀主要体现在控制器的发展上：开环比例阀→闭环位置反馈比例阀→比例放大器分置→将比例放大器与比例阀集成于一体→数字控制器（数显）→集成闭环总线比例控制→集成闭环总线轴控比例伺服控制。与此同时电液转换元件也在发展：模拟式比例电磁铁→增量式步进马达→直接数字高速开关电磁铁→高速开关直线运动力马达→压电晶体电磁铁。具体地看，MOOG 由过去的喷嘴挡板阀转向直线电机（力马达）产生了高速开关类的伺服比例阀；Atos 的比例伺服阀，除去采用伺服阀阀套结构外也已经采用轴控数字控制器；我国的“流量-位移-力反馈”的路氏比例流量阀与后来浙工大的步进马达的 2D 数字伺服阀，都在电液转换元件方面采用新的方法，只是路氏比例阀多阻尼孔配置存在抗污染与应用推广等不利因素未能坚持迭代发展；进入液压工业 3.0 的后期，除去 DanfossPVG 比例多路阀采用高速开关阀的桥式回路控制得到成功外，DominPX PRO 的伺服马达高精度液压伺服阀、Eeton/Danfoss CMA 的比例多路阀力马达都取得成功。这一阶段在数字控制器、数字电液转换元件与液压阀芯结构等方面都有创新发展，但是电控软件还尚未被关注。这一阶段比例阀与伺服阀的差距通过结构的互通、控制器的发展二者的性能差距也在极大地缩小。总体而言，比例阀性能的提高主要表现在以下几个方面：

① 由比例阀→比例伺服阀→数字控制放大器比例阀的发展过程，控制精度能够从最初的 3%～8%提高到 1%以下；

② 比例阀的驱动放大器由分置式向电液一体的集成方向发展，集成后体积减小一半以上；

③ 由开环比例阀发展到闭环后，频响由最初的 10～20Hz 提高到接近 100Hz 以及更高；

④ 比例阀的输入信号由模拟量向数字量（PWM）方向转化，为微处理器进入数字控制器打开了通路；

⑤ 数字比例阀具备总线功能后（一般采用 CAN 总线），具有内部通信调试与接线简易的优点；

⑥ 由模拟控制器发展成数字控制器后，控制器的功能极大增加，方便调试、维修，达到最佳性能。

⑦ 比例阀采用伺服阀阀芯结构后，死区减少、频响提高、电磁卡紧与液压卡紧减少、质量提高、可靠性提高；

⑧ 数字控制器具备轴控功能后，将被控对象的参数一起调节，更加符合控制目的，还可以发展到具有解耦（多轴）功能；

⑨ 产生可以感知-运算-决策-调节的自调整初级智能阀，为元件运行的健康管理打下基础。

3.3 数字轴控液压元件的产生

轴控制器按结构可分为 PLC 可编程逻辑控制器、单片机控制器、独立式运动控制器、基于 PC 机的运动控制卡、网络控制器等。而液压轴运动控制器是指用来实现液压机械运动精确的位置控制、速度控制、加速度控制、转矩或力控制的装置。

进入液压工业 4.0 以后，数字液压控制技术与产品将随着微处理器与网络技术的发展有更大发展。在目前的应用与市场层面上，有总线通信控制的 Rexroth 比例阀、具有轴控制的西门子轴控液压伺服系统，初步具备智能性的 Eaton/Danfoss CMA 比例多路阀、Atos 的轴控数字控制器、Eaton/Danfoss 的 AxisPro 轴控伺服比例阀等，尤其是 AxisPro 被称为新一代高性能液压伺服比例阀。

数字式比例放大器通过软件实现了许多功能，是模拟控制所不能及的，表 3-2 展示了这一点。

数字轴控比例放大器除可以控制自身比例阀外，还能解决受比例阀控制的执行机构共有的问题，例如可以解决液压缸负载不对称问题、阀控非线性问题、负载干扰引起的稳态误差问题，从而提高控制精度。如图 3-2 所示为数字液压元件到数字轴控液压元件的发展。

表 3-2　模拟式比例放大器与数字式比例放大器的比较

<table>
<tr><th>功能描述</th><th>模拟式</th><th>数字式</th><th>数字轴控式</th><th>数字运动式</th></tr>
<tr><td>电路</td><td>模拟电路</td><td>数字电路</td><td>数字电路</td><td>数字电路</td></tr>
<tr><td>电路基本功能</td><td colspan="4">输入电压信号,输出电流驱动</td></tr>
<tr><td>核心元件功能</td><td>集成运算放大器</td><td>数字微处理器芯片</td><td>计算机控制系统</td><td>集成计算机系统</td></tr>
<tr><td>主要控制器件</td><td>稳压电源、信号发生器(信号处理电路、功率放大电路、反馈检测与处理电路、逻辑控制电路等)</td><td colspan="3">微处理控制器芯片、存储器、PI 调节器、模拟输入口、加法器、PID 控制器等</td></tr>
<tr><td>调试</td><td>只允许作零位调整、增益调整、斜坡时间调整</td><td colspan="3">通过串行通信口(编程接口)在编程界面上设定相应参数与比例阀匹配,零位、增益、斜坡调试更灵活、更强,调整范围更宽</td></tr>
<tr><td>数据存储</td><td>无可能性</td><td colspan="3">EPROM、EEPROM 存储原始数据、信号数据与状态数据</td></tr>
<tr><td>通信功能</td><td>无此功能</td><td colspan="3">可以使编程器、PC 机等与比例放大器进行数据交换</td></tr>
<tr><td>轴控功能</td><td>无此功能</td><td>无此功能</td><td colspan="2">对于被控对象与其受控参数通过编程可以解决液压缸负载不对称问题、阀控非线性问题、负载干扰引起的稳态误差问题,从而提高控制精度等,并可记录多通道数据</td></tr>
<tr><td>轴控扩展性</td><td>无此功能</td><td>无此功能</td><td colspan="2">可扩展到 32 轴</td></tr>
</table>

续表

控制性能	无此功能	内部闭环、自我监控；现场总线接口、控制器调节方便；比模拟量伺服阀性能更高；可通过模拟量或总线方式传递指令和反馈信号	比 PLC 运算速度高很多，包括位置、速度、压力/力、并联控制等；具有固定的算法、程序结构，可改变控制模式；只有控制器参数可调	具有轴控制所有功能，可以自由编程；使用控制器模板；具有闭环和 PLC 特征（MACS 内置于阀）
编程性	无此功能	通用	专门语言 ECLWIN	
互换性	不具备互换性	具备通用互换性		
状态检测与故障诊断	无此功能	具备检测诊断功能		

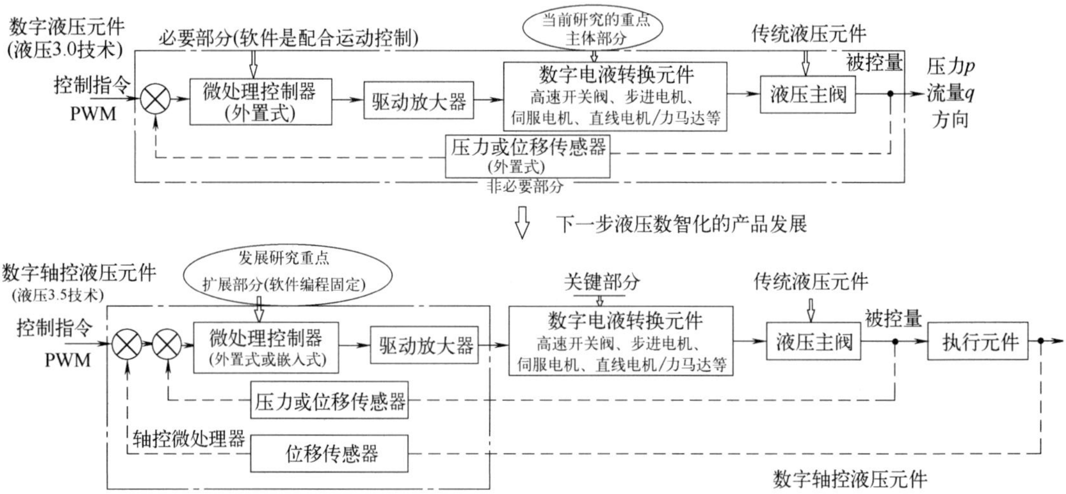

图 3-2　数字液压元件到数字轴控液压元件的发展

3.4　数智液压是数字轴控液压的发展

数字轴控液压放大器将比例阀与被控制对象联系起来，这一联系是从执行机构参数传感器的反馈纳入比例阀控制放大器实现的。

Eaton/Danfoss CMA 比例多路阀初步液压智能性的表现，是通过嵌入式压力传感器，对流量的需求感知流量饱和后，自动进行比例降低并分配到各片阀的供油中，这表明该阀已经具有了感知后的运算“决策”性。今后的数字液压元件产品将更多地通过感知-运算-决策数字比例控制器来实现更多的功能，这就是数智液压元件。图 3-3 表达了数智液压控制元件的基本功能，可以归纳如下。

① 数智液压元件一般具有数字电液控制元件，可以接受数字信号的输入，经数字控制放大器的放大，驱动液压主阀输出被控参数。

② 作为数智元件具有六个功能部件：传感器芯片、微处理器芯片、放大器驱动芯片、

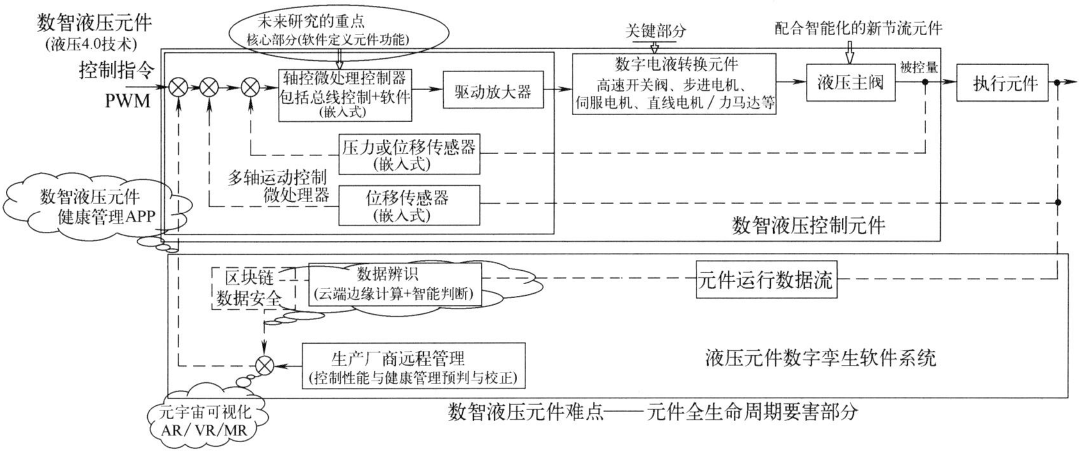

图 3-3　数智液压控制元件基本功能方框图

通信芯片、运算决策编程软件、液压被控主阀。

③ 芯片是数智元件的核心，软件是其灵魂。智能性主要是指软件能够对传感器的信息进行运算处理做出决策，而采用的总线通信或网络通信能够及时将决策或数据与内外进行交互。

④ 数智液压元件一定是闭环控制的。

⑤ 控制器采用轴控后可以将液压执行机构的被控参数纳入闭环，解决了阀与被控对象或负载等各种不同情况下的智能处理。

⑥ 数智元件需要有两个基本智能功能：元件控制功能与元件健康管理功能。其中，健康管理功能是物联网数字孪生技术的一部分，通过辨识可以判断元件参数的状态，从而获知元件健康程度，并可以进行预处理。

⑦ 元件健康预知与处理需要经过云计算实时进行，涉及云技术、区块链安全保障技术，通过与元件的生产厂商远程进行数据处理。

⑧ 数字孪生的决策判断，可以设想通过厂商的数智液压元件健康管理 APP 与现场实时进行对标处理。

第 4 章 数字液压控制技术概述

4.1 数字液压控制的功率级与先导级

按照图 4-1 所表达的，数字液压控制分为功率级、先导级与阀岛三种类型。但是在目前通行的概念中，数字液压控制主要是指图 4-1 中具有先导数字电液转换元件的那部分。作为功率级的微处理控制伺服电机，由于与液压泵或系统只是间接联系，因此本书未将其作为数字液压元件的一部分。但是，今后功率性液压元件会有两个发展方向：一个是伺服电机采用轴控微机控制，液压元件作为被控对象纳入，形成一个整体；二是液压元件以伺服电机转子的一部分与伺服电机合二为一。

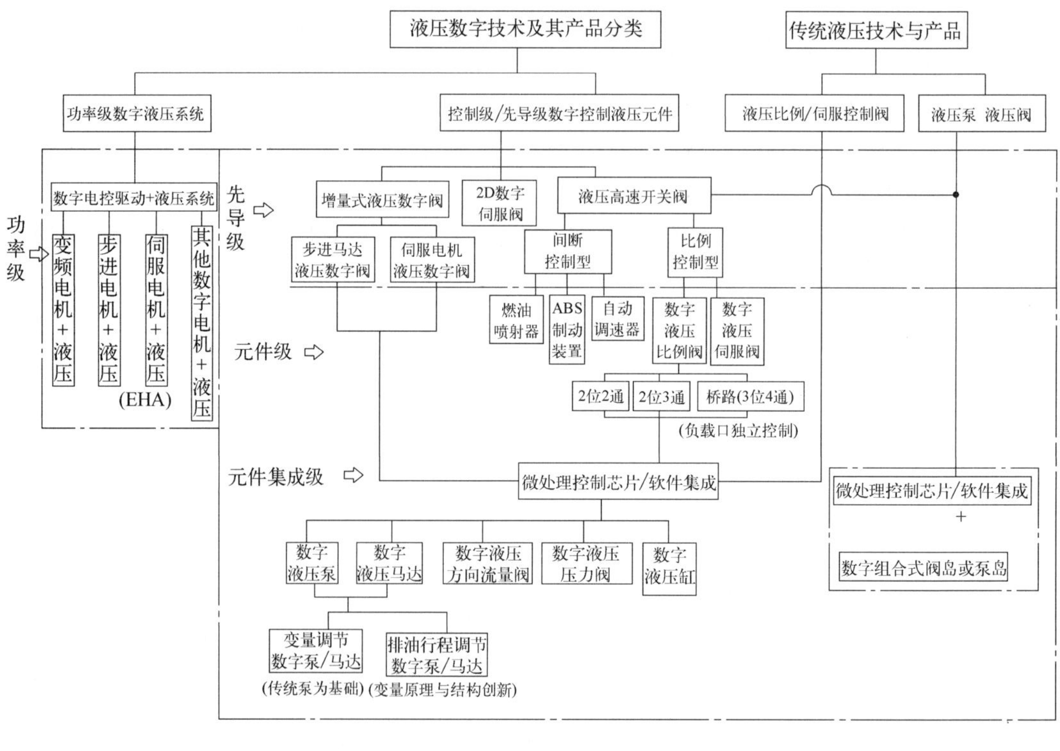

图 4-1 数字液压控制元件及其分类

4.2　数字液压元件图形符号表达

数字液压元件图形符号表达方法如图 4-2 所示，建议遵循下列原则：

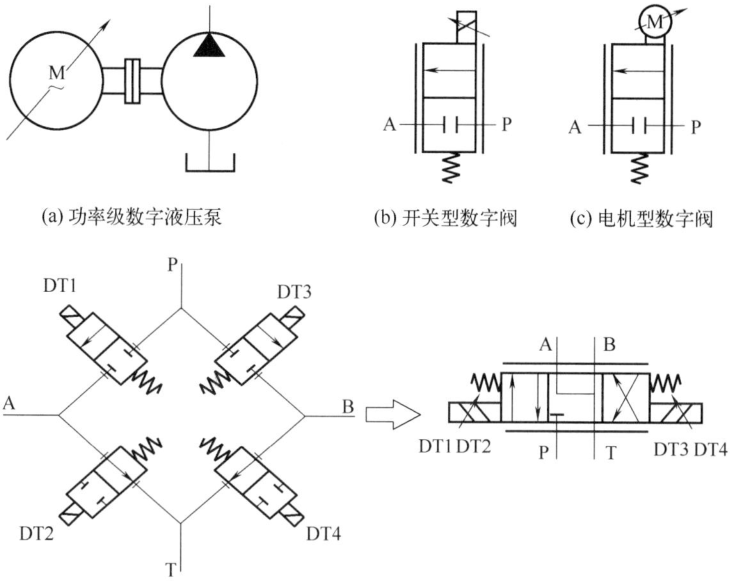

(a) 功率级数字液压泵　(b) 开关型数字阀　(c) 电机型数字阀

(d) 3位4通开关数字阀(桥式回路)

图 4-2　数字液压元件图形符号

① 所有表达符号与文字遵循已用液压与气动图形符号的原则（GB/T 786.1—2009）。

② 数字电机加上箭头的符号，表示变速调速。如图 4-2（a）与（c）所示。

③ 数字比例阀沿用模拟比例阀的表达符号，因为模拟比例阀将会被淘汰。

④ 数字比例阀桥式回路可以采用现行国家标准表达，即采用 4 个换向阀表达桥式回路。但是可以简化为普通比例阀图形符号，只需在电磁铁上多增加一条斜线（共 4 条斜线以表达有 4 个高速开关阀），形成三位四通功能，中间机能按设计原意表达。

4.3　数字控制模拟比例电磁阀归入数字液压元件

数字液压元件的另一条发展途径是在现有的模拟式比例阀中，取消模拟式比例放大器而采用数字控制器，如图 4-3 所示。此时形成的数字控制模拟比例阀可以接受为数字液压元件。这是以控制器变换的方式将原有的模拟比例元件转换化为数字比例元件，制造厂商付出的代价小、转型快。但是相对于直接型数字电液转换器而言的不利之处在于：数字控制模拟阀的比例控制器要增加 D/A 与 A/D 转换。由于 A/D 与 D/A 转换占用微机控制时间，因此限制了运算速度，另外也增加了 A/D 与 D/A 的芯片成本。

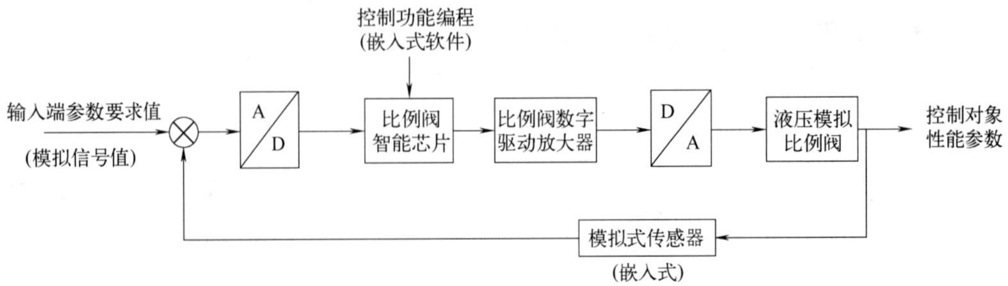

图 4-3　数字控制模拟液压元件

第 5 章 液压高速开关数字阀（高速开关阀）

在液压控制数字化的电液数字控制元件中，高速开关阀一直是业界关注的重点，特别在欧美液压企业开发的液压数字元件中比较突出。而日本与我国开发的数字液压元件对于步进电机数字控制会采用得更多一些。采用液压高速开关数字阀的控制系统（数字液压控制系统）方框图如图 5-1 所示。

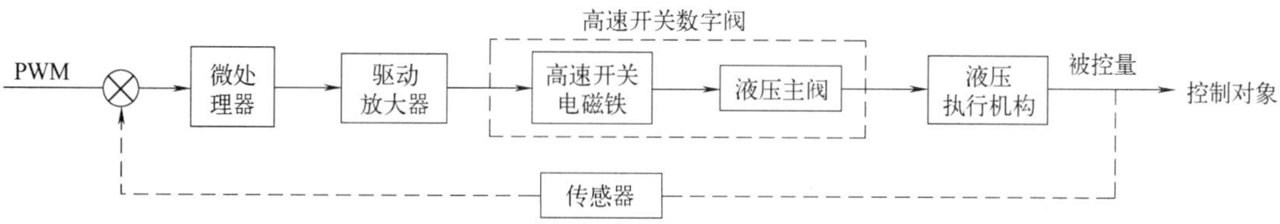

图 5-1 数字液压控制系统方框图

迄今为止，液压高速开关数字阀的开发型式与品种还是不少的，按电液转换元件或按液压阀结构型式，已经全面表达在图 5-2 中。可以看到，目前的高速开关数字阀以螺管式软磁材料制造的电磁铁与 2 位 2 通直动式锥阀或球阀结构的高速开关阀为最常见。

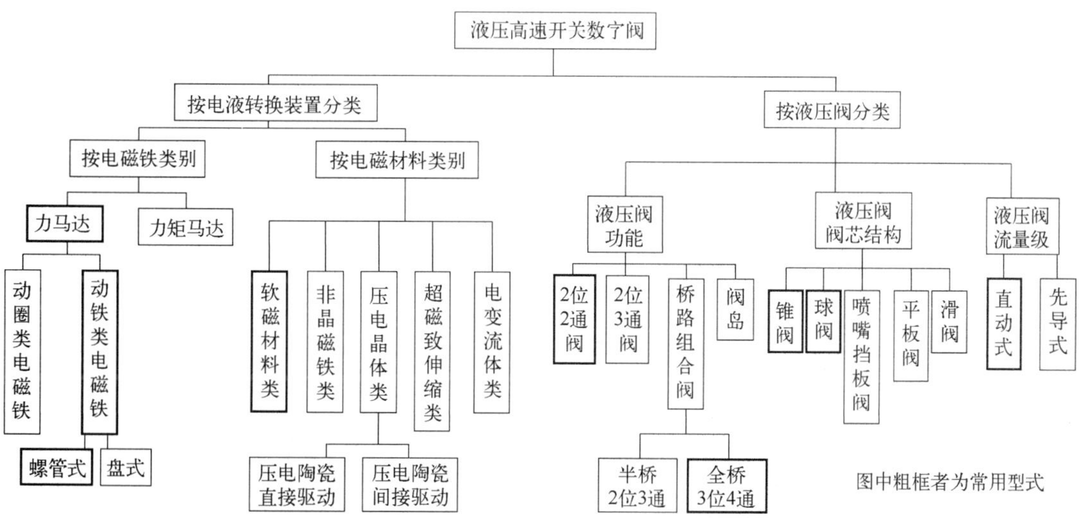

图 5-2 液压高速开关阀品种的分类

液压高速开关电磁铁在结构原理上与传统的比例电磁铁或一般换向阀电磁铁基本相同，没有本质区别。只不过为了获得很高频响，采取了很多的技术措施以实现在压缩行程的基础上加大运动件的起始加速度。

高速开关数字阀很大程度上是在汽车发动机燃油喷射采用共轨技术的需求下发展起来的，以达到汽车越来越高的污染排放标准，采用的电子控制系统使发动机各种工况下都能获得低排放与高效率。这时高速开关数字阀的控制过程在燃油压力为 160～220MPa、频响为 3～6ms 或者最高 0.1～0.2ms 下进行。用于共轨燃油喷射系统及汽车其他各种控制系统的液压高速开关数字阀至今仍在发展之中，博世、西门子、电装、德而福等公司的产品具有很高市场地位。也有一些国外知名生产厂，如美国的 cleanairpower、德国的 Heinzmann 等的高速开关数字阀不单独出售，采购困难，也影响了其应用的扩展。

我国最初推出脉宽调制式直接控制数字阀产品的是贵州红林机械厂，生产与美国 BKM 公司合作研制成功的 HSV 系列高速电磁开关数字阀等产品，此外国内少有液压企业涉足这一领域。直至 2014 年后，宁波赛福汽车制动有限公司生产的用于摩托车 ABS 制动的高速开关数字阀装置成功地推向国际市场，2019 年，成都阀智宝数字液压设备有限公司生产的 PVG 型工程机械用 IDP 比例多路阀也成功获得国内市场应用。

5.1 高速开关阀的定义与名称术语

只要具有运动控制功能的液压换向阀都是液压高速开关控制阀。但这样的阀就一定存在阀的换向速度问题，也就是自动控制理论中所谈的时间响应要求。根据控制对象，我们将开关换向阀的响应时间进行分类，如表 5-1 所示。

表 5-1 液压开关阀的分类

分类	低频响液压 高速开关阀	一般频响液压 高速开关阀	高频响液压 高速开关阀	超高频响液压 高速开关阀
响应时间	≤10～200ms	1～10ms	<1ms	<0.1ms
运动领域	水轮机比例调速等 （大惯量负载）	液压比例控制、 汽车 ABS 等	燃油喷射、 液压伺服等	喷墨打印等
名称	低速开关阀	高速开关阀	超高速开关阀	极高速开关阀

表 5-2 所示为汽车自动变速器领域高速开关电磁阀规定的名词术语。表中的规定对于液压行业而言可以完全一致，只是对响应时间的定义根据不同行业的应用场合可以有所变化。

表 5-2 汽车自动变速器领域高速开关电磁阀规定的名词术语

序号	高速开关阀术语	英文表达	标准定义
1	高速开关电磁阀	high speed on-off sulenoid valve	通过电磁转换，以响应时间不大于 20 ms 的速度完成开关动作，进而实现对流体压力或流量进行控制的装置。其包括用于状态转换控制的普通高速开关电磁阀和用于连续控制流体压力或流量的脉宽调制高速开关电磁阀

续表

序号	高速开关阀术语	英文表达	标准定义
2	占空比	duty ratio	脉冲信号的通电时间与脉冲周期之比，以百分数表示
3	脉宽调制	Pulse width modulation	通过控制电磁阀脉冲信号的占空比，对电磁阀流量或压力进行控制
4	压力特性	pressure characteristic	电磁阀以脉宽调制方式工作时，控制端压力随占空比的变化而变化的关系
5	滞环	hysteresis	在稳态压力特性曲线上，对应于同一占空比，上行曲线与下行曲线之间最大差值的绝对值与控制端的最大输出压力值之比，以百分数表示
6	重复精度	repeat precision	重复测量在同一占空比下，上行（或下行）控制端压力最大差值与控制端的最大压力值之比，以百分数表示

5.2 高速开关阀结构原理与特点

液压高速开关数字阀的结构原理如图 5-3 所示，高速电磁开关阀与传统的电磁阀从原理、结构等各方面看没有本质区别，唯一不同的是设计的性能指标要求有变化，并由此带

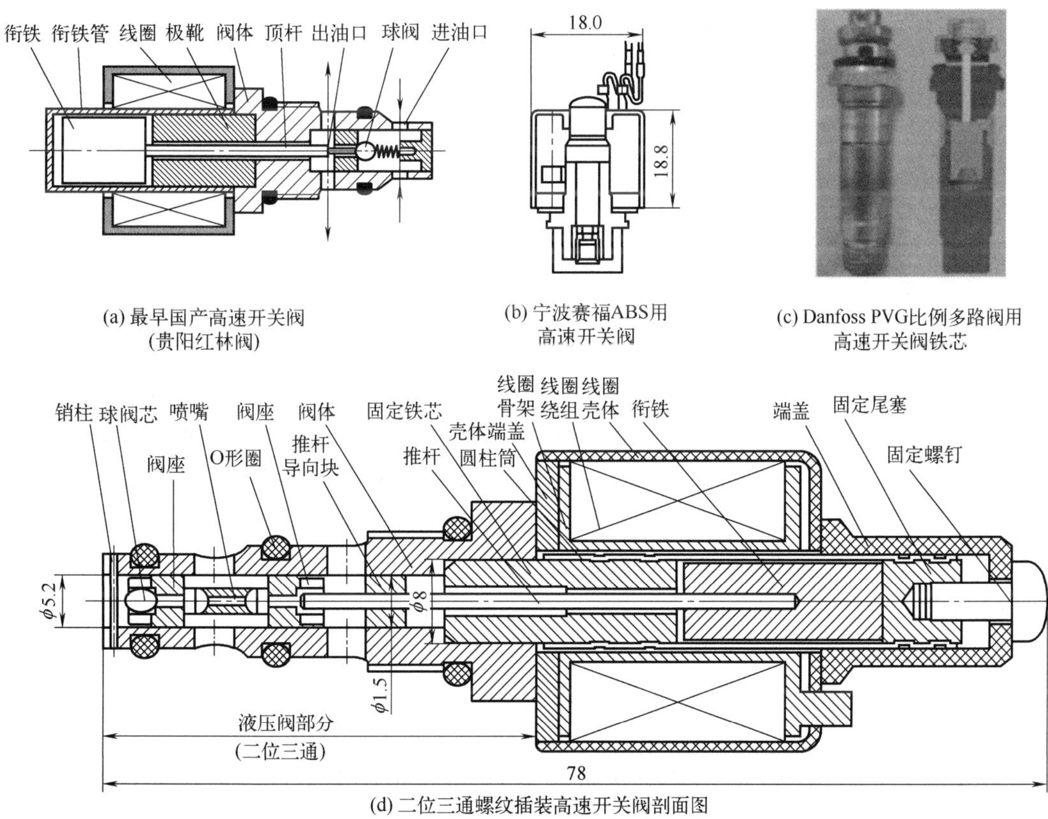

(a) 最早国产高速开关阀（贵阳红林阀）

(b) 宁波赛福ABS用高速开关阀

(c) Danfoss PVG比例多路阀用高速开关阀铁芯

(d) 二位三通螺纹插装高速开关阀剖面图

图 5-3　液压高速开关数字阀

来完全不同的设计理念与措施。这个要求就是通/断电后的磁场的响应时间、阀芯的发热与冲击等。现在要求高速电磁开关阀产生力的变化以及随之由此力带动的液压阀的动作在毫秒（ms）级，为此高速电磁铁必须在信号、材料、结构以及控制等各个方面想方设法去达到这一要求。

高速开关阀由开关阀本体与电液转换机构（电磁铁）构成，驱动放大器也是阀的组成部分，但一般分置在外。因此阀的组成所对应的油路、电控与磁路，是高速开关阀的三大要素。它与普通换向阀的区别就是开关的响应速度快，与结构关联的油路、磁路与电控需要考虑如下几点。

（1）功能性特点

只有2位2通或2位3通换向阀，流量小，一般低于8L/min；3位4通阀须采用4个2位2通阀组成桥路形成（图5-4），具有2^4个中位机能。

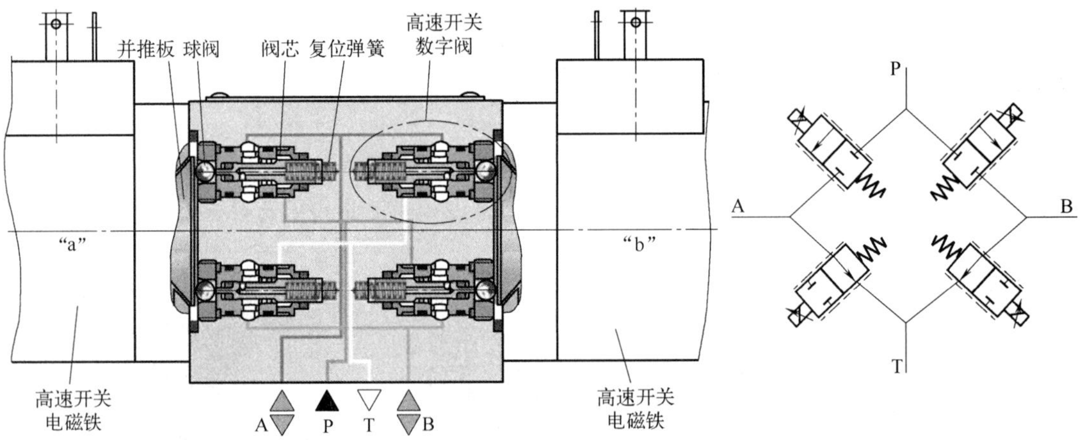

图5-4　桥式回路组成的三位四通高速开关阀

（2）结构特点

可供选择的有平板式、球阀、锥阀或喷嘴挡板式。大多数选用锥阀，因其液动力特性比较好，球阀次之，平板阀更差，因此平板阀所用的工作压力都不高。滑阀在高速开关阀中很少采用，除非是作为放大级；作为先导级，滑阀有较多的缺点，首先质量比较大，其次摩擦力较大且不可控，对于高速是不利的。然而，也有采用滑阀作为先导级的，例如EatonCMA，一般是电磁力大或响应要求不很高而对流量的要求高时，采用有优势，这种情况下如果采用双电磁铁驱动换向配合起来有很好效果。

（3）连接特点

尽可能向标准的螺纹插装结构与连接考虑，便于拆卸与维修，也可考虑多余度措施。便于集成，而且要考虑与电控器的集成，散热要好。

（4）电磁转换特点

采用磁感应强度高的材料，在电转换成磁所产生的电磁力大，但要尽可能减少漏磁、电涡流、感应反电动势等；在电磁力通过阀杆或阀套作用在阀芯的同时，尽可能减少摩擦阻力与液动力。

（5）电控方面特点

驱动放大与阀尽可能释放阀芯潜在的高速运动能力以及采用 PWM、PFM、PWM/PFM 的信号有关，要将功率消耗降至最小，否则电磁线圈易发热；需要考虑从信号到动作的控制策略或者更复杂的电路驱动控制措施；图 5-5 显示了具有控制芯片与 CAN 总线的高速开关阀。对于插头形式应用方很介意，特别是工程机械应用场合，需避免进水。

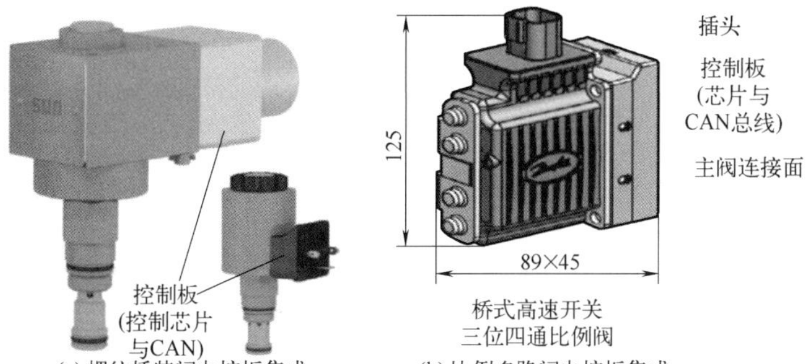

(a) 螺纹插装阀电控板集成　(b) 比例多路阀电控板集成

图 5-5　具有控制芯片与 CAN 总线的高速开关阀

（6）设计仿真

对于磁路、压力等的建立以及大流量的液压放大需要对于压差的建立与放大程度加以仿真计算，选取最优参数；要考虑材料的加工、成本、耐磨性等。

（7）回程考虑

开与关两个动作的力需要均衡，回程力一般需采用弹簧力、反向电磁力、弹性材料反弹力等其中之一的办法；回程弹簧预紧力应适当设计得较小，尽可能减少对阀电磁力的影响。

5.3　高速开关阀的功能与静动态性能

5.3.1　液压高速开关阀功能=液压比例节流阀功能

液压高速开关阀的功能与液压比例节流阀是一样的，都是调节液压系统中的流量大小。然而它们的工作原理却大相径庭。表 5-3 列出了高速开关阀与比例节流阀的调节原理与差别。

表 5-3　高速开关阀与比例节流阀流量调节作用比较

序号	比较内容	比例节流阀	高速开关阀
1	结构型式	换向阀（带节流槽）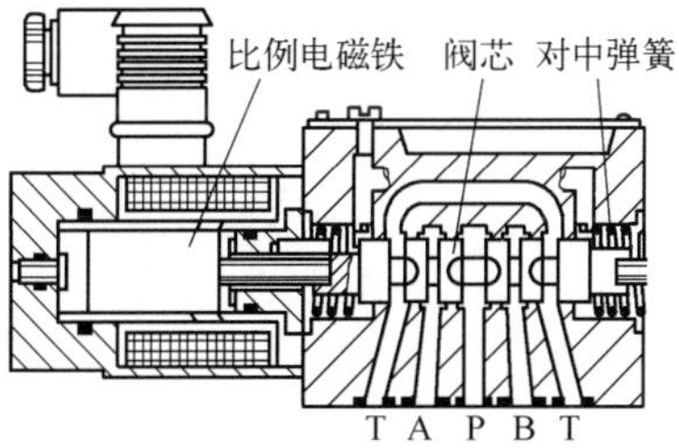	换向阀（锥阀或球阀）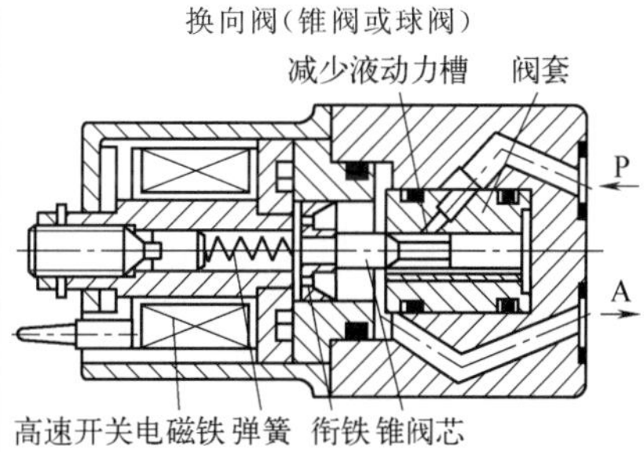

续表

序号	比较内容	比例节流阀	高速开关阀
2	图形符号		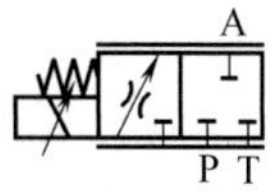
3	控制流量工作原理	通过改变节流截面 A 或节流长度来调节液压阻尼大小	通过阀芯开关来调整通流的时间
4	流量调节参数	阀行程 3～6mm 单级阀流量在 40L/min 左右	切换时间 0.8～3ms (结构行程 0.1～0.2mm) 单级阀流量不超过 8L/min
5	流量调节公式	$Q=C_dA\sqrt{\frac{2}{\rho}\Delta p}$　A 是调节量	$Q=C_dA\frac{t_p}{T}\sqrt{\frac{2}{\rho}\Delta p}$　τ 是调节量
		式中，C_d 为流量系数；A 为数字阀过流面积；Δp 为阀过流压差；ρ 为油液密度；t_p 为阀开启时间；T 为阀采样周期；$\tau=t_p/T$ 为占空比	
6	流量调节方式	按输入电信号幅值大小进行控制，在压差恒定条件下，通过电液比例方向阀的流量与输入电信号的幅值成比例	输入信号通过占空比 τ 的变化，在压差恒定条件下，通过高速开关阀的流量与输入的占空比成正比
7	工作性能曲线(静态)	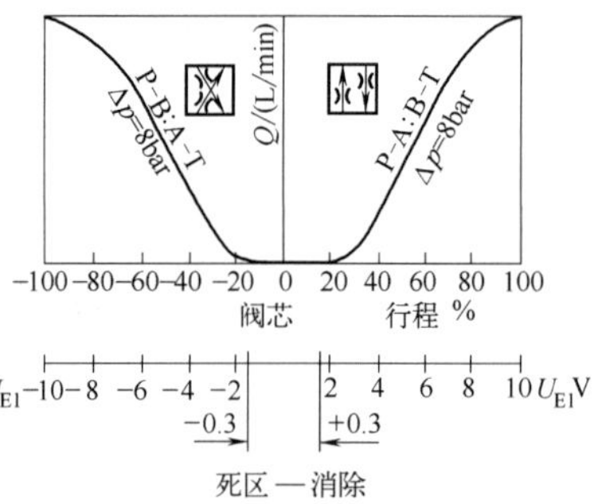输入是电压信号，通过比例放大器成为电流输出，通过比例电磁铁成为行程输出，而行程与输出流量成正比	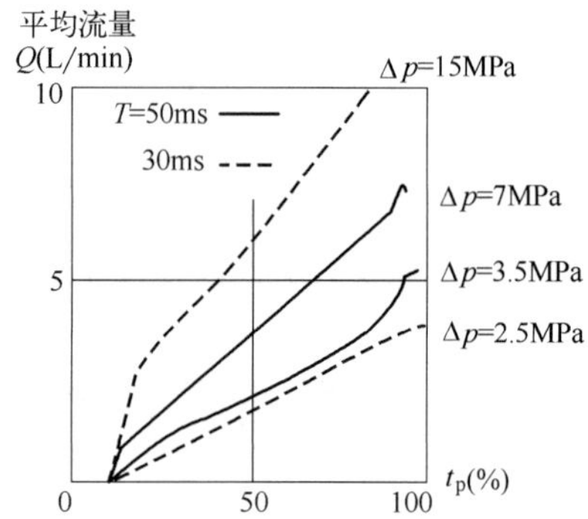输入是占空比，通过数字放大器成为高速开关阀开关，此开关占空比与输出流量成正比
8	电磁铁的位移-力特性	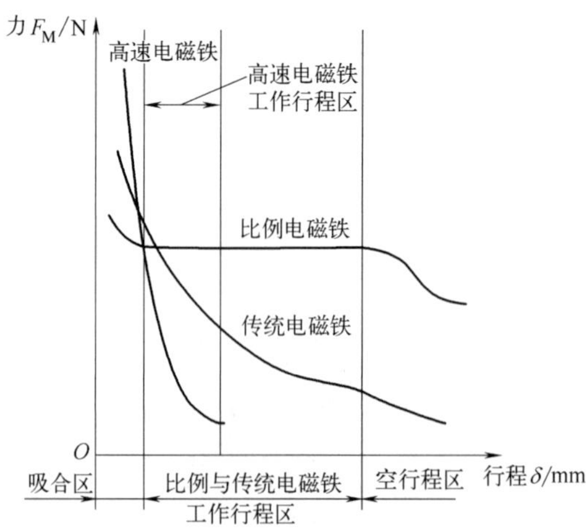	

5.3.2 高速开关阀静动态性能

(1) 高速开关阀 PWM 的载波调制极限频率与占空比

液压数字控制阀的输入信号有脉宽调制（PWM）、脉数调制（PNM）、脉频调制（PFM）三种。PWM 以及 PFM 更适用于控制高速开关数字元件，PWM 的调制方法如图 5-6 所示。而 PNM 适用于对增量式数字元件进行控制时采用，如步进电机驱动的数字阀。

PWM 是利用微处理器的数字输出进行控制的一种非常有效的技术，在电路中主要功能是将输入电压的振幅转换成宽度一定的脉冲，具有脉冲输出的时间为 t_p，而整个脉冲周期设为 T_s，则脉冲的占空比 $\tau=t_p/T_s$。电压的平均值和占空比成正比，所以在调节频率时，不改变直流电压的幅值，而是改变输出电压脉冲的占空比。PWM 控制器相比于传统模拟控制器而言，动态性能好、经济、节约空间、发热少、抗噪性能强，且可延长通信距离。

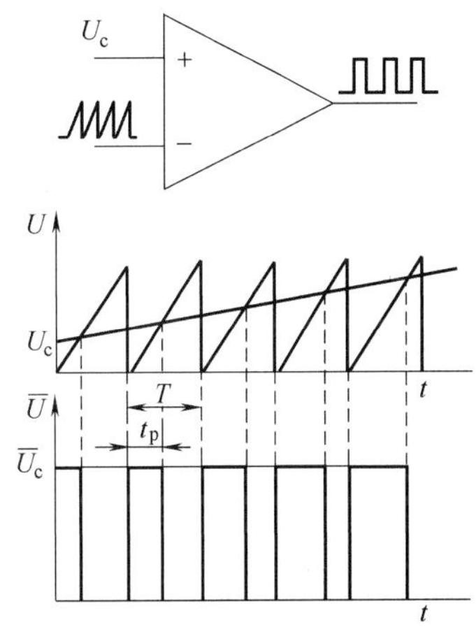

图 5-6　数字控制信号的脉冲调制方法

当采用 PWM 脉宽调制信号作为数字液压阀的控制信号后，首先是要决定脉宽的时间 t_p。如图 5-6 所示，这个时间由控制参数（如液压阀的流量参数）来决定，但是这个参数与给定的调制载波频率是有关联的。因此首先要在高速开关数字阀产品的性能参数确定的基础上，根据控制要求确定 T 与 t_p。

在 PWM 脉冲信号的作用下，高速开关电磁铁在接受电压脉宽信号后，产生驱动电流，液压高速开关阀开始动作。它的工作分为三个阶段：以常闭阀为例，有阀芯吸合过程时间 t_{on}、阀芯保持开启工作时间 t_w 与电磁铁释放后阀芯回位过程时间 t_{off}。在一般情况下，t_{on} 与 t_{off} 是否相等是根据阀的设计所决定的，从电流曲线看关闭的时间一般会更长些，这主要取决于电磁铁的电感所产生的反电动势，当然与阀内的弹簧匹配也有联系。由于在有关生产制造厂商提供的高速开关数字阀的样本中，这两个参数即阀的开启时间 t_{on} 与关闭时间 t_{off} 都会提供，因此我们可以计算出该阀的极限采样周期时间 T_{min}，即

$$T_{min}=t_{on}+t_{off} \tag{5-1}$$

如果我们规定 PWM 的极限载波频率为 F_{max}，则：

$$F_{max}=1/T_{min}=1/(t_{on}+t_{off}) \tag{5-2}$$

由于在 PWM 电路中需要设置死区，于是在应用中此极限采样周期要大于 T_{min}，相应地，实际应用中的 F_{max} 也会小一些。

综上所述，对于液压高速开关数字阀来讲，只有在具有脉宽的时间周期内，常闭阀才打开或常开阀才关闭，并被认为是工作期间。因此脉宽时间 t_p 是整个采样周期 T 中的工作时间，于是将这个比值称为占空比，以符号 τ 表示。因此占空比 τ 为：

$$\tau=t_p/T \tag{5-3}$$

τ 用来表征采样周期内输入信号占用时间的比例，既相当于在采样周期内输入信号的幅值（如平均电压），也相当于平均输出与峰值的比值的概念。所以用它来控制高速开关

流量阀应该对应输出的平均流量。由于液压高速开关阀本身就是换向阀，因此它的平均输出流量$\overline{q_{v}}$可以按液压阀的流量公式，表达为：

$$\overline{q_{v}}=\frac{t_{p}}{T}C_{d}A\sqrt{\frac{2\Delta p}{\rho}} \tag{5-4}$$

式中　C_{d}——流量系数；

A——数字阀过流面积；

Δp——阀过流压差；

ρ——油液密度。

图 5-6 全面反映了从 PWM 信号到液压阀芯的整个运动过程，因此这个曲线对于指导数字阀的设计与分析有重要的指导意义。例如如何减小 Δt_{on} 与 Δt_{off} 是我们需要解决的技术问题之一。

（2）高速开关阀的静态性能

① 空载流量特性。空载流量特性即输出的平均流量与输入信号的脉宽占空比的关系曲线。

空载流量特性是高速电磁开关阀重要的静态性能之一，它基本反映了阀对系统的控制能力。目前已研制出的高速电磁开关阀的空载流量还比较小（<10L/min），只能用于较小的功率控制或作先导阀使用。

a. 理想空载流量特性。设高速电磁开关阀为一理想开关阀，即开关阀能瞬时对脉冲的上升沿和下降沿做出反应，开关阀的瞬时流量可表示为

$$\begin{gathered} t=0 \quad q_{V}=0 \\ 0<t\leqslant t_{p} \quad q_{V}=C_{d}\omega x_{m}\sqrt{\frac{2}{\rho}(p_{P}-p_{L})} \\ t_{p}<t<T \quad q_{V}=0 \end{gathered} \tag{5-5}$$

式中　ω——电磁开关阀阀口的面积梯度；

x_{m}——阀芯最大开口量；

ρ——工作介质密度；

C_{d}——流量系数；

T——脉冲信号周期，即载波周期；

t_{p}——脉宽，即一个周期 T 内的高电平持续时间；

$p_{P}-p_{L}$——开关阀阀口前后油液压力差。

在一个载波周期内的平均流量 $\overline{q}_{V}$ 为

$$\overline{q}_{V}=q_{V}\frac{t_{p}}{T}=C_{d}\omega x_{m}\tau\sqrt{\frac{2}{\rho}(p_{P}-p_{L})} \tag{5-6}$$

式中　τ——占空比，$\tau=t_{p}/T$。

可见，当开关阀的前后压差（$p_{P}-p_{L}$）不变时，开关阀在一个载波周期内输出的平均流量与占空比成正比，如图 5-7 中的虚线所示。

b. 实际空载流量特性。考虑电磁铁的响应滞后时间以及阀芯运动时间等的影响，这时计算通过开关阀的平均流量应利用平均开启量来进行。因此有

$$\overline{q_V}=C_d\omega x_m\overline{X_v}\sqrt{\frac{2}{\rho}(p_P-p_L)}$$

$$\overline{X_v}=\frac{\overline{x_v}}{x_m}$$

$$\overline{x_v}=\frac{1}{T}\int_0^T x_v\mathrm{d}x \tag{5-7}$$

式中　$\overline{X_v}$——开关阀阀芯的无因次平均位移；

x_m——阀芯的最大位移；

x_v——阀芯的位移。

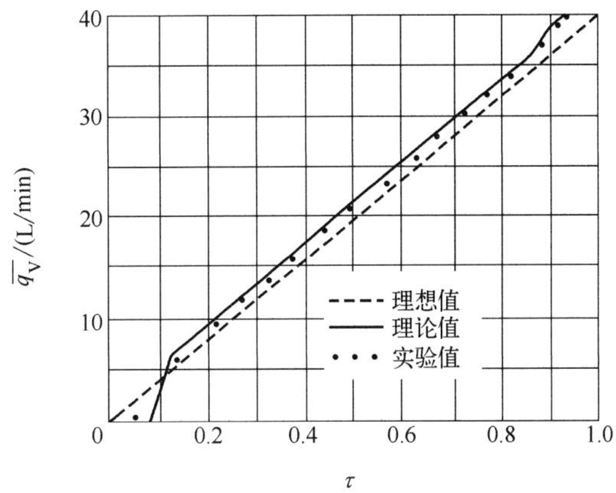

图 5-7　开关阀的空载流量曲线

从式（5-7）可见，平均流量与载波周期无关。实际试验表明在合理选择载波周期下，平均流量基本与周期无关，但影响流量调节的精确度，频率高流量曲线光滑，所以应尽可能采用较高的载波频率调制。但载波频率受式（5-8）的限制

$$f_c\leqslant\frac{1-\tau_s}{t_{on}+t_{off}} \tag{5-8}$$

式中　τ_s——高速开关阀的线性调制范围；

t_{on}——从电磁铁线圈加入电压的时间开始，一直到开关阀完全开启并停留在最大阀位移处所需的时间；

t_{off}——从电磁铁线圈断电到阀芯完全闭合所需的时间。

② 流量-压力特性。开关阀的流量-压力特性仍然利用式（5-7）表示。它表示在一定的供油压力和占空比下，平均流量随工作压力 p_L 的变化情况，流量与压力呈抛物线规律变化。理论曲线如图 5-8 所示，随占空比增大，曲线向上移动。

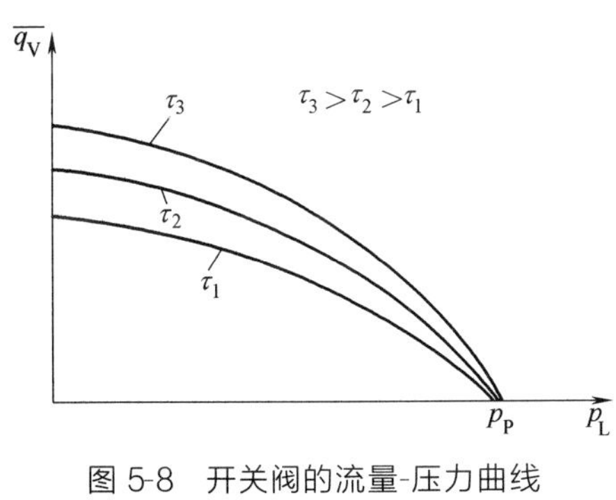

图 5-8　开关阀的流量-压力曲线

③ 死区问题。表 5-3 第 7 栏示出了 PWM 调制的高速开关数字阀的静态特性曲线。当占空比太小时没有流量输出，说明此时的信号强度不足以驱动阀芯运动，当占空比接近 100%时就相当于阀已经处于完全吸合状态，这时要处理好电路的死区问题，因此可以通过放大器的硬件设计或者软件的算法来消除控制上的死区与饱和区。目前在数字阀的控制中基本都存在死区与饱和区，占空比的变化在 10%～90%之间。

④ 重复精度。图 5-9 显示了高速开关阀的静态稳定性，以及采用重复测试的压力曲线的重复精度。

此外，高速开关阀还有以下几个静态性能指标应用时需要注意。

a. 发热：为了获得较小的响应时间，一般采用的电压与电流较大，所以功率高，会带来发热。在长期工作下，平均功率以 5～15W 为宜。

b. 脉动：目前一般的压力脉动在 3%～10%，目标值是 1%～5%。

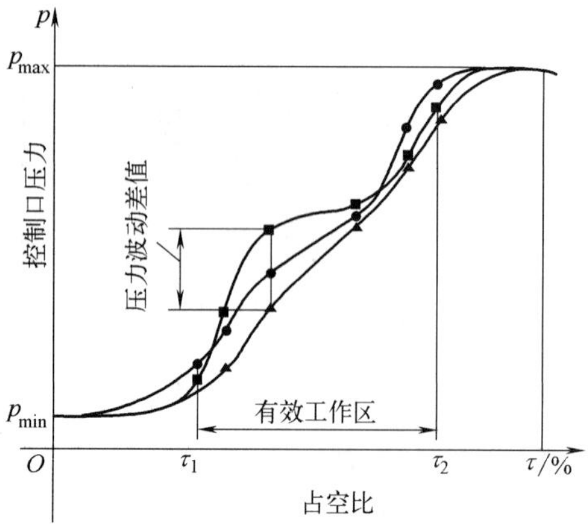

图 5-9 高速开关阀压力特性重复测试精度

c. 流量放大：频响会降低，需要注意适宜的结构。

d. 寿命：一般为 $(1\sim2)\times10^9$（相当于高速开关阀在载波频率为 50Hz 时一年或一年以上的连续开关次数）。

(3) 高速开关阀的动态特性

① 高速电磁开关阀的阶跃响应特性的确定。液压高速开关阀的响应时间直接测量困难比较大，至今没有统一的标准，也没有规定的测试方法。目前采用阀芯在感受电驱动力后动作响应的时间作为液压高速开关阀的动态响应时间，这是一种工程用间接测量方法。这种方法就是利用电液转换时电流的变化曲线，也就是在阀芯动作时，磁场会因此产生变化所带来的电流变化时间作为响应时间的测量依据，如图 5-10 中的 t_{on} 所示。图 5-11 进一步绘出吸合时间作为高速开关阀的动态响应时间，并且显示了实测的示波器数据。

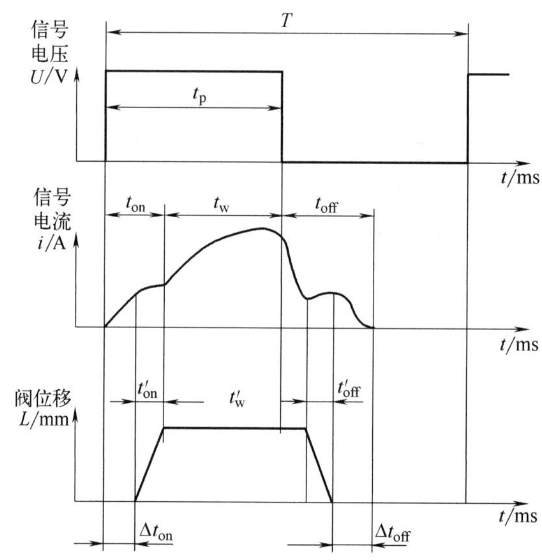

图 5-10 PWM 控制数字阀动态响应曲线

从图 5-11（a）中我们可以看到电液转换装置（一般是电磁铁）在加上电压产生吸合时，由于线圈具有电感值，因此电流按一定的规律上升，这就是吸合触动时间（图 5-11 的 A 点）。继之电流继续增长使电磁铁吸力大于电磁铁衔铁所受到的反力后衔铁开始运动，一直到衔铁运动到闭合位置，这时电流下降到拐点（图 5-11 的 B 点），才会重新继续增长。我们将衔铁从触动到吸合为止的时间定义为高速开关阀的响应时间，也就是从加电压开始到衔铁闭合的时间。在试验中就是采集这个电流变化曲线，从曲线上判断这个拐点

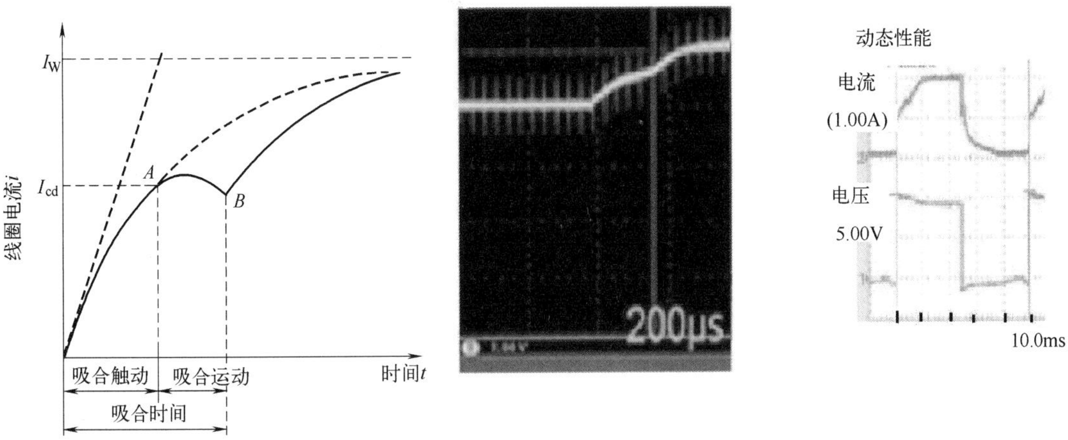

(a) 理论曲线　(b) 实测曲线(局部)　(c) 实测曲线(完整)

图 5-11　液压高速开关阀响应时间的判断标准

时间（B 点）就是响应时间。从图 5-11（b）与（c）的实测曲线中我们可以看到这个拐点，并可以为此确定液压高速开关阀的动态响应时间。

这个测试方法简单易行，可以用来作为测试产品动态响应的方法。但有时在实际测试过程中这个拐点不清晰，会带来判断这个拐点的困难。

当然，采用电磁铁在吸合时的电流变化点作为高速开关阀的动态响应时间，是一种间接的动态响应时间测量方法，肯定与高速开关阀本身的动态特性存在误差。为此在汽车自动变速器的高速开关电磁阀国家标准（GB/T 35175—2017）中提出了对高速开关阀的直接测量标准，并作为高速开关阀的动态响应指标。

该测试是在符合要求的试验台上，对控制端的压力容腔容积（cm^3）严格规定［图 5-12（a）］，与电磁阀额定流量（L/min）的比值为 2±0.25 的条件下，如图 5-12（b）所示，对于脉宽调制高速开关电磁阀，激励信号为双驱动电压，其中频率为 20Hz，占空比

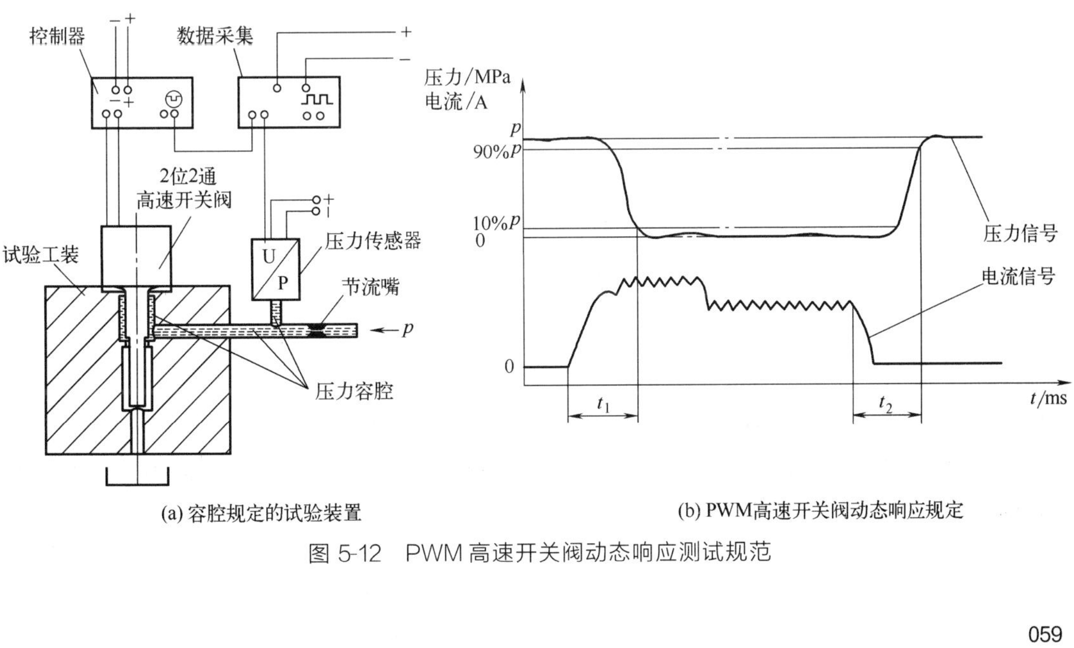

(a) 容腔规定的试验装置　(b) PWM高速开关阀动态响应规定

图 5-12　PWM 高速开关阀动态响应测试规范

为 50%。在额定压力下进口端通油，用示波器检测激励信号与控制端压力信号，以激励信号开始与压力提升达 90%或下降到 10%时的时间确定为动态响应时间［图 5-12（b）］。

② 高速电磁开关阀的阶跃响应特性。高速电磁开关阀的阶跃响应特性即阶跃信号输入后，阀的响应从 0 到额定开度所需的时间。这个指标对开关阀来说很明确也很方便，因为开关阀是利用阶跃信号来控制的。在一个方波信号的作用下，开关阀的实际位移响应曲线如图 5-13 所示。它分成三部分：第一部分为正阶跃响应区；第二部分为稳态区；第三部分为负阶跃响应区。在正阶跃响应区内，虽然真正的过渡时间会比总开启时间 t_{on} 大，但由于高速开关阀本身只工作在不停的启闭中，工作频率都较高，所以超调量并不影响一个载波周期内的特性，把 t_{on} 作为正阶跃响应的过渡过程时间。在负阶跃响应中，由于机械限位的作用不会出现超调，但可能会出现一两个微小的反弹波，但不会对开关阀的特性有影响，因此把 t_{off} 作为负阶跃响应的过渡过程时间也同样是方便和合理的。总之，开关阀的总开启时间 t_{on} 和总关闭时间 t_{off} 代表了开关阀的正、负阶跃响应的过渡过程时间，它反映了高速开关阀的快速性。

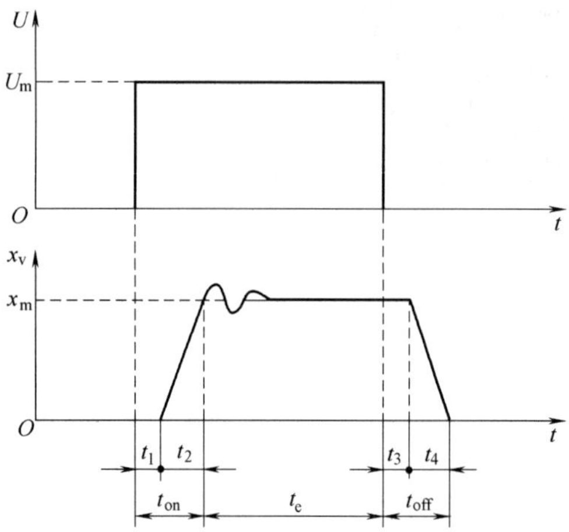

图 5-13　开关阀的阶跃响应特性

③ 高速开关阀阀芯结构确定后估算吸合时间。在高速开关电磁铁设计完成的前提下，液压阀结构因数一旦确定，阀的响应时间便可以估算出来。首先阀的主要特性即响应主要取决于电磁铁的吸合性能 F。可以根据电磁能量平衡方程式得到电磁力的近似公式。从麦克斯韦吸力公式可以知道，在物体外表面的磁感应强度 B 都近似垂直积分表面 S 时，同时沿面积 S 磁力线分布是均匀的，则此麦克斯韦吸力公式可以简化为

$$F_d=\left(\frac{B_\delta}{5000}\right)^2 S_\delta \tag{5-9}$$

式中　F_d——电磁力，kgf；

B_δ——气隙磁通密度，高斯；

S_δ——气隙截面积，cm^2。

由于 $\Phi_\delta=B_\delta S_\delta$，代入式（5-9），可得

$$F_d=\left(\frac{\Phi_\delta}{5000}\right)^2 \frac{1}{S_\delta} \tag{5-10}$$

式中　Φ_δ——气隙磁通，麦克斯韦。

当工作气隙比较小时，漏磁通可以忽略，即 $\Phi_\delta=\Phi$。另外当磁路未饱和时，导磁体的磁阻 R_m 也可以忽略不计。则 $IN=2\Phi R_\delta$，因此

$$F_d=1.57(IN)^2 S_\delta \delta^{-2}\times 10^{-8} \tag{5-11}$$

式中　IN——安匝值，A；

δ——工作气隙，cm。

式（5-11）适合于小气隙和磁路尚未饱和的电磁铁的吸力计算，这符合高速电磁铁的情况。

电磁力 F_d 首先与安匝数 IN 有平方的关系，同时与气隙 δ 成反比，并与气隙部位和磁力线垂直的断面积 S_δ 及真空磁导率 μ_0（$\mu_0=1.25\times10^{-6}$，H/m）成正比。一旦结构与材料确定，可调整的就是安匝数 IN。当线圈数 N 一定后，IN 与线圈上施加的电压（正比于电流）成正比，所以吸力随着电压的增高（磁路尺寸已定的情况下）而显著增加，也随气隙减小而增大。对于平板拍合式电磁铁来说，上述式（5-9）与式（5-10）就是电磁端面力，对于螺管式电磁铁除电磁断面力外还包括轴向附加力。真实求解需要用磁导的方法或者采用有限元分析。

根据牛顿定律：$F=m\dfrac{d^2x}{dt^2}$，因此对数字电磁铁而言，在电磁力 F_d 一定的情况下，质量越小，加速度越大或者速度也越大，阀在一定的行程下所用的时间越短。因此，当液压阀的结构已经确定后，质量与行程也已经确定，衔铁吸合的时间 t 也就可以得到。

$$t=\sqrt[3]{\frac{6\delta^2 mK^2}{P(K-1)}} \tag{5-12}$$

式中　δ——衔铁气隙；

K——储备系数；

P——电磁铁功率。

在确定 δ 后，使 $x<\delta$ 则可定出气隙 x。对于高速快关阀来说，x 一般在 0.1～1mm。

以上计算过程没有涉及弹簧力、液动力、液压力与摩擦力等诸多力的作用，但是最主要的是电磁力与弹簧力，电磁力是吸合的主要动力，弹簧力是电磁铁释放时的回位力。

（4）产品的主要性能指标与发展

① 产品主要性能。目前最常用的高速电磁铁磁性材料仍是软铁。表 5-4 对于国内外研制的液压高速开关阀的结构和主要性能做了展示。表 5-5 提供了拍合式与螺管式电磁铁的结构型式对高速开关阀性能影响的情况。

表 5-4　国内外研制的液压高速开关阀的结构和主要性能

结构型式	压力/MPa	流量/(L/min)	切换时间/ms	耗电功率/W
电磁铁球阀	10	2.5～3.5	1～5	15～300
力马达球阀	20	1.2	0.8	140
电磁铁锥阀	3～20	4～20	2～3.4	15
电磁铁滑阀	7～20	10～13	3～5	15
压电晶体滑阀	5	0.65	0.5	400

表 5-5 高速开关阀的性能参数

序号	性能与参数	平板拍合式电磁铁	螺管式电磁铁
1	额定电压/VDC	24,(42),(60),90	12,24
2	承压电压/VDC	16～33,60～110	
3	保持电流/A	5～10	
4	起始电流/A	25(max)	
5	额定液压压力/MPa	0.5	2、5、7、14、20
6	最大液压压力/MPa	8	20
7	工作温度/℃	－40～130	－40～135
8	阀芯行程/mm	0.25～1	
	闭合气隙/mm	0.05	
9	电磁力/N	100～380	
10	阀芯型式	平板	滑阀、锥阀、球阀
11	保护级别	IP66K	
12	电流响应时间/ms	0.4 (行程 0.25,吸力 300N) 1.2 (行程 0.25,吸力 300N)	二通阀:＞200Hz PWM:开 3～3.5;关 2～2.5 连续:开 5～6;关 3～4 三通阀连续:开 5;关 3
13	占空比/%		20～80
14	外形尺寸/mm	40～60	31
15	阀功能	2 通常开、常闭	二通常开、常闭 三通常开、常闭
16	控制型式	PWM	PWM,PFM,PWN-PNF
17	材料		碳钢、不锈钢
18	安装型式	螺纹插装、插入式	螺纹插装
19	插装孔标准	9/16-18SAE	9/18-18UNF-2B
20	最大功率/W		10～50
21	平均功率/W		3～15
22	寿命/次		1×10^9
23	重复精度/ms		±0.05

② 高速开关阀产品的发展。液压高速开关阀在应用上由于具有下列优势，将会继续发展。

a. 易与微处理技术相结合，不需要 D/A 与 A/D 转换，有利于阀频响提高、成本节省与增加阀的安全性。

b. 液压高速开关数字元件是发展为互连、智能功能最简捷的平台。

c. 液压数字元件的输入是数字调制信号，如 PWM（数字脉宽调制），有调制发展优势。数字信号为液压元件带来两个附加的优点，即抗油液污染能力增强以及数字信号抗干扰能力增强。

d. 液压数字阀的结构简单、体积比较小、消耗功率也比较小，成本低。而高速开关阀的阀体和阀芯可以与螺纹插装阀的阀体、阀芯相互通用。从目前市场情况看，高速开关数字比例阀相比于同类流量的液压模拟比例阀成本低 1～2 倍，甚至更多。

虽然液压高速开关数字阀看来有不少优势，但是要作为先导阀与液压元件匹配，仍存在许多技术问题有待解决，具体如下。

a. 总的目标是提高阀的响应时间。从电磁场的角度设计，尽可能缩短行程，保持大的电磁力；尽可能减少电磁铁电感方面的影响。从液压设计角度看，在加大电磁力的基础上应对液压阀的液动力予以重视。今后要向大流量方向发展，不仅在电磁铁先导阀方面应加大措施，还提出阀岛的原创性设想来解决响应与流量的矛盾。用先导阀是将阀串联，用阀岛是将阀并联。

b. 高速开关阀目前仍以软铁材料为主流，从低碳钢到合金磁性材料都有；一般都采用螺管式或拍合式电磁铁结构。结构上基本是动铁式电磁铁，也开始采用动圈式数字电磁铁，有利于解决高频率与大流量的矛盾。随着发展结构变化也很多，如采用双线圈、永久磁铁、弹簧的设置位置变化等措施。

c. 高速开关阀开始从软磁材料向功能性材料方向发展，目前压电晶体磁性材料已经进入市场化。磁致伸缩材料仍然在探索过程中。

d. 开发低成本、结构更简化的高速开关阀成为数字比例高速开关阀，包括取消隔磁环等措施，使加工简化。

e. 所有的高速开关阀的行程都在 0.5～1mm，流量在 10L/min 以下。电压利用工业或车轮常用电压，即 12V 或 24V。如果要突破一些禁忌，可以考虑不同方案，但是初供电压值应尽量根据用户要求。

f. 从目前看，一些标志性高性能参数是响应时间在 0.1～0.2ms，最高压力达到 35MPa，燃油喷射压力可达 135MPa 或更高。

g. 数字比例换向阀、二通插装数字比例阀等产品有待发展，特别在特大功率的不连续特性应用上取得成功，例如用于高速往复的冲孔机、破碎机或冲击钻等类似场合，目前仍处于研究与尝试阶段，根据路面硬度自动改变冲击钻频率的设想就可以借助高速开关阀的闭环系统来实现，这比采用其他控制形式可能要简单。

h. 高速开关阀响应速度不够快、工作在 PWM 状态下，易于产生压力脉动和冲击，零件易磨损及疲劳破坏。由于高速开关阀的 PWM 控制最终表现为一种数字信号的调制，其噪声频率在人的听觉范围之内，容易给人以不适感。在各类报道中均有涉足但很少。

i. 继续发展数字液压生态技术标准体系，开发更符合数字液压要求的配套件，例如数字式传感器，更符合高速开关的驱动放大器，以及可以有更高频响的软磁材料等。

5.4 高速开关阀的流量调节

目前液压高速开关阀流量调节主要是利用 PWM 等值脉宽，要改变等效输出幅值时，只要按同一比例系数改变各脉冲的宽度即可，可称为 PWM 等值脉宽法。另一种流量调节方法也可以通过改变脉冲列的周期，使流量与频率协调变化，即调频法。总之通过改变脉冲的宽度或频率使占空比改变，达到流量调节。

对于液压高速开关阀而言，调制频率在 10～1000Hz。在发生 PWM 信号模块中可以设置定时器的周期与比较值，从而确定了 PWM 波形的频率与占空比。为了避免电路内桥臂的直通有必要设置死区，因此 PWM 也有死区存在。除此之外，还会有比较器检测功能，防止过流损害功率管与故障处理功能；还有同步功能，对于多个 PWM 模块协调工作有重要意义。脉宽调制的方法非常多，目前液压高速开关阀主要还局限在等脉宽调制上，而且微处理器都是通用的，调制的参数也局限在占空比上。今后调制占空比、载波频率、载波比（基波与载波频率之比）等都可以作为调制 PWM 的手段，还能与 PFM（脉频调制）进一步结合起来进行。

调节流量的工作性能曲线已经展示在表 5-3 的工作性能曲线栏内，从此曲线我们知道占空比是调节流量的主要参数，从中可以看到占空比与阀的流量输出成正比，线性度比较好。另一个参数会影响高速开关阀的输出流量，就是阀本身设定的压差，压差越高则通流流量越大。这两个因素完全反映在此静态工作性能图中。

5.5 高速开关阀的市场产品

5.5.1 国内外以高速开关阀为先导阀的比例多路阀产品情况

液压高速开关阀是 20 世纪 80～90 年代，为了解决发动机污染排放问题，内燃机燃油高压共轨喷射控制首先采用高速开关阀，其数字控制至今仍然是一个核心技术。最初产品是响应时间 5ms 以下的以高速开关数字阀为前置级的数字燃油喷油器。近十多年，液压高速比例多路阀的技术应用较突出，表 5-6 展示了这方面的发展，DanfossPVG 多路换向阀应该是突破性典范，后续者有数字智能技术水平更高的 Danfoss 的 CMA 比例多路阀、DDP 数字泵，都是具有概念颠覆的更新换代产品。作为进入这个领域具有自主知识产权“创”出来的 IDP 系列高速开关比例多路阀，是成都阀智宝公司从 2019 年开始研发的，在产品与市场方面都获得了成功。

表 5-6 国内外高速开关比例阀产品的发展概况

序号	时期	产品公司	国家	数字阀创新情况
1	2000 年前后	Sauer-Danfoss 公司 PVG 比例多路阀 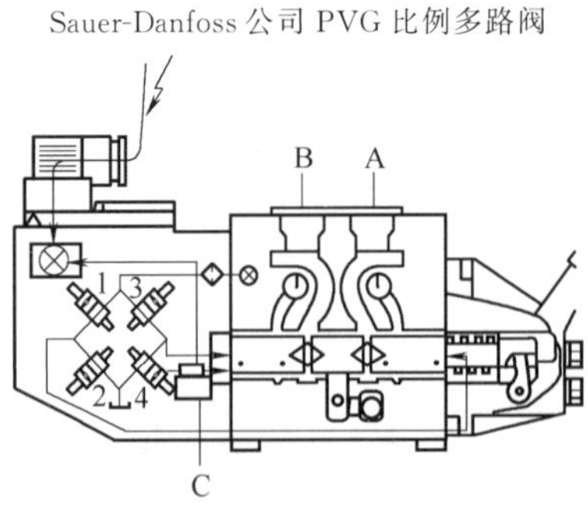 	美国、丹麦	Sauer-Danfoss 公司推出了以数字阀为先导级的 PVG 比例多路阀。其流量可从 20～200L/min。图中的 PVEH 型电气驱动先导阀由其中 1、2、3、4 为高速开关数字阀所组成的液压桥路形成，这是液压元件首次用桥路形成的 3 位 4 通阀来进行液压流量的控制。控制精度可达到伺服级，载波频率为 40Hz。电液控制模块（PVE）控制先导压力为 13.5×10^5Pa，额定开启时间为 150ms，关闭时间为 90ms，流量为 5L/min。已经有良好市场环境

续表

序号	时期	产品公司	国家	数字阀创新情况
2	2000 年前后	Parkers 公司 VPL 比例多路阀 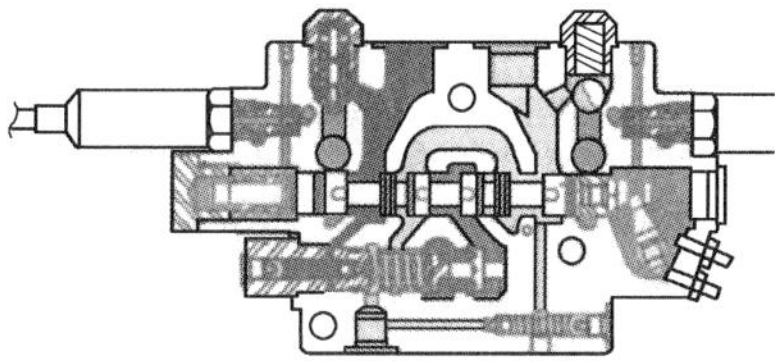	美国	同样采用了先导高速开关阀方案，区别是使用两个 2 位 3 通高速开关阀作为先导。其先导控制采用 PWM 信号，额定电压/电流为 12V/430mA 或 24V/370mA，控制频率为 33Hz
3	近十年	Eaton 公司 CMA 比例多路阀 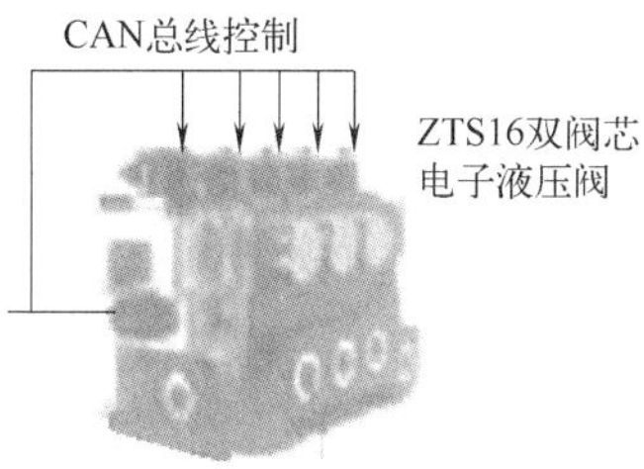	美国	具有极大的创新性，不仅在数字液压方面采用了前所未有的动圈式数字电磁铁，还在元件内部加入了嵌入式传感器，是一种可编程的液压比例多路阀，实际上已经向智能液压元件迈出了一大步。负载口独立也是一个新举措，所有数字元件因为采用 2 位 2 通或 2 位 3 通液压阀都容易形成这个特点，但是在主阀上采用是新概念
4		Husco 公司 EHPV 高速开关阀 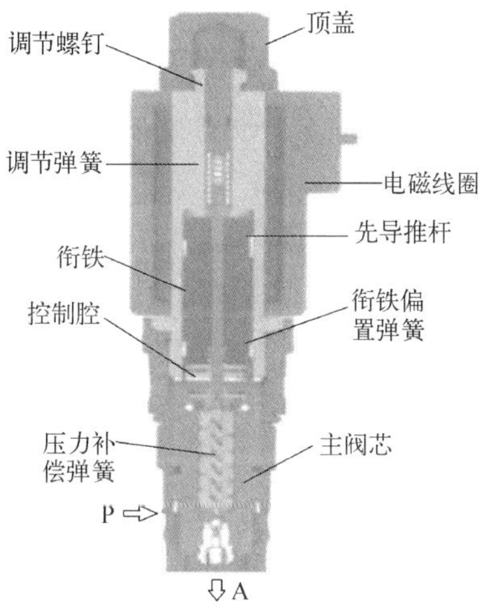	美国	采用双向两位控制阀，且带压力补偿机构。EHPV 的 PWM 控制信号频率为 100Hz，额定压力为 35MPa，有 75L/min、150L/min 和 800L/min 三种规格。在 2005 年前后开发研制，开发时与 Vickers 的 Valvistor 做过比较，有类比性。但是 EHPV 在智能性方面的开拓又有发展
5		Husco 公司 EHPV 高速开关比例多路阀 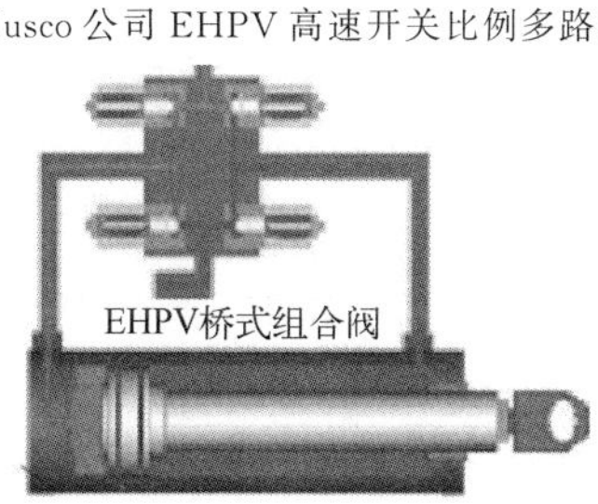	美国	EHPV 比例多路阀的智能性在于可以自调节，做到市场上具有最好的自节流功能的比例阀。此阀自带先导无需外部先导压力，可以承受 7～35MPa 压力，由于有压力补偿功能，即不受外负载影响，因此内泄漏小，迟滞低，流量可从 75～800L/min。EHPV 采用了分层控制策略（US 专利），此多路阀元件用 PWM 作为信号输入，以非线性控制理论为基础，通过实验证明有效，且成功地通过“学习树”的分层方式来解决非线性的比例控制问题

续表

序号	时期	产品公司	国家	数字阀创新情况
6	2019 年	湖南阀智宝公司 IDP 总线型比例多路阀 	中国	产品特点 数字总线：一根线，不失真、检查线路故障便捷 高精度：闭环，位置反馈，控制精度高 微调性好：频响快，制动性能好 智能：实时在线检测、故障报警及排除、工作累计计时及处理 技术参数 工作压力：40MPa 工作流量：IDP10 型为 0～40L/min，IDP16 型为 0～100L/min，IDP20 型为 0～200L/min 电源电压：10～32VDC，电流 0.6A CAN 通信：CANOPEN J1939 协议

5.5.2 我国生产液压高速开关阀元件产品厂商及其产品介绍

至今没有获得国外的厂商能够在中国销售高速开关阀单个元件的信息，或者说基本不直接提供此产品，甚至也不提供产品中高速开关阀的配件。例如燃油喷射系统所需的高速开关阀的生产厂商根本就不提供高速开关阀本身，如果需要可以提供整套装置。早年（2000 年前后）无锡油泵油嘴厂（现无锡威孚高科技集团股份有限公司）由于各方面技术的限制，只好采用引进全套装置合作生产，甚至不得不全部中止已经研发的所有项目（包括高速开关阀的研发）。

贵州红林在 2004 年作为国内第一家供应高速开关阀的专业厂商，对高速开关阀的研究有很大促进作用。近些年生产汽车 ABS 制动装置的宁波赛福、四川航天烽火伺服控制技术有限公司与郑州的航天压力元件厂都是后起之秀。

（1）红林车用电控技术有限公司 HSV 高速开关阀产品介绍

HSV 系列开关式高速电磁阀系列产品是该公司与美国 BKM 公司联合研制的电液元件，该系列产品结构紧凑、体积小、重量轻、响应快速、动作准确、重复性好、抗污染能力强、内泄漏小、可靠性高，是 PWM 控制的数字液压元件。1992 年，该产品被评为国家级重点新产品并获得贵州省科学技术进步二等奖。

HSV 高速电磁阀系列产品具有螺纹插装型式，功能上具有两通常开、两通常闭、三通常开、三通常闭四个系列，近 200 个品种；材料有碳钢、不锈钢两类；工作方式可采用连续加载、脉冲宽幅调制、频率调制或脉宽-频率混合调制。HSV 高速电磁阀系列产品的上述特点使该电磁阀具有广泛的应用范围，如汽车变速器、燃油喷射、天然气喷射、压力调节、流量控制、宇航控制系统、先导阀、医疗器械、机床、机器人等领域。

额定压力：2、5、7、20、14、20MPa；流量：2～9L/min（额定压力下）；内泄漏：0；电压：12V、24V；DC 工作方式：连续通电、脉冲宽幅调制、频率调制或脉宽-频率混合调制；脉宽范围（占空比）：20%～80%；最大功率：10～50W；平均功率：3～15W；

寿命：设计寿命不小于 1×10^9 次，耐久性试验已超过 2×10^9 次。

动态响应时间：

脉宽调制：常闭型，开放≤3.5ms，关闭≤2.5ms；常开型，开放≤2.5ms，关闭≤3.5ms。

连续通电：常闭型，开放≤6.0ms，关闭≤4ms；常开型，开放≤4.5ms，关闭≤6.0ms。

重复精度：±0.05ms。

温度范围：−40～+135℃。

图 5-14 与图 5-15 提供了 HSV 高速开关阀产品的外形与有关插装孔的空心尺寸。

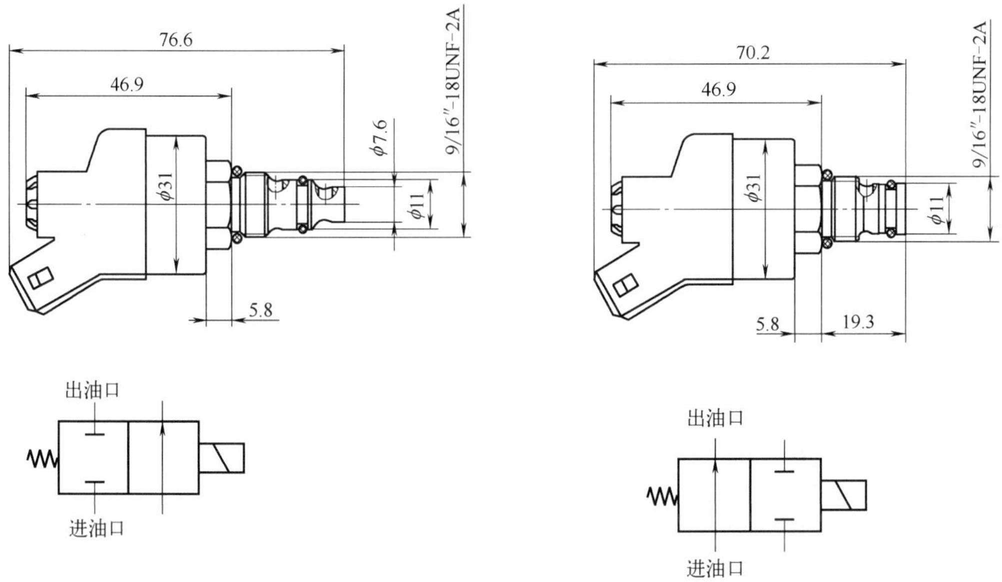

图 5-14　HSV 高速开关数字阀（红林二位二通系列）外形尺寸

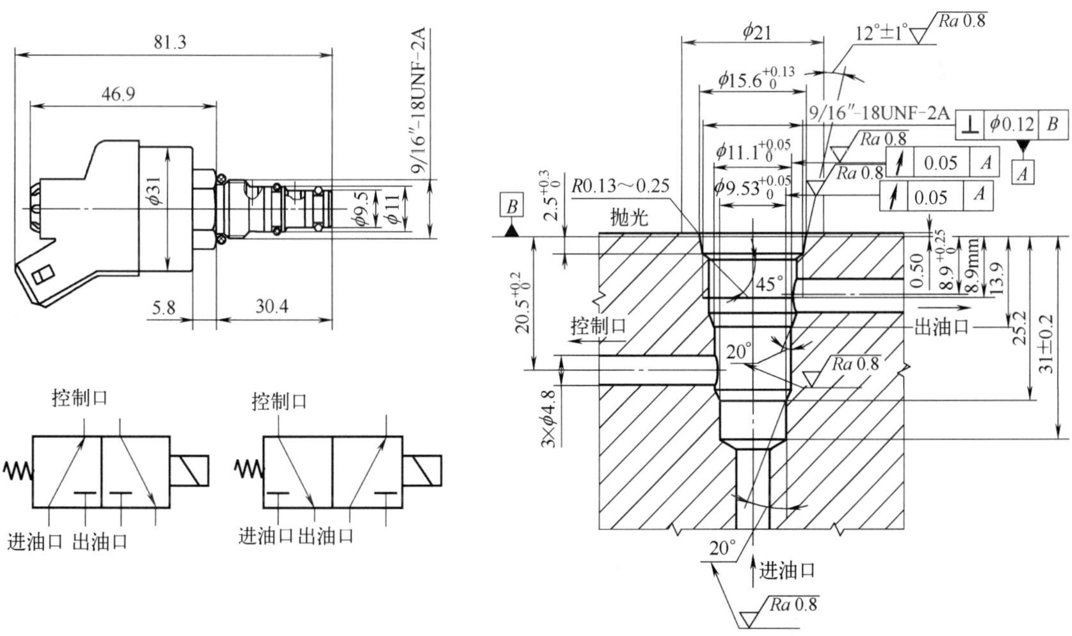

图 5-15　HSV 高速开关数字阀（红林二位三通系列）插装孔空心尺寸

（2）宁波赛福汽车制动有限公司高速开关阀元件产品介绍

宁波赛福汽车制动有限公司ABS制动装置的研发生产过程如图5-16所示。

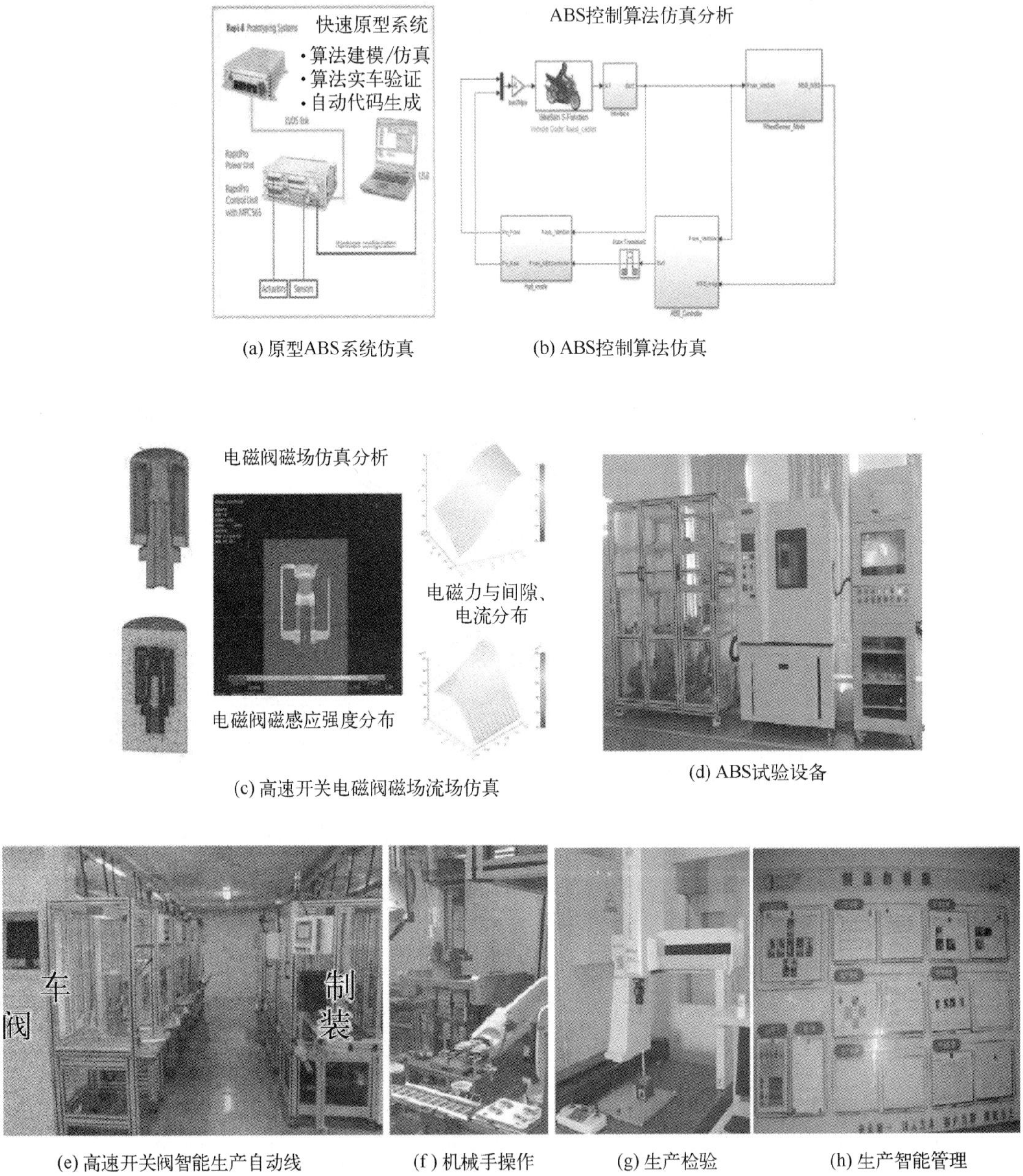

图5-16　宁波赛福ABS制动装置（包括高速开关阀产品）的研发生产过程

宁波赛福生产的高速开关阀主要为其ABS制动装置用，流量比较小，时间响应为1.5ms左右（图5-17与图5-18）。因此在使用时要注意流量的选配。

（3）四川航天烽火伺服控制技术有限公司液压高速开关阀产品介绍

四川航天伺服控制技术有限公司（原中国航天科技集团烽火机械厂）生产的高速开关数字阀可以提供产品如表5-7所示。

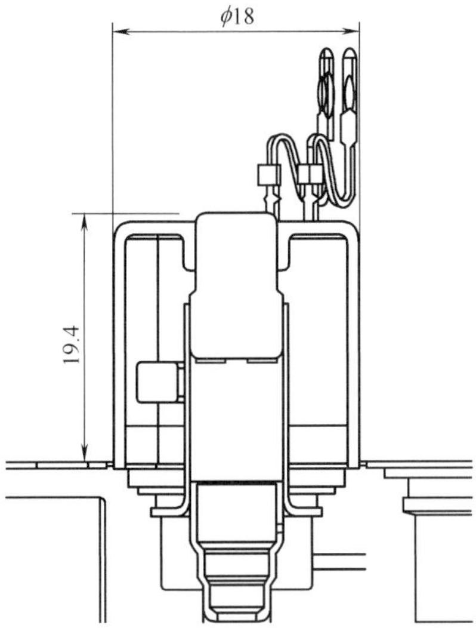

常闭电磁阀性能参数		
型号	理论流量 /(L/min)	响应时间 /ms
A	1.2	1.5～1.6
B	0.9	
C	0.7	
D	0.5	
G	0.3	

图 5-17　常闭高速开关电磁阀的外形与性能参数（宁波赛福）一

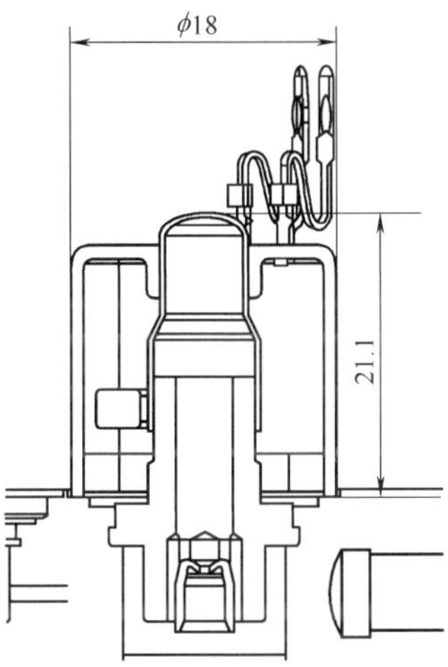

常开电磁阀性能参数		
型号	理论流量 /(L/min)	响应时间 /ms
A	1.33	1.3～1.4
B	0.62	
C	0.49	

常开电磁阀(A阀)性能参数				
压降/MPa	时间 /ms	位移传感器行程/mm	流量 /(L/min)	$K=Q^2/\Delta p$
1.8	769	57.72	0.90503	0.455
3.54	666	69.07	1.25048	0.442
5.84	550	72.85	1.59708	0.437
7.09	385	56.89	1.78171	0.448

图 5-18　常闭高速开关电磁阀的外形与性能参数（宁波赛福）二

表 5-7　四川航天烽火伺服控制技术有限公司高速开关阀产品

产品系列	高速开关阀	高速开关阀	高速开关阀	高速开关阀	高速开关阀	铜合金低噪声流量调节阀
产品外形						
额定压力/MPa	8	8	63	2.5	31.5	63
额定流量系数/(L/min·$\sqrt{bar}$)	15.71	4.51	3.8	0.24	4.51	3.83

续表

额定电压/V	(27±3)VDC	(24±3)VDC	(24±3)VDC	(27±3)VDC	(24±3)VDC	(24±3)VDC
通、路数	两位两通	两位两通	两位两通	两位两通	两位两通	两位两通
开启时间/ms	0.8	2.5	0.6	2.2	1.8	0.6
关闭时间/ms	0.8	2.5	0.6	2.2	1.0	0.6
最高允许使用频率/Hz	500	200	620	200	350	620
寿命/次	3×10^8	3×10^8	3×10^8	3×10^8	3×10^8	3×10^8
结构类型	先导式	直动式	直动式	直动式	直动式	直动式
接口型式	M22×1.5	JB/T 5963200 202004 滑阀	M33×2	插装式	JB/T 5963200 102004	M33×2
机能	常闭式	常闭式	滑阀机能自锁式	常闭式	滑阀机能常闭式	自锁式
外形尺寸/mm	78.8×31×133	29×52.5	33×47.5	25×56.5	29.6×51.7	33×47.5
内泄漏量/(mL/min·$\sqrt{\text{MPa}}$)	≤0.26	≤0.13	≤0.17	0	≤0.149	≤0.17
环境温度/℃	20～80℃	20～+80℃	20～+80℃	20～+80℃	20～+80℃	20～+80℃
安装方位	无限制	无限制	无限制	无限制	无限制	无限制
介质	10#红油、航空煤油、液压油等	10#红油、航空煤油、液压油等	10#红油、航空煤油、液压油等	10#红油、航空煤油、液压油等	10#红油、航空煤油、液压油、乳化液等	10#红油

5.6 高速开关阀电控驱动工作原理

电控驱动是高速开关阀的核心技术之一。高速开关电磁铁之所以能够产生极高的响应速度关键是在数字控制器的电控驱动，需要一个驱动的控制策略与实施的可能性。为了减少这个返程力对高速开关阀响应速度的影响可以有两种考虑，一是加一个反向的电磁铁(即取消弹簧，增加一个回程电磁铁)，好处是避免了弹簧力或返程液压力的问题，可以使控制策略更灵活；坏处是电磁阀结构的复杂化与控制要求的提高；二是利用高速开关阀阀芯高速换向时产生底座的反弹力，以提高响应。在这方面我国四川航天烽火伺服控制技术有限公司做出了非常有价值的应用项目与产品，如表 5-8 列出了由于采用不同的驱动控制方式对高速开关阀响应时间的影响。

表 5-8　液压高速开关阀的总体结构选择效果

序号	结构特征	阀芯位移	响应时间	额定流量	控制方式
1	双电磁铁+无弹簧复位	≤0.2mm	≤500Hz	2L/min	低边驱动+TVS 续流(H 桥)
2	单电磁铁+弹簧复位	≤0.2mm	≤500Hz	2L/min	H 桥+PWM 保持+反向消磁
3	单电磁铁+双永磁体+对中弹簧复位	≤0.5mm	≤830Hz	5L/min	H 桥
4	单电磁铁+双永磁体+单弹簧复位	≤0.3mm	≤830Hz	3L/min	H 桥

5.6.1　高速开关阀电控单元框架

数字液压的电控系统应该包括使数字液压元件可以在液压系统中充分发挥其功能的电控平台。这个平台内涵应该包括电源转换、信号输入与调制、微处理器及其输出控制、驱动放大电路、通信技术等部分。图 5-19 是典型高速开关阀控制结构原理图，它要完成下列各项任务：

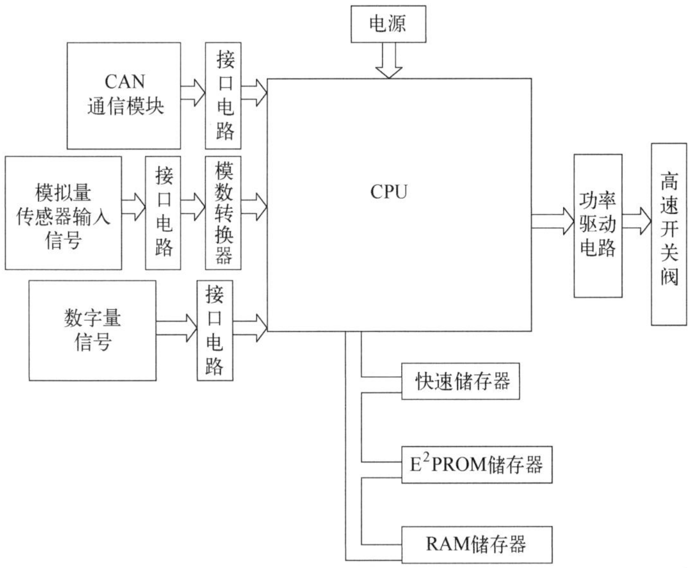

图 5-19　高速开关阀控制结构原理

① 处理输入信息，将所输入的信息转换为微控制器所能接受的电平信号。

② 处理输出信息，将微控制器输出的执行命令转换成驱动阀的信号。

③ 存储数据信息，存储各种程序、测试数据等，供微控制器在合适的时刻使用和测试数据的本地保存。

④ 逻辑控制单元产生控制逻辑与算法，实现自诊断、自学习功能。

⑤ 数据交互，实现控制单元和外界数据通信。

⑥ 电源转换，通常外部供电为 12V 和 24V，经过 DC/DC、滤波模块，提供微处理器和周围元器件的供电。

在处理信息方面，特别在输入、输出级中，可以采用硬件方式或软件方式来实现某一功能。一般来说，硬件处理的速度较快，可以改善系统的响应速度和性能，但会使系统的结构复杂。软件处理的速度较慢，系统的响应速度较低，但可以减少元件的数量，因此控制结构中如何设计硬件和软件系统的配置是十分重要的，应按控制系统的要求进行选择并合理安排。

总的说，此控制结构可以分成三个部分。

① 输入机：整形、滤波、放大、总线。

② 微型计算机：包括 CPU、存储器、I/O 口。

③ 输出级：输出功率驱动放大。

5.6.2 高速开关阀的电源部分

（1）开关稳压电源

高速开关阀提供电压和电流的电源都需要采用一些电路装置把它调整为稳压电源，稳压电源包括线性稳压电源和开关稳压电源。在目前各种电子设备中较多地使用线性稳压电源，由于其中调整管始终有电流流过，并承受一定的电压，所以功耗比较大。图 5-20 是开关稳压电源的工作原理图。开关稳压电源是由取样、比较放大、基准电压、开关脉冲发生和开关控制、开关调整管以及蓄能电路组成，如图 5-20（a）所示。为了进一步说明其稳压原理，在图 5-20（b）表达的简化串联开关式调压电路中加以阐述，当开关 S 接通时，输入的直流电压便加到负载电阻 R_L 上，当开关 S 关断时，负载电阻 R_L 上便无电压。因此在负载电阻 R_L 上就形成如图 5-20（c）所示的矩形波。

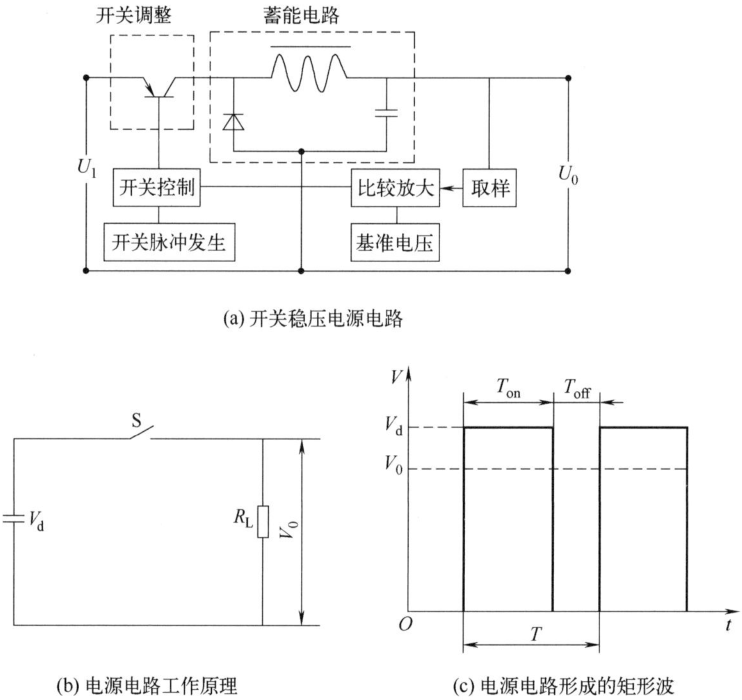

(a) 开关稳压电源电路

(b) 电源电路工作原理　(c) 电源电路形成的矩形波

图 5-20　开关稳压电源的工作原理

这个矩形波的电压平均值可表示为：

$$V_0=\frac{V_d T_{on}}{T} \tag{5-13}$$

式中　V_0——电压平均值；

V_d——矩形波电压的幅值；

T_{on}——矩形波的脉冲宽度；

T——矩形波的周期。

从这个关系式可以看出，当 V_d 因某种原因降低时，可有三种方法使 V_0 保持不变：

① 调宽式：矩形波的周期 T 不变，而让 T_{on} 相应地变宽（改变导通时间），使 V_0

稳定。

② 调频式：矩形波的宽度 T_{on} 不变，让周期 T 适当缩短，即改变矩形波的频率，使 V_0 保持不变。

③ 调频调宽式：既缩短 T（改变信号周期），又使 T_{on} 变宽（改变导通时间），来稳定 V_0。

当 V_d 升高时，用上述三种方法做相反方向的变化也可稳定 V_0。根据上述三种基本原理制成的开关电源能克服串联型稳压电源的一些缺点，在各种电子设备中得到广泛应用。

（2）升压电源

在某些情况下，高速开关阀的电源需要采用升压电源，这是因为高速电磁开关阀是电阻小、电感大的电感性元件，电感中的电流不能突变，为了提高电磁阀的响应速度，有时会要求使用瞬间高压，将蓄电池电压 12V 升高到比较高的电压，例如 100V，以驱动电磁阀。另外，压电陶瓷执行器一般需要 150V 左右的驱动电压，因此需要进行升压式的直流/直流（DC/DC）变换，其基本原理如图 5-21 所示。在直流/直流变换电路中，当 VT1 导通时，电流流过电感，通过电感进行储能；当 VT1 截止时，电感中储存的能量通过二极管 VD 给负载供电，同时对电容 C_1 进行充电；当负载电压将要下降时，电容 C_1 开始放电，这样可以获得输出高于输入的稳定电压。

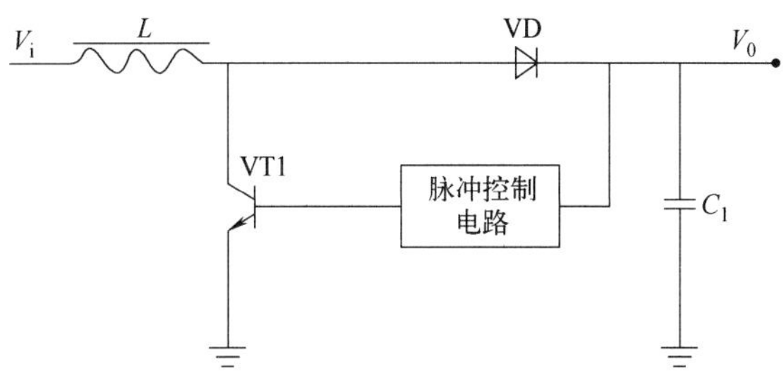

图 5-21 直流-直流变换原理

实际应用中的电压电路如图 5-22 所示。用 PWM 控制器从 OUT 引脚输出 PWM 脉冲控制信号，来对开关晶体管的开关进行控制，用改变脉冲宽度的方法，来改变晶体管相应的导通和截止时间，因而能够使输出电压稳定在预定值上。设 PWM 控制器工作频率为 100kHz，R_P 用于调节输出电压。

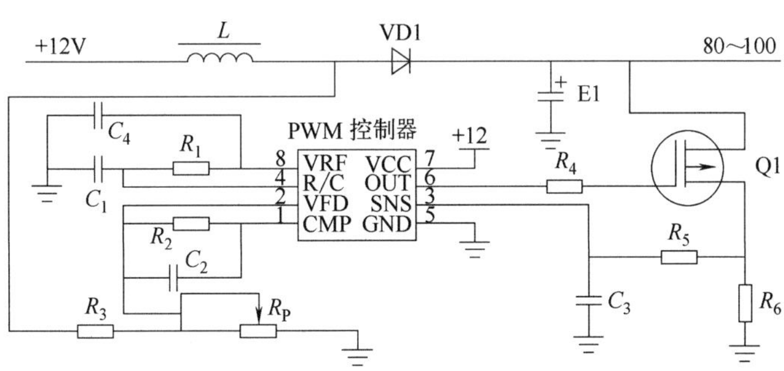

图 5-22 高速开关电磁阀驱动电源的升压应用电路

驱动放大器输入电压对高速开关阀的性能影响不可忽视。目前各厂商都有自己的控制策略与特色。使用的电压也超过了液压技术中传统的概念。目前有的公司采用的电压可达 90～110VDC，不过最常用的还是 12VDC、24VDC 等电压。图 5-23 是对同一高速电磁铁采用不同的输入电压所采集的燃油喷射实际状态的比较曲线。从实际效果看，采用高电压对于高速开关阀的启闭影响还是比较大的。由此图可见，输入电压提高到 90V，在位移量近 0.2mm 时，开启时间可以加快 0.2ms，而关闭时间可以加快将近 0.7ms，证明提高输入电压有助于高速开关阀开闭速度的提高。

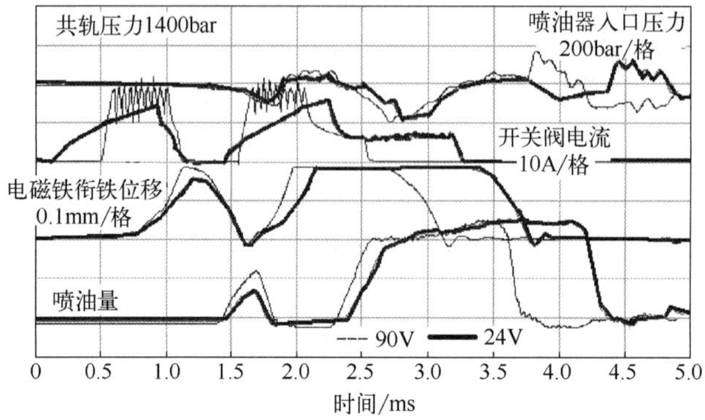

图 5-23　高速开关电磁铁不同驱动电压的燃油喷射效果

5.6.3　高速开关阀驱动放大器

（1）高速开关阀驱动放大器的加速作用

影响高速开关阀的性能有三大核心要件：高速电磁铁（材料与磁路设计）、高速开关液压阀件（阀芯与弹簧-质量耦合），以及电磁铁的电驱动装置（多段激励电压）。高速开关阀的驱动放大器作用如图 5-24 所示。

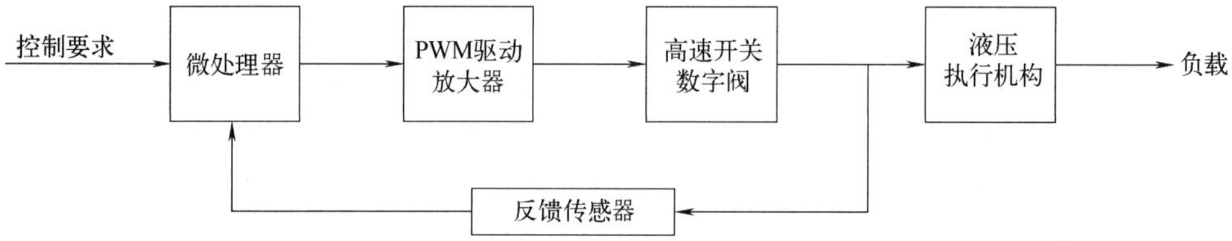

图 5-24　高速开关阀的驱动放大器在控制中的作用

高速开关阀功率驱动模块的设计决定了外部能量将以何种具体形式通过电磁铁产生液压高速开关阀的换向运动，它不仅影响输入能量的大小，而且还影响输入能量的变化速率，直接关系到电磁阀能否满足快速响应等性能的要求。因此高速开关阀的驱动方案直接影响阀的快速性能，在这方面的发展变化快且方案多。

根据前述已知，加大励磁电流会产生更大的能量并转换成机械功有利于吸合过程，但是却不利于高速开关阀的释放过程，因为阀的频响是取决于吸合与释放两个过程，因此在磁路上除选择磁性材料时要充分考虑到矫顽力要小，来减小剩磁的影响，并减小磁滞损耗。对于回位弹簧的选择也是重要的，但它同时又影响吸合力，因此变化余地不大。与此同时，还要通过设计良好的驱动放大电路，以有助于释放时间的减少以及发热的减少。解决问题的办法是当吸合过程已经发生时，及时降低励磁电流，避免铁芯磁路深度饱和，不至于造成释放时剩磁过大，并造成线圈温升过高。此时降低励磁电流到维持吸合状态即可。因此一般采用 PWM 二段电压驱动型，甚至三段电压驱动型。

在驱动放大回路上，现在有两种思路：一种是同一电源采用升压办法，获取不同的电压，这种办法我们称之为“多段驱动电压方案”［图 5-25（a）］；另一种是采用不同电源得到不同电压驱动的办法，这种办法我们称之为“多源驱动电压方案”［图 5-25（b）］。前者是目前主流的办法，后者办法在发展，响应与降温效果会更好，但是因更为复杂故成本会增加。

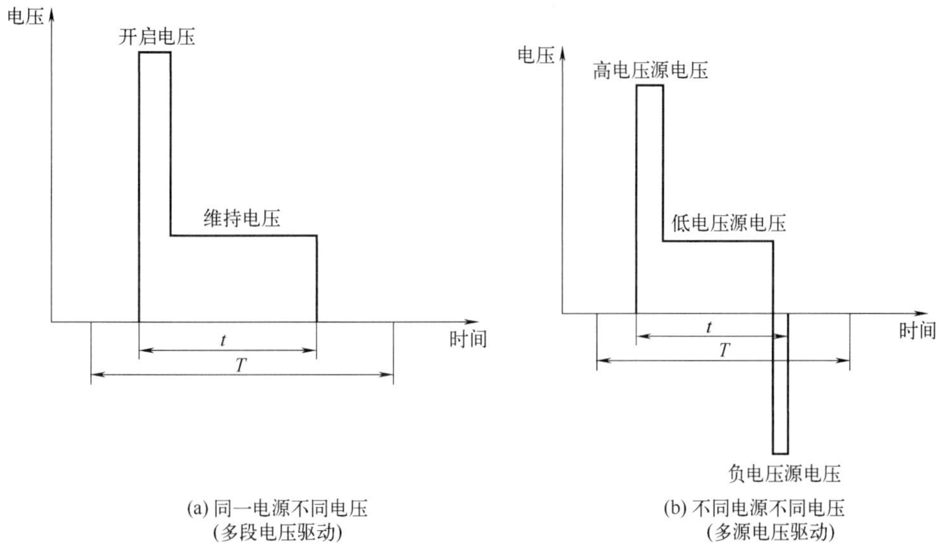

图 5-25　高速开关阀电压驱动方案

（2）高速开关电磁阀驱动放大器电流反馈型功率放大器原理

高速开关阀的 PWM 控制信号经过计算机处理，输出的控制信号经过功率放大器后才能作用于高速开关阀，这是因为经过计算机输出通道所处理的信号的能量不足以驱动高速开关阀。这种功率放大级除了必须具有足够的输出功率外，还必须具有良好的稳态和动态特性。另外要求其放大失真较小、无输出功耗较低、需要过电流保护，应在负载回路中接入熔断器。

根据不同的电-液转换装置的控制要求，功率放大器又可分为电压反馈型和电流反馈型。直流伺服电动机配用前者，而动圈式和动铁式电-液转换器毫无例外地采用电流反馈型功率放大器。这是因为对动圈式和动铁式电-液转换器，控制线圈的电感一般较大，如采用电压反馈方式放大器，其电气时间常数变得不可忽略，故往往采用电流反馈，使功率放大器电气时间常数可以很小。

图 5-26 描绘了两种电路的等效电路。对图 5-26（a）所示的电压反馈放大器，根据电路有

$$u \approx \frac{R_1}{R_f} u_o \tag{5-14}$$

$$u_o = i(L_c s + R_c + R_o) \tag{5-15}$$

式中　R_c、R_o——控制线圈电阻和放大器内阻；

L_c——控制线圈电感；

u_o——放大器输出端电压；

s——复频率，拉普拉斯算子；

R_1、R_f——输入电阻和反馈电阻。

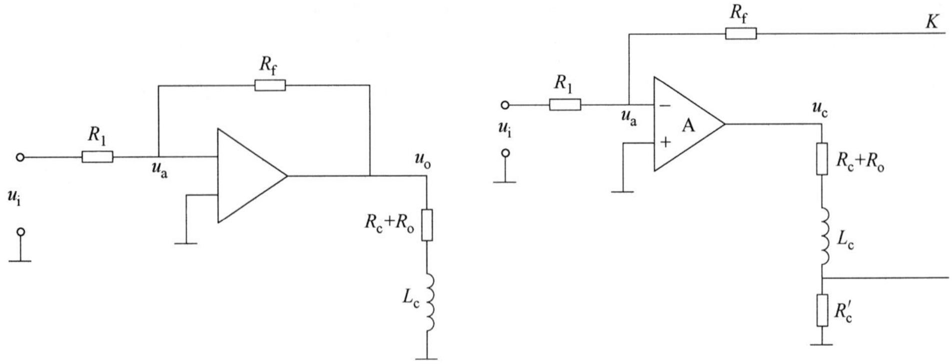

(a) 带电压反馈　　(b) 带电流反馈

图 5-26　带电压或电流反馈的功率放大器等效电路

由式（5-14）和式（5-15）可得输入电压至控制电流的传递函数为

$$\frac{i(s)}{u_i(s)}=\frac{\dfrac{R_f}{R_1(R_c+R_o)}}{\dfrac{L_c}{R_c+R_o}s+1} \tag{5-16}$$

时间常数

$$T=\frac{L_c}{R_c+R_o} \tag{5-17}$$

图 5-26（b）所示的电流反馈电路增加了一个输出电流采样电阻 R_c'，可得

$$u_i-u_a=\frac{R_1}{R_f}u_o' \tag{5-18}$$

$$u_0=u_aA\,,u_o'\approx iR_c' \tag{5-19}$$

$$u_c=i(L_cs+R_c+R_o+R_c') \tag{5-20}$$

由式（5-18）、式（5-19）和式（5-20）可解得电流反馈放大器的输入电压 u_i 至控制电流 i 的传递函数为

$$\frac{i(s)}{u_i(s)}\approx\frac{R_f/R_1R_c'}{T's+1} \tag{5-21}$$

式中时间常数为

$$T'=\frac{L_c/(R_c+R_o+R_c')}{1+\dfrac{AR_1R_c'}{R_f(R_c+R_o+R_c')}} \tag{5-22}$$

因为 R_c'很小，故有

$$T'\approx\frac{R_f(R_c+R_o+R_c')}{AR_1R_c'}T \tag{5-23}$$

由于放大器开环电压增益很大，由式（5-23）可见，采用电流反馈的放大器电气时间常数可大幅度减小。

由于 $R_c' \ll R_c$，故在采样电阻上的功耗可以忽略。

图 5-27 为带电流负反馈的电-液转换器功率放大器电路。末级采用了一对互补型达林顿管，二极管的作用在于消除末级的阶跃失真，以改善输出电流信号的保真度。目前，输出为数十瓦级的功率放大级集成块已经十分普遍，其工作稳定性和可靠性均比分立元件为优。由于功率放大管功耗较大，故需注意冷却。

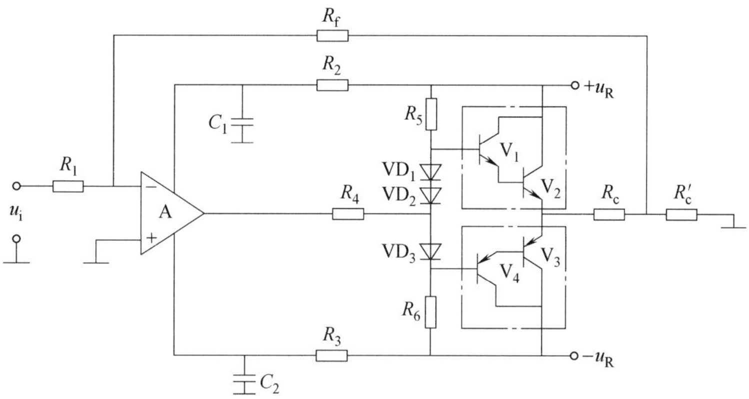

图 5-27　带电流负反馈的功率放大器

(3) 高速开关阀多段电压驱动的开关式功率放大器

高速电磁开关数字阀、步进电动机等数字式执行元件不论是脉宽调制式还是增量式的，都采用开关型功率放大器。数字式执行元件使用这种放大器除节省能耗外，还有与计算机连接方便、能消除摩擦影响、省去颤振信号等优点。与模拟电量的电流反馈型放大器比较，数字信号的放大器只在开、关两种状态工作，并不要求输入电压与输出电流的线性关系，它的功率管工作在饱和导通段和截止段。当导通时管压降近于零，而截止时电流近于零，因此放大器的功耗很小。

数字信号的放大器除放大电信号外，还要求尽可能减少开、关过程中的时间。由于像高速电磁阀等电-液转换器的线圈是电感性负载，必然带来时间滞后问题，因此必须考虑两个问题：一是如何保护功率管不受电流切断时由电感引起的尖峰信号的冲击；二是如何减少电感性负载的切换响应时间。这对高速电磁阀的动态性能影响较大，需要注意这个问题。

① 抑制电路。为保护功率管免受电感性电势峰值的冲击，有以下几种抑制电路：

a. 二极管抑制。最简单的电压抑制电路如图 5-28（a）所示。这是使用一个释能二极管跨接在电-液转换器线圈的两端，当线圈通电运行时，二极管置反向电压，其作用如同一个对线圈进行分路的极高阻抗。

当线圈断电时，线圈极性立即反向，二极管处于正向电压下导通，为电流提供了一个低阻抗的通路。当线圈断电，储存在线圈中的能量必须消耗在电阻 R_m 中，衰减的时间常数是 L_m/R_m。

b. “二极管-电阻”抑制。如图 5-28（b）所示，在要求高速运动时，断电线圈里的能量必须尽快消耗掉。这可在“释能”二极管外串联一个电阻 R_s，以减小断电电路的时间常数来实现。在图 5-26（b）所示的情况下，电流断开期间的时间常数是 $L_m/(R_m+R_s)$。

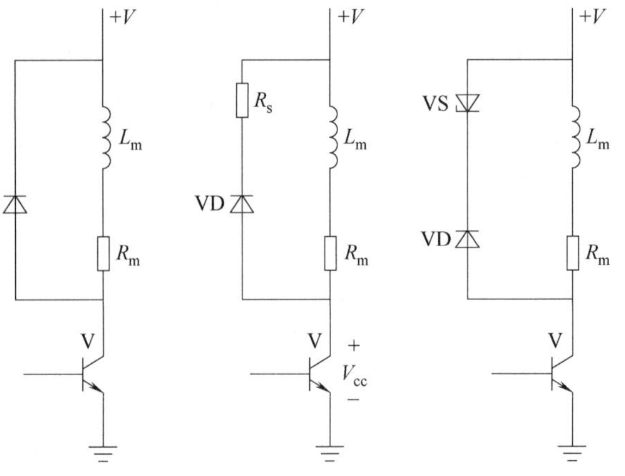

(a) 二极管抑制　(b) 二极管-电阻抑制　(c) 稳压二极管抑制

图 5-28　功率管的抑制电路

可利用的抑制电阻 R_s 的最大值，要取决于集电极-发射极的击穿电压值 V_{cer}，即

$$R_s < R_m\left(\frac{V_{cer}}{V_{cc}} - 1\right) \tag{5-24}$$

c. 稳压二极管抑制。如图 5-28（c）所示，在要求比二极管电阻抑制电流衰减得更快时可以使用这种电路。断开线圈的电压升高到使稳压二极管击穿并开始导通，能量以热能的形式在稳压管内消散。

以上三种是较常用的抑制电路，但需消耗相当能量，效率较低。为更进一步提高效率，可用有源抑制的功率放大器，如图 5-29 所示。

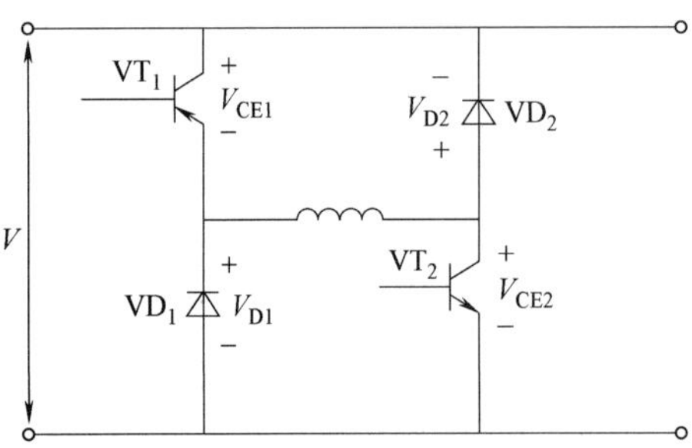

图 5-29　有源抑制电路

图 5-29 中当线圈通电时，晶体管 VT_1 和 VT_2 导通，二极管 VD_1 和 VD_2 反向偏置，电流从电源经晶体管 VT_1 和 VT_2 及线圈流过；当线圈断电时，晶体管 VT_1 和 VT_2 截止，跨越线圈的电压反向，引起二极管 VD_1 和 VD_2 导通，直至线圈电流变为零。VT_1 和 VT_2 决不能出现峰值电压。

这种有源抑制功率放大器改进了稳定性，比常用放大器有更高的效率，但成本较高。

② 高速增加电流的方法。功率放大器的能量输入方式直接影响到高速电磁阀的工作性能。高速电磁阀的快速响应特性和强电磁吸力特性，要求其功率驱动模块在尽可能短的时间内能够提供高能量，使电磁阀得到尽可能高的电流变化率和电流峰值。

常规功率驱动模块能量输入方案如图 5-30（a）所示。通常是在电磁阀运动阶段，驱动模块提供给电磁线圈一定常高电压，在这期间电流逐渐达到最大值，工作气隙逐渐减小到最低值，磁通密度和电磁吸力也逐渐增大，并在衔铁运动终了时达到最大值；当电磁阀闭合进入保持阶段，驱动模块提供给电磁线圈一定常低电压，电流被降低到能够维持衔铁处于闭合状态即可。使用这种常规能量输入方案工作的电磁阀，由于衔铁运动起始阶段电

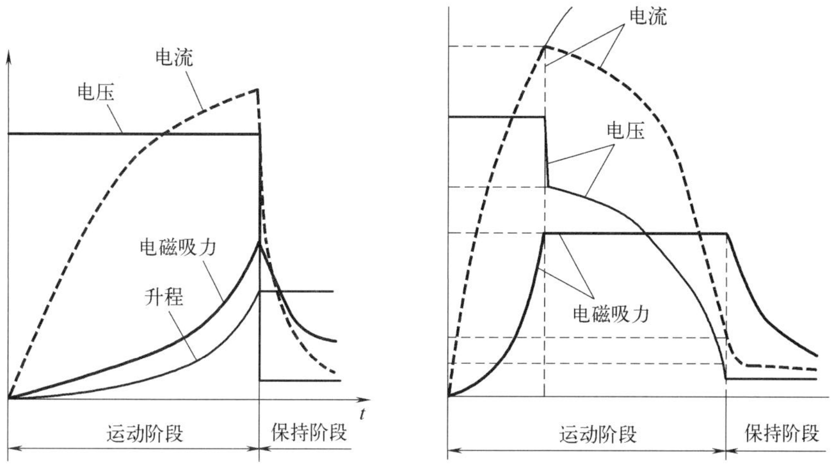

(a) 功率驱动模块的常规能量输入方案　　(b) 功率驱动模块的优化能量输入方案

图 5-30　功率驱动模块采用多段激励电压的优化方案

磁吸力很小，衔铁运动非常缓慢，绝大部分衔铁运动行程是在运动末了短时间内才能完成的，因此响应速度没有达到最大值。理想的能量输入方案是当衔铁运动刚开始时，就能得到最大作用力，使其在整个运动过程中都能以最大加速度运动，以保证衔铁吸合时间最短；因为电磁吸力是由磁通密度和吸合作用面积决定的，所以要实现电磁阀上述工作过程，需要当工作气隙仍然很大时磁通密度就达到饱和，这就要求电磁阀在初始运动阶段电流要有很高的变化率并达到很大的峰值；随着衔铁的运动，工作气隙减小，磁阻降低，电流逐渐变低仍能保持电磁作用力不变，在运动阶段衔铁始终以最大加速度工作［图 5-30（b）］。

因为功率驱动模块的能量输入方案直接影响电磁阀的工作性能，人们经过努力已研制和开发出多种各具特色的驱动模块。目前比较成熟的驱动模块类型可分为调压式、增压式和电容式。

a. 调压式功率驱动模块：按工作方式不同又可分为线性调压式驱动和 PWM（脉宽调制）调压式驱动。线性调压式驱动模块采用 12V 车用蓄电池电压，对蓄电池电压进行线性调节以得到合理的电磁线圈驱动电流。PWM 调压式驱动模块与线性调压式驱动模块相比，具有节约能耗、电路结构简单以及电路板所占体积小等优点。在相同工作条件下，PWM 驱动模块消耗的能量比线性驱动模块少 1/3，因为当电磁阀关闭后，PWM 驱动模块可以调节电磁线圈中的维持电流，而线性驱动模块却只能提供定常的维持电流。

b. 增压式驱动方式也叫高低双电压驱动方式。这种方式使用增压电路提供远高于 12V 的电压作为电磁线圈的初始驱动电压。在电磁阀初始运动阶段，增压式驱动方式提供电磁线圈 90～120V 的高电压，使线圈中电流以极高电流变化率上升，保证电磁阀的快速响应性；当电磁阀关闭后，驱动模块提供低电压用以维持电磁阀的工作状态。增压式驱动模块可以提供快速、可预知和不受蓄电池电压变化影响的线圈电流上升波形，从而保证电磁阀关闭始点的一致性，降低喷射定时的误差。但其电路设计比调压式驱动模块复杂，能耗较高。增压式驱动模块的特点是对蓄电池电压变化不敏感、在大电流功率线束中使用更少的导线、对导线电阻变化不敏感，从而提高高速电磁阀控制燃油喷射的一致性。

图 5-31 是高低双电压驱动的电路原理图及控制信号和线圈电流的波形。

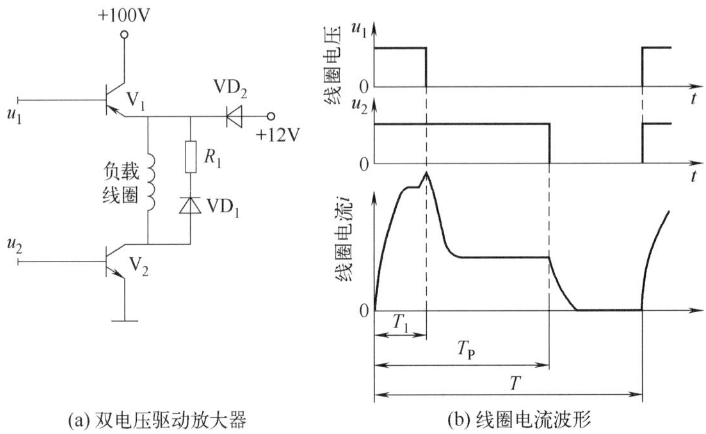

图 5-31　高速电磁阀的高低双电压确定原理

驱动放大器用两种直流电压（例如 100V 和 12V）供电，在控制信号的控制下配合工作。计算机输出两个控制信号 u_1 和 u_2，在每一个采样周期开始时同时上跳，功率管 V_1 和 V_2 同时导通，导通时通过 V_1 管的压降很小，VD_2 因反向偏置而截止，这时负载线圈由 100V 电源供电，使得线圈电流飞速上升，电磁阀阀芯迅速启动。阀芯启动瞬间，u_1 信号下降，使 V_1 关闭，这时由 12V 电源继续供电，维持阀芯在工作位置。达到要求的时间后，u_2 信号下跳，使 V_2 管也关闭，阀芯在弹簧力的作用下复位。由于启动时强励磁电流的作用，使得电磁阀的启动时间减小，而启动后又可用较小的励磁电压维持阀芯位置，使电磁阀复位时磁力消退加快，减少了电磁阀的复位时间。因此，双电压驱动方式既减少了电磁阀的启、闭时间，同时又具有良好的节能效果。

计算机输出的 u_1 信号是高电压控制信号，其脉冲宽度固定不变，且略大于高速电磁阀的开启时间，u_2 为脉宽调制信号，由给定值或反馈值经运算后确定。

c. 电容式驱动模块通过高压电容放电，提供给电磁线圈瞬态的高变化速率的电流使电磁阀迅速达到工作位置；工作气隙减小到只需很低电流便能维持正常工作时，由 12V 车用蓄电池电压提供此维持电流。在该种驱动模块中，可以使用 DC/DC 转换器提供的高电压给电容充电，也可以不使用额外的高电压，而是通过终止流经一附加电感线圈的电流产生的瞬态高电位差给电容充电。

上述的几种通过高速增加电流提高功率放大器的开关切换时间的方法，从功率驱动部分对于高速高压电磁阀的工作性能起着重大作用，必须对其合理设计和应用。如前所述，功率驱动模块可概括为调压式、增压式和电容式，三种驱动类型各有特色，又相互有交叉应用之处，可为电磁阀提供高电流变化率和电流峰值，降低对蓄电池电压的敏感程度，驱动能量智能优化地输入以降低能量消耗等，是设计和开发高速强力电磁阀的功率驱动模块所必须考虑的。

5.7 实用双段电压与多电压源驱动电路

5.7.1 双段电压驱动电路原理

图 5-32 给出了开关阀电磁铁双段激励电压驱动电路原理图。

此电路相当于一个半控全桥，电流只能由上向下。驱动电路由高压侧开关 S1、低压侧开关 S2 和两个超快恢复二极管 D1 与 D2 组成。控制信号控制开关 S1 与 S2 的开闭，从而实现对电磁阀开闭的控制。这一控制的过程与效果可见表 5-9。当开关 S1 与 S2 都导通时，电源将电流注入线圈，电流由小变大，方向自上而下。当开关 S1 与 S2 都关断时，线圈电流依然由上而下，通过 D1 流入 VCC，由 VCC 到地，由地经过 D2 到线圈上端。通过改变两个开关的占空比，可以控制电流平均值的大小，而线圈平均值的大小决定阀芯的受力大小。这个电路对二极管要求高一些。二极管 D1 与 D2 的反向截止时间必须很短，否则在 S1 导通时，如果有一个比较长的时间存在，则 S1 和 S2 都导通，会造成短时间的大电流，从而造成两个管子发热增加，也会因为短路存在而烧毁器件的风险。所以二极管既要选择大电流的，也要求开关速度很高，即反向截止时间很短。这个办法由于采用半控全桥，比采用四个开关管时成本低将近一半。如果进一步采用高压侧与低压侧栅极驱动的开关电路，并提供低压侧驱动控制信号的控制电路，就形成了高速电磁阀的驱动电路。而此电路所达到的效果可以从图 5-33 的驱动电路的电流实测中看到，达到了快速开闭的效果。当然在实际驱动电路中还要考虑信号的调制与可调性等具体要求。

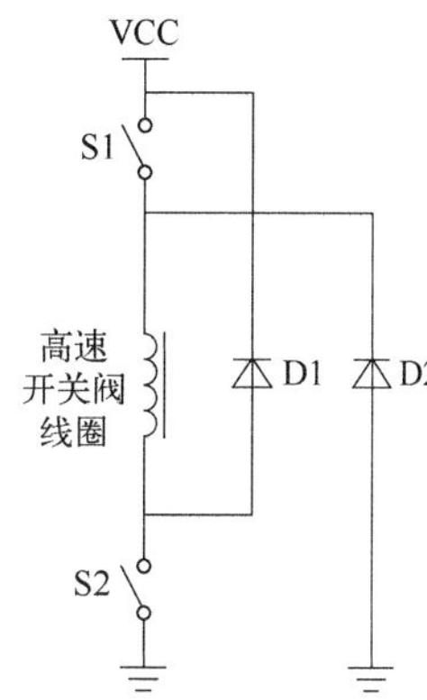

图 5-32 快速开关双段电压驱动电路原理

表 5-9 双段电压驱动电路动作表

S1	+	+	−
S2	+	−	−
线圈电流	大电流	小电流	零电流
开关阀	快速打开	保持吸合	迅速关闭

即使如此，我们还要考虑必要的措施，进一步减少剩磁的影响：一是增加抗剩磁气隙，如几微米到几十微米；二是电路上增加反向消磁。图 5-34 给出了具有反向消磁的驱动电路。

目前的 PWM 驱动放大器有各种回路。有双段供压如图 5-32 所示的电路；也有如图 5-34 所示的电磁振荡式电容放电回路，在该回路中采用了快速消磁、减小剩磁的措施，使阀启闭加速。此电路在可控硅关闭时，电压源 V_G 为电容 C 充电，在可控硅打开瞬间通过电阻 R_1 与可控硅形成回路，同时电容 C 通过可控硅与线圈 L 放电，使电磁阀开启，其后又反向放电，通过 L、D 形成电磁振荡，对线圈 L 进行消磁。

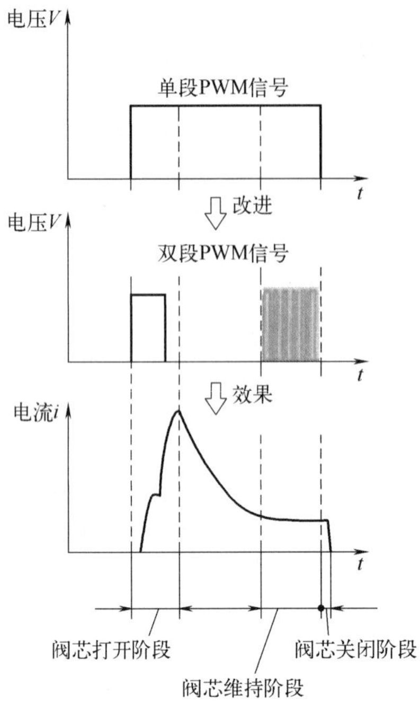

图 5-33　双段驱动电路输出效果

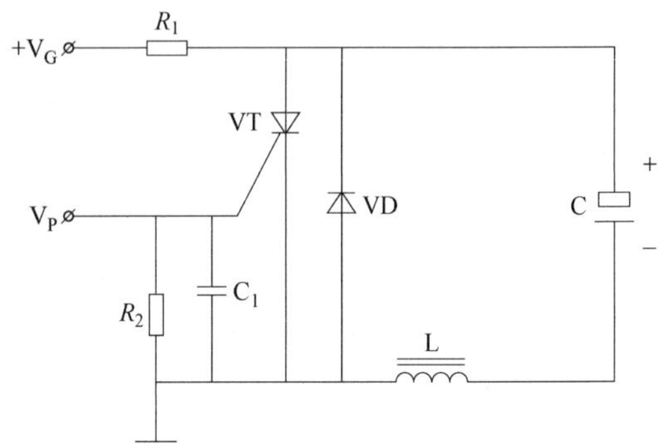

图 5-34　具有反向消磁的驱动电路

双段电压驱动的效果实测如图 5-35 所示。

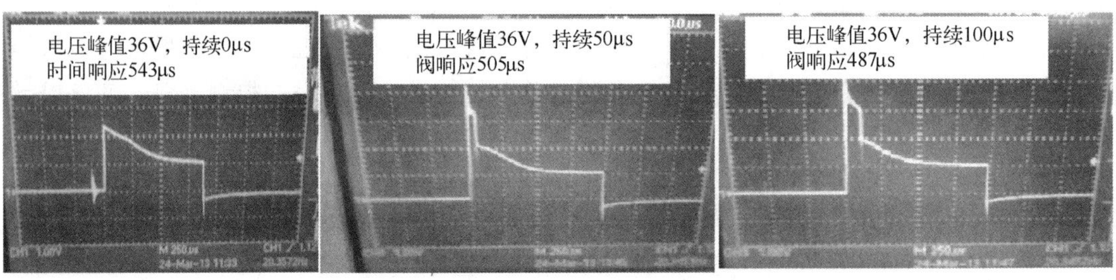

(a) 单电压源驱动　　(b) 双段电压驱动(高压50μs与100μs)

图 5-35　双段电压驱动与单电压源驱动效果比较

表 5-10　双段电压驱动测试数据（上海豪高）

双段电压供电	高压峰值时间/μs	实际脉宽/μs	时间响应(实测)/μs
36V/24V	0	900	542
	50	950	505
	100	1000	487
	150	1050	487
	200	1100	487
45V/24V	200	1100	487
	150	1050	487
	100	1000	487
	50	950	494

此实测数据来自上海豪高燃油喷射高压共轨喷油器测试台。测试条件是：被测喷油器为 BOSCH 公司生产，燃油压力为 800bar，在 1500r/m 下满负荷工作；阀的载波工作频率 20Hz，脉宽要求 1000μs。驱动放大器采用高压 38V、保持电压 24V 驱动。测试数据都列于表 5-10 中，根据数据说明：

① 双电压源驱动比单电压源驱动能够有效提高喷油器/高速开关阀的时间响应，在测试条件下时间响应提高了超过 10%；

② 高电压时间越长对时间响应提高越有利，但是阀的响应有一个极限，这个阀的自身最大的时间响应是 0.487ms，超过极限后，高电压继续升高或者持续时间再加长都不起作用。

③ 高电压的升高对提高时间响应有利，但是时间响应增长幅度也是受到阀本身的限制。

5.7.2　高速开关阀数字电路 PWM 驱动放大模块应用实例（成都烽火）

（1）PWM 低边驱动

PWM 方式调压是在电磁阀开启后，将电路立即转为 PWM 运转方式，由于 PWM 脉冲波的频率远远大于电磁阀响应频率，因此线圈上得到的脉冲电流的时间平均就形成了维持电流。由于 PWM 驱动模块可通过调节信号占空比来控制电磁线圈中的维持电流大小，而可变电阻式调压驱动模块却只能提供定常的维持电流，故相同工作条件下后者的能耗更小。此外，PWM 驱动模式还具有电路结构简单、体积小等优点。典型的 PWM 功率驱动电路如图 5-36 所示。近年来，随着集成电路的发展，绝缘栅极双极型晶体管（IGBT）逐渐取代 MOSFET 和 BJT 器件，应用于开关阀的 PWM 驱动控制中。

（2）PWM 高边驱动

如图 5-37 所示，其原理为：PWM 信号从 PWM 端输入，经过三极管 Q_1 的开关作用，控制达林顿管 Q_2 的通断。经过达林顿管功率放大，驱动能力达到需要的要求。在功率放大电路中，输出三极管采用达林顿管 TIP122，保证电路的安全可靠工作。除合理设

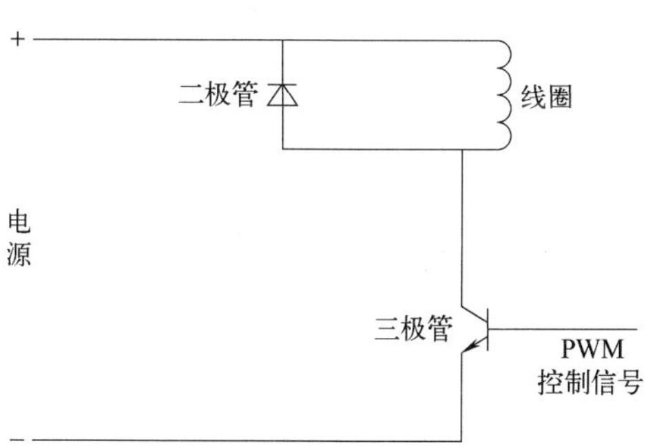

图 5-36　开关阀 PWM 低边驱动电路

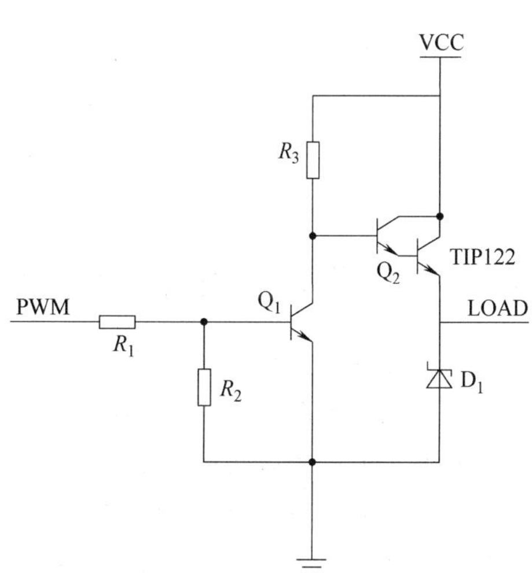

图 5-37　开关阀 PWM 高边驱动电路

计与选用功放管外，采取了加上稳压二极管 D_1 来保护电磁阀线圈的措施，再就是有必要给达林顿管加上一定面积的散热片等辅助措施。

(3) PWM 桥式驱动

高速开关阀桥式放大器的功率放大级电路采用由四个 CMOS 管构成的 H 桥功率放大驱动电路，如图 5-38 所示。该电路的基本工作原理是：将高速开关电磁铁线圈两端分别接在 H 桥的两边，通过控制 IN1、IN2 控制电流的方向，ENA 为使能信号。当 IN1 为高电平、IN2 为低电平时，CMOS 管 Q_1、Q_4 导通，高速开关阀正向导通；反之，当 IN1 为低电平、IN2 为高电平时，CMOS 管 Q_2、Q_3 导通，高速开关阀反向导通。采用 H 桥功率放大级驱动电路能显著提高高速开关阀电磁铁铁芯的运动速度，减少高速开关阀开启和关闭的响应时间，从而提高了高速开关阀的动态响应。

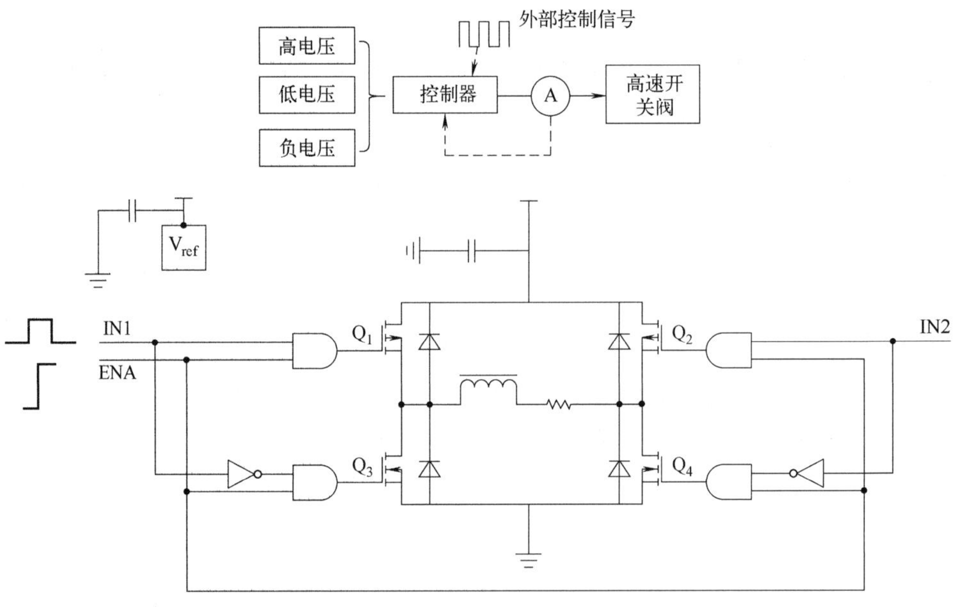

图 5-38　开关阀功率驱动电路

高速电磁开关阀的功率驱动部分对电磁阀的工作性能起着重大作用，合理设计和应用是相当必要的。为电磁阀提供高电流变化率和低电流峰值，可降低对电平电压的敏感程度，智能优化驱动能量输入以降低能量消耗等，是设计开发高速电磁开关阀的驱动模块必须考虑的。

5.7.3　高速开关阀多电压源激励驱动放大器控制方案（浙江大学）

(1) 3 电压源激励控制策略

针对高速开关阀在上述两种驱动模式下，动态特性与温升无法兼顾的现象，提出基于电流反馈的 3 电压源激励控制策略。

该控制策略的硬件框架如图 5-39 所示。外部由 3 个电压源组成，分别为高电压源、低电压源以及负电压源。其中低电压略大于回路等效电阻与临界关闭电流的乘积。电流传感器用于实时检测回路中的电流，并将检测值反馈给控制器。控制器根据外部控制信号及电流传感器的反馈值来控制 3 个电压源的通断状态，最终实现 3 个电压源分时段地对高速开关阀进行激励。

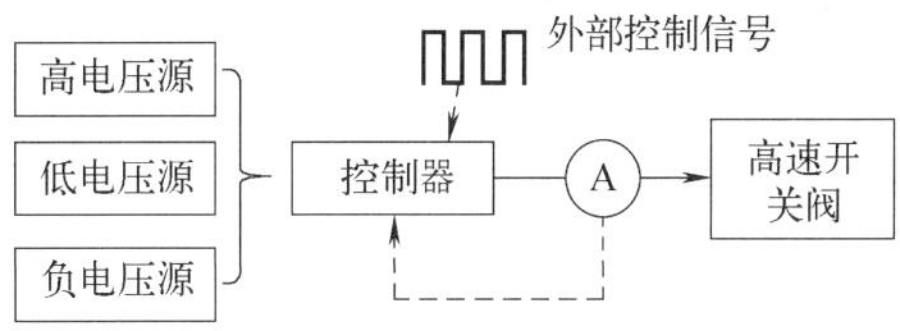

图 5-39　基于电流反馈的 3 电压源激励控制策略硬件框架

该控制策略的具体工作流程如图 5-40 所示。外部控制信号是人为输入的目标方波信号，用于控制高速开关阀的频率和占空比。当系统启动时，输入表示频率和占空比的外部控制信号。当控制器检测到控制信号的上升沿时，控制器控制高电压源接入回路，并保持低电压源和负电压源与回路断开。在高电压的激励下，回路中的电流快速上升。如果在高电压源激励过程中检测到控制信号的下降沿，那么高电压源与回路断开，负电压源接入回路；如果未检测到下降沿，那么继续保持高电压源激励状态，直至电流达到临界开启电流。此时，电磁铁吸合，高速开关阀开启。与此同时，控制器控制高电压源与回路断开，并将低电压源接入回路中。在低电压源的激励下，电流开始逐渐下降，并最终维持在一个略大于临界关闭电流的数值。由于低电压源的维持作用，此时高速开关阀仍旧处于开启状态，直到控制器检测到外部控制信号的下降沿到来，此时控制器控制负电压源接入回路，并保持其余两个电压源与回路断开。在负电压快速卸荷的作用下，回路中电流迅速下降，当电流小于临界关闭电流时，电磁力不足以驱动高速开关阀开启。此时，高速开关阀关闭，控制器控制所有的电压源与回路断开，回路中电流在没有电压激励的情况下逐渐减小。高速开关阀继续保持关闭状态，直到下一个控制信号的上升沿到来，此时系统将重复上述工作过程。该控制策略根据外部控制信号和电流反馈信号实现了各电压源的自动切换，因此当电流达到临界开启电流之后，低电压源开始替换高电压源对线圈进行激励，于是可以避免电流在高速开关阀开启后持续上升所引起的巨大温升。更重要的是，还能够减小关闭时刻的初始电流，降低高速开关阀的关闭滞后时间。当电流小于临界关闭电流时，负电压源立刻与回路断开，线圈在没有电压激励的情况下，电流逐渐降低，如此可以为下一个开启时刻提供一个较大的初始电流，减小开启滞后时间。由于各电压源的自动切换，回路中电流始终保持在能够维持高速开关阀快速启闭的性能最优、能耗最节约的状态。该控制策略通过电流反馈的方法来判断高速开关阀的启闭状态，实现多个电压源之间的自动切换，即使在线圈电阻受到温升的影响而发生改变时，每个电压源的激励时间会根据电流反馈

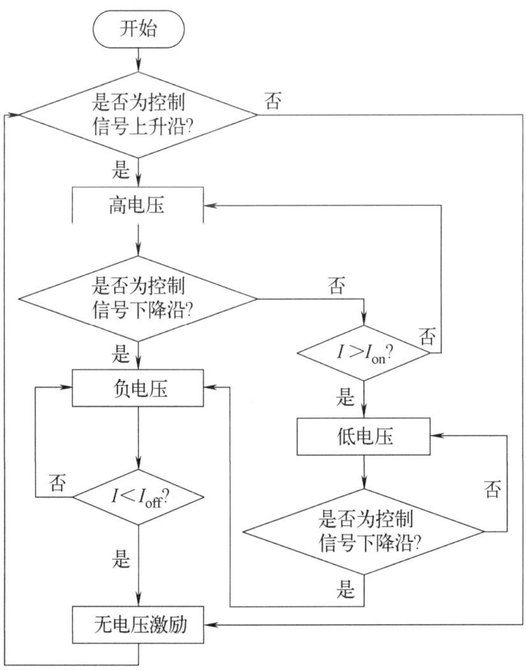

图 5-40　基于电流反馈的 3 电压源激励控制策略工作流程

情况做自适应调整，于是可以最大程度上降低温升对高速开关阀动态性能的影响。基于电流反馈的 3 电压源激励控制策略，不仅可以提升高速开关阀的动态特性，而且能够降低回路电流，实现“节能”的低温工作，延长高速开关阀的使用寿命。

（2）电压源激励控制效果（仿真）比较

根据图 5-41 与表 5-11 的被仿真的高速开关阀（HSV-3203S7）的仿真模型与仿真参数，在图 5-42 中展示了仿真结果，所有结果都标注在图 5-42 所示的曲线上，便于对双段电压驱动与 3 电压源驱动进行清晰地比较。由图 5-42 可以看到双段电压驱动与 3 电压源驱动对于高速开关阀的时间响应有明显的影响。从图 5-42（a）可以看到，过长的负电压激励时间将会产生反向电流，由此导致开关阀开启时线圈初始电流过低而延长开启滞后时间，更严重的是，当反向电流过大时，电磁铁将会重新吸合，破坏开关阀的工作机制；反向激励时间太短，线圈中电流未下降至关闭电流，在无电压激励下，电流须经过较长时间才能降至关闭电流，无法实现开关阀的快速关闭。如何确定负电压激励时间是双段电压驱动的难点。

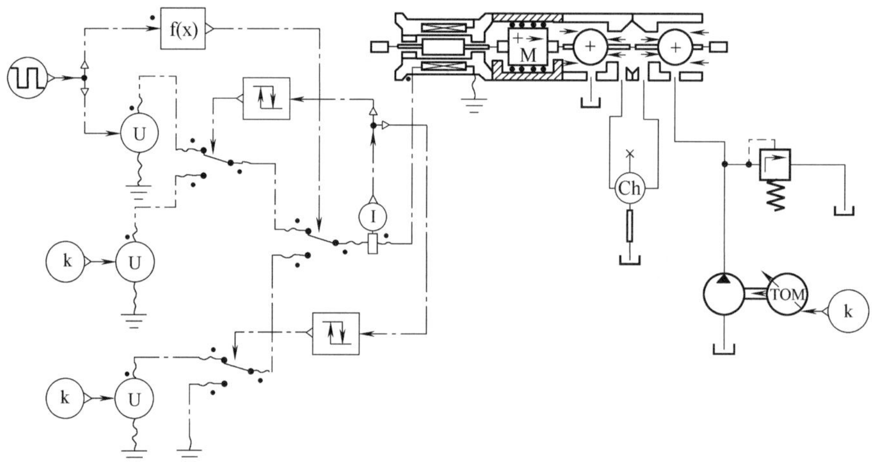

图 5-41 高速开关阀驱动策略的仿真模型

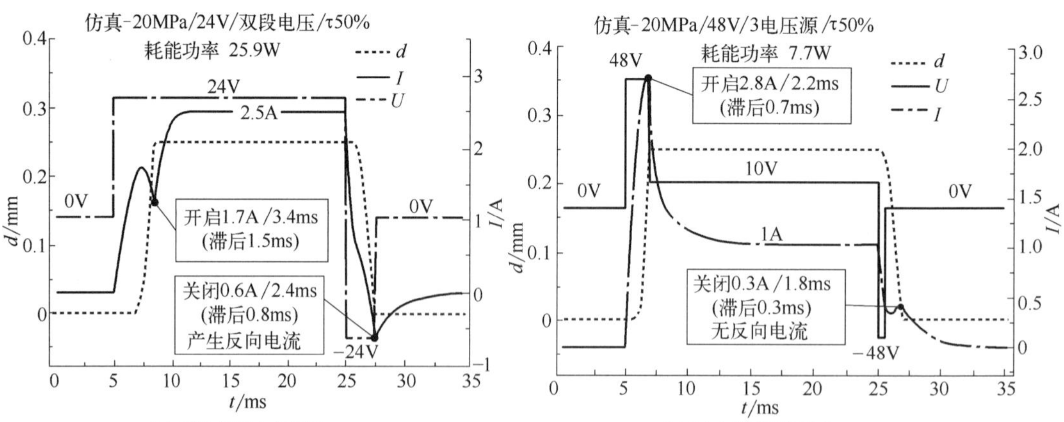

(a) 双段激励电压驱动

(b) 3电压源激励驱动

图 5-42 双段电压驱动与 3 电压源驱动的效果仿真比较

表 5-11　被仿真高速开关阀（HSV-3203S7）基本参数

<table>
<tr><th>液压阀结构参数</th><th>电磁铁性能参数</th></tr>
<tr><td>钢球直径 2.4mm
阀口直径 0.8mm
钢球最大位移 0.25mm
线圈匝数 450
线圈电阻 9.6Ω
初始气隙 0.35mm
工作气隙 0.05～0.5mm
分离销直径 0.5mm

电磁力可达 50N
最大电感接近 180mH
运动质量 19g
最大流量系数 0.55
溢流阀溢流压力 20MPa</td><td>
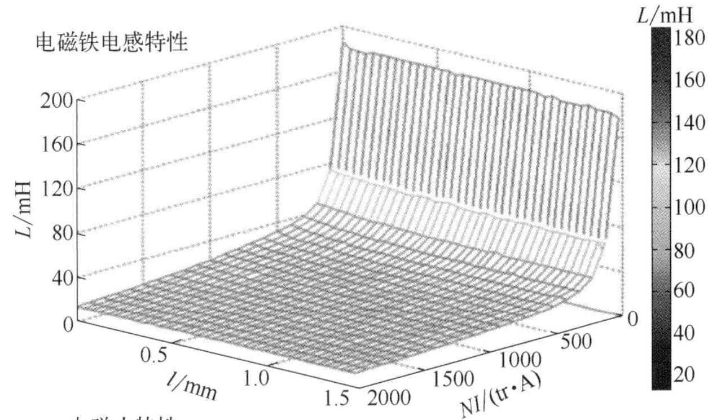

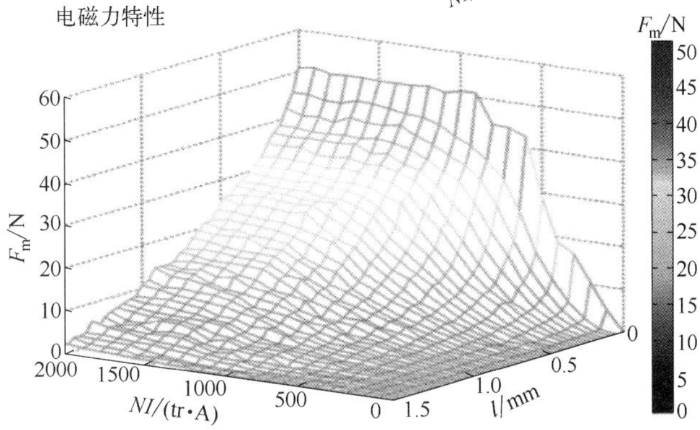

</td></tr>
</table>

在采用 3 电压源驱动策略后，较大的激励电压和初始电流能够加快高速开关阀开启过程。在关闭时由于有较小的激励电压和由此而存在的激励电流，会有助于高速开关阀快速关闭，反向卸荷电压可以加快关闭过程。基于电流反馈的 3 电压源控制策略能够有效提升高速开关阀的启闭特性。与传统的双段电压控制方法相比，开启时间降低了 35.3%，关闭时间降低了 25%。此控制策略对高速开关阀的能耗和温升有较大的影响，通过 3 电压源的适时切换，保证高速开关阀在工作过程中电流始终处于最节能的状态，与双段电压控制策略相比，热功率降低了 70.4%。基于电流反馈的 3 电压源控制策略能够有效提升高速开关阀频率特性和可控占空比范围，其中最大可控频率提升 146.7%，可控占空比范围扩大 54%，达到 14%～91%。

5.8　高速开关阀控制器硬件电路设计与软件设计

（1）高速开关阀控制器硬件电路设计

高速开关阀总体硬件电路结构如图 5-43 所示。硬件电路主要包括以下几个部分。

① 电源模块：28V 稳压电源提供驱动电路的电压，经电源转换芯片调理为 5V 直流电源，给部分模拟器件供电，再将 5V 直流稳压电源信号经过三端稳压电源芯片转换为 3.3V 直流电源，给单片机供电。

② 单片机控制模块：采用的 STM32F103 系列单片机内核时钟，可配置为 72MHz，

多达 7 个 16 位定时器、2 个 ADC、9 个通信接口、80 个快速 I/O 口，满足本系统的硬件资源控制要求。

③ 开关阀驱动模块：本驱动控制部分在 H 桥式硬件电路基础上，为进一步接近高速电磁开关阀理想工作特性，增设相应的吸收回路、泄流回路以及瞬态高电压注入回路。单路低边驱动模块的电路原理如图 5-44 所示。

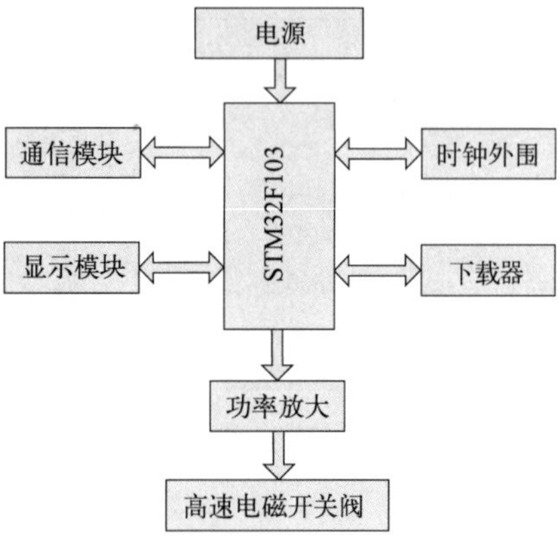

图 5-43　高速电磁开关阀硬件电路框图

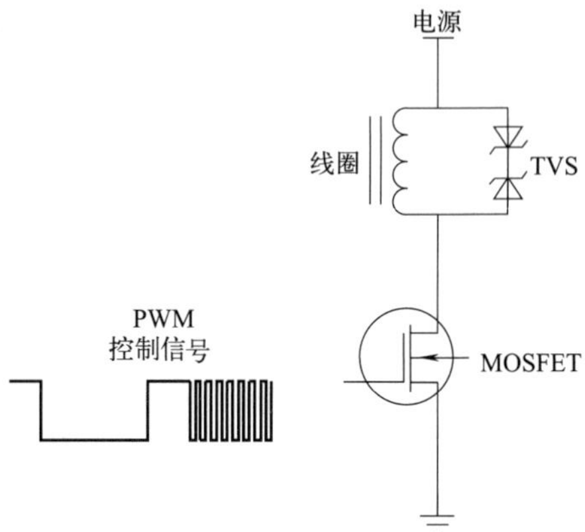

图 5-44　高速开关阀驱动控制电路原理

④ 显示模块：针对多路控制系统，反映相应通道工作状态以及工作频率的状态显示电路。

(2) 控制器软件设计

控制系统软件设计主要是单片机控制系统的软件编程，一般包括上位机指令信号接收、PWM 信号产生、数显显示以及控制策略等方面的软件编程，系统主要控制流程如图 5-45 所示。

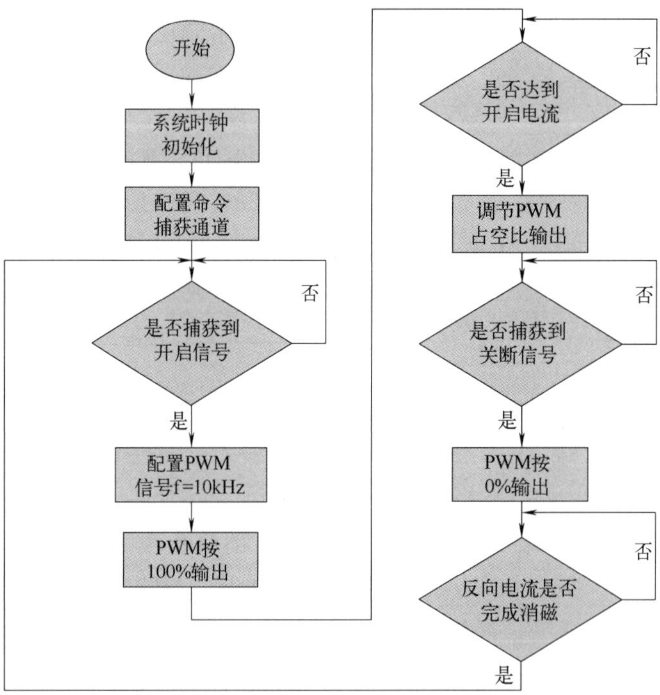

图 5-45　PWM 信号生成软件流程

为满足电磁阀的理想工作特性，单片机 PWM 控制时序如图 5-46 所示。

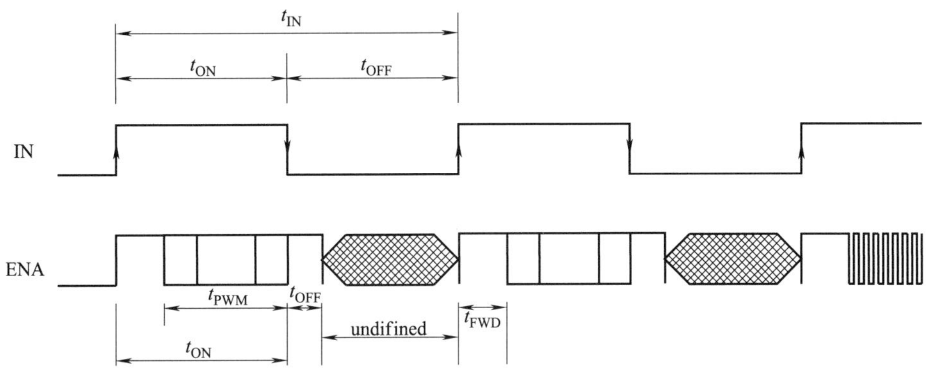

图 5-46　PWM 信号时序图

5.9　液压高速开关数字元件市场应用

5.9.1　液压高速开关数字阀的应用领域

液压高速开关数字阀的应用领域可见图 5-47，所表达的实际应用情况列于表 5-12 中。根据高速开关数字阀的应用，可以分为间断性高速开关数字阀的应用与连续性高速开关数字比例阀的应用，前者在汽车燃油喷射方面已经非常成熟了。液压气动方面也借助这种应用场景，用于直接控制进出油口流量的数字液压泵上，以取代目前传统的斜盘、斜轴之类的变量方式；也可以用此方法来控制空压机的出口流量，达到更好的节能效果。后者的应用已经有了 PVG 比例多路阀的范例，更期望能发展到工业比例阀上。

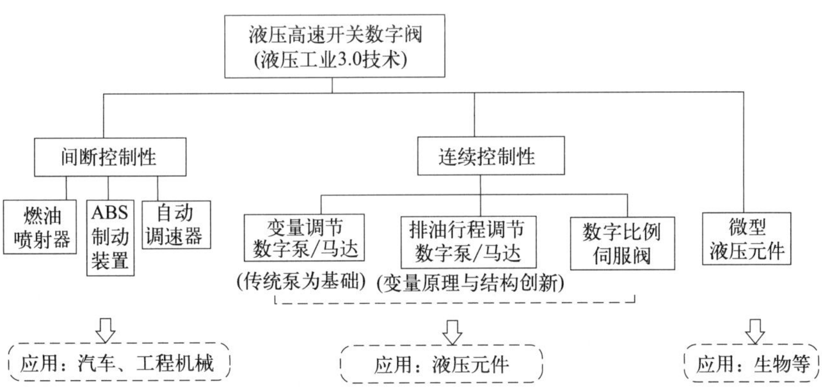

图 5-47　液压高速开关数字阀的应用领域

高速开关阀的应用领域，已经展示在下列五个方面：采用液压高速开关阀拓展的数字液压元件；液压高速开关阀在间断性控制领域的应用；在微型液压方面的应用；用于液压比例伺服阀；广泛地应用在各工业领域的如空压机流量控制等。数字式高速开关比例阀相比于现有市场上的模拟式比例阀存在的优势，如数字性好，成本低，便于与微处理器结合，无需 D/A 转换的驱动放大器等。随着液压元件智能化的发展，以及工程机械的无人化、自动驾驶等技术的发展，其优势会逐渐体现。

间断控制型高速开关数字阀是从内燃机燃油喷射系统需求开始的，已经从第一代的定压系统发展到第二代的变压系统，现在第三代在采用压电晶体高速开关阀。高速开关阀的时间响应及喷油量与汽车和工程机械车轮所用的内燃机喷油量工况匹配。今后用于汽车节能减排的燃油喷射、安全要求的 ABS 制动装置等方面会继续在市场上占据主导地位。

以高速开关数字阀作为连续性比例数字控制元件也有了十分成功的产品，这在目前使用的工程机械比例多路阀上得到体现，其中有 Danfoss、Paker、成都阀智宝等，如表 5-12 所示。

表 5-12　液压高速开关数字阀的市场应用

液压数字开关元件类型	应用场景	应用特征	市场占有率	发展情况
间断性高速开关数字阀(数字开关阀)	柴油机高压共轨燃油喷射器	流量为 4～8L/min 元件响应达 0.2ms	在柴油机电喷市场主流	多级驱动回路等
	ABS 汽车制动系统	流量为几 mL/min 系统响应为 10ms 以下	乘用车市场主流	解决压力稳定与流量加大问题
连续性高速开关数字比例阀(数字比例阀)	行走用液压数字比例多路阀	具有数字先导阀的比例多路阀 流量为 4～8L/min 元件响应为 4～5ms	Danfoss 年销售近€ 10 亿	Eaton 开发 CMA 推广应用 成都阀智宝自主开发了电控部分
	工业用液压数字比例阀	具有数字先导阀的数字柱塞变量泵	首推用于数字变量机构	杭州智液 2019 年产品

对于间断控制型高速开关阀，单个二位二通阀就可以满足控制对象所在工况的要求，例如燃油喷射、ABS 等都是这种情况。然而对于液压系统来说，更多需要的比例连续控制型，往往是由二位四通或者三位四通先导阀去控制主阀放大流量，例如比例多路阀就是如此。这时往往采用桥式回路，用 4 个二位二通阀组成 1 个三位三通阀或 1 个三位四通阀(图 5-48)，并且具有 2^4 的中位机能。

5.9.2　数字阀直接控制排量调节液压数字泵

(1) 基本工作原理

图 5-48 (a) 显示了液压径向柱塞泵单个柱塞变量的工作原理，柱塞头在外作用力作用下可以在柱塞缸体内以 v 的速度左右运动。当柱塞头在外力作用下向左运动时，柱塞缸处于缸体内容积加大的过程，产生真空从而产生吸油的过程。当柱塞头在外力作用下向右运动时，柱塞缸处于缸体内容积减小的过程，产生高压 p 从而产生排油的过程。现在压力油路上设置了单向阀，防止高压油在柱塞缸产生真空时倒灌，起到高压与低压隔离的作用。又在进油路设置了二位二通高速开关阀，此阀在柱塞缸产生真空吸油时，电磁铁不得电，保持柱塞缸与油箱通畅，产生油液从油箱进入柱塞缸；在柱塞缸向外输出高压油 p 时二位二通高速开关阀得电关闭，保证油液进入负载油路，起到高压油 p 与油箱隔离的作用。

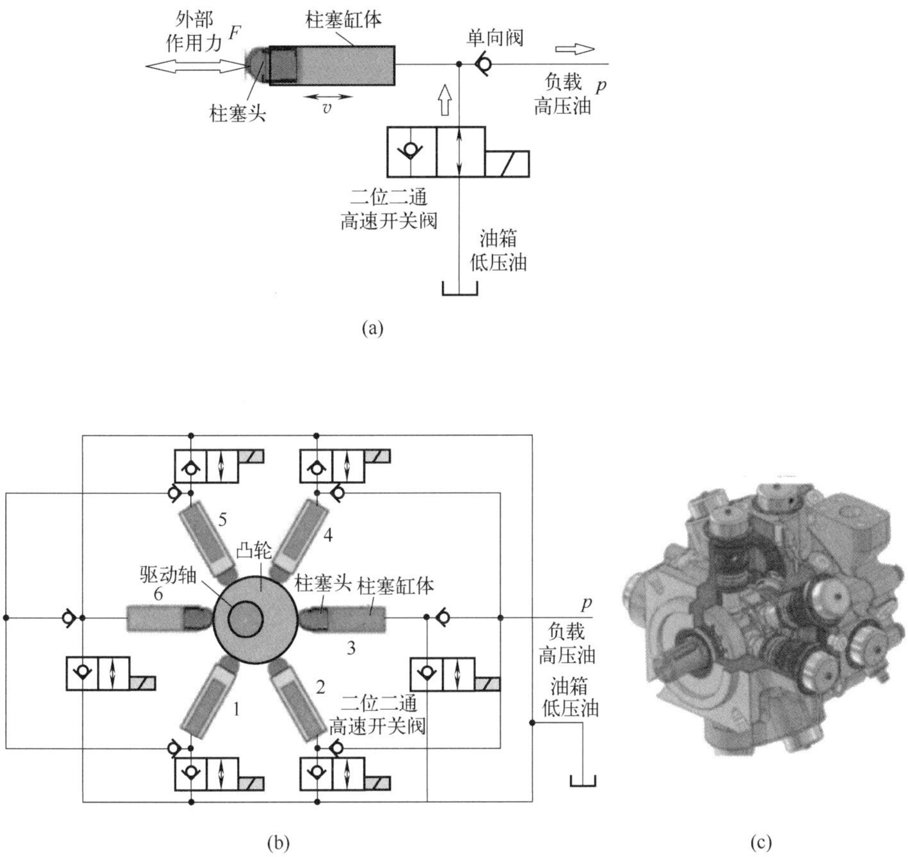

图 5-48　数字阀直接控制排量液压数字径向柱塞泵（DDP）

柱塞缸的一个行程所产生的油液量就是这个柱塞缸的排量。如果二位二通阀按照上面所说的过程进行得电及断电，这时柱塞缸产生的是最大的排量。如果在产生高压油的行程中让二位二通阀提前打开，这时柱塞缸就不再产生高压油，而是在极低压力下（需要克服回油阻力产生的压力，一般这个压力极小）进行回油。

图 5-48（b）与（c）是此泵的工作原理图与立体剖面图。由图 5-48（b）可知，当泵在凸轮旋转时，泵内有的柱塞头（如柱塞 1～3）在旋转轴旋转外力带动下，以贴近凸轮方向向内运动。这时就造成缸体内空腔容积加大，产生真空，从而产生吸油的过程，此时高速开关阀处于不得电状态，依靠此高速开关阀阀内单向阀功能，允许泵由油箱吸油，而高压油负载端在单向阀阻止下被关闭。与此同时，也有的柱塞头（如柱塞 4～6）在旋转轴带动下，在柱塞缸体内以离开凸轮方向向外运动，缸体内容积减小，产生高压油，在工作压力 p 下排油，打开单向阀进入压力油路，而高速开关阀依然处于不得电状态，排油时由于高速开关阀单向阀的存在，油液不能够回到油箱。这个过程就是柱塞泵正常的工作过程。

如果二位二通高速开关阀在柱塞运动排油过程的任意位置中，让二位二通阀打开，这时柱塞缸原先产生的高压油，就会通过高速开关阀回到油箱。这时仍然在排油过程中，但是排油的流量变成零流量，这也是一种新的排量调节概念。由于这是最直接的排量调节，产生的能量消耗最少，也是效率最高的排量调节方法来调节流量。这个液压泵变量的概念对于熟悉液压的人员来说非常简单但是超出传统思维，可以称得上革命性才能实现，与发动机燃油喷射排量控制的办法有异曲同工之处。我们将现有的柱塞泵看成是由多个柱塞缸组成的液压泵，对每个柱塞缸都采用这个方法调节，就形成了数字阀直接控制排量的数字泵。无论是泵还是马达都可以用这个方法来调节流量。这个调节的方式与内燃机燃油喷射的调节办法是类似的，但是在液压泵/马达中需要控制的流量要大。这是一个巨大挑战，该方法的研究已经有十多年，现在进入产品化市场推广阶段。

这种采用数字式吸入排量控制的数字泵，通过使用嵌入式计算机控制的高速开关阀，实时开闭多个柱塞腔，就可以克服传统采用斜盘式泵通过斜盘进行变量的限制，可以大大简化结构与加工，减少一些摩擦副如配油盘与斜盘等。至于这时的二位二通高速开关阀是否是 PWM 控制是可以选择的技术问题。但是无论如何这时数字阀的响应要求非常快。如果按通常具有 7 个柱塞的轴向柱塞泵来说，在通常 1450r/min 的转速下每个柱塞的吸排油周期在 41.39ms，要采用这种数字排量调节的办法，从这个角度看比内燃机燃油喷射控制对数字阀的要求要低一些，但是要求的数字阀的流量要大很多，因此仍然是一个不小的挑战。所以这个泵首先是采用转速不会很高的径向柱塞泵（转速在 1800r/min 以下）。该方法用于产品的实施需要三个条件：一是流量足够大与时间响应足够高的二位二通高速开关阀；二是需要电控与传感器的控制技术达到市场要求；三是需要相应的传感器，能够及时将工况反映到微处理器上，然后可以按需要进行排量调节与控制。再考虑下去就是智能控制的问题了，这方面内容将在后面章节进行阐述。

这种直接控制排量调节方法用于柱塞式空气压缩机的排量控制，也有明显的节能效果。推出这个产品具有概念颠覆的意义。

（2）液压数字排量泵（DDP）

径向柱塞数字排量泵（digital displacement pump），由苏格兰 Loanhead 的 Artemis Intelligent Power Ltd. 开发，数字阀直接控制径向柱塞排量调节。其柱塞由凸轮环驱动，每个柱塞腔可以单独按流量需求打开和关闭，因此每个柱塞腔都是单独的泵源。实质上，它是一个多阶流量系统，每阶都对应一种输出流量。一般配置使用 12 个柱塞，分为三组，每组四个。而制造商已经建造过一个带有 68 个柱塞的单元，用于风力涡轮机应用。

DDP 和 DDPM 的实现完全依靠计算机控制技术。每个柱塞腔都有自己的控制系统：电磁高速开关阀、单向阀和柱塞位置传感器［图 5-48（b）］。当配置为数字式排量泵/马达（DDPM）时，每个柱塞腔都有两个电磁阀，该装置即可用作泵或马达。

为了充分利用计算机控制技术，必须根据柱塞位置传感器的信号和工作现场的反馈来调整电磁阀的开闭时序。这些电磁阀可以在短至 30ms 内打开或关闭，以限制在负载需要时通过每个柱塞腔的流量。

在轴旋转的情况下，如果负载不需要流量，则所有柱塞腔都与外部压力管路隔离，从而产生的损失也最小。从待机状态开始，可以在 30ms 内实现全流量输出，并与工作压力无关。此外，与变速电机＋轴向柱塞泵的方案相比，DDP 可以使用感应电机和软启动器驱动，从而降低了初始成本。

当没有电磁阀通电时，在凸轮完全旋转期间，低压回路仍然可连通柱塞腔。柱塞简单地将油液循环并返回到低压回路。因为它有效地从回路中隔离出来，所以需要非常少的能量。在失电情况下，DDP 便会进入无流量、低压状态。当电磁阀通电时，柱塞从低压回路吸油，然后排入高压回路。

电磁阀通电也可以设定不同的时序，使得仅一部分流量被送到高压回路。使用六活塞泵示例，如果流量需求为 63L/min，则需要 3½ 活塞的排量。这可以通过激活三个电磁阀以使三个活塞投入使用而一个电磁阀在活塞达到半冲程时关闭通向低压侧的路径来实现，这将导致活塞的一半位移进入高压回路。另一种方法是在所有电磁阀激活的状态下旋转 1044 转后，然后在断电的状态下旋转 756 转来提供每分钟的平均流量。如果这种方法引起不需要的压力脉动，则可以通过对六个电磁阀中的每一个进行定时来实现相同的流量，从而通过在冲程的 58% 处将它们打开来使柱塞每循环仅移位 5.8mL。DDP 可以紧密模拟无级变量泵，而不会保持恒定的压力，无论泵出口处的压力如何，各个柱塞都可以处于入口压力状态。

此外，每个柱塞的输出可以隔离，因此泵可以为多个回路提供流量。该实例中，可以从一个单独的 DDP 形成六个单独的功能，每个 DDP 具有高达 18L/min 的变化流量。

此泵的性能曲线由图 5-49 表达出来。

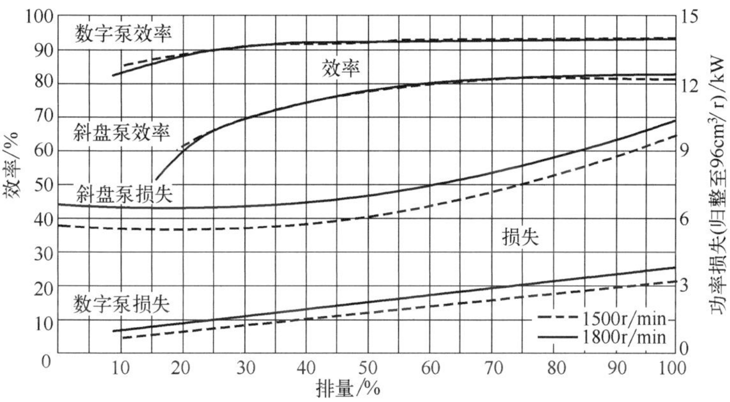

图 5-49　数字泵与斜盘泵在效率与功率损失方面的比较

此产品通过使用液压传动装置数字化替代机械变速箱，实现了可观的节能效果。优点包括降低能耗，通常不到传统轴向柱塞泵的三分之一；响应时间更短，并消除高频噪声。例如，当应用于挖掘机时，该技术已经证明节省燃料高达 20%，并且生产率提高了近 30%。采用数字控制排量技术的泵，使得使用液压传动装置替代移动设备中的机械变速箱变得切实可行。

5.9.3　数字高速开关比例阀等控制变量结构的液压轴向数字泵

2019 年国内液压市场上推出一款采用高速开关阀的数字比例阀（图 5-50），用来控制电子泵的变量机构，从而使该泵还具备智能性，称为智能可编程液压泵。此泵由浙大智源公司与力源公司合作研制。

智能可编程液压泵采用比例阀、高速开关阀作为电子控制阀，用于控制泵的变量斜

图 5-50　国内首款智能可编程液压数字泵

盘。结合嵌入式控制器和电反馈闭环控制策略，完成轴向柱塞泵结构和控制的升级，引领液压元件以至液压设备的高集成化、高自动化与智能化的发展趋势。

此控制系统可以覆盖力源公司生产的各类柱塞泵，诸如 Z4V、L10VO、L2F 与 L7F 等产品系列。泵的技术参数是：额定压力 28MPa，排量规格 71/100/125mL/r，工作模式包括压力控制模式、流量控制模式与功率控制模式。

这是国内液压行业第一款作为智能化的液压元件产品，由于具有原创性，也代表我国液压行业迈出了“拷贝”的时代进入了液压智能时代。与此同时，成都阀智宝公司也在 2019 年开发了具有原创性的电子控制模块，并用于比例多路阀。因此 2019 年对于中国的液压行业来说是一个智能数字液压元件的标志性年份，我国有了依靠原创性开发而生产的产品，并且是推向市场来检验的液压智能数字液压元件产品。

5.9.4　高速开关阀用于数字配流式双向径向高压高速柱塞泵

图 5-51 与图 5-52 展示了四川航天烽火伺服控制技术有限公司高速开关阀用于数字配流式双向径向高压高速柱塞泵的试验与相关产品，在本项目中，重点解决了高压、高转速、低惯量双向数字式高压径向柱塞泵的关键技术，实现该泵在 EHA 上的应用；解决无刷直流电机-泵-缸的集成控制关键技术，实现 EHA 作动器高速、高定位精度的复合调节控制；解决大流量高速开关阀与泵的协调配流关键技术，实现大流量高速开关阀在主动式阀配流高压径向柱塞泵上的应用。

图 5-51　数字配流式双向径向高压、高速柱塞泵试验情况

图 5-52　柱塞、缸体一体式高速开关阀

5.9.5　用于行走机械制动系统

宁波赛福汽车制动的 ABS 系统作为应用高速开关阀并有竞争力的产品，是国内第一

家采用智能制造的生产系统对高速开关阀进行生产。因此宁波赛福自主研发并可以大批量生产的 ABSEHCU 模块产品如图 5-53 所示，已经可以与世界这方面的顶级厂商在市场上竞争。

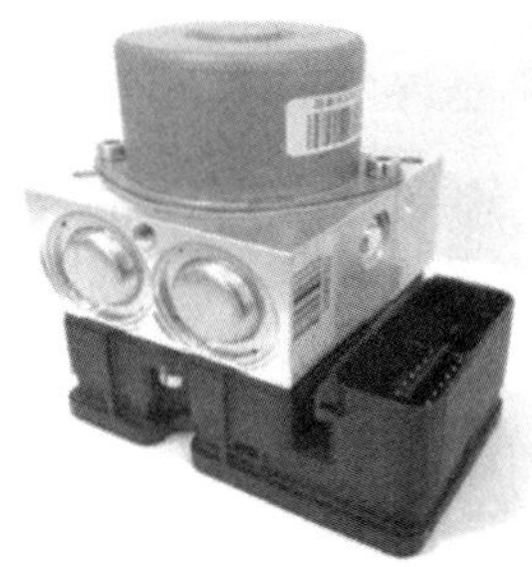

图 5-53　ABS EHCU 产品模块（宁波赛福）

ABS 的全名是防抱死制动系统（anti-lock brake system），用以提高制动时汽车的稳定性及较差路面条件下的汽车制动性能。ABS 通过安装在各车轮或传动轴上的转速传感器不断检测各车轮的转速，由计算机算出当时的车轮滑移率，并与理想的滑移率相比较，做出增大或减小制动器制动压力的决定，命令执行机构及时调整制动压力，以保持车轮处于理想制动状态。ABS 的工作过程实际上是“抱死—松开—抱死—松开”的循环工作过程，其液压制动系统原理示意见图 5-54。该系统的原理就是紧急刹车时，既保持轮胎转动，又防止轮胎抱死，以维持最大的刹车力量；同时也对车轮进行迅速、准确、有效、安全的控制，使车轮的纵向附着系数达到峰值，侧向附着系数也保持较高状态，从而达到提高制动速度、缩短制动距离、稳定制动方向、防止车轮抱死的效果。

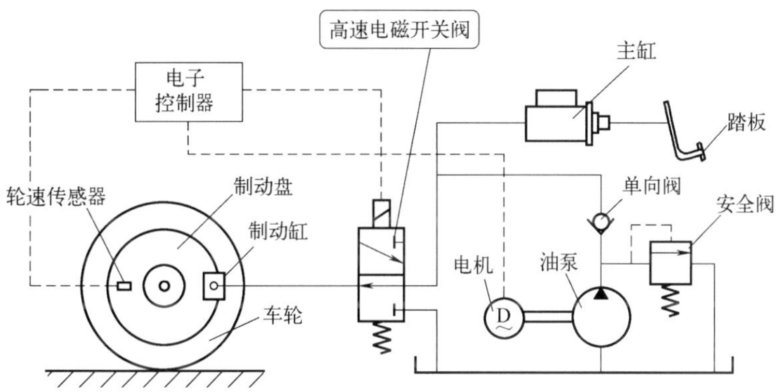

图 5-54　汽车液压制动系统原理示意

其中的核心关键件就是高速开关阀与其电控装置。紧凑的产品设计和外形尺寸，适合 2 轮车布置，专门为摩托车制动系统设计开发的微流量控制高速电磁阀技术。基于 Matlab Simulink 模型的控制算法开发和代码自动生成，基于 PWM 技术的电机转速控制与 MCU＋ASIC 系统架构，四层电路板设计，符合 OSEK 技术要求的 RTOS。ECU 开发符合 ISO26262 汽车电子安全法规要求，支持 K 线和 CAN 通信，提供全面的故障诊断，100 多项安全监控和处理策略，支持基于 CCP（CAN calibration protocol）的 ECU 标定功能，先进的制造技术、防错技术和现代化的制造设备。

5.9.6　高速开关阀并联控制流量的数字阀阀岛

（1）DVS（digital hydraulic valve system）阀岛

由于高速开关阀组成数字比例控制的重要矛盾之一是时间响应与大流量的问题，影响高速开关阀在液压元件主流市场的应用推广，目前应用局限在小流量的场合。为此，国外研究机构提出了使用多个高速开关阀并联控制流量的数字阀阀岛结构。以坦佩雷理工大学（Tampere University of Technology）为代表，丹麦奥尔堡大学（Aalborg University）与巴西圣卡塔琳娜州联邦大学（Federal University of Santa Catarina）都在这方面有深入的研究。

坦佩雷理工大学研究的 SMISMO 系统，采用 4×5 个螺纹插装式开关阀控制一个执行器，使油路从 P-A、P-B、A-T、B-T 处于完全可控状态，每个油路包含 5 个高速开关阀，每个高速开关阀后有大小不同的节流孔，如图 5-55（a）所示。通过控制高速开关阀启闭的逻辑组合，实现对流量的控制。通过仿真和实验研究发现，采用 SMISMO 的液压系统更加节能。

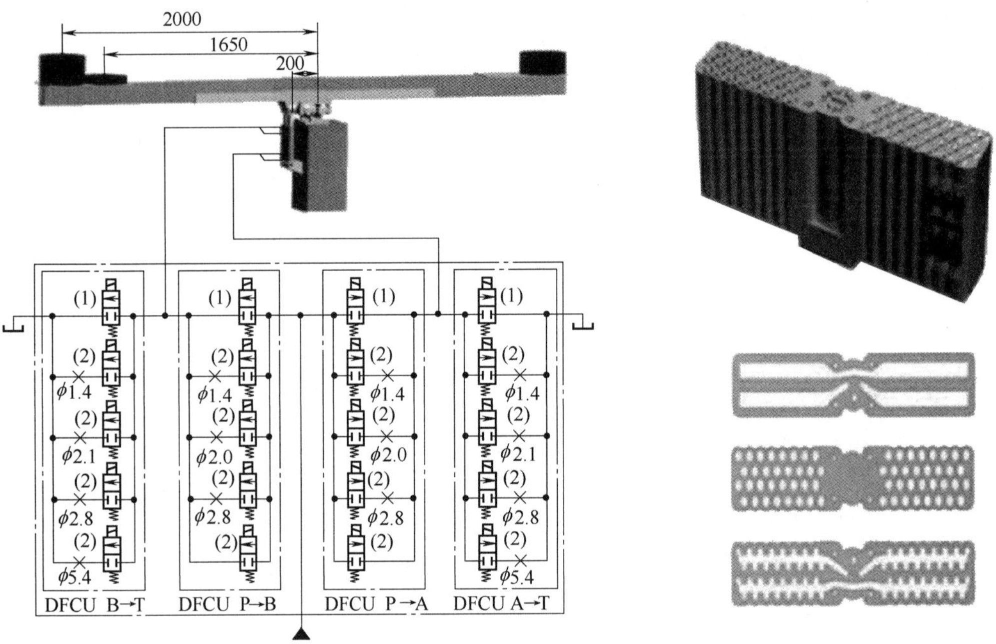

(a) 阀岛工作原理　　(b) 阀岛实物

图 5-55　SMISMO 系统原理与实物

由此发展的 DVS 将数个高速开关阀集成为有标准接口的阀岛，如图 5-55（b）所示。其采用层合板技术，把数百层 2mm 厚的钢板电镀后热处理融合，解决了高速开关阀与标准液压阀接口匹配的问题。目前，已经成功地在一个阀岛上最高集成 64 个高速开关阀。关于数字并联阀岛，近期研究关注数字阀系统的容错及系统中单阀的故障对系统性能的影响。

（2）NorrDigi 数字缸的高速开关阀组合

如图 5-56 所示，NorrDigi 缸由 A、B、C、D 区域的 4 个工作腔组成，每一个工作容腔有一条油路作为进出油的通道，共用 HP（高压油路）和 LP（低压油路）。从结构设计上看，这 4 个独立的工作腔的有效作用面积关系为：$A_A:A_B:A_C:A_D=8:4:2:1$［图 5-56（c）］，即

$$F_{hyd}=p_AA_A-p_BA_B+p_CA_C-p_DA_D \tag{5-25}$$

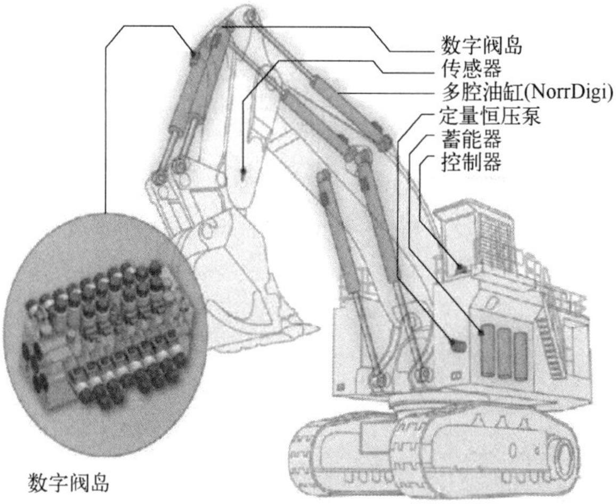

(a) 数字阀岛的应用场景与实物

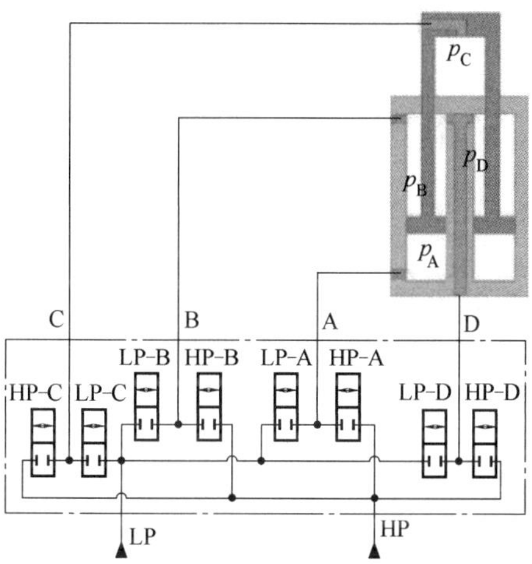

(b) 采用数字阀岛控制NorrDigi数字缸

组合	A	B	C	D
0	0	1	0	1
1	0	1	0	0
2	0	1	1	1
3	0	1	1	0
4	0	0	0	1
5	0	0	0	0
6	0	0	1	1
7	0	0	1	0
8	1	1	0	1
9	1	1	0	0
10	1	1	1	1
11	1	1	1	0
12	1	0	0	1
13	1	0	0	0
14	1	0	1	1
15	1	0	1	0

16种容腔工作组合

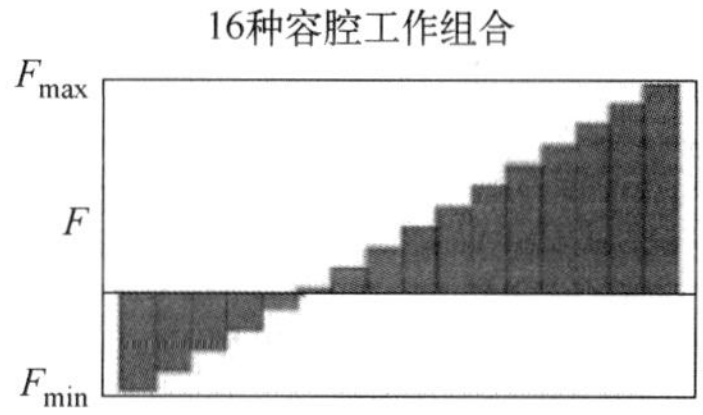

(c) 容腔工作输出力的16种组合

图 5-56　NorrDigi 数字缸的高速开关阀组合

配合 HP 和 LP 两级压力，各以蓄能器的形式提供油源与排油，液压缸的驱动力可以达到 $2^4=16$ 种组合结果。每个工作腔的高低压侧开关阀在油缸不同工作位置和速度情况下，交替独立控制对应的工作腔的压力和流量，协调配合精准稳定控制重物的起升和下落。对于 NorrDigi 技术，上述的油缸只是这项技术中的硬件组成部分，还有内置的传感器、芯片处理器以及控制算法等。

NorrDigi 数字液压执行器所形成的新型的液压系统（图 5-57），可回收动能过大的压力补偿损失，所以此系统称为压力共轨系统，其中所有执行器都连接到包含用于系统解耦和能量存储的液压蓄能器的压力共轨中。通过这种设计，压力仅施加到产生力所需的油缸面积上，从根本上减少了压力补偿损失。它还能够双向能量流入和流出压力共轨，这意味着动臂下降运动中的动能可以回收并存储在蓄能器中。在发动机熄火的情况下，主机仍然可以多次连续举升和落下重物。

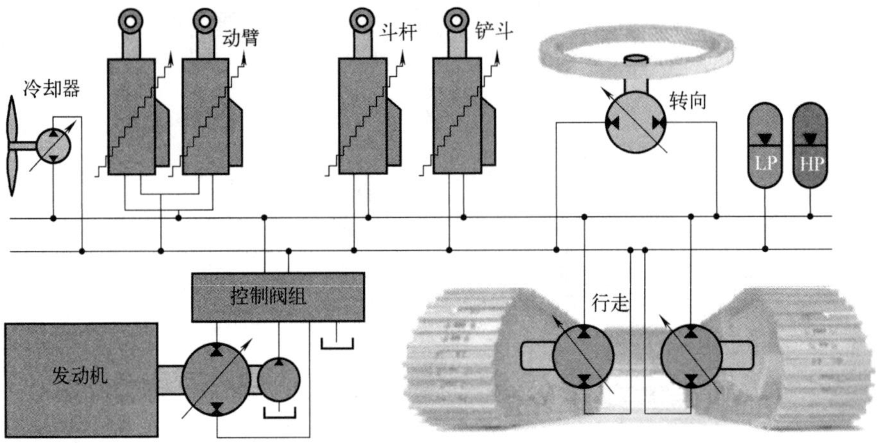

图 5-57　NorrDigi 数字液压执行器所形成的新型的液压系统

迄今为止，Volvo 公司配置 NorrDigi 油缸的挖掘机，采用分布于每个油缸上的开关阀组实现对各个油缸的独立控制，从根本上改变了挖掘机的控制方案。对一台 30 吨的挖掘机上的测试结果表明，燃油效率提高了 50%。这种改进一部分来自降低的燃料消耗，另一部分来自生产率的提高。此项技术适合用于负载惯性相对较高的机器。

5.9.7　用于汽车自动调速器

汽车自动调速器采用了高速开关阀，从图 5-58 中可以看到它们的组合与位置。它们对于离合器电磁阀工作特性的要求如图 5-59～图 5-61 所示。因此这里采用高速开关阀适合于这种工况。

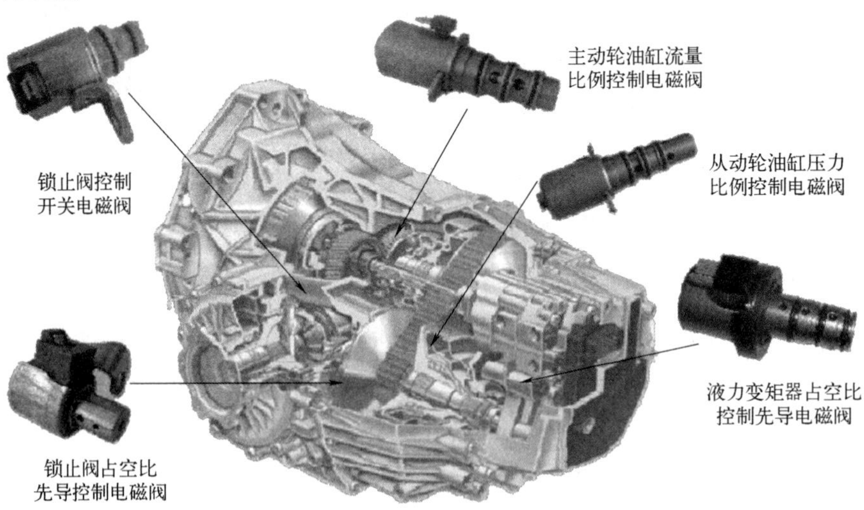

图 5-58　CVT 汽车变速器上的高速开关阀（贵州红林）

当前，国内汽车自动变速器液压阀体及电磁阀市场被美国博格华纳和伊顿、德国博世和日本东测等跨国公司占去大部分份额。我国自主开发液压阀体及电磁阀的企业有江苏金润汽车传动科技公司、西安航天动力研究所和贵州红林车用电控技术有限公司等，需要加强市场竞争力。随着汽车自动变速器向多挡位发展，电磁阀被设计得越来越小。对于高速开关阀而言，可以减轻重量和提供更多空间，还可以降低制造成本。阀体中多数控制滑阀也都被设计得更小，材质从钢变成铝，以求控制滑阀更灵敏，能在更高信号频率下有效运动，提供更快的响应速度和更高的油路控制稳定性。这成为在自动变速器中的发展趋势。

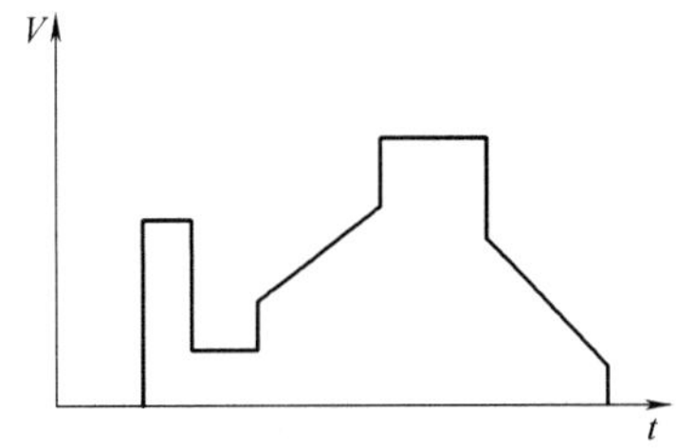

图 5-59　离合器电磁阀工作特性

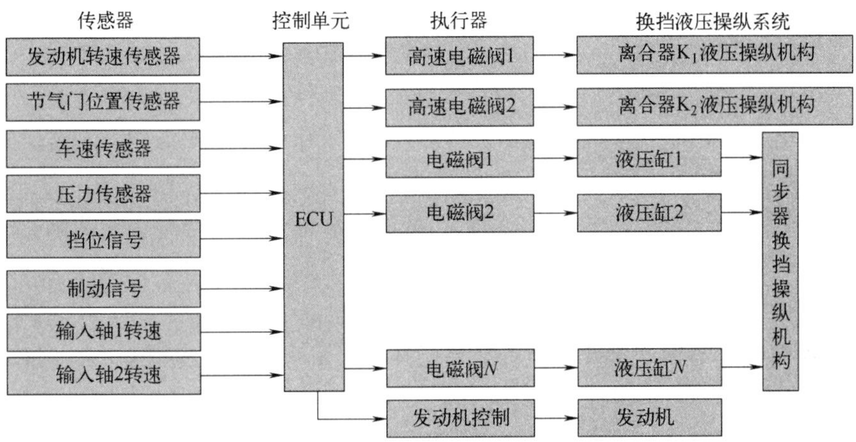

图 5-60　DSG 双离合变速器换挡操纵控制系统组成框图

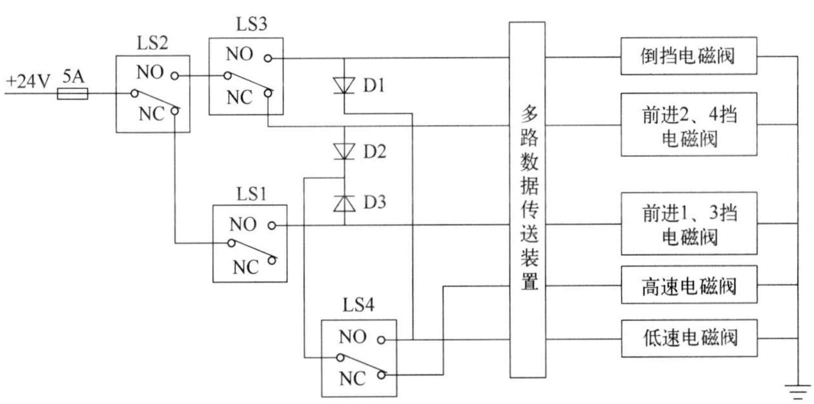

图 5-61　TR2250 型汽车起重机电控变速系统原理

5.9.8　用于液压冲击器

高速开关阀可以用于高速往复运动控制系统的液压冲击器，例如以液压凿岩机、液压碎石机和液压冲击锤等为典型代表的液压冲击机械。抽象出其主要内核——液压冲击器，不难发现它们的工作原理基本相同，主要由配流阀、冲击活塞和蓄能器等部件组成，是通过配流阀配流，以液压力驱动活塞往复运动做功，对外输出冲击能来工作的。配流系统是液压冲击机械的重要组成部分，配流阀与冲击活塞相互影响、相互控制形成活塞的高速往复运动。目前这种系统尽管能很好地满足工况，但是其运动一旦设定是不能任意调节的。

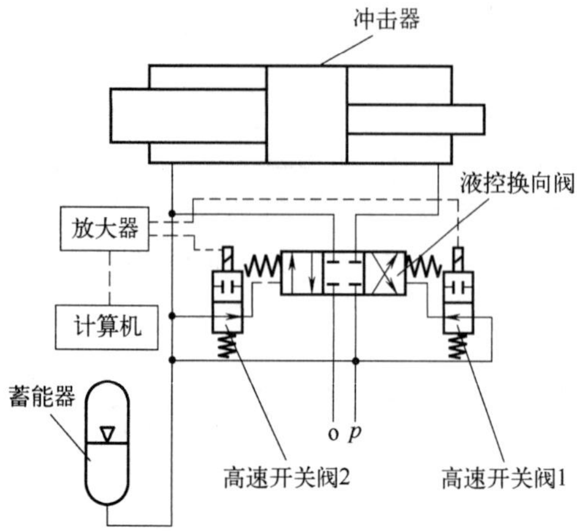

图 5-62 高速开关阀控制的液压冲击器工作原理方案

液压冲击器的特点是冲击活塞在前后腔交变高压油的驱动下往复高速运动，图 5-62 所示的电液控制强制配流，是一种新颖的配流方式，它是一种采用高速开关阀用于高速往复运动控制系统的液压冲击器。其充分利用了电信号频率准确、稳定、调节方便的特点，可实现液压冲击机械输出冲击能及冲击频率随控制信号稳定、快速、准确、无级地调节。其优点是可以根据工作的情况加以调节，达到性能更好又节能的效果。

其工作原理是计算机或信号发生器产生交变的矩形波作为控制信号，通过放大器转换成控制电流输出给高速开关阀 1、2，两个高速开关阀的控制口分别与经特殊设计的液控快速换向阀的阀芯两端控制腔相连，通过分别控制高速开关阀 1、2，使液控快速换向阀完成快速换向配流动作，这样，冲击活塞就在计算机（信号发生器）产生的控制信号作用下做往复高速运动，产生冲击与振动。由上述配流系统工作原理可知，冲击活塞的工作频率就是控制信号的频率，冲击能也与控制信号的频率有关。因此，采用电液强制配流方式的液压冲击机械具有结构简单、工作可靠、易于实现电液控制的特点。

5.9.9 高速开关阀数字瓦斯压力控制装置

上海豪高机电科技有限公司高速开关阀用于模拟压力控制系统的数字瓦斯压力控制装置如图 5-63 所示，其实物照片见图 5-64。

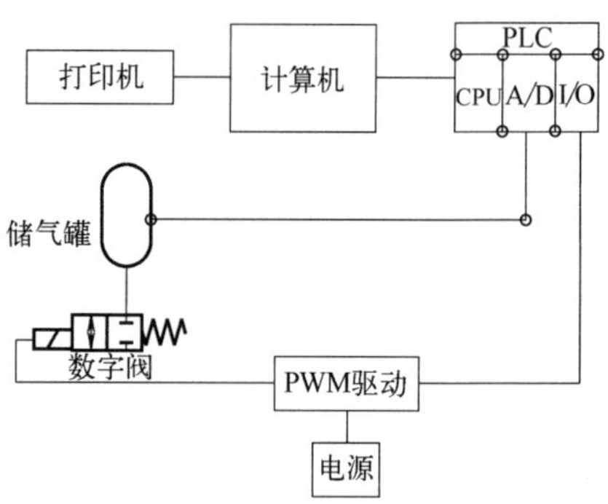

图 5-63 数字瓦斯压力控制装置工作原理

本系统采用了闭环进行压力控制。数字式压力传感器可以显示压力，同时能输出相应反馈信号（4～20mV 或 0～10V）。数字控制器可接受压力传感器信号并与给定值比较，输出控制数字阀的电流；它还具有 PWM 及 PNM 控制功能，可调节周期、占空比或控制电流的幅值；对 Δt 及 Δp 具有调节功能。当压力到达要求后，可以停止输出控制电流，由图 5-65 中的测试结果可见，其控制精度可以在系统要求范围之内。但是，在起始段与终结段有较大误差，且差值方向相反，说明系统要完全消除此误差尚需进一步采取措施。

5.9.10 高速开关阀在微型液压中的应用

压电喷墨技术是将许多小的压电陶瓷放置到喷墨打印机的打印头喷嘴附近，利用它在电压作用下会发生形变的原理，适时地把电压加到其上面（图 5-66）。压电陶瓷随之产生伸缩使喷嘴中的墨汁喷出，在输出介质表面形成图案。图 5-67 是压电晶体打印机喷墨原理图（挤压型与压力波型）。

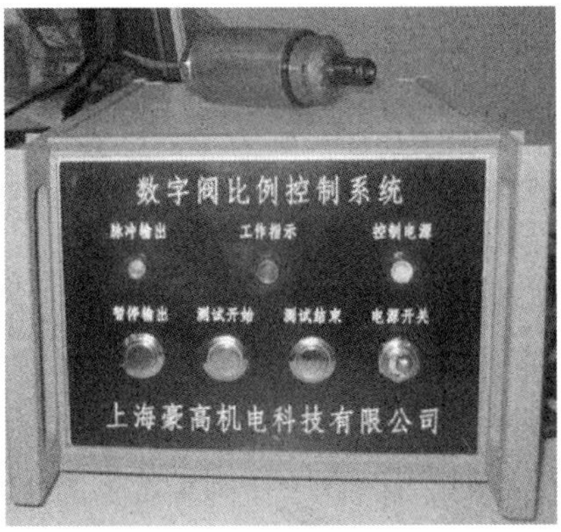

图 5-64　数字瓦斯压力控制装置

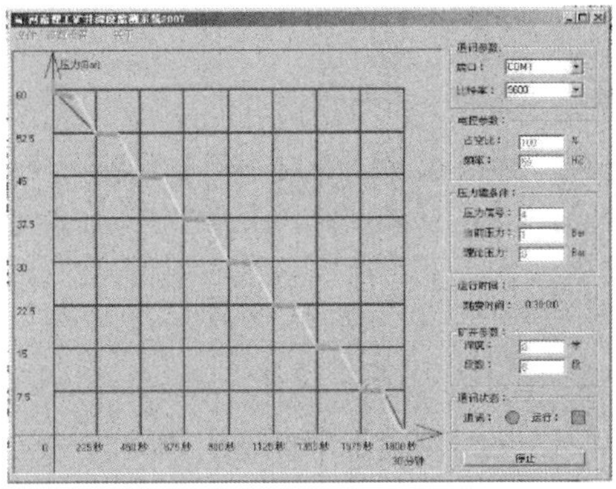

图 5-65　数字瓦斯压力控制装置监控曲线

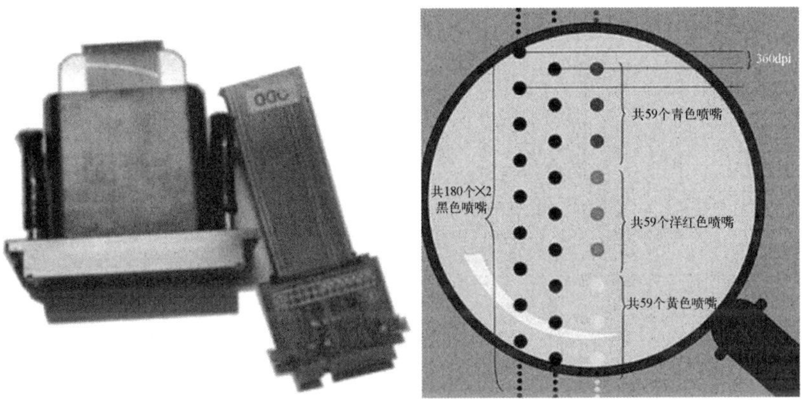

图 5-66　打印机压电晶体高速开关阀控制喷墨喷嘴

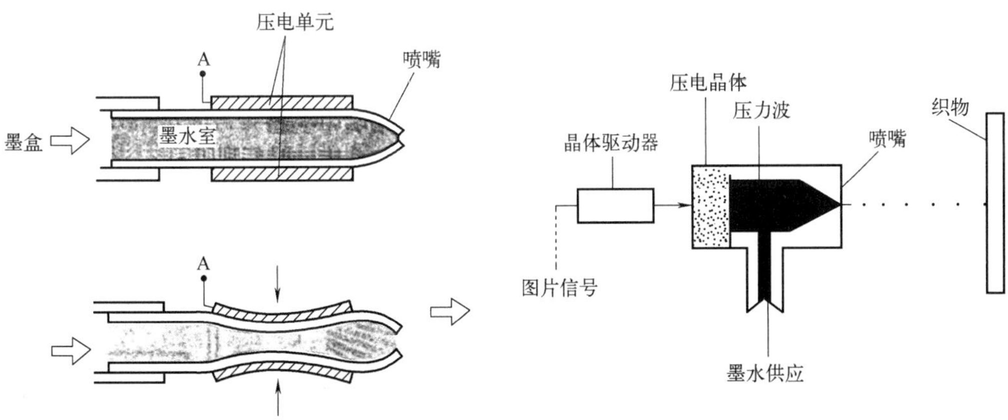

图 5-67　压电晶体打印机喷墨原理（挤压型与压力波型）

喷嘴可以激光加工，直径越小，对激光设备的聚焦性与运动精度要求越高。如果用钻头加工，成品率只有 60%左右。也可以用蓝宝石（氧化铝）喷嘴镶嵌在喷头孔上。喷头开发涉及电路、材料、机械加工等多方面。

第 6 章 增量式数字液压控制元件

以步进/伺服电机作为电液转换装置主体与液压元件结合就成为增量式数字液压元件，图 6-1 给出了步进电机增量式数字液压元件的控制方框图。增量式数字液压元件有开环控制也有闭环控制（表 6-1），并具有完全数字化的运动特性，即电脉冲的频率与阀芯的运动速度对应，电脉冲的数量与液压缸的行程对应。

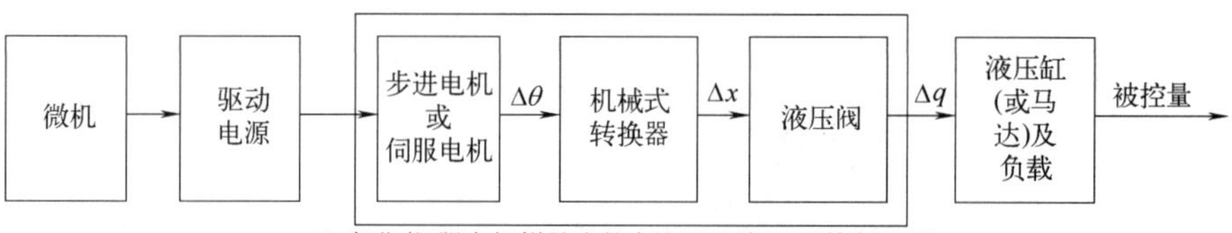

(a) 步进/伺服电机增量式数字液压元件(开环控制元件)

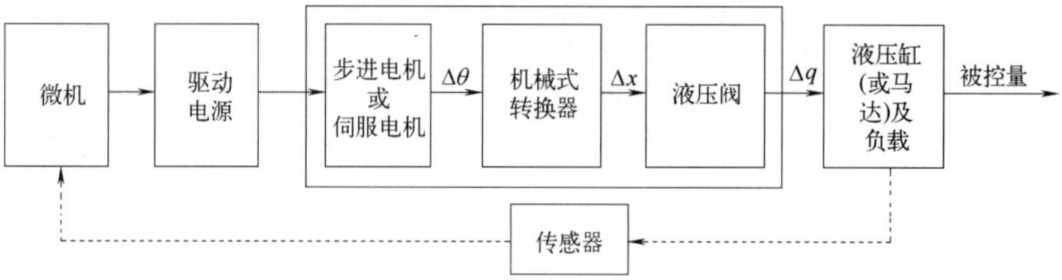

(b) 步进/伺服电机机械反馈增量式数字液压元件(闭环控制元件)

图 6-1 步进/伺服电机增量式数字液压元件

表 6-1 步进电机增量式数字液压元件

类别	元件图、元件实物照片、元件符号表达	产品发展情况与性能
开环控制步进电机数字阀	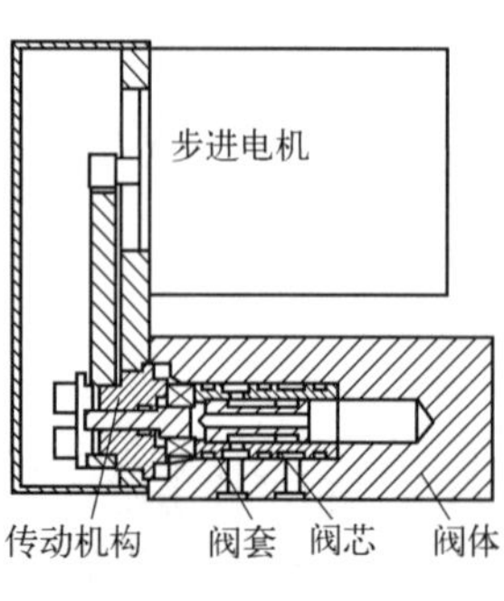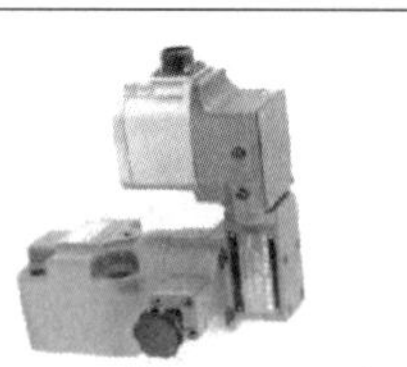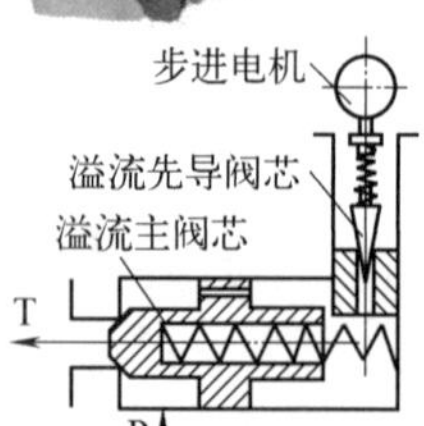	1980 年代日本东京计器产品形成系列，开环控制。产品包括数字压力阀、数字流量阀以及数字比例方向阀等，压力达到 21MPa，流量 1～500L/min，输入脉冲数为 100～126，其重复特性精度和滞环精度均在 0.1%以下 国内广州机床研究所紧随其后，研制出 SZY-F6B 数字先导溢流阀、SZY-F10B 数字溢流阀、SZQ-F8/16 数字调速阀、84SZ-F10/68B 数字换向阀等型号产品 目前市场少见，步进电机频响受惯量大、易丢步以及有机械转换运动非线性环节等因素影响

续表

类别	元件图、元件实物照片、元件符号表达	产品发展情况与性能
闭环控制步进电机数字阀	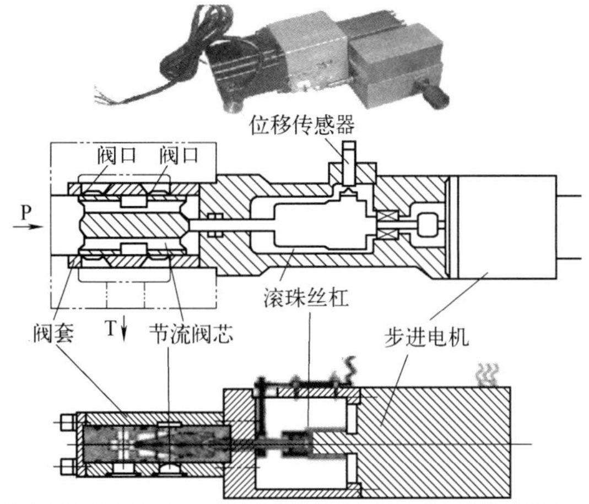	内反馈型增量式水液压节流数字阀(发明专利号 200910051392.3),发明核心是通过位移传感机构进行检测,计算机根据位移传感器的信号直接控制步进电机调节水液压系统中的流量,因为步进电机作为数字电机可以接受计算机发出的数字信号直接控制,提高了阀的频响与闭环控制精度,能满足要求高频响的控制系统。在采用软件对步进电机进行脉冲分配,实际上也通过此数字阀转换成流体脉冲离散信号,使液压的流量得到控制。只要步进电机不发生丢步,其负载的变化对步长基本无影响,稳态时具有定位力矩,可以消除来自流体动力系统的干扰信号影响。结构简单、成本低、抗污染能力强、可靠性高

6.1　增量式数字液压控制阀

步进/伺服电机增量式数字液压控制阀核心技术是控制器。对于步进电机，输出的角位移是离散值，角位移分辨率是有限的，即位置控制精度是有限的。如何提高工作步数和分辨率，而又不致使电机频响降低，成为控制精度与响应频率之间的矛盾。其中有采用对步进电机输出角位移连续跟踪的控制方法。该算法思路是在每个周期开始时，先判断步进电机转子所要转动的角位移与当前位置的角位移差值是否大于或等于一个步距角，如果是，则转过一个步距角；如果不是，则转过小于步距角的角度。这样既提高了角位移位置精度，又不会降低步进电机的响应频率。程序框图如图 6-2 所示，体现了步进电机转子输出角位移连续跟踪控制算法。

由于图 6-2 中的芯片固化了算法程序，芯片 89C2051 按时间周期从并行口 DB25 读取外部数据，从而算出步进电机通电相序（A1B1C1D1 和 A2B2C2D2）和时间（T1 和 T2），并以一定的时间送到芯片 GAL16V8，经逻辑运算输出信号使三极管关断，从而驱动步进电机绕组的通电或关断，产生转动。由图 6-2 可见，步进电机采用了恒流斩波电路驱动，因此绕组电流恒定，转子出力高、功耗低。另外，控制器采用并行口接受数字信号，因此控制器可以与计算机作为上位机连接，使用方便。

浙江工业大学创造的极具特色的“阮氏 2D 伺服阀与 2D 泵”［图 6-3（a）］与英国 Domina 公司利用伺服电机驱动的伺服阀产品“旋转直驱伺服阀”［图 6-3（b）］，都打破了半个多世纪来伺服阀的传统概念，跳出了微安级电控信号输入的喷嘴挡板类的思维，产生了采用此类电机驱动的新一代伺服阀；上海 704 所海岳公司研发的增量式液压丝杠式高频响比例阀以及数字万用阀也是新的发展［图 6-3（c）］。

高速开关数字阀与增量式数字阀目前来看彼此在应用方面有很好的互补：

① 增量式数字阀中的 2D 阀也适合于元件级应用，流量限制比高速开关阀少，体积较小，也可以用于系统级；

② 增量式机械反馈数字阀适合流量大、体积较大、频响不高的场合，适合系统级应用。

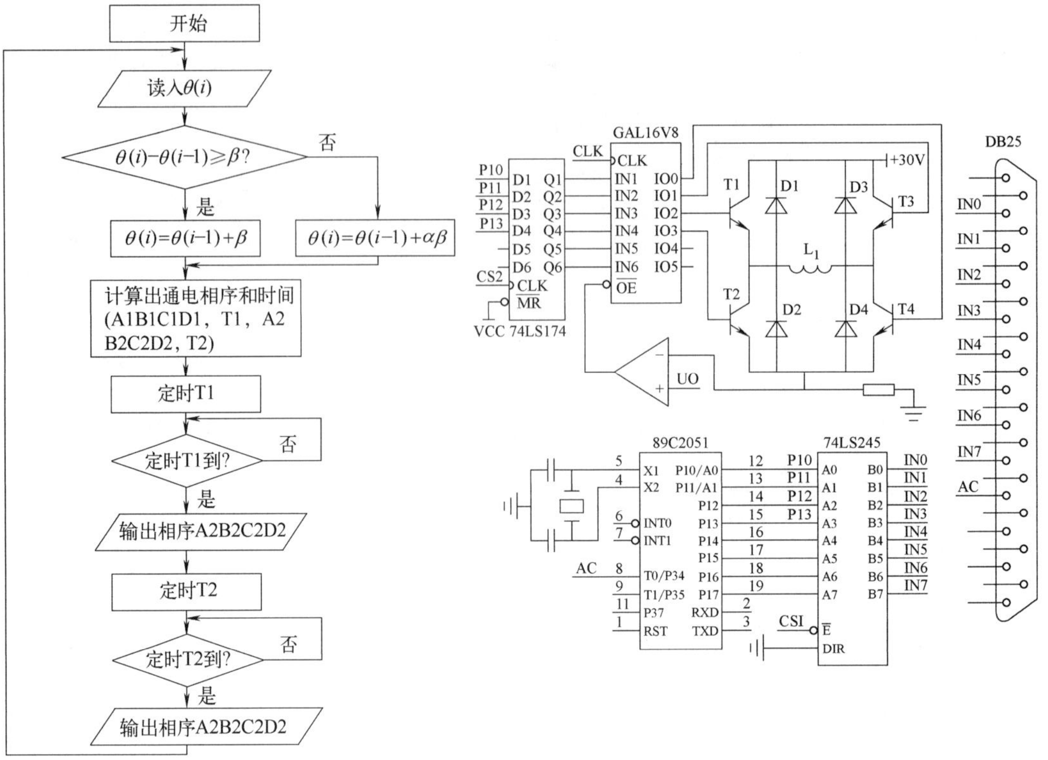

图 6-2　连续跟踪控制算法程序框图与控制器原理

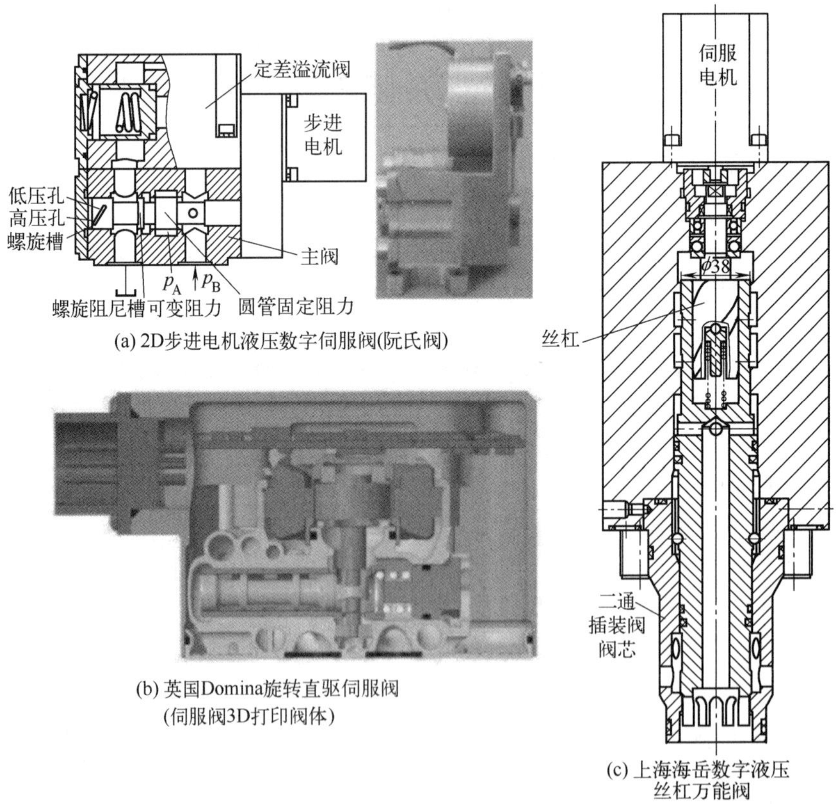

图 6-3　增量式数字液压元件

6.2 增量式数字液压元件输入信号

6.2.1 PFM 脉冲频率调制信号

脉冲频率调制（pulse frequency modulation，PFM）信号的频率随输入方波信号幅值而变化，其占空比不变，具有调频特性，有较高的传输信噪比，而且信号的脉冲形式便于中继传输、再生整形，因而既可放宽对系统线性的容限要求，又可获得较好的抗干扰能力。脉冲频率调制控制方法实现起来没有脉冲宽度调制（PWM）控制方法容易，因此价格贵，但是 PFM 的效率远远高于 PWM，这是因为 PWM 回路增益及响应速度受到误差放大器的影响，限制了其具有较快的响应速度。

由于 PWM 信号具备既可以调制脉冲宽度（PWM）又可以调制频率（PFM），因此可以结合起来调制，产生新的控制效果（图 6-4）。

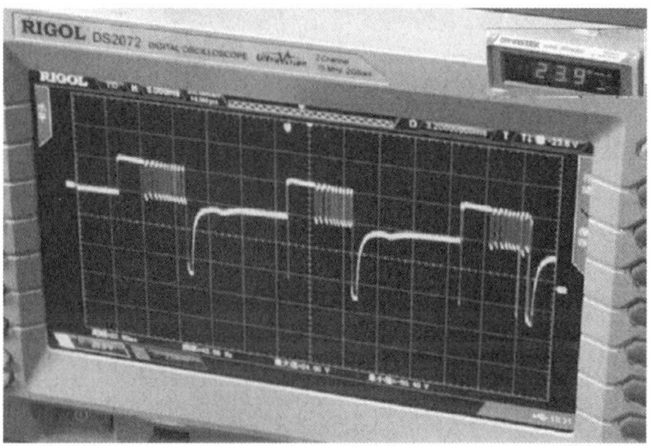

图 6-4 PWM 输入液压数字比例阀的实际信号波形

6.2.2 PNM 脉冲调制数字信号

有控制性的数字式电脉冲信号称之为脉冲调制数字信号（pulse number modulation，PNM）。将 PNM 转化成与之相对应的角位移或直线位移，它本身就是一个完成数字模式转化的执行元件。而且它可开环位置控制，输入一个脉冲信号就得到一个规定的位置增量，这就是增量位置控制系统。与传统的直流控制系统相比，其成本明显减低，几乎不必进行系统调整。步进电机的角位移量与输入的脉冲个数严格成正比，而且在时间上与脉冲同步。因而只要控制脉冲的数量、频率和电机绕组的相序，即可获得所需的转角、速度和方向。因此这种以脉冲进行控制的信号称为脉冲数字信号，这种方法称为增量式数字控制方法。

增量式数字阀采用由脉冲数字调制演变而成的增量式控制方式，以步进电机作为电/机转换器，驱动阀芯工作。步进电机就是在脉冲数字信号（PNM）的基础上，使每个采样周期的步数是在前一采样周期步数的基础上增加或减少一些步数，从而达到需要的幅值。这种在原有步数的基础上增加或减少一些步数以达到控制目的的方法称为增量法。因此可以说，对步进式液压数字阀的控制，从本质上就是对步进电机的控制，如图 6-5 所示。

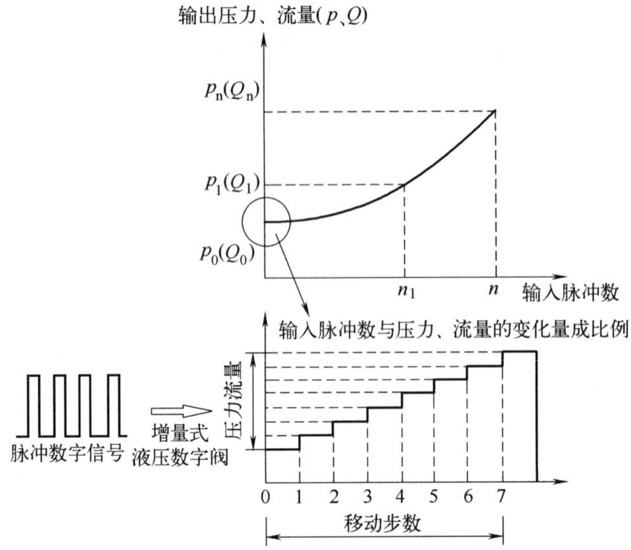

图 6-5　脉冲数字信号的增量控制法

由计算机发出需要的脉冲序列，经驱动电源放大后使步进电机按信号动作。每当电机得到一个脉冲时，它便沿着控制信号给定的方向转一步。每个脉冲将使电机转动一个固定的步距角。步进电机转动时，带动螺纹或凸轮等机构使旋转角度 $\Delta\theta$ 转换成位移量 Δx，从而带动液压阀的阀芯移动一定的位移，步进电机输出与脉冲数成正比的角位移。因此根据步进电机原有的位置和实际走的步数，可得到数字阀的开度（图 6-1）。计算机可按此要求控制液压缸或马达。由于步进电机的控制方式为步进的，对输入脉冲数有记忆作用，并且输出量与累计的输入脉冲数量成比例，所以这种控制方式有时称为脉数调节控制。但实际情况是每一采样周期的步数是在原有采样周期步数的基础上增加或减小一些脉冲数来实现的，属于增量控制方式，因此我们称之为增量式数字阀控制系统。

步进电机直接驱动的数字流量阀的典型结构见图 6-6，该阀用于水液压是发明要点之一，加上滚珠丝杠的结构，将旋转运动转换成直线运动是这类阀的难点。实际上增量式液压元件的核心就在于如何将旋转运动转换成直线运动或者直接利用此旋转运动对液压阀口进行控制，原理不变构思巧妙就产生各种增量式的数字液压元件。当控制数字阀的微处理器发出控制信号时产生步进电机转动，通过滚珠丝杠使电机的旋转角位移转换为轴向位

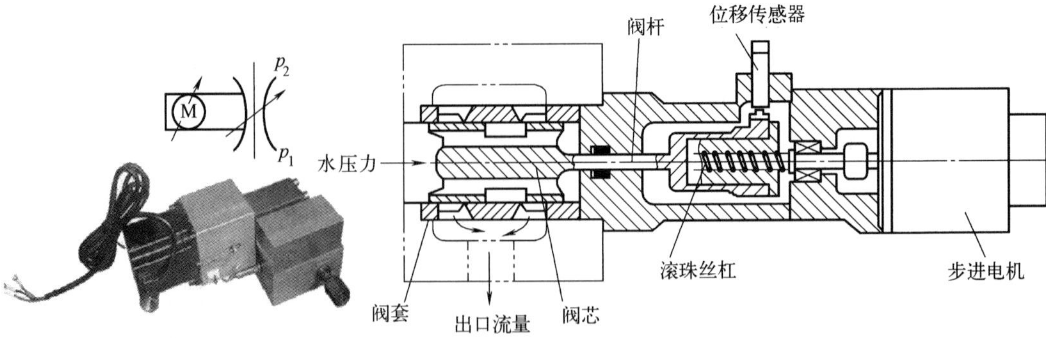

图 6-6　增量式水液压数字流量阀

移，带动节流阀阀芯移动，从而调节阀口的开度。步进电机转动一定的步数，相当于阀芯一定的开度。这种结构可控制相当大的流量，可达 3600L/min，是目前数字阀实现大流量系统控制的简单而行之有效的重要手段。

PNM 脉数控制信号的优点是：

① 可直接由脉冲信号控制：步进电机作为数控执行元件可以接受由计算机、单片机发出的数字信号直接控制，而无须经 D/A 转换。特别是随着单片机的发展与应用，步进电机控制的脉冲分配可以采用软件实现，与传统的采用环形分配器实现脉冲分配的方式相比更具灵活性。

② 控制精度高：作为连续比例元件的电-机械信号转换机构的比例电磁铁或力矩马达都存在着磁滞环，而离散或比例控制元件采用的步进电机却不存在这个问题；除此之外，比例电磁铁或力矩马达易受摩擦力等一些非线性因素的影响，而步进电机只要不发生丢步，其负载的变化对步长基本没有影响。

③ 抗干扰能力强：步进电机的控制信号为数字脉冲信号，比控制比例电磁铁或力矩马达的电流（电压）控制信号具有更强的抗干扰能力，而且不受环境温度的影响；另外，步进电机的工作步长一定，稳态时具有定位力矩，可以很好地消除来自流体动力系统的干扰信号的影响。

6.2.3　SPWM 正弦波脉宽调制数字信号

在进行脉宽调制时，使脉冲系列的占空比按正弦规律来安排。当正弦值为最大值时，脉冲的宽度也最大，而脉冲间的间隔则最小；反之，当正弦值较小时，脉冲的宽度也较小，而脉冲间的间隔则较大。这样的电压脉冲系列可以使负载电流中的高次谐波成分大为减小，称为正弦波脉宽调制（sine pulse width modulation，SPWM）。从实现的途径可分为硬件电路与软件编程两种类型，而从工作原理上则可按调制脉冲的极性关系和控制波与载波间的频率关系来分类。

6.3　增量式电液转换步进电机与伺服电机

Rexroth 公司 Indramat 分部在 1978 年机床博览会上推出了 MAC 永磁交流伺服电机驱动系统，标志着新一代交流伺服技术已经成熟。随着微处理器、新型数字信号处理器（DSP）的应用，出现了数字控制系统，控制部分可由软件完成。到 20 世纪 90 年代以后，全数字正弦波控制的永磁交流伺服电机驱动系统在传动领域中的地位进一步上升，具有运行稳定、可控性好、响应快速、灵敏度高以及机械特性和调节特性的非线性度指标严格（要求分别为 10%～15%和为 15%～25%）等特点，也越来越多地被采用在数字液压元件中。生产厂商情况可见图 6-7。

增量式数字液压元件基本采用步进电机或全数字式交流伺服电机作为先导级电液转换装置。虽然两者在控制方式上相似（脉冲和方向信号），但在使用性能和应用场合上存在着较大的差异。现就二者的使用性能与选择进行阐述。值得液压元件制造厂商注意的是，电液转换用步进电机与伺服电机都是选择市场上现有的产品，从现在经验看，液压行业需

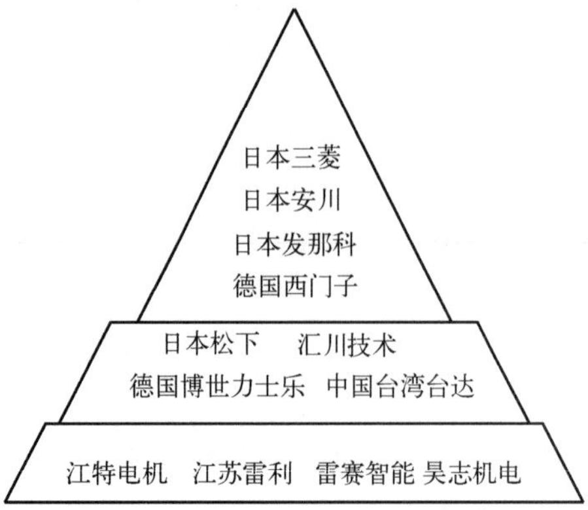

图 6-7 伺服电机生产厂商情况

要能够生产对液压元件针对性更强的步进电机与伺服电机，与液压元件集成融合，会产生更高性价比的数字液压元件。

（1）步进电机

步进电机是一种数字控制技术下的特殊的无刷直流电机，电磁线圈布置在电机的外部，电机的中心有一个铁或磁芯附在轴上。通过对线圈电压进行排序，可以以相对较低的成本实现精确的旋转控制。它的结构如图 6-8 所示。从结构图可见步进电机没有编码器反馈元件，因此它的控制通常是开环的，所以系统不知道电机是否失速或与控制器失去同步。

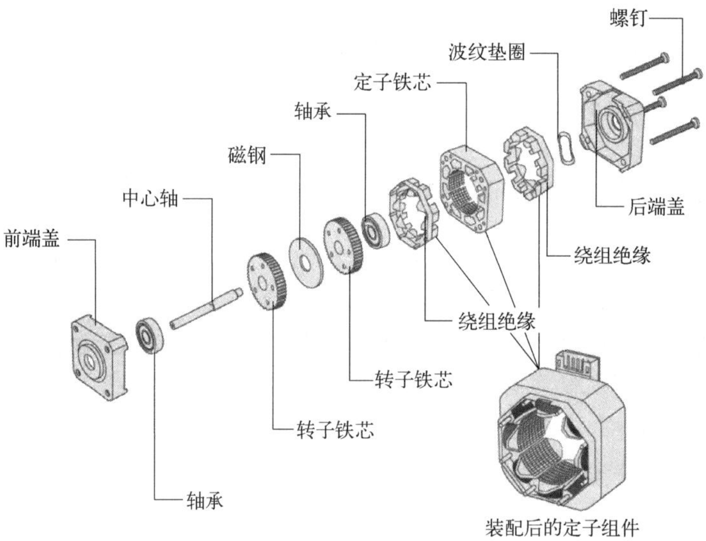

图 6-8 步进电机结构原理

步进电机可以有三种型式：反应式步进电机，定转子均由硅钢片叠成，转子铁芯上无绕组，定子上有控制绕组，步距角小，启动与运行频率较高，步距角精度较低，无自锁力矩；永磁步进电机，永磁式转子，径向磁化极性，步距角大，启动与运行频率低，有保持转矩，消耗功率比反应式小，但须供正、负脉冲电流；混合式步进电机，永磁式转子，轴向磁化极性，步距角精度高，有保持转矩，输入电流小，兼有反应式和永磁式两者的优点。

步进电机有很大的优点：稳定，可以驱动广泛的摩擦和惯性负载；不需要反馈，电机就是位置传感器；与其他运动控制系统相比价格便宜；标准化的框架尺寸和性能；即插即用，易于设置和使用，系统有什么零件损坏，马达就停了；寿命长，轴承是唯一的磨损机制；出色的低速扭矩，可以在不带齿轮的情况下驱动许多负载；极好的重复性，准确返回同一位置；超载安全，电机不会因机械过载而损坏。

步进电机也存在明显的缺点：效率低，不管负载多少，电机都消耗大量的功率；转矩随转速迅速下降（转矩与转速成反比）；精度低，满载时为 1∶200，轻载时为 1∶2000；容易共振，需要微步才能平稳移动；没有反馈输出遗漏的步骤；低扭矩惯性比，不能很快加速负载，在高性能配置中，电机变得非常热；电机在瞬间过载后不会“启动”，在中高速时，可以听到马达发出很大的噪声；功重比比较低。

（2）伺服电机

伺服电机是自动控制装置中被用作执行元件的电机，其功能是将电信号转换成转轴被精确控制的角位移或角速度。它往往有进行位置反馈的编码传感器、具有专用模块的控制器，经常被用来在闭环控制系统中使用。伺服电机结构原理如图 6-9 所示。伺服电机在自动化设备的组成中占有重要地位，具有高速性能好、抗过载能力强、低速运行平稳、发热和噪声明显降低的特点。

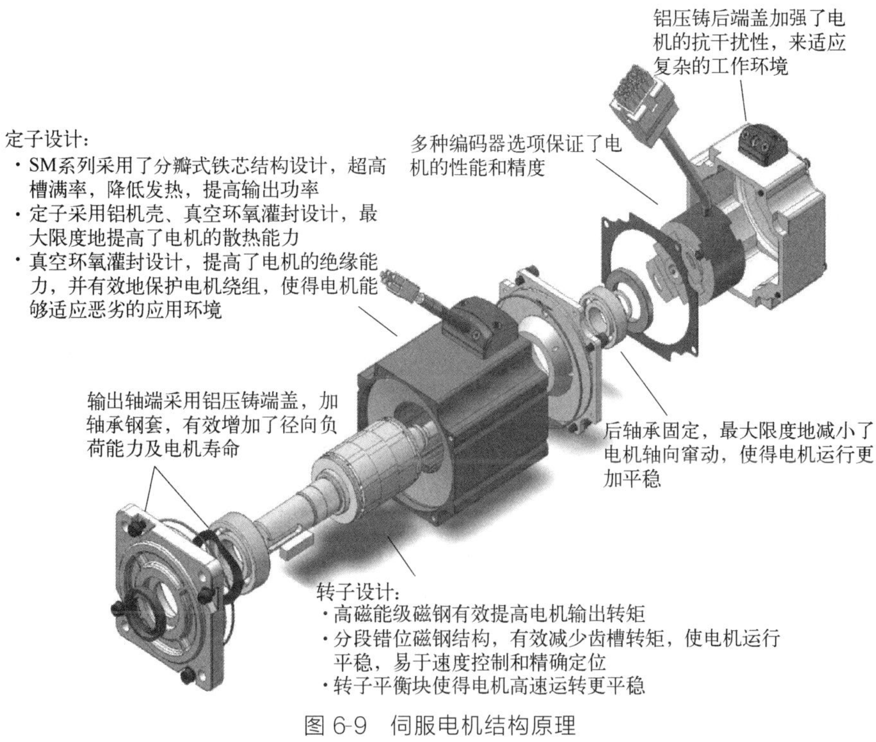

图 6-9　伺服电机结构原理

直流伺服电机的优势在于：功重比高；精度和分辨率由编码器决定；效率高，轻载时可以接近 90%；高扭矩惯性比，它能迅速加速负载；有“储备”能力，2～3 倍连续功率，持续时间短；具有“储备”扭矩，短期内为额定扭矩的 5～10 倍；电机保持冷却，电流消耗与负载成比例；可用高速扭矩，将额定扭矩保持在转速的 90%；高速运行时噪声小；运行时无共振和无振动。

直流伺服电机也存在缺点：反馈回路需要“调整”以使其稳定；零件损坏后电机失速，需要安全电路；编码器带来一定复杂性；电刷磨损将使用寿命限制在 2000h，同时需要定期更换，因此现在交流伺服同步无刷电机得到发展；峰值扭矩限制在 1%的工作循环内；电机可能因持续过载而损坏；电机选择有门槛，特别是编码器与伺服驱动器；电源电流平均为峰值转矩的 10 倍；电机在较高速度下产生峰值功率，通常需要传动装置；电机冷却不良，通风电机容易受到污染。

（3）步进电机与伺服电机的差别

① 控制精度不同。两相混合式步进电机步距角一般为 1.8°、0.9°，五相或更高性能的混合式步进电机步距角更小。与步进电机搭配的步进驱动器最小步距角可达到 0.014°。交流伺服电机的控制精度由电机轴后端的旋转编码器保证。以 M2 交流伺服电机为例，带 17 位编码器的驱动器其脉冲当量为 0.0027466°，是步距角为 1.8°的步进电机的脉冲当量的 1/655。

② 低频特性不同。步进电机存在着固有的共振点，在低速时易出现低频振动现象，振动频率与负载情况和驱动器性能有关，对于机器的正常运转非常不利，一般采用阻尼技术来克服低频振动现象。也可以调整控制算法，从而达到抑制共振的目的。

交流伺服电机具有共振抑制功能，高速与低速运转都非常平稳，也可检测出电机机械的共振点，加以系统调整。

③ 矩频特性不同。步进电机的输出力矩随转速升高而下降，甚至会急剧下降，所以其最高工作转速一般在 300～600r/min。

交流伺服电机在其额定转速（2000～3000r/min）以内为恒力矩输出，在额定转速以上为恒功率输出。相同尺寸下的伺服电机与步进电机的速度力矩特性比较可见图 6-10。

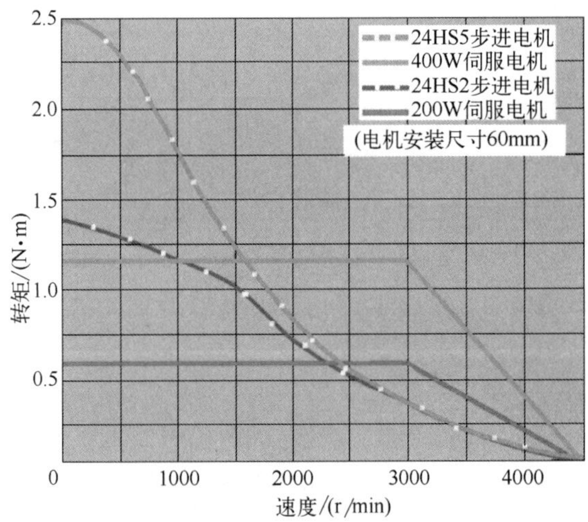

图 6-10 伺服电机与步进电机的速度力矩特性比较

④ 过载能力不同。步进电机一般不具有过载能力，交流伺服电机具有较强的过载能力。以 M2 交流伺服系统为例，它具有速度过载和转矩过载能力，其最大转矩为额定转矩的 2～3 倍，可用于克服惯性负载在启动瞬间的惯性力矩。步进电机因为没有这种过载能力，在选型时为了克服这种惯性力矩，往往需要选取较大转矩的电机，而机器在正常工作期间又不需要那么大的转矩，便出现了力矩浪费的现象。

⑤ 运行性能不同。步进电机为开环控制，启动频率过高或负载过大易出现失步或堵转的现象，停止时转速过高易出现过冲的现象，所以为保证其控制精度，应处理好升、降速问题。

交流伺服驱动系统为闭环控制，驱动器可直接对电机编码器反馈信号进行采样，内部构成位置环和速度环，一般不会出现步进电机的失步或过冲的现象，控制性能更为可靠。

⑥ 速度响应性能不同。步进电机从静止加速到工作转速（一般为每分钟几百转）需要 200～400ms。交流伺服驱动系统的加速性能较好，以鸣志 400W 交流伺服电机为例，从静止加速到其额定转速 3000r/min 仅需几毫秒，可用于要求快速启停的控制场合。

综上所述，交流伺服电机在许多性能方面都优于步进电机，但在一些要求不高的场合也经常用步进电机来做执行电动机。所以，在控制系统的设计过程中要综合考虑控制要求、成本等多方面的因素，选用适当的控制电机。

在选择时，也要注意步进电机有其自身的特性：

① 伺服精度略高于步进电机，步进的分辨率已远高于机械要求的精度。伺服电机在高分辨率、低速度时会反复核对位置，以至于出现微抖动，造成雕刻机圆弧上的锯齿、低速机器人抖动等瑕疵。而特殊处理过的步进电机则可以解决这一问题。

② 在一些分度控制的应用中，步进电机转到角度停止，锁定力矩较大，伺服电机则是在受外力位置丢失以后再找回位置，这个过程可能造成加工误差。

③ 伺服驱动器调试复杂。

④ 关键是伺服成本较高。

伺服系统响应能力快、高速性能好的优点突出，但成本高。现在步进电机成本低，控制精度突出，通过细分驱动、添加闭环控制等方式，同样可以达到很高的控制精度；同时对步进电机增强高适应性电流调节和控制信号的反馈，与伺服电机的控制方式相同，通过编码器信号检测转子位置，在电机绕组中产生对应的正弦波电流，磁场的矢量控制确保了定子的磁场方向总是垂直于转子磁场，而磁场强度则精确地对应于所要求的转矩，此时在额定转速的 20%～50%时，步进伺服电机所获得的持续扭矩理论上是伺服电机的 2～3 倍，步进伺服会成为理想的经济型方案。

另外，安装伺服编码器需要大量额外的连线，增加了安装时间以及维护复杂度。如果使用较低成本的闭环步进电机能够实现性能目标，生产厂商会用其来取代更昂贵的伺服电机从而在市场竞争中获得优势。闭环步进电机改变了很多运动控制应用中的性能-成本比，尤其适合多轴应用、负载变化的定位任务。

(4) 直流伺服电机与交流伺服电机的异同

交流同步伺服驱动器的电动机有两大类：一类称为无刷直流电动机，它要求将方波电流直接输入定子绕组（BLDCM）；另一类称为三相永磁同步电动机，它要求输入定子绕组的电源仍然是三相正弦波形（PM、SM）。仅对电机结构而言，二者相差不大。这里明确一点：无刷直流电机的所谓“直流变频”实质上是通过逆变器进行的交流变频，从电机理论上讲，无刷直流电机与交流永磁同步伺服电机相似，应该归类为交流永磁同步伺服电机；但习惯上被归类为直流电机，因为从其控制和驱动电源以及控制对象的角度看，称之为“无刷直流电机”。逆变器输出电压按照有刷直流电机 PWM 的方法进行控制即可。

无刷直流电机（BLDCM），将有刷直流电动机的定子和转子颠倒一下，并采用永磁转子，因可以省去机械换向器和电刷而得名。无刷直流电机定子每相感应电动势为梯形波，为了产生恒定的电磁转矩，要求功率逆变器向 BLDCM 定子输入三相对称方波电流。而三相永磁同步电动机 SPWM、PM、SM 定子每相感应电动势为近似正弦波，需要向

SPWM、PM、SM 定子输入三相对称正弦波电流。

控制原理相似，给定指令信号加到 AC 伺服系统的输入端，电动机轴上位置反馈信号与给定位置相比较，根据比较结果控制伺服电机的运动，直至达到所要求的位置为止。三相永磁同步电动机 PM、SM 和 BLDCM 两类伺服系统构成的基本思路是一致的。

直流伺服电机与交流伺服电机二者的区别主要在于：

① 概念上的区别。无刷直流电机指的是“无刷直流电机系统”，它强调的是电机和控制器的一体化整体，相互的依存度非常高，相互不能独立地存在并独立工作，考核的也是它们整体的技术性能。而交流永磁同步电机指的是一台电机，强调的是电机本身就是一台独立的设备，它可以离开控制器或变频器而独立地存在、独立地工作。

② 从设计角度上看。“无刷直流电机系统”设计时主要考虑将普通的机械换向变为电子换向后如何还能保持机械换向电机的优点，考核的重点也是系统的直流电机特性，如调速特性等；而交流永磁同步电机设计主要着重电机本身的性能，特别是交流电机的性能，如电压的波形、电机的功率因数、效率功角特性等。

③ 从应用角度看。方波无刷直流电动机具有控制简单、成本低、检测装置简单、系统实现起来相对容易等优点。但存在电磁脉动，在高速运转时产生噪声，在中低速又使得电机速度控制特性恶化，使力矩驱动不够平稳，限制了其在高精度、高性能要求的伺服驱动场合下的应用（尤其是在低速直接驱动场合）。而 PM、SM 伺服系统要求定子输入三相正弦波电流，可以获得更好的平稳性，具有更优越的低速伺服性能，因而广泛用于数控机床，工业机器人等高性能、高精度的伺服驱动系统中。

④ 从反电势波形看。无刷直流电机多为 120°方波电流，采用 PWM 控制；而交流永磁同步电机反电势波形多为正弦波，采用 SPWM、SVPWM 控制。从原理上讲，三相无刷直流电机可以使用三相正弦交流电，但运行性能很差。

⑤ 从控制角度看。无刷直流电机系统基本不用什么算法，只是依据转子位置考虑给哪个绕组通电流即可，而交流永磁同步电机如果需要变频调速则需要一定的算法，需要考虑电枢电流的无功和有功等。

⑥ 无刷直流电机的位置传感器：低分辨率，60°分辨率，霍尔元件，电磁式、光电式；永磁同步电机的位置传感器：高分辨率，1/256、1/1024，旋转变压器，光码盘。

6.4 增量式数字液压阀国内创新范例

国内增量式数字液压阀最成功的是 2D 数字伺服阀。本节所列增量式数字液压阀创新范例都已经经过研发性原理验证，甚至个别已经作为产品随液压装置出口应用，但总体需要进一步转化为小批量的产品进行拓宽验证。

6.4.1 数字液压二通插装比例阀

（1）数字液压二通插装比例多能阀

此数字液压二通插装比例多能阀具备后压力补偿功能，是一种新型数字式比例插装阀。

数字液压比例二通插装多能阀的结构原理与图形符号可见图 6-11。多能阀具有三个

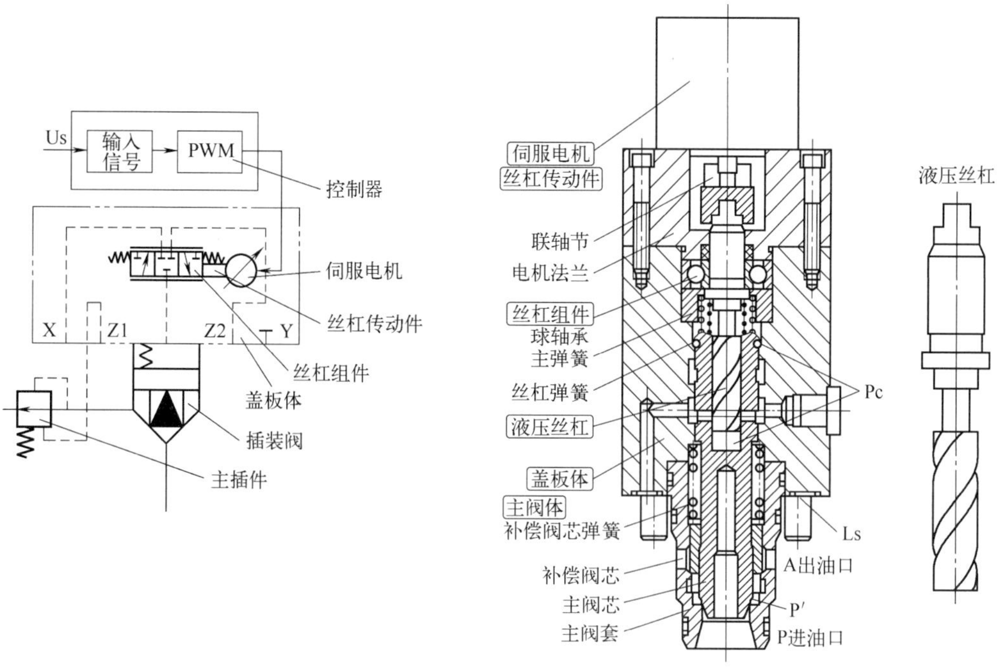

图 6-11　数字液压比例插装多能阀（上海海岳）

阀芯：液压丝杠先导阀芯、主阀芯与补偿阀芯。丝杠阀芯螺旋槽作为阀口，安装在主阀芯上半部，而补偿阀芯安装在主阀芯的外部。主阀芯具有矩形进出油阀口。此多能阀的结构动作原理如下：电液转换先导型伺服电机通过联轴器与液压丝杠连接，当伺服电机转动后先导控制腔的液压油 Pc 经过液压丝杠上的螺旋槽与 T 口相通，插装阀主插件的阀芯向上进行轴向移动，数字控制插装阀打开。轴向移动距离只与电机转角有关，当插装阀主插件的阀芯上的窗口关闭时，主阀芯停止运动。当伺服电机往相反方向转动时，液压丝杠同步转动，先导控制腔的液压油 Pc 经过液压丝杠上的螺旋槽与 P 口相通，插装阀主插件的阀芯向下进行轴向移动，数字控制插装阀逐渐关闭，轴向移动距离只与电机转角有关，当插装阀主插件的阀芯上的窗口关闭时，主阀芯停止运动。P-P′是节流口，P′-A 是压力补偿口，其中 Ls 口为油泵负载敏感口（和 P′口的压力相等）。P′口压力就是油泵出口压力，Ls 口的压力由泵的负载敏感压力（压差）决定（一般为 10～20bar），这样就可以保证 P 口和 P′口压差。阀芯最大位移 4mm，伺服电机最高转速为 1000r/min 下，螺旋阀芯旋转角度很小，可以得到很高的频响性能。根据结构可以看出此阀是在原二通插装阀的主阀芯与阀套之间增加了一个具有自身压差控制阀的补偿功能，因此此阀的特点是：

① 由于该数字控制插装阀带压力补偿功能，并且属于阀后补偿，使得该阀的通流能力与负载口压力无关，只取决于阀口的通流面积，确切地说，只取决于阀芯位移，这在工程机械中有大量的应用需求，集成阀块后可以形成多路阀（图 6-12）；

② 由于数字量控制信号的抵抗环境干扰的能力比模拟信号强，因此使得该数字控制插装阀具有更高的可靠性；

③ 由于该插装阀采用步进/伺服电机进行控制，采用液压丝杠进行机械闭环，使得阀

芯的位移不受液动力和负载压力等外部因素干扰，控制精度高。

此多能阀既是比例阀，又具有多路阀的后补偿功能，可以用于多负载工况，故称多能阀。

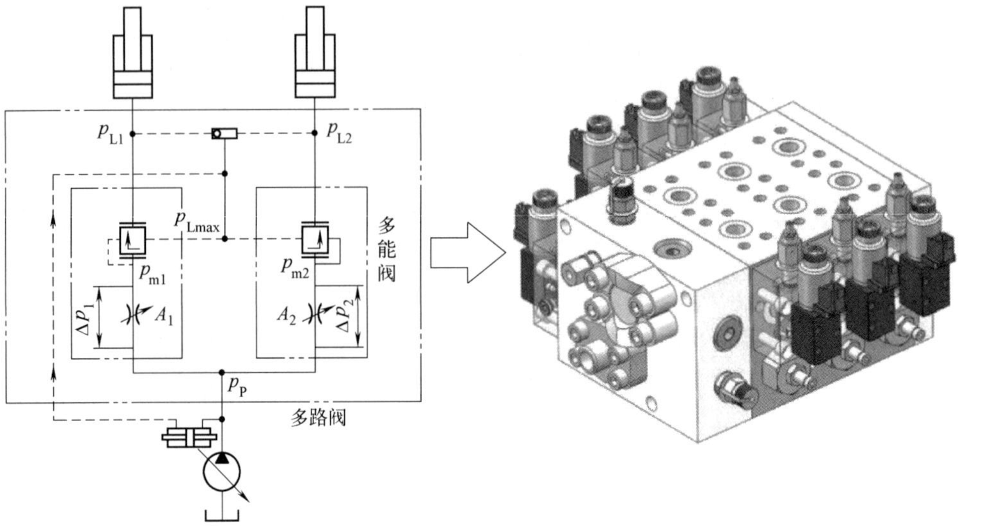

图 6-12　数字式二通插装多路阀

（2）增量式数字液压二通插装丝杠比例阀与数字二通插装比例转阀

在数字液压二通插装多能阀基础上，派生了数字液压丝杠比例阀，其工作原理是：液压丝杠驱动，伺服电机通过有限转角转动液压丝杠，然后直接驱动阀芯，不需要单独的先导控制阀。此工作原理可见图 6-13（a）与（b）。

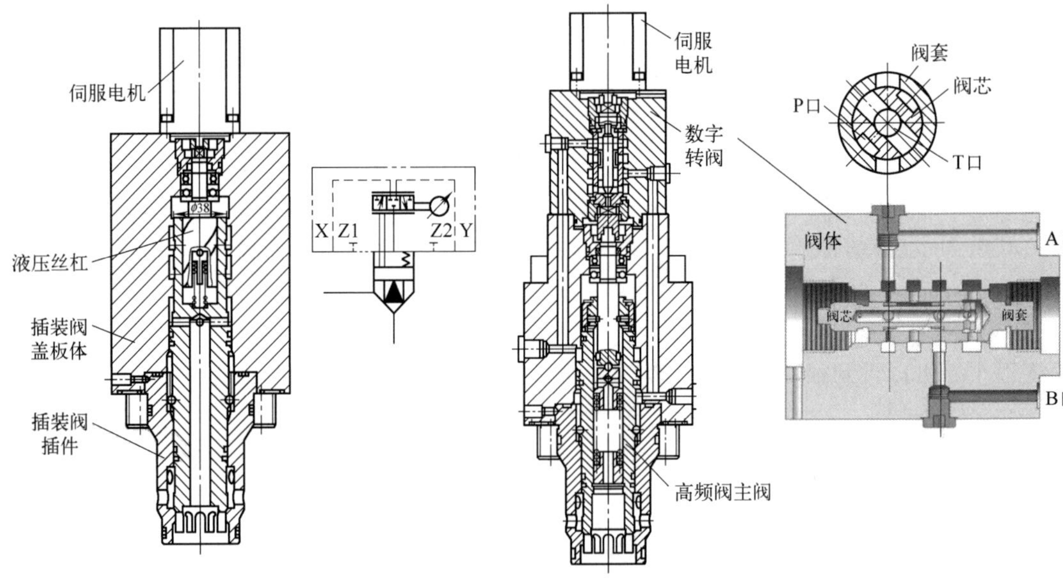

(a) 数字液压二通插装丝杠比例阀　(b) 液压丝杠比例阀图形符号　(c) 数字液压二通插装比例转阀　(d) 数字液压转阀结构剖解图

图 6-13　数字液压二通插装丝杠比例阀与数字液压二通插装比例转阀（上海海岳）

数字液压二通插装比例转阀是借鉴增量式步进电机液压数字缸原理：步进电机驱动阀芯旋转，数字阀口打开，然后油液进入主阀使主阀像活塞一样运动，主阀芯的运动又带动丝杠螺母-丝杠使得阀套随阀芯同向旋转，使得阀口关闭。此工作过程可见图 6-13（c）与（d）。

6.4.2 数控旋芯转阀式比例阀

武汉市汉诺优电控有限责任公司的数控旋芯式比例阀家族共有三种系列的比例阀，即数控旋芯转阀式直动比例阀、数控旋芯转阀式比例伺服阀，以及数控旋芯转阀式比例插装阀（以下分别简称直动比例阀、比例伺服阀和比例插装阀）。

数控旋芯转阀式比例阀家族的三个共同特点：

① 数控旋芯式比例阀均采用步进电机实现电气-机械位移转换。便于用数字技术实现高精度控制。与比例电磁铁及各类动圈式、动铁式电气-机械位移转换器件相比，步进电机具有技术成熟，品种规格多，线性度好、线性范围无限，输出转矩较大、可靠性高，控制灵活精准、便于和计算机及网络接口连接等显著优势；在正常工况下，步进电机的转动角度仅取决于控制信号的大小，其位置精度不受负载液动力矩、摩阻力矩及复位弹簧预压力的影响，可带动旋芯达到很高的位置精度。

② 均采用了特殊的芯轴双向转角的复位机构（发明专利号：ZL201621415778.X）。作为数控旋芯式比例阀的机械复中和机械回零机构，可以确保比例阀在掉电时能可靠复中或回零。该双向转角复位机构巧妙地采用扭转弹簧作为复位元件，对弹簧的性能和一致性无过高要求，正常工作时，复位扭簧扭矩及负载力矩的变化对比例阀的性能无任何影响。在电控信号为零及失电工况时，可带动芯轴准确复中。对于各类伺服电机驱动的比例/伺服转阀而言，不仅可实现高精度开环控制，还确保了比例阀在掉电时能可靠复中或回零。

③ 具有独特的液压螺旋。为将步进电机的转动转化为插装阀芯和比例伺服阀主阀芯的直线位移，通常采用凸轮、偏心轮、螺旋副等机械方法，先将步进电机的旋转运动转换成先导阀芯的直线运动，进而带动插装阀芯和比例伺服阀主阀芯做直线位移。也有直接用步进电机通过凸轮、偏心轮、螺旋副等带动主阀芯的。但这些转换方式存在径向力、摩阻力大及低传动效率等固有缺点，会带来相应的磨损、卡滞、死区、非线性等问题，影响比例阀的性能、寿命及可靠性。因此，在比例伺服阀和比例插装阀的设计中采用了独特的液压螺旋。从原理上讲，旋芯式先导阀是一级具有直接位移负反馈的液压比例放大环节，具有较大的增益和控制刚度，能确保先导活塞的直线位移随动于旋芯的转动。也就是说，当旋芯顺/逆时针旋动一定角度，先导活塞即带动插装阀芯和主阀芯成比例地移动一定直线距离。在正常工况下，先导活塞对插装阀芯及主阀芯的控制刚度很大，其运动的位置精度主要取决于随动精度，而与主阀芯受到的液动力、摩阻力及复位弹簧预压力等因素关系不大。

目前三个系列结构设计经小批量加工应用于工程中，取得初步成功。可以取代现有比例阀产品，而且具有机械结构及电控系统简单，可用数字技术实现高精度控制，工艺性、经济性好，工作可靠、维护简易等优势。经过设计优化与改进，数控旋芯式直动比例阀可以用于构成数字比例液压缸与构成直动式数字比例多路阀（图 6-14），数控旋芯式比例插

图 6-14　液压数控旋芯式直动比例多路阀

装阀也可以用于将定量柱塞泵改进为数字变量柱塞泵等。

(1) 数控旋芯式比例插装阀

① 数控旋芯式比例插装阀结构。该新型数控旋芯式比例插装阀采用步进电机进行电气-机械位移转换，由步进电机直接带动先导旋芯正、反转动一定转角，实现对液压油输出方向和流量的控制。

在正常工况下，步进电机的转动角度仅取决于控制信号的大小，其位置精度不受负载液动力矩、摩阻力矩及复位弹簧预压力的影响，可带动旋芯达到很高的位置精度。

该旋芯插装阀的结构如图 6-15 所示，旋芯插装阀主要包括步进电机 1、支座 2、旋芯 4、活塞 5、插装阀套 6、插装阀芯 7、控制盖板 10。旋芯式先导阀由控制盖板 10、旋芯 4、活塞 5 及导向销 11 组成。步进电机 1 通过支座 2 装配在控制盖板 10 上，电机输出轴通过联轴器 3 与旋芯 4 连接。旋芯是一个圆柱形阀芯，其两端的圆柱段为密封段，中间的圆柱段为工作段。工作段的柱面上加工有双螺旋槽，密封段与工作段之间为两个退刀槽，退刀槽与双螺旋槽连通，构成了旋芯的工作油道。整个工作段呈中心对称结构，以使旋芯受到的径向液压力完全平衡，从而转动灵活、工作可靠。旋芯在步进电机的直接带动下仅做单纯的旋转运动。

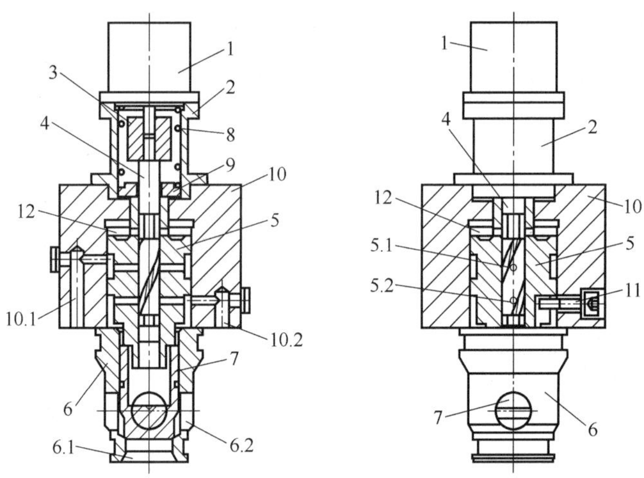

图 6-15　数控旋芯式比例插装阀剖面图

(发明专利号：ZL201610088962.6)

1—步进电机；2—支座；3—联轴器；4—旋芯；5—活塞；5.1—压力油孔；5.2—回油孔；6—插装阀套；6.1，6.2—工作油口；7—插装阀芯；8—弹簧；9—弹簧座；10—控制盖板；10.1—压力油通道；10.2—回油通道；11—导向销；12—控制腔

先导活塞上有三组油孔：上面的四个油孔连通旋芯的工作油道与先导活塞的控制腔；中间是一对与压力油通道 10.1 连通的控制油孔，下面是一对与回油通道 10.2 连通的控制油孔。控制油孔可以是圆形或其他形状，但每对控制油孔必须互为中心与对称，以使作用

于阀芯上的径向液压力相互平衡和抵消。改变控制油孔的形状与大小，可改变先导活塞的静、动态特性。控制盖板上导向销 11，约束先导活塞只能直线位移而不能旋转。旋芯插装阀所用的插装元件 6 与 7，取消了其中的弹簧，而在支座 2 内的弹簧座 9 上，装置了具有相似作用的弹簧 8。

② 数控旋芯式比例插装阀工作原理。步进电机的输出轴通过联轴器 3 与旋芯 4 连接，旋芯插装阀工作时，旋芯将在步进电机带动下做顺/逆时针旋动。

当旋芯插装阀处于图 6-15 所示的关闭位置时，活塞上的两对工作油孔被旋芯的双螺旋面所封闭，不与螺旋油道连通，插装阀芯处于全关位置，工作油口 6.1 与 6.2 断开。

当旋芯在步进电机带动下自图 6-15 所示的关闭位置顺时针旋动一定角度时（自上向下看，下同），螺旋油道与回油孔 5.2 连通，控制腔 12 通过螺旋油道与回油连通，插装阀芯在工作油口 6.1 或/和 6.2 处的压力油作用下，克服弹簧 8 的下推力，带动活塞向上移动一定距离，工作油孔随即被旋芯的双螺旋面遮盖并变小，直到回油孔重新被封闭，插装阀芯即稳定在新的位置，工作油口 6.1 与 6.2 被打开一定开度。旋芯再顺时针旋动一定角度时，插装阀芯会带动活塞再向上移动一定距离，工作油口 6.1 和 6.2 之间的开口被进一步开启。旋芯持续顺时针旋动，直到工作油口 6.1 和 6.2 之间的开口被完全开启，旋芯插装阀即处于全开位置。

反之，当旋芯自全开位置逆时针旋动一定角度时，螺旋油道与压力油孔 5.1 连通，压力油通过螺旋油道进入控制腔，活塞在压力油与弹簧 8 下推力的共同作用下，克服作用于插装阀芯上的上推油压力，推动插装阀芯一起向下移动一定距离，压力油孔随即被旋芯的双螺旋面遮盖并变小，直到压力油孔重新被封闭，插装阀芯即稳定在新的位置，工作油口 6.1 和 6.2 之间的开口被关小一定开度。旋芯再逆时针旋动一定角度时，活塞会推动插装阀芯一起再向下移动一定距离，工作油口间的开口被关得更小。旋芯持续逆时针旋动，直到工作油口间的开口被完全关闭，旋芯插装阀又回到全关位置。

可见，旋芯顺/逆时针旋动一定角度，活塞和插装阀芯立即成比例地上/下移动一定距离，构成了一级具有直接位移负反馈的液压比例放大环节，将旋芯顺/逆时针的转动成比例地转换成插装阀芯的直线开/关运动，构成一类全新的数控旋芯式比例插装阀。

当旋芯插装阀未接通压力油时，弹簧 8 向下推动活塞及插装阀芯，将工作油口间的开口关闭。

从旋芯插装阀静态特性数据与曲线（图 6-16）可见，阀的控制精度很高，重复性也

增量-转角		增方向	减方向	增方向	减方向
增量数 n	角度/(°)	阀芯行程/mm	阀芯行程/mm	阀芯行程/mm	阀芯行程/mm
0	0.00	0.00	0.00	0.00	0
180	1.80	0.00	0.37	0.00	0.36
360	3.60	0.57	0.96	0.58	0.98
540	5.40	1.23	1.60	1.24	1.59
720	7.20	1.87	2.22	1.87	2.22
900	9.00	2.48	2.83	2.48	2.82
1080	10.80	3.11	3.46	3.11	3.45
1260	12.60	3.67	4.06	3.66	4.04
1440	14.40	4.25	4.68	4.23	4.67
1620	16.20	4.79	5.28	4.78	5.27
1800	18.00	5.32	5.90	5.31	5.89
1980	19.80	5.80	6.49	5.83	6.49
2160	21.60	6.35	7.11	6.39	7.11
2340	23.40	6.96		6.95	
2520	25.20	7.56		7.55	

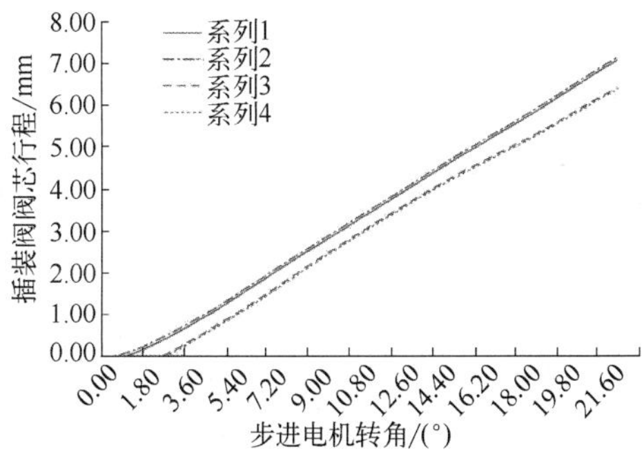

图 6-16　旋芯插装阀静态特性数据与曲线

很好。阀存在死区，又存在迟滞。

(2) 液压数控旋芯式比例伺服阀

① 旋芯式比例伺服阀结构。数控旋芯式比例伺服阀的总体思路与上述的数控旋芯式直动比例插装阀是一脉相承的。采用步进电机进行电气-机械位移转换，由步进电机直接带动先导阀的旋芯正反转动一定转角，通过先导阀与主阀芯构成的一级液压放大作用，推动先导阀活塞及主阀芯做相应的双向直线位移，实现对液压油方向和流量的控制。旋芯伺服阀运用步进电机加旋芯式先导阀独特设计，构成了一类全新的比例伺服阀，拥有完全的自主知识产权。

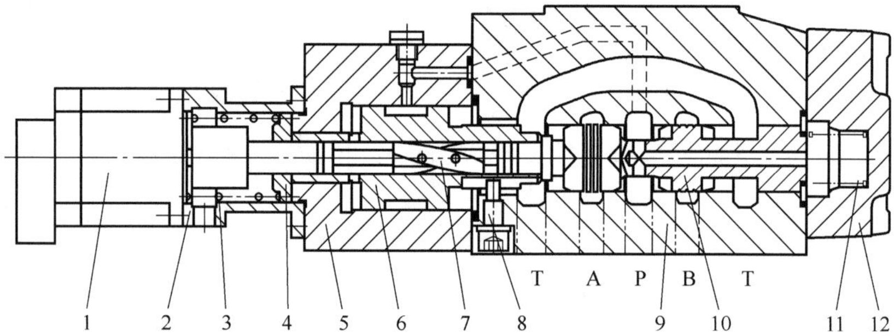

图 6-17 数控旋芯式比例伺服阀结构（发明专利号：ZL201610090251.2）

1—步进电机；2—支座；3—左弹簧；4—左弹簧座；5—先导阀体；6—先导活塞；7—旋芯；8—导向销；9—主阀体；10—主阀芯；11—右弹簧；12—右端盖

数控旋芯式比例伺服阀的结构示于图 6-17，主要由步进电机、旋芯式先导阀、构成主阀级的液动滑阀三部分组成。

在正常工况下，步进电机的转动角度仅取决于控制信号的大小，其位置精度不受负载液动力矩、摩阻力矩及复位弹簧预压力的影响，可带动旋芯达到很高的位置精度。旋芯式先导阀由先导阀体 5、先导活塞 6、旋芯 7 及导向销 8 组成。步进电机 1 通过支座 2 装配在先导阀体 5 上，电机输出轴通过联轴器与旋芯 7 连接。

旋芯的结构见图 6-18 (a)。旋芯是一个圆柱形阀芯，其两端的圆柱段为密封段，中间的圆柱段为工作段。工作段的柱面上加工有双螺旋槽，密封段与工作段之间为两个退刀槽，退刀槽与双螺旋槽连通，构成了旋芯的工作油道。整个工作段呈中心对称结构，以使旋芯受到的径向液压力完全平衡。旋芯在步进电机的直接带动下仅做单纯的旋转运动。先导活塞的结构见图 6-18 (b)。先导活塞上有三组油孔：左边的四个油孔连通旋芯的工作油道与先导活塞的控制腔，中间是一对与压力油连通的控制油孔，右边是一对与回油连通的控制油孔。控制油孔可以是圆形，也可以是其他形状，但每对控制油孔必须互为中心对称，以使作用于旋芯上的径向液压力相互平衡和抵消。改变控制油孔的形状与大小，可改变先导活塞的静、动态特性。主阀体 P 腔的压力油经内部油道进入先导阀，向先导活塞及旋芯供油；先导活塞及旋芯的回油直接排入主阀体的 T 腔。主阀体上设有导向销，约束先导活塞只能直线位移而不能旋转。

如图 6-17 所示，构成主阀级的液动滑阀由主阀体 9、主阀芯 10、右弹簧 11 及右端盖 12 组成。左弹簧 3、左弹簧座 4 与右弹簧共同作用，使先导活塞与主阀芯在失去油压时居

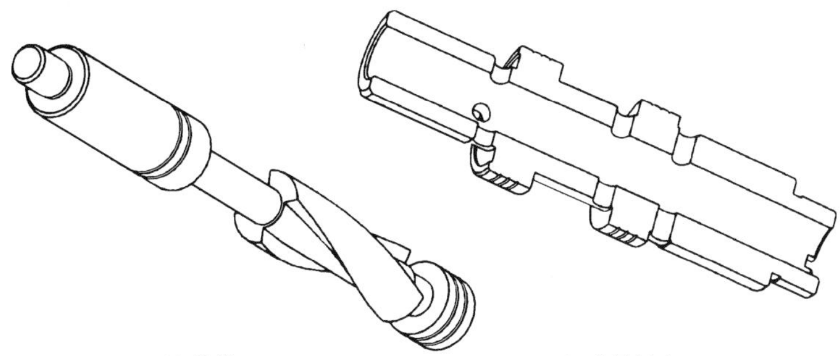

(a) 旋芯　　(b) 先导活塞

图 6-18　数控旋芯式比例伺服阀关键零件立体剖面图

于中位。先导阀体装配在主阀体上，先导活塞与主阀芯在油压与左右复位弹簧的作用下，同步做双向直线运动。

作为旋芯伺服阀的主阀，液动滑阀的结构与电液比例阀的主阀部分基本相同，其主要区别：一是右端盖内的常压腔通过主阀芯的中心油孔与压力油连通；二是主阀芯有左右两个复位弹簧，左弹簧及左弹簧座置于先导阀外的支座 2 内。

② 旋芯式比例伺服阀工作原理。当旋芯伺服阀处于图 6-17 所示的中位时，先导活塞上的两对控制油孔被旋芯的双螺旋面所遮盖，切断了压力油及回油到先导活塞控制腔的通路，先导活塞及主阀芯处于中位，主阀芯将工作油口 A、B 与 P 腔、T 腔隔断。

当旋芯在步进电机带动下自图 6-17 所示的中位顺时针旋动一定角度时（自左向右看，下同），位于先导活塞右边的控制油孔即被打开一定开口，使先导活塞控制腔经旋芯的工作油道与回油连通，主阀芯在右端常压腔压力油的作用下推动先导活塞一起向左移动一定距离。先导活塞的左移，同时对右边控制油孔的开口构成直接位移负反馈，该开口随即因旋芯双螺旋面的遮盖而变小，直到开口为零，先导活塞控制腔与回油的通路重新被切断，先导活塞及主阀芯即稳定在新的位置。此时，主阀的工作油口 A 与 P 相通，B 与 T 相通。旋芯转角愈大，先导活塞及主阀芯左移距离愈大，工作油口 A、B 的开口也愈大。

当旋芯以上述顺时针旋动后的位置为起点，逆时针向中位旋动一定角度时，位于先导活塞中间的控制油孔即被打开一定开口，使先导活塞控制腔经旋芯的工作油道与压力油连通。由于先导活塞控制腔的工作面积约为右端常压腔的两倍，在先导活塞控制腔压力油的作用下，先导活塞推动主阀芯一起向右移动一定距离。先导活塞的右移，同时对位于中间的控制油孔的开口构成直接位移负反馈，该开口随即因旋芯双螺旋面的遮盖而变小，直到开口为零，先导活塞控制腔与压力油的通路重新被切断，先导活塞及主阀芯即稳定在新的位置。此时，工作油口 A、B 的开口也相应关小。当旋芯继续逆时针转至中位时，先导活塞及主阀芯也将随之回到中位，工作油口 A、B 与 P 腔、T 腔重新被隔断。

同样的道理，当旋芯自图 6-17 所示的中位逆时针旋动一定角度时，先导活塞控制腔接通压力油，先导活塞推动主阀芯一起自中位向右移动一定距离，并稳定在新的位置。此时，主阀芯的工作油口 A 与 T 相通，B 与 P 相通。旋芯转角愈大，先导活塞及主阀芯右移距离愈大，A、B 的开口也愈大。当旋芯以上述逆时针旋动后的位置为起点，再顺时针向中位旋动一定角度时，先导活塞控制腔接通回油，主阀芯推动先导活塞一起向左移动一定距离。此时，工作油口 A、B 的开口也相应关小。当旋芯继续顺时针转至中位时，先导活塞及主阀芯也将随之回到中位，工作油口 A、B 与 P 腔、T 腔重新被隔断。

可见，旋芯式先导阀是一级具有直接位移负反馈的液压比例放大环节，具有较大的增益和控制刚度，能确保先导活塞及主阀芯的直线位移随动于旋芯的转动。也就是说，当旋芯顺/逆时针旋动一定角度，先导活塞和主阀芯立即成比例地左/右移动一定距离。在正常工况下，液压力对先导活塞及主阀芯的控制刚度很大，其运动的位置精度主要取决于随动精度，而与先导活塞及主阀芯受到的液动力、摩阻力及复位弹簧预压力等因素关系不大。因此，无须在主阀芯上加装位移传感器进行闭环控制，即可使主阀芯达到较高的位置控制精度，从而保证旋芯伺服阀具备较好的动态和静态特性。

图 6-19 数控旋芯式比例伺服阀仿真测试装置

当旋芯伺服阀未接通压力油时，在左、右复位弹簧及左弹簧座的共同作用下，先导活塞及主阀芯将被推至中位。当旋芯伺服阀接通压力油后，因弹簧力远小于油压力，故对旋芯伺服阀的动作无任何影响。

③ 工程应用中的试验验证。为了便于比较，试验用旋芯伺服阀的液动滑阀部分直接借用了现有 16 通径电液比例阀的主阀芯和主阀体。作为某型水轮机电液调速器的主控阀，在同样情况下进行测试对比（图 6-19）。以甩负荷试验为例，两组试验曲线见图 6-20。

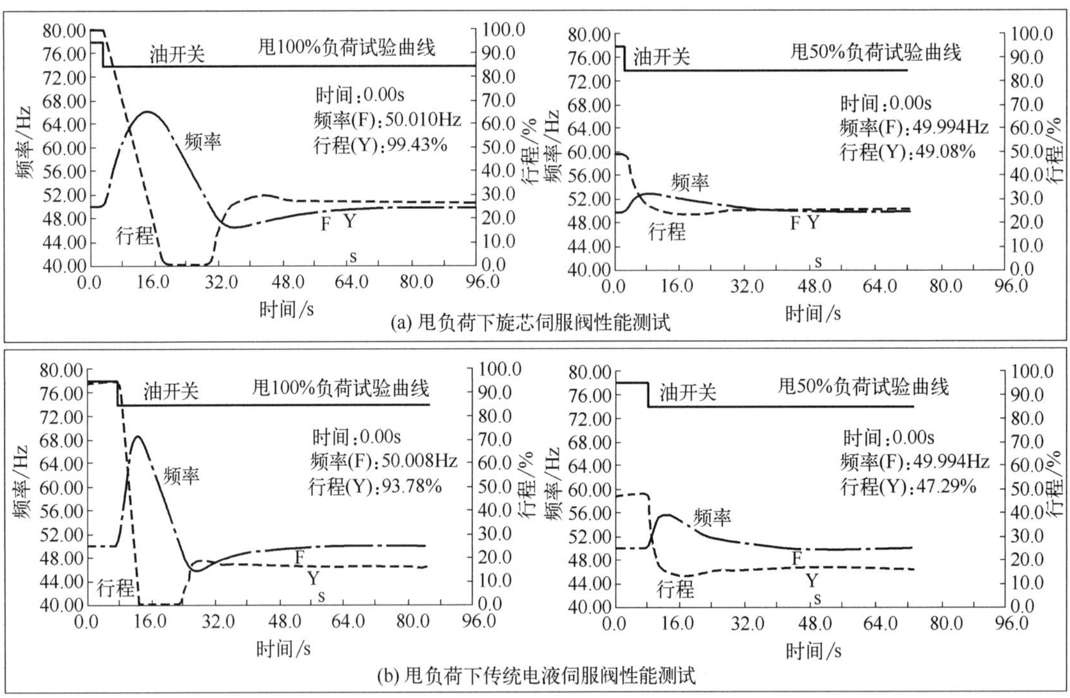

(a) 甩负荷下旋芯伺服阀性能测试

(b) 甩负荷下传统电液伺服阀性能测试

图 6-20 液压旋芯伺服阀与传统电液比例阀在甩负荷工况下的动态试验曲线对比

两组测试数据列于表 6-2，将旋芯伺服阀与传统比例阀试验性能对比后可知，以旋芯伺服阀作为主控阀构成的水轮机电液调速器，可以完全满足国标“GB/T 9652.1—2019

水轮机调速系统技术条件”的技术要求，而且其综合性能优于以电液比例阀作为主控阀构成的水轮机电液调速器。数控旋芯式比例伺服阀便于实现高精度开环控制，电控部分相对简单；旋芯的转动惯量和负载力矩较小，有利于提高旋芯伺服阀的响应频率。产品系列化、标准化后，不仅可以取代进口产品，还具备进军国际市场的实力。

表 6-2　旋芯伺服阀与传统比例阀试验性能对比

测试项目	用 100% 负荷		用 50% 负荷	
被试主控阀	旋芯伺服阀	电液比例阀	旋芯伺服阀	电液比例阀
实用负荷/%	99.43	93.78	49.08	47.29
频率升高值/%	32.0	37.0	6	11.0
波动次数	1.0	1.0	0.5	0.5
稳定时间/s	34.9	23.8	7.9	16.3

(3) 数字控制旋芯式直动比例阀

直动式比例/伺服转阀是电液比例/伺服阀的一个重要发展方向，也是国内外研究热点之一。本直动比例阀采用电机直接带动阀芯产生旋转运动，构成直接驱动转阀，考虑到若转阀结构采用阀套，其形状和尺寸精度加工要求高，运动时也受径向液压力作用，易变形而影响阀芯的正常转动，故本阀是没有采用阀套的直动转阀数控旋芯式直动比例阀（图 6-21）是数控旋芯式直动比例转阀。它采用步进电机技术和前述液压数控旋芯式比例插装阀与比例伺服阀中采用的步进电机是一致的，在正常工况下，步进电机的转动角度仅取决于控制信号的大小，其位置精度不受负载液动力矩、摩阻力矩及复位弹簧预压力的影响，可带动旋芯达到很高的位置精度。

图 6-21　数字控制旋芯式直动比例阀（专利号：ZL201621425069.X 及 ZL106545538.B）

数控旋芯式直动比例阀的结构见图 6-22。其旋芯是一个圆柱形阀芯［图 6-22（a）］，旋芯两端的圆柱段为密封段，中间有两个工作阀盘，每个工作阀盘的柱面上加工有两对呈中心对称的矩形下凹油道，密封段与工作阀盘之间及两个工作阀盘之间有三个退刀槽。矩形下凹油道和退刀槽共同构成了旋芯的工作油道。旋芯 6 由步进电机 1 直接带动，旋芯在工作中仅做单纯的旋转运动，因而联轴器 3 简单可靠［图 6-22（b）］。

阀体上有左右贯通的阀腔，阀腔内壁依次排列三个环形凹槽，左侧的环形凹槽与回油口相通，中间的环形凹槽与压力油口相通，右侧的环形凹槽经压盖内的流道与左侧的环形凹槽连通。在三个环形凹槽之间有 A、B 两个相同的工作油道［见图 6-22（b）右侧的两个剖视图］，分别与工作油口 A、B 相通。从两个剖视图上看，阀腔上面和下面的油孔各由两段组成，靠近阀腔的一段为控制油孔，靠近阀体上、下平面的一段为加工控制油孔所需的工艺孔。A、B 两组控制油孔分别由半环形油道所连通。控制油孔的形状和尺寸有较高的精度要求，工艺孔的截面应大于控制油孔，以便对控制油孔进行精密加工。靠近阀体上平面的工艺孔由压盖所封闭，靠近阀体下平面的工艺孔由承装该旋芯直动阀的安装面所

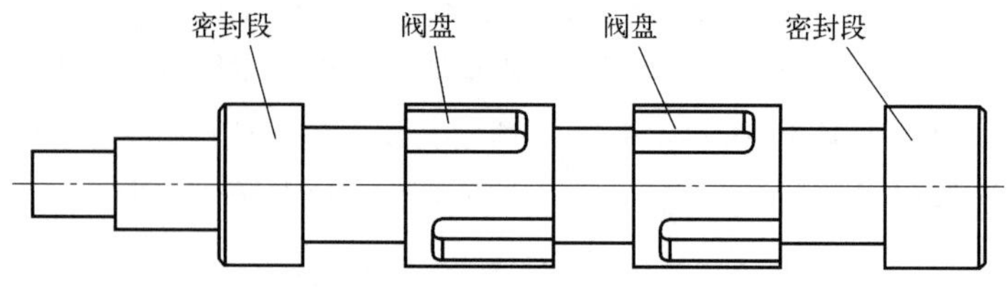

(a) 旋芯结构

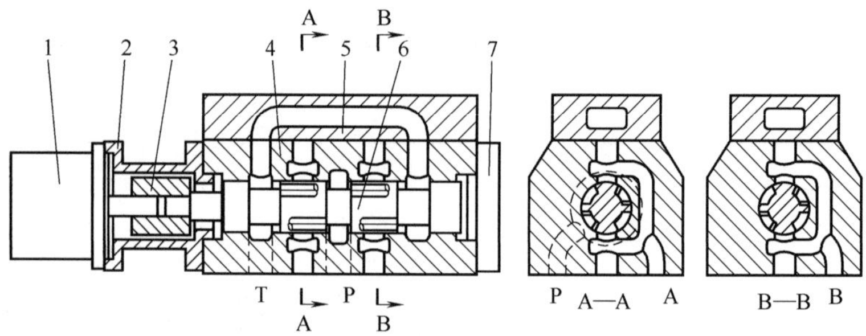

(b) 阀结构

图 6-22　数控旋芯式直动比例阀及其旋芯结构示意

1—步进电机；　2—支座；　3—联轴器；　4—阀体；　5—压盖；　6—旋芯；　7—端盖

封闭，端盖用于对阀腔右端进行密封。

当旋芯在步进电机带动下相对阀体做一定角度的正、反转动时，借由阀体上的控制油孔、连接油道及工作油口，即可实现数控旋芯式直动比例阀的开关、换向和流量调节。

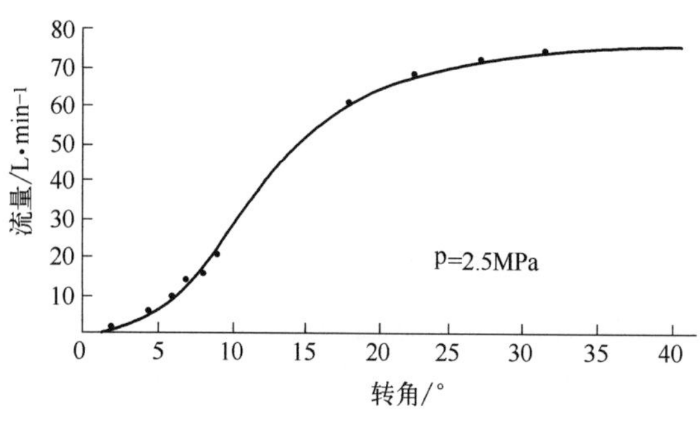

(a) 静态特性

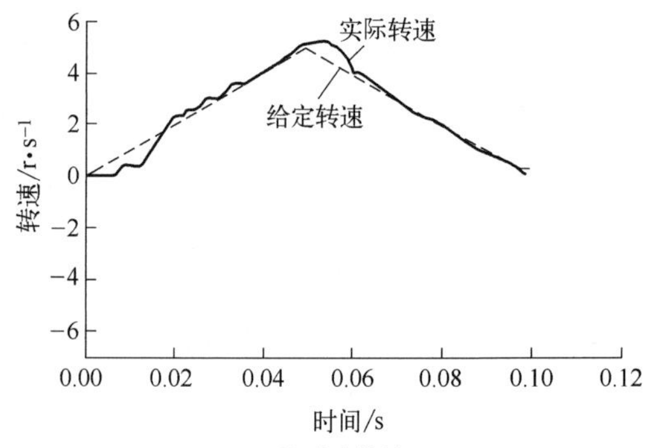

(b) 动态特性

图 6-23　旋芯直动阀流量静态特性曲线与转速响应动态曲线

在 2.5MPa 的压差下测试该旋芯直动阀的静态流量特性曲线，如图 6-23（a）所示，由图可知，该阀具有良好的流量控制特性。将旋芯直动阀接入液压系统，在步进电机输入端给定转速信号，由编码器输出端测量步进电机的实际转速，得到该旋芯直动阀的转速响应曲线，如图 6-23（b）所示，由图可知，该阀在 0.1s 内的转角为 90°。受负载转矩和转动惯量的影响，步进电机在启动及减速时，有不超过 0.01s 的时间滞后，且在 0.02s 之内达到与给定转速基本同步，具有良好的动态特性。

6.4.3　1D 数字液压转阀

（1）1D 数字液压转阀技术的数智性

1D 数字液压转阀为数字化控制与进一步智能化控制创造了更便捷的技术条件。海明鞍山精密液压技术有限公司生产的该阀具有智能控制器，是由总线接口、数据采集、数据处理（微处理器）及控制软件组成的。阀智能控制器根据输入信号、压力反馈和位移反馈等信号进行数据处理后，输出控制信号给伺服电机，直接驱动被控阀芯转动，实现流量调节和压力输出。本控制系统属三闭环控制系统，伺服电机自闭环，因 1D 数字转阀对黏温特性不敏感，故可省略其反馈。控制框图如图 6-24 所示。

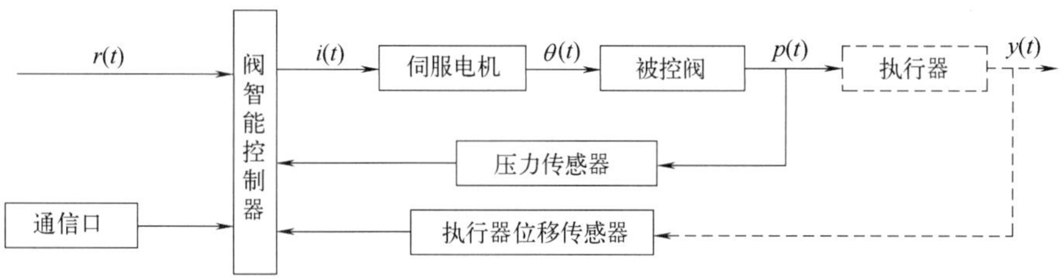

图 6-24　1D 数字转阀智能控制器控制原理

阀智能控制器可以实现比例控制、伺服控制、伺服比例控制及智能自适应控制，即线性控制或非线性控制，并可以通过网络（包括 5G）或有线来实现各种远程控制。

（2）1D 数字液压转阀技术的独特性

1D 数字转阀就是由一个自由转动副构成的（1 维运动的）液压转阀，如图 6-25 所示，其原理是由电机直接转动阀芯来改变阀芯流孔与阀套孔口或阀体流口的通流面积，使液流压力和流量产生变化，并且与位移传感器和压力传感器构成闭环控制。用户可根据现场实际需要选择不同的控制软件（如伺服控制、伺服比例控制、高速开关控制及各种非线性控制等），来满足执行机构（油缸或油马达）需要的流量和压力变化。

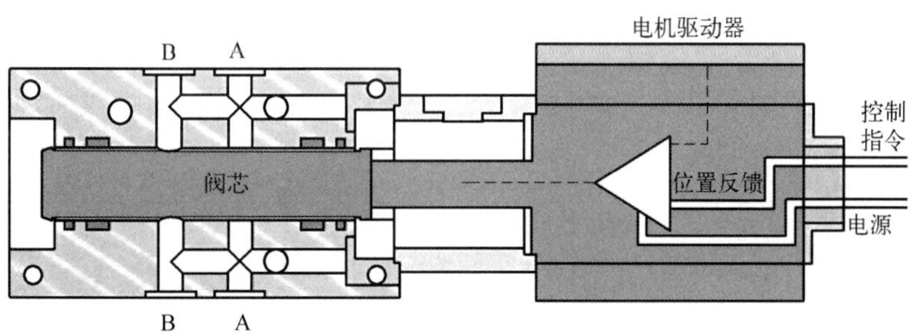

图 6-25　1D 数字转阀结构原理

1D 数字转阀传动过程是：由直接的数字控制信号经由总线通信接口→阀智能控制器（嵌入式控制板）→伺服电机（或力矩电机）→转动阀芯，实现对压力和流量控制，同时阀的压力传感器反馈信号给阀控制器。

1D 数字转阀使得调试参数化和维护工作更容易。该阀可通过现场总线或通过阀所配置的软件对其数据进行访问、调整、监控和存储。在工业现场可对 1D 数字转阀的参数进行设（预）置，客户可以自己调整参数，阀门调试快捷方便，并可优化性能。还可进行故障诊断，以减少停机时间。因为数据可以被保存和重置，减少及限制不必要的变化，通过配置软件，能更快地为多个阀门准确设置参数。其数据传输及控制如图 6-26 所示。

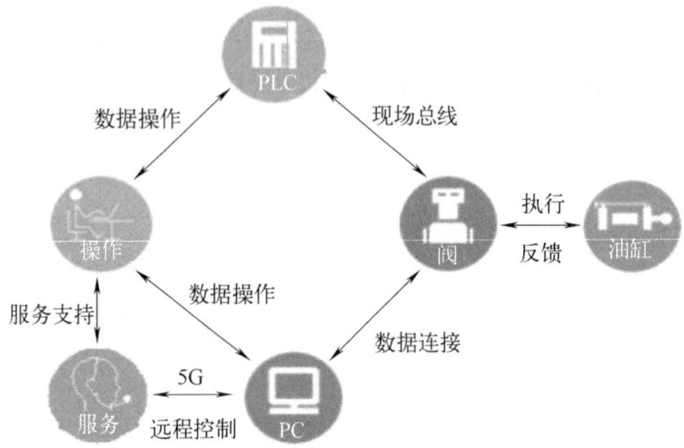

图 6-26　1D 数字转阀网络化调试与维修

该直驱式数字转阀与现有转动式数字液压阀比较而言，浙江工大的阮氏 2D 阀、美国 WOODWARD 公司的 R-DDV 阀（此技术由南京伺服阀公司嫁接）都不是纯直驱式数字转阀。以 2D 阀而言，该阀是由力矩电机转动其机械结构，然后调节先导阀的液压力来推动主阀阀芯移动以获得所需的压力和流量，属于非直接式。美国 WOODWARD 公司的 R-DDV 阀是通过力矩电机转动偏心轮来获得机械力推动主阀阀芯移动以获得所需的压力和流量。

这两种阀的共同点是执行段都以滑阀形式（即转动＋滑动）来获得所需的压力和流量。与之相比我们的直驱转阀在机械传动原理上省略了滑阀机能执行器，使阀的结构更简单，传动误差更小，更抗污染，更易加工，更容易实现精准控制。1D 数字转阀技术发明专利汇总见表 6-3。

表 6-3　1D 数字转阀专利汇总

编号	专利类型	专利名称	专利号/申请号	受理状态
1	发明专利	旋转式多位流量调节阀	ZL200910220102.3	已授权
2	实用新型	一种单电机驱动的单阀芯旋转式液压阀	ZL201620751343.6	已授权
3	发明专利	一种单电机驱动的单阀芯旋转式液压阀	ZL201610563269.X	已授权
4	实用新型	一种单电机直驱旋转式锥阀芯液压阀	ZL201720737076.1	已授权
5	发明专利	一种双电机直驱并置双阀芯转动式液压调节阀	AN:15/973.730 美国	已授权
6	发明专利	一种双电机直驱并置双阀芯转动式液压调节阀	201711497901.6	已授权
7	发明专利	一种单电机直驱旋转式锥阀芯液压阀	ZL201710484118.X	2017.06.23
8	发明专利	一种多电机直驱旋转多阀芯液压阀	201811421966.7	2018.12.11
9	发明专利	1D 容腔式多功能智控转阀功能模块单元	202110371163.0	2021.04.07
10	发明专利	一种液压 1D 数字转阀的转子阀芯	202111620509.2	2021.12.29

(3) 1D 液压数字转阀结构原理

1D 液压数字转阀是由一个或一个以上的基本调节单元（或称基本技术单元）构成。基本调节单元即为单电机直驱单阀芯转动式调节器。基本调节单元的结构不同其功能也不同，基本调节单元的数目不同组成的产品功能也不同。该产品可由相同结构的基本调节单元组成，也可由不同结构的基本调节单元组成。这样不同功能单元和不同数量单元可组合成具有各种不同功能为一体的多用回路阀。其调节单元的组合可见表 6-4，1D 数字转阀型谱见表 6-5。

表 6-4　1D 数字转阀系列

机能系列	功能系列	调节方式系列	安装方式	通径系列
单芯阀	换向、流量调节	高速开关控制调节	插装式	$\phi4/\phi6$
双芯阀	压力调节	比例控制调节	板式	$\phi8/\phi10$
四芯阀	独立负载口回路	伺服控制调节	管式	$\phi12/\phi14$
混芯阀	多路控制回路	自适应控制调节	叠加式	$\phi16/\phi20$

表 6-5　1D 数字转阀型谱

<table>
<tr><th>芯数</th><th>功能</th><th>外形</th><th>原理图</th><th>职能符号</th></tr>
<tr><td rowspan="3">单阀芯调节阀</td><td>两位两通型</td><td rowspan="3"></td><td>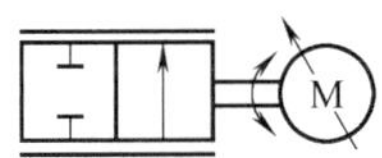
基本调节单元</td><td>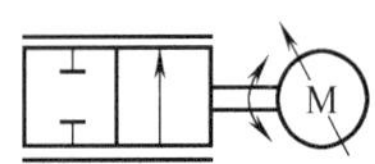</td></tr>
<tr><td>两位三通型</td><td>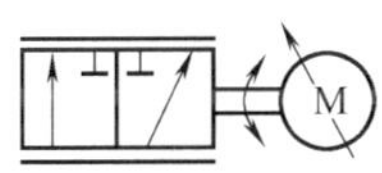</td><td></td></tr>
<tr><td>两位三通型（两位两通组合）</td><td>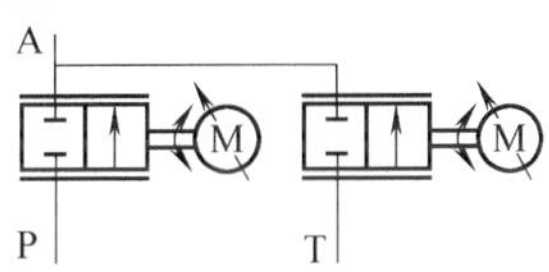</td><td>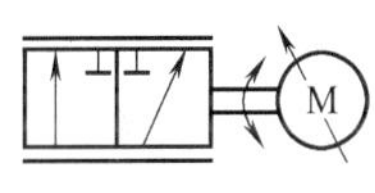</td></tr>
<tr><td>双阀芯调节阀</td><td>三位四通型</td><td></td><td>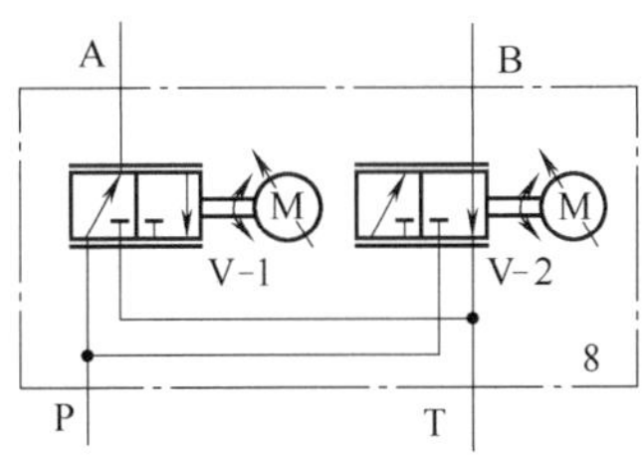</td><td>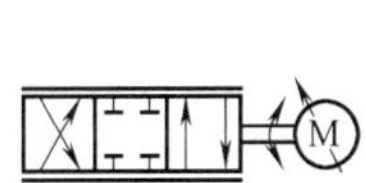</td></tr>
<tr><td>四阀芯调节阀</td><td>三位四通型</td><td></td><td>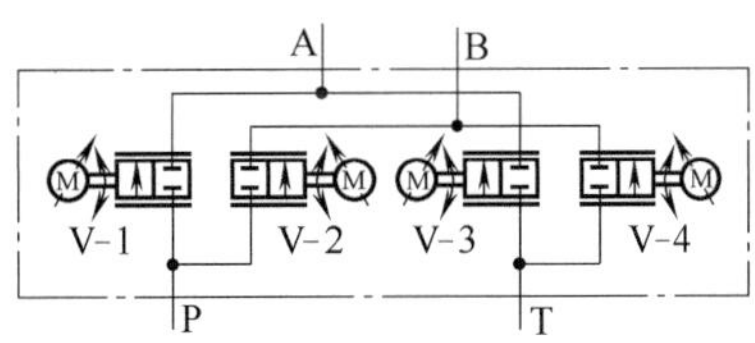</td><td>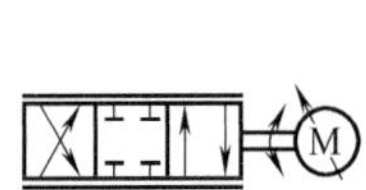</td></tr>
</table>

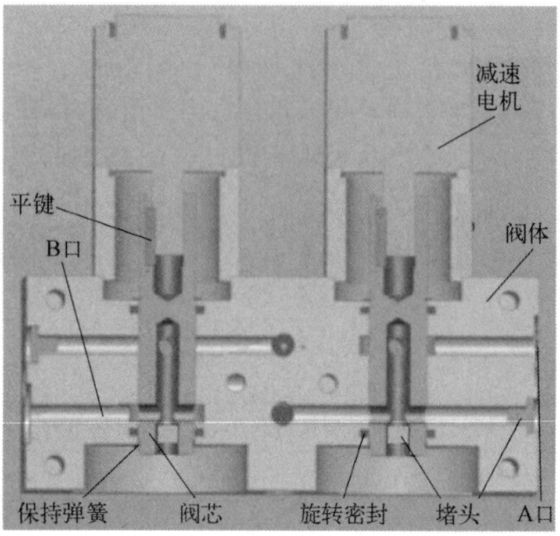

图 6-27　三位四通阀调节阀工作原理

如图 6-27 所示，三位四通阀由两个两位三通调节换向液压阀构成，采用插装结构。两个转动阀芯插装在一个阀体上面，两个减速电机分别控制两个二位三通阀芯。减速电机带动阀芯旋转，实现阀的开闭和调节通油口面积大小，完成调节功能。

调节换向时液压阀的工作原理如图 6-28（a）所示。两个二位三通阀的阀芯在当前位置处于关闭状态，当需要 A 口压力低、B 口压力高时，则阀芯转到如图 6-28（b）所示的位置；当需要 B 口压力低、A 口压力高时，则阀芯转到如图 6-28（c）所示的位置，满足液压执行元件对液压油路的压力要求。

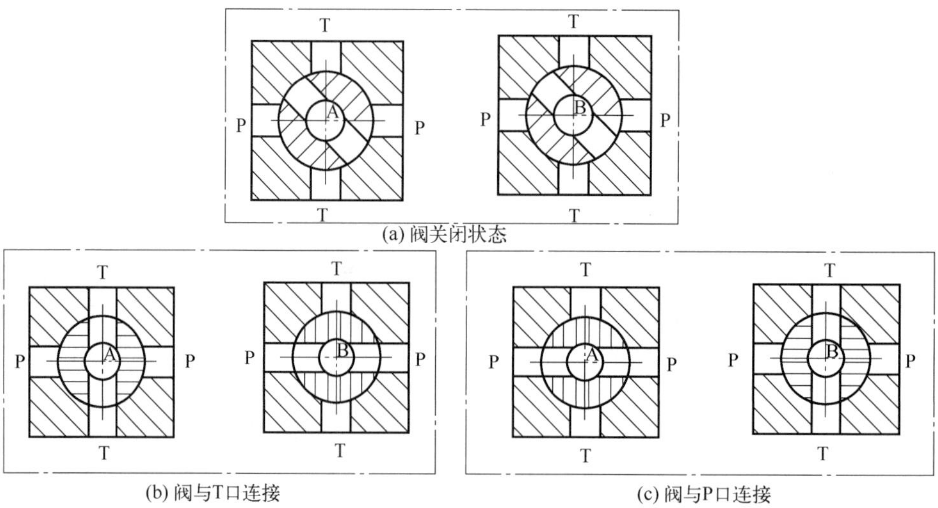

图 6-28　1D 数字转阀工作原理

直驱两位三通转阀（$\phi 8$）可以满足 31.5MPa 系统要求，在 30MPa 的压差下最大流量为 180L/min，适用于换向、节流、比例和伺服调节控制，静态特性如图 6-29 所示。

（4）1D 数字液压转阀的技术特点

① 1D 数字转阀的模块化功能。1D 数字转阀有非常强大的模块化功能，尤其体现在插装式转阀上。1D 数字转阀的模块化概念指阀体模块化和控制模块化两种。

阀体模块化是指由单电机直驱单阀芯转动式数字液压阀的物理体构成基本模块（或称基本模块单元），即驱动电机＋连接器＋阀芯＋阀套构成。基本模块的结构不同其功能也不同，它可以是三位四通、两位三通和两位两通等不同型号，基本模块的数目不同组成的产品功能也不同。该产品可由相同结构的基本模块组成，也可由不同结构的基本模块组成。1D 数字转阀能对每个节流口进行调节，通过不同的控制模块实现压力、流量和方向

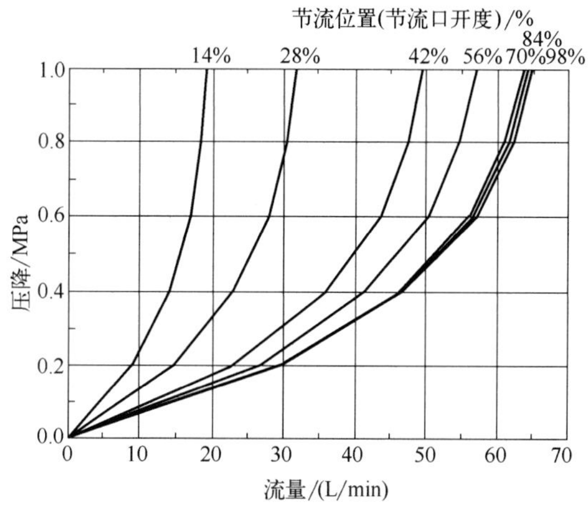

图 6-29　1D 数字转阀工作特性

的功能切换来完成各种调节，即同一阀可实现多种调节机能。

控制模块化分硬件和软件：硬件有阀智能控制器，它是由总线接口、数据采集（含传感器）、数据处理（微处理器芯片）组成的。控制软件由比例控制、伺服控制、伺服比例控制、高速开关控制及自适应控制等模块构成，并且可进行自我诊断、远程访问及对执行机构的位置控制，见表 6-6。

表 6-6　1D 数字转阀基本模块单元及控制模块单元功能表

基本模块单元	控制模块单元分类	阀种类	作用功能	连接形式	单元组合	备注
两位两通	比例控制	流量控制阀	高速开关阀	板式/插装式	一单元	容腔功能控制阀 $1\sim n$ 单元组合
			高速换向阀	插装式	二单元组合	
			逻辑阀	插装式	一单元	
	伺服比例控制	压力控制阀	减压阀 顺序阀 溢流阀	板式/插装式	一单元	
	伺服控制	流量、方向控制阀	节流阀 调速阀			
	智能控制		完全独立负载口控制阀	插装式	四单元组合	
两位三通	比例控制	压力控制阀	减压阀 顺序阀 溢流阀	板式/插装式	一单元	开环控制
	伺服比例控制	流量控制阀	单向流量调节换向阀			单反馈闭环控制
	伺服控制	流量、方向控制阀	流量调节换向阀	插装式	二单元组合	
	智能控制		独立负载口控制阀		二单元组合	多反馈闭环控制

续表

基本模块单元	控制模块单元分类	阀种类	作用功能	连接形式	单元组合	备注
三位四通	比例控制	流量、方向控制阀	比例调节换向阀	板式/插装式	一单元	开环控制
	伺服比例控制		高速换向阀			单反馈闭环控制
	伺服控制		伺服调节换向阀			
	智能控制		智能调节换向阀			多反馈闭环控制

② 1D数字转阀的控制模块化。表6-7是由四个两位两通型基本模块组成的三位四通功能阀，在阀体模块不变的条件下，改变控制模块功能时该阀组所具有的不同中位机能。

表6-7　1D数字转阀的中位机能

序号	组合功能	电机				备注
		V-1	V-2	V-3	V-4	
1	二位四通换向阀	+	−	−	+	P—A,B—T相通
		−	+	+	−	P—B,A—T相通
2	O型三位四通换向阀	+	−	−	+	P—A,B—T,相通
		−	+	+	−	P—B,A—T相通
		−	−	−	−	P,B,A,T互不相通(O型机能)
3	P型三位四通换向阀	+	−	−	+	P—A,B—T相通
		−	+	+	−	P—B,A—T相通
		+	+	−	−	P—B、A相通,T不相通(P型机能)
4	H型三位四通换向阀	+	−	−	+	P—A,B—T相通
		−	+	+	−	P—B,A—T相通
		+	−	+	+	P,B,A,T互相通(H型机能)
5	Y型三位四通换向阀	+	−	−	+	P—A,B—T相通
		−	+	+	−	P—B,A—T相通
		−	−	+	+	P断开,B,A,T互相通(Y型机能)

注：+表示通电状态，−表示断电状态。

本阀具有下列特点：

a. 控制方式与中位机能的选择取决于软件程序的设定，可按需择用。控制方式灵活方便，同一阀可实现多种控制方式以致实现智能自适应控制调节。

b. 具有高频响特性，分辨率高，阀芯运动无加速度零飘，控制精度高。

c. 直驱转阀转动力矩小、密封性好、磨损小、温升低，既可实现高压大流量也可实现小流量。

d. 结构简单，加工成本低，适合于大批量、低成本，打破滑阀的一统地位。

e. 易使用特殊材料如金属陶瓷等构成，从而可适应超高温或超低温及腐蚀介质的环境，可填补国内外空白。

f. 抗污染，几乎对油液的清洁度没有要求，对油液黏温特性不敏感，这点对伺服调节阀特别重要，增加了阀的可靠性和稳定性。

g. 由于 1D 数字转阀的多功能性，可以简化系统回路，降低系统造价和系统运行费用，如用一个两位两通阀即可构成一个单作用回路。

h. 安装形式多样化，使用起来灵活方便，由于全阀系都可以做成插装式；适合系统集成化，方便各种移动设备上使用，如挖掘机上使用的主控多路阀既可简化回路，又可实现多种控制方式。

i. 可实现液压系统全程数字化，即实现液压泵、油马达和油缸的数字驱动转阀控制。

j. 该阀还适用于高压大流量发动机（柴油高压共轨压燃发动机）供油控制系统，解决老式开关阀在此领域振动的问题，填补国内该技术在供油领域的应用空白。

k. 由于其结构设计的特殊性，可以适用于超高压管路的控制，是舰船领域特殊阀门的国外产品的最佳替代品。因此，产品不但在液压领域有商业优势，在其他诸领域也有很高的商业价值。

（5）1D 数字转阀应用场景

由于插装式 1D 数字转阀易集成化，适合行走机械的各种主控多路阀改用直驱转阀来做，既简化回路，又提高性能，还可实现多种控制方式。图 6-30 就是采用直驱转阀后的挖掘机液压原理简化图，可以用来替代 VOLVOEC240B 挖掘机液压原理图，可见此挖掘机液压系统得到极大简化。

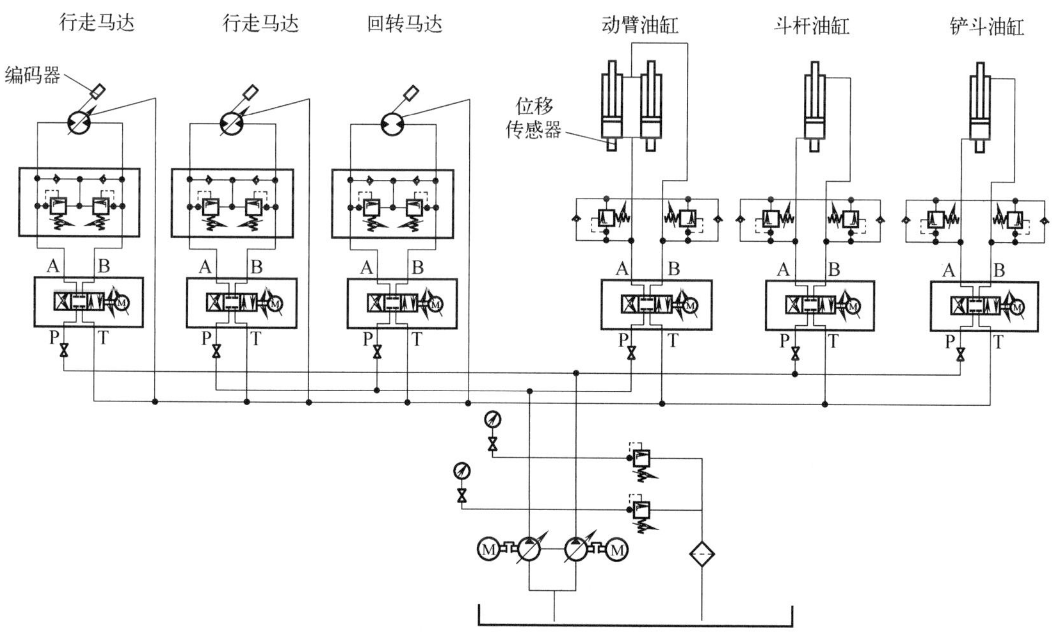

图 6-30　采用 1D 数字转阀的挖掘机液压系统工作原理

图 6-31 是采用 1D 数字转阀的液压缸工作原理图，用此实现数字化液压缸简单易行。

用 1D 数字转阀替代工业阀中的伺服阀，会更便捷、更可靠。不仅可数字信号直接控制，具有无加速度零飘、很好的低黏温特性，控制精度更高，阀的响应会更快，而且直驱

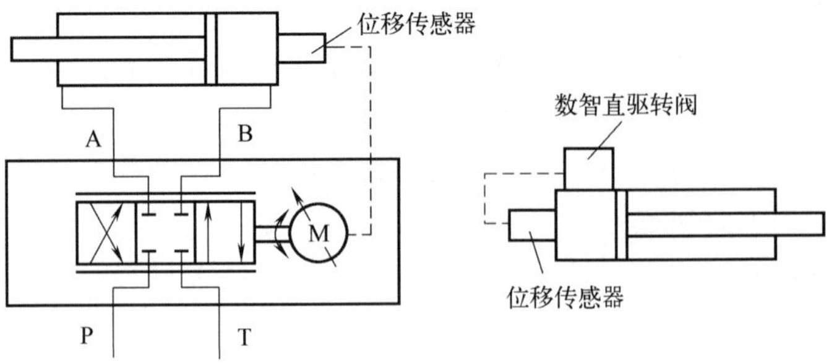

图 6-31 采用 1D 数字转阀的液压缸工作原理

转阀的流量放大系数高，用 1D 数字转阀（转子阀芯）先导式二级控制阀即可替代超大流量的 MOOG 三级伺服阀，还可获得更好的响应特性；此外，1D 数字转阀的超抗污染性会使系统更稳定、更可靠。

6.5 增量式动圈直线力马达

动圈式直线电机具有控制精度高、响应速度快、信号处理灵活、出力大（是同尺寸动铁式 2.5 倍）、输出功率大、结构紧凑、重量轻、恒速运行性能好的特性。Eaton/Danfoss CMA 多路比例阀开发的成功再次引起了作为超高速电液转换开关元件的关注。但单线圈式传统结构线圈组件的质量比较大、磁性材料存在涡流问题，使电磁力减小、固有阻抗降低了响应时间，频宽一般为 30～70Hz，影响了阀的固有频率和动态性能，导致其性能较差，只用于要求不高的场合。开发大输出电磁力和高响应的动圈式直线电机，是电工领域也是电液转换元件发展趋势之一。通过 Halbach 阵列这种将径向与切向阵列结合在一起的永磁体排列方式结构，增强气隙磁通密度，改善磁力线分布状态，提高电磁力，减小线圈组件体积及质量，是提高动圈式直线力马达的静动态性能的有效措施。针对其载流线圈采用新型线圈分割再串、并联变换组合方式，通过改变电阻和时间常数提高线圈两端的加载响应时间，采用 PWM 脉宽调制的控制方式对其线圈电流的大小及方向进行控制，不仅可以实现电机转换控制的稳定无扰动，而且能够实现装置的大电磁力输出和高频响应特性。

这里所指的 Halbach 阵列永磁体是一种新的永磁结构，将不同充磁方向的永磁体按照一定规律排列，能够在磁体的一侧汇聚磁力线，而在另一侧消弱磁力线，从而获得比较理想的单边磁场。

磁性材料的选择与技术磁化两个方面是提高动圈式力马达性能的有效途径。使用钕铁硼代替铝镍钴可以实现体积的第一次减小；从沿磁铁轴向磁化到沿通电线圈的磁力线方向对永久磁铁进行充磁，可以将磁力提高 40%并且可以将其体积又减为原来的 70%。永磁体体积的减小使阀的体积也减小，由此提高了阀的频率响应。

（1）力马达结构原理

动圈式永磁直线力马达主要由永久磁铁、线圈、推力线圈骨架和衔铁等组成，常规结构如图 6-32（a）所示。线圈安装在推力线圈骨架上，线圈骨架与液压元件的阀芯相连。由图 6-32（b）所示的工作原理图可见，当输入电压信号 u_i 后，经放大器放大为 u_c 并加载到线圈形成载流 i，载流线圈连同推力线圈架在恒定磁场中，受电磁力 F_c 作用而产生位移 x，并带动阀芯一起运动。线圈组件由位移传感器检测位置误差，然后转换成电压信号，补偿到输入信号，作为纠偏电压 u_e，经放大处理后，驱动线圈组件，以保证其保持在所需要的正确位置。线圈组件在磁场中所受电磁力的大小和方向，取决于线圈中控制电流 i 的大小和方向。由线圈电流励磁，使磁回路中涡流的影响减小。此外，系统由闭环控制，也提高了动圈式永磁直线力马达的控制精度。

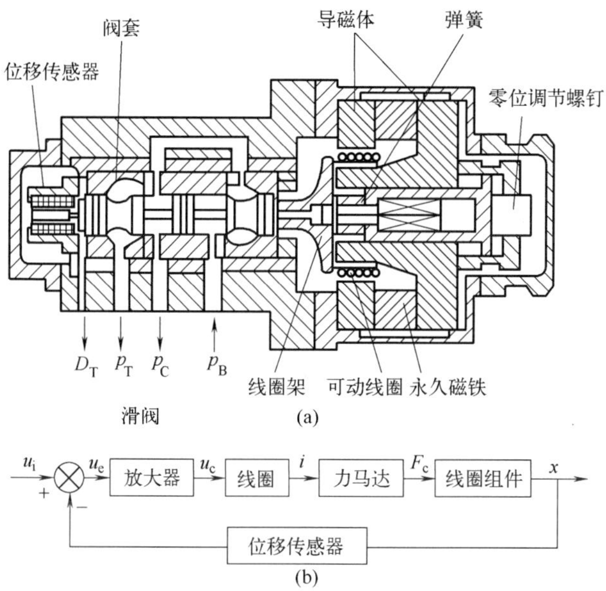

图 6-32　动圈式力马达液压阀结构原理与控制原理

（2）工作原理与性能参数

力马达特性的数学模型主要由三个方程决定：式（6-1）的电特性方程（主要是线圈回路方程），由电压 u_i 输入，经过线圈产生电流 i，通过线圈载流 i 产生磁力；特性方程公式（6-3）以及机械特性运动方程公式（6-5）成为执行机构的位移输出 x。这里是以信号电压 u_i 为输入量，以线圈组件位移 x 为输出量的闭环控制。

首先，直线力马达线圈端的电压动态方程为（输入是 u_i，输出是电流 i）：

$$u_c = K_u u_i = (R_c + R_p)i + L\frac{di}{dt} + K_e\frac{dx_c}{dt} \tag{6-1}$$

$$K_e = B_g \pi D_c N_c \tag{6-2}$$

式中，u_c 为线圈端电压，V；K_u 为放大器增益；u_i 为信号电压，V；R_c 为线圈电阻，Ω；R_p 为放大器内阻，Ω；L 为线圈电感，H；K_e 为线圈速度感应反电动势常数；x_c 为线圈组件位移，m。

其次，线圈所受的电磁力 F 可表示为（输入是电流 i，输出是电磁力 F）：

$$F = B\pi DNi = K_i i \tag{6-3}$$

$$K_i = B\pi DN \tag{6-4}$$

式中，K_i 为电磁力系数，N/A；F 为线圈所受的电磁力，N；B 为工作气隙中的磁感应强度，T；D 为线圈的平均直径，m；N 为线圈的匝数；I 为通入线圈的电流，A。

由式（6-3）知，线圈所受电磁力与气隙中的磁感应强度成正比，F 值随着气隙磁感应强度的提高而提高。

最后，线圈组件的动态方程为（输入是 F，输出是位移 x）：

$$F_{cd} = m_c \frac{d^2 x_c}{dt^2} + B_c \frac{dx_c}{dt} + K_c x_c \tag{6-5}$$

式中，m_c 为线圈组件的质量，kg；B_c 为线圈组件的黏性阻尼系数，N・s/m；K_c 为线圈组件弹性阻尼系数，N/m。

将式（6-3）、式（6-1）、式（6-5）联立成方程组，通过 MATLAB 软件进行仿真，方程中的系数值按表 6-8 中的两组不同的力马达设计值代入，即得到表中的结果。

表 6-8 两组力马达仿真与试验的比较

力马达设计参数值	力马达 1	力马达 2
气隙磁感应强度 B_g/T	1.25	3.12
线圈平均直径 D_c/m	3.9×10^{-2}	1.56×10^{-2}
线圈匝数 N_c	2.62×10^{2}	2.62×10^{2}
放大器增益 K_u	1.3×10^{2}	1.3×10^{2}
动圈电阻 R_c/Ω	5	5
放大器内阻 R_p/Ω	3×10^{2}	3×10^{2}
线圈电感 L/H	3×10^{-2}	3×10^{-2}
线圈最大位移 x_{cm}/m	$\pm5\times10^{-4}$	$\pm5\times10^{-4}$
黏性阻尼系数 B_c/(N・s・m^{-1})	7.13×10^{1}	2.85×10^{1}
弹性阻尼系数 K_c/(N・m^{-1})	4×10^{4}	4×10^{4}
传感器灵敏度 K_t/(V・m^{-1})	4×10^{2}	4×10^{2}
直线力马达电流-力增益 K_i/(N・A^{-1})	71.3	71.3
线圈速度感应反电动势常数 K_e	71.3	71.3
阀芯组件质量 m_p/kg	6.36×10^{-2}	2.54×10^{-2}

二个马达静态动态性能比较	二个马达频率响应比较
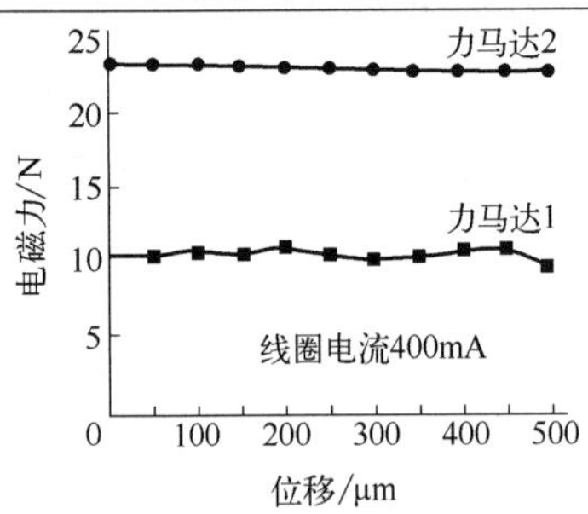 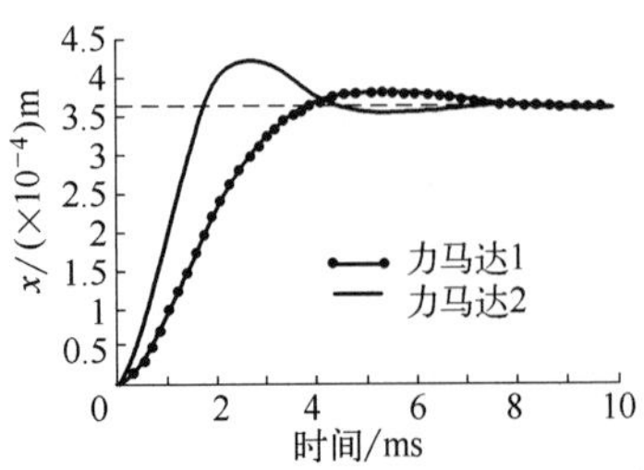	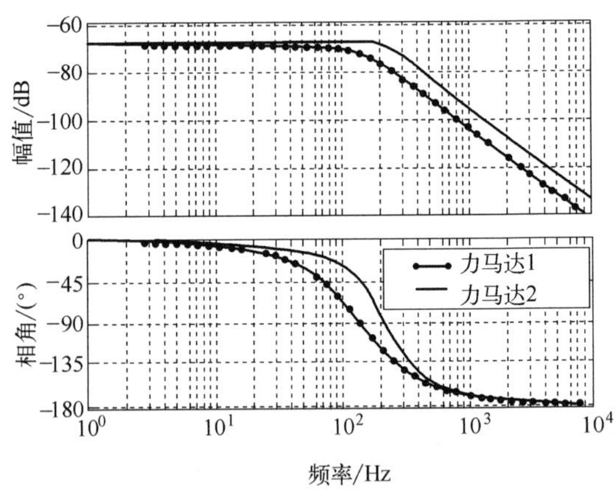

根据上述数学模型对实例进行仿真。力马达 1 作为对比基础，力马达 2 选择新的磁性材料与磁路磁化技术，以提高动圈式力马达性能。力马达 2 使用钕铁硼永磁体剩磁 B 为 1.1T，矫顽力 $H=826\text{kA/m}$，永磁体内径、外径、宽度分别为 ϕ44mm、ϕ56mm、27mm，线圈的内径、外径、宽度分别为 ϕ37.4mm、ϕ40.6mm、27mm，线圈分别通入 600 和 1200 安匝数的电流，在新型线圈分 3 段布置中各通入 200 及 400 安匝数的电流，其中中间线圈的电流方向与两端线圈的电流方向相反，将通电线圈沿轴向移动 0、50、100、150、200、250、300、350、400、450、500μm，计算各个位置通电线圈的安培力。

从表 6-8 可以看到，在静态曲线中力马达 1 的情况是，当线圈匝数为 3000、电流为 400mA 时，电磁力随着位移的变化变成一定幅度的波动；与力马达 2 比较之下，力马达有更稳定的性能表现，它的电磁力明显高 2.5 倍，线性度也更好（未显示曲线）。

现在将两个力马达在相同的电磁力情况下进行比较，这时力马达 2 的线圈组件质量减少为原来的 40%。试验表明力马达 2 的动态响应时间为 6ms，比力马达 1 的响应时间 7ms 短；宽带频率达到 277Hz，比力马达 1 的宽带频率 138Hz 大了约 2 倍。由此可见，新型直线力马达采用 Halbach 阵列磁环，在直线力马达中的线圈分 3 段布置，具有气隙磁通密度大、漏磁少、电磁力大、线性度好的特性，二者在获得相同电磁力的情况下，可以使动圈组件质量减小为原来的 40%。

6.6　步进/伺服电机增量式数字液压缸

6.6.1　数字液压缸基本工作原理

数字液压缸采用步进或伺服电机为先导的数字液压阀与具有位置反馈的液压缸集成一体而成，将步进/伺服电机、液压滑阀、闭环位置反馈设计组合在液压缸内部，是一个具有闭环控制的数字液压缸，在应用时它是开环控制元件。数字缸典型的结构可见表 6-9，其控制原理如图 6-33 所示。

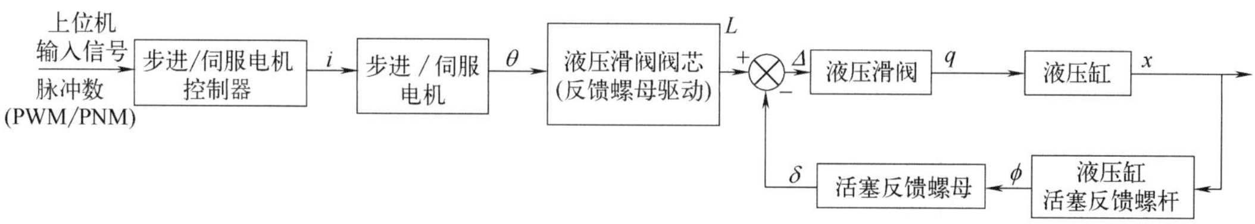

图 6-33　机械反馈增量式数字液压缸控制原理方框图

根据图 6-33 所表示的机械反馈数字液压缸控制原理，数字液压缸的工作过程是，作为电液数字先导元件的步进/伺服电机，在接受了上位机（微机或 PLC 等）脉冲输入信号（PWM/PNM）后，经步进电机控制器的信号功率放大，输出电流 i 驱动步进电机，步进电机输出旋转角 θ，通过联轴器带动具有螺杆端的阀芯在与活塞有联系的反馈螺母中旋转，由于活塞未动迫使阀芯左位移，输出位移 L，此时相当于阀口打开，开口为 Δ（即为 L），于是产生液压油输出流量 q，从而使油缸产生运动位移输出 x。当活塞位移 x，活塞上螺母机构对滚珠丝杠产生旋转输出角 ϕ，迫使螺杆阀芯产生向回反馈的位移 δ。如果步

表 6-9　步进/伺服数字缸液压（内置伺服阀式直接机械反馈）

类别	元件图、元件实物照片、元件符号表达	产品发展情况与性能
中国杨氏数字缸	 (液压缸) 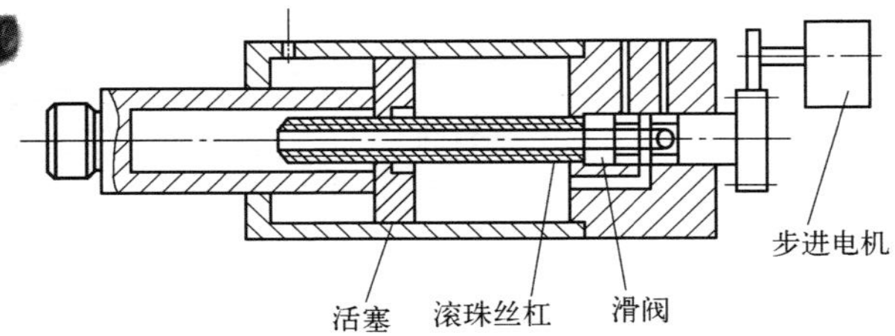 (初创型) 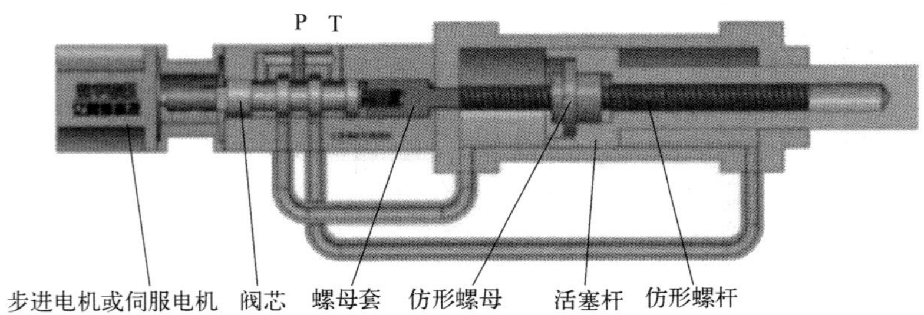 (改进型)	内置伺服阀式机械反馈步进液压缸 1983 年北京钢铁设计研究总院杨世祥与航天工业部国营清华机械厂合作研制成功了新型数控脉冲液压缸。此脉冲缸的参数如下：活塞直径 80mm；活塞杆直径 55mm；阀芯直径 15mm；丝杠螺纹 M14×1.5；行程 300mm；供油压力 1.5～10MPa；最大推力 2T；速度 0.01～2.4m/min；分辨率 0.005～0.1mm；重复精度±0.003mm 改进型的数字液压缸由北京亿美博科技有限公司生产，并应用于各类液压工程项目

续表

类别	元件图、元件实物照片、元件符号表达	产品发展情况与性能
国内各种数字缸	 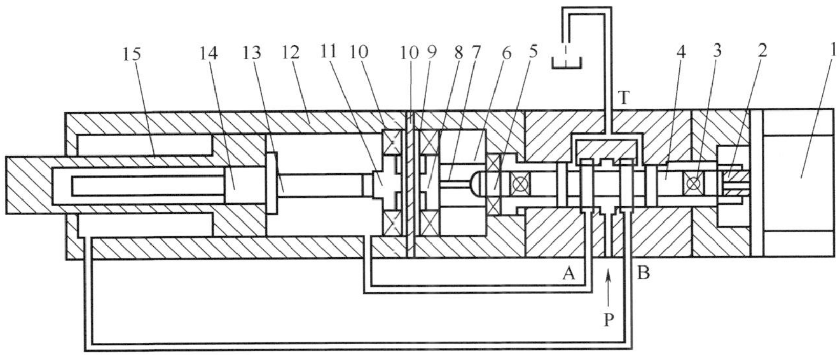 1—步进电机；2—花键；3—万向联轴节；4—阀芯；5—外螺纹；6—编码器；7—缸外转轴；8—缸外转盘；9—后缸盖；10—磁铁；11—缸内转盘；12—缸体；13—滚珠丝杠；14—丝杠螺母；15—空心活塞杆 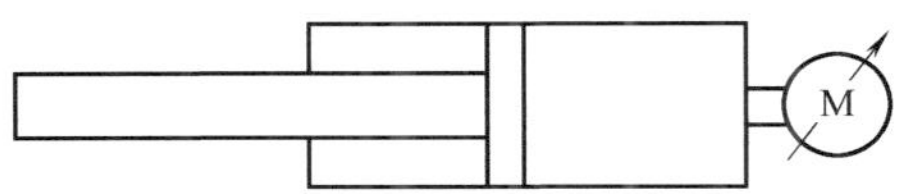 	在国家“十五”重点攻关项目中开发一种带有磁性活塞杆连接的增量式数字阀与相应的液压缸。该缸用步进电机或伺服电机 1 带动阀芯 4 在外螺纹 5 中旋转，此外螺纹 5 与沉入缸外转轴 7 右端的内螺纹相互配合，内螺纹固定则由外螺纹 5 带动阀芯 4 产生轴向移动，将阀口打开而使液压缸运动。运动后，与活塞杆 15 固定在一起的丝杠螺母 14 被带动，与其啮合的滚珠丝杠 13 不能位移，可以产生与步进电机相反的转动，带动缸内转盘 11 旋转。后缸盖 9 两边的磁铁 10 相互吸引，使缸外转盘 8 随缸内转盘 11 同步旋转相同角度。与缸外转盘 8 是一个整体的缸外转轴 7 和编码器 6 一起，通过缸外转轴 7 右端内螺纹和外螺纹 5 的反向旋转，带动阀芯使阀口关闭，完成一个步进过程。其中滚珠丝杠导程越大，运动速度越快；导程越小，运动速度下降但位置精度将会很高。该缸将 1 个电脉冲对应 0.01mm 的位移。本缸还可以加上外反馈获得性能的提高。另外，在控制部分加上传感器、总线与网线，成为具有可编程互联功能的数字缸

续表

类别	元件图、元件实物照片、元件符号表达	产品发展情况与性能
美国数字缸	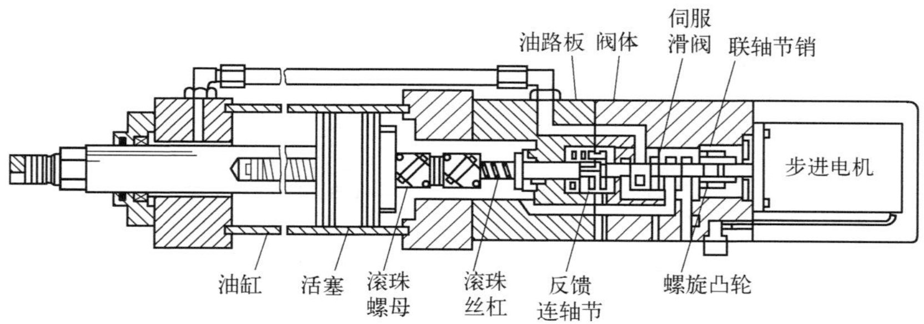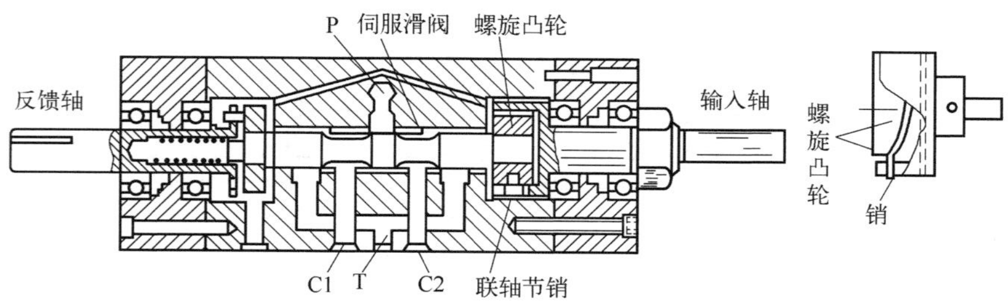	美国 OLSEN 公司的 LS300 数字缸，最高速度达 7.6m/min，出力 10^6N。其数字阀采用 3 位 4 通换向阀，极其简单。输入轴连步进电机通过螺旋凸轮与联轴节销使阀芯产生直线运动。数字阀口的打开产生油缸运动。只要滑阀一偏离中间位置，活塞以及装在活塞上的滚珠螺母便发生位移，从而带动与其耦合的滚珠丝杠（反馈轴）旋转。这种旋转运动经过反馈联轴节后便变成了直线移动，产生了随动作用。滚珠丝杠带动滑阀的移动方向正好与步进电机带动滑阀移动的方向相反，使阀芯回到原位
日本东京计器数字缸	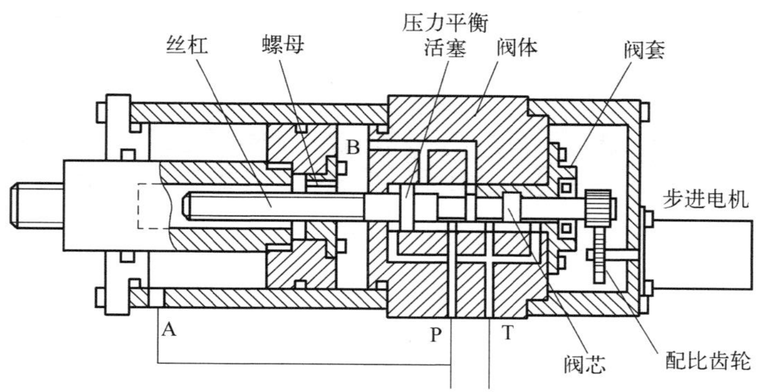	日本东京计器数字缸为差动缸，A 腔活塞面积为 B 腔一倍，压力为 p_0。控制阀为三通导阀，通过控制 B 腔压力来控制油缸移动。当步进电机转动后，由于在固定于活塞上的螺母与阀芯相连的丝杠作用下，阀芯产生移动，使 B 腔压力发生上升或下降，从而产生活塞的相应移动，使阀芯又回到自己原来位置，移动停止。步进电机与阀芯之间的减速比可由配比齿轮选定，可以达到一个脉冲使阀芯位移 0.01mm。压力平衡活塞是为了消除丝杠上因为存在 A、B 腔压力不平衡所施加的力，使丝杠与螺母转动灵活

续表

类别	元件图、元件实物照片、元件符号表达	产品发展情况与性能
瑞士数字缸	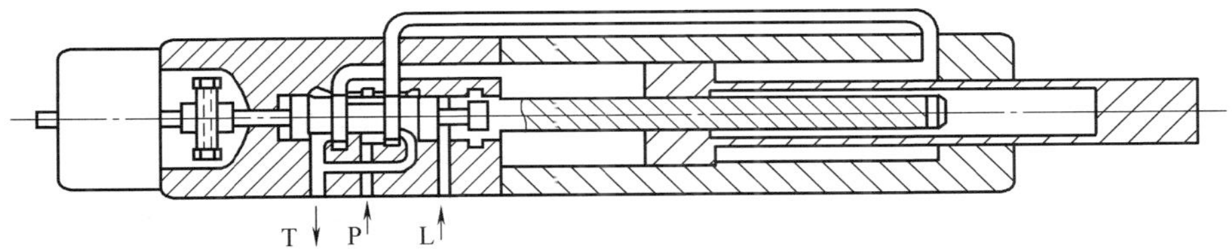	瑞士 SIG 公司 LV 系列数字缸。分为驱动螺杆和反馈螺杆两部分。由于驱动螺杆尺寸小，减轻步进电机负载转动惯量。驱动螺杆旋转后产生轴向位移，阀口打开使油缸活塞移动。活塞的直线运动使反馈螺杆旋转，由于反馈螺杆轴向运动被固定在一个环形槽中，所以旋转使驱动螺杆产生轴向位移，并与开口时的阀芯相反，阀口被关闭，构成随动运动
上海海岳数字缸	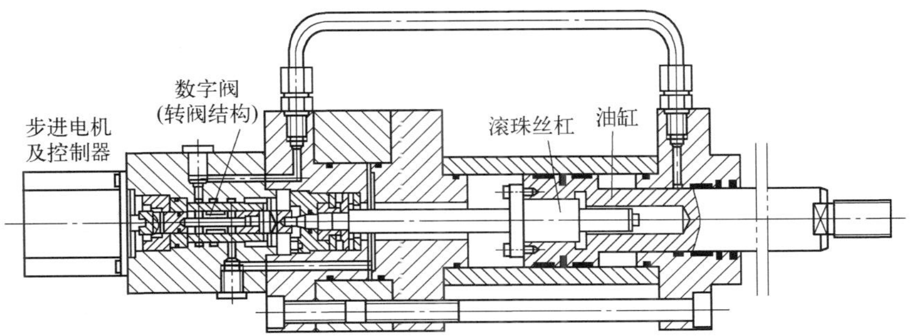	海岳数字液压缸采用直联或并联方式把伺服电机、伺服阀、检测反馈丝杠集成在液压缸上，其主要特点： (1)采用数控程序或 PLC 控制液压缸运行，液压缸速度、行程和方向可编程控制，重复定位精度 0.025mm； (2)可直观监测液压缸运行，如有调整，只需修改或调整程序即可； (3)液压缸安全防护性极佳，基本可做到免维护，如出现故障，可直接维修或更换元件，并通过数控系统自动校零； (4)安装调试方便，可降低设备成本； (5)用户上手操作快、培训学习简单方便，综合使用成本和维护成本低

进电机作用在阀芯上产生的位移 L 与反馈螺母产生的反馈位移保持动态平衡，这时开口 Δ 维持不变，油缸保持运动；一旦步进电机停止输出，直至反馈螺杆产生的位移 δ 与原阀芯位移 L 完全一致时，此时输出的位移 $L-\delta=\Delta=0$，说明开口被关闭，开口为零，滑阀不再输出流量，油缸停止运动。

简而言之，步进/伺服电机旋转时，带动阀芯在反馈螺母套中旋转，使阀芯产生轴向位移，将阀口打开。根据电机的旋转方向，P 口压力油将进入液压缸前腔或后腔，活塞杆伸出或缩回。与此同时，固定在活塞上的螺母通过滚珠丝杠带动反馈螺母逆向转动，导致有螺纹连接关系的阀芯返回位移，直至将开启的阀口关闭。

这是一种带机械反馈的伺服系统（随动系统），根据设计反馈螺母可用不同的导程，导程越大，在一定精度范围内液压缸可获得更快的运动速度。当反馈螺杆采用小导程时，液压缸运动速度将会降低，但此时的位置精度将会很高。

6.6.2 增量式数字液压缸结构与性能参数

目前数字液压缸的应用在市场层面已经比较活跃，在向批量化产品方向发展。

步进/伺服数字缸的结构与性能有下列特点：

① 防活塞杆转动问题。为了防止活塞杆的转动影响运动精度，需要采用一些结构措施。采用图 6-34 的半月形活塞杆是其中一种办法，如果采用外反馈则没有这个问题。

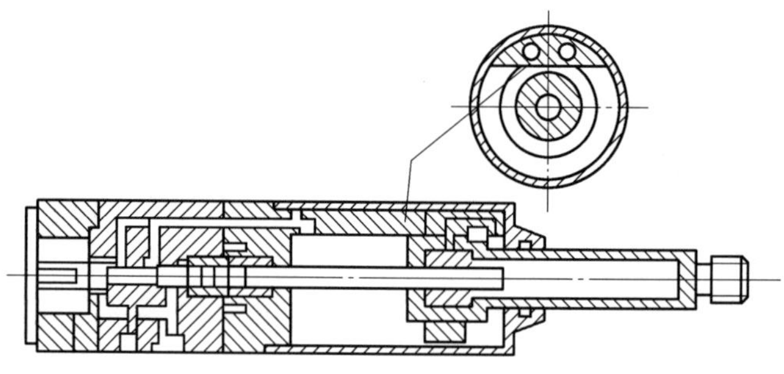

图 6-34　半月形活塞杆的步进缸

② 反馈丝杆与螺母之间长度的配合。采用短丝杆长螺母为好，目的是减少与阀芯连接丝杆的质量，减轻步进电机的惯性负荷。办法是丝杆在需要与螺母配合转动的部分，加大螺母长度（可以分段加工），减少丝杆本身与其配合长度，而丝杆与阀芯连接部分采用小直径连杆与两边丝杆的头部或阀芯相连，使运动部分质量减少。如一个油缸为 $\phi60/\phi30\times420$，采用此措施后，此油缸在脉冲当量为 0.01mm/P 时，启动频率 2000Hz 与工作频率 16000Hz，进给速度达到 1200mm/min 和 9600mm/min。

③ 外反馈闭环控制数字缸。外反馈的优点是有利于保证控制精度，也有利于数字缸结构的简化。并且易于实现多缸同步。根据实例，用两个同步数字缸（控制精度 0.015mm 左右）夹鸡蛋进行运动而不碎，我们测试的两缸不同步误差在 0.03mm 以内，当不同步误差超过 0.05mm 时，鸡蛋就会破裂了。

④ 数字缸反向冲击较大。这是机械反馈缘故，改进阀口形状是解决方法之一。

⑤ 数字缸仍然会受干扰。例如在电焊机的工作环境下就需加强屏蔽。

⑥ 影响数字缸的定位控制精度因素。首先是数字缸内的阀口死区，其次是机械反馈传动环节精度，具体来说就是滚珠丝杠的精度、阀芯与电机连接机构的精度。根据测试实例，如果采用 0.008mm/300mm 精度的滚珠丝杠，数字液压缸可以达到 0.015mm 左右的控制精度。但是这个试验的前提是整个控制系统中其他环节的精度远远高于机械传动部分，如阀口精度、伺服电机编码器的精度、数模转换器的精度等与滚珠丝杠相比精度等级更高。

⑦ 数字缸控制位移达到高精度是优势，伺服电机控制对象缸是力优势更强。步进电机脉冲对应的是电机的角度，该角度直接对应着阀芯的位移和滚珠丝杠的位移，因此数字缸控制位移是优势。但是控制力时要对应各种阀具有的不同的弹簧刚度，因此弹簧刚度不同需要控制力会有不同的位移要求，而往往这个力有时是未知的，所以用位移控制一个未知的力是个难题。因而电液伺服液压缸一般都有位移控制模式和力控制模式，有的还有加速度控制模式。

⑧ 数字液压缸的频响问题。数字缸包括步进电机、阀芯、滚珠丝杠，与液压缸活塞耦合在一起，频响比较复杂。数字缸的频响肯定小于液压伺服阀的频响。根据实例，在有的情况下，小惯量高转速伺服电机（8000r/min）进行过测试，数字液压缸的频响大概能达到 100Hz。1980 年德国申克公司电液伺服缸（负载 1t）就有 800Hz 频响，MTS 公司也有 1000Hz 的电液伺服缸，国内采用 2D 数字阀也做到过 1000Hz 的电液伺服缸。

⑨ 步进电机价格低廉是其优势。

6.6.3 数字液压缸的控制

在数字元件中伺服驱动控制器是核心技术之一，目前进口产品是主流。其控制原理如图 6-35 所示。

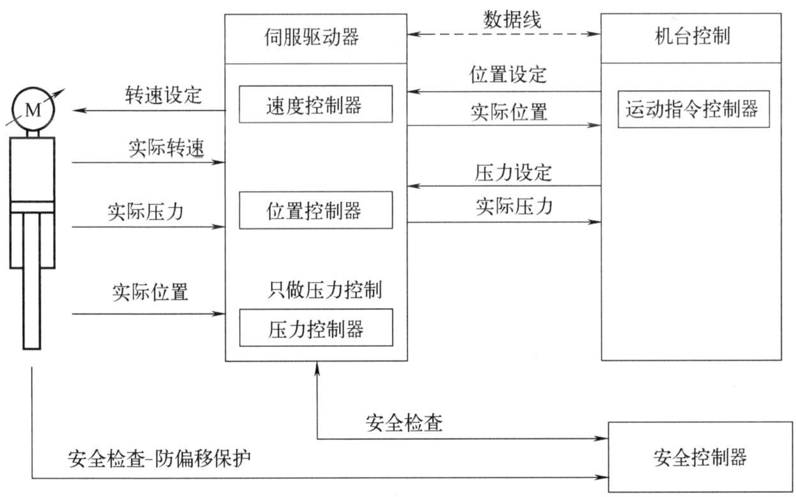

图 6-35　数字液压缸伺服驱动控制器原理

作为数字缸伺服驱动器，可以与机台控制以及上位机（个人计算机）分享或分担所涉及的功能，伺服驱动器的功能齐全，性能满足目前要求，设置与操作灵活方便。数字液压缸控制方式，目前常用的有下列几种。

① 单片机控制。一个脉冲信号对应步进电机转动一个角度，因此非常适合单片机控制。通过单片机控制可以实现由脉冲分配进行控制换相顺序，由给定工作方式正序换相通电控制步进电机的正反转（即实现步进电机正转或反转），通过改变两个脉冲的间隔控制调节步进电机的速度等。用普通的 51 单片机，例如用 AT89C2051 或 STC12C1052＋THB7128 或 THB6064 这类芯片来组合就可以了。

② 定时程序控制器控制。控制步进电机十分方便，采用表格设置无需编程，可以设置脉冲频率、脉冲个数以及方向控制的数据值，可对步进电机实现速度控制、位置控制、长度控制、定时控制等各种基本的运行功能。控制器的型号有 TPC4-4TD 等。

③ 采用微处理器 DSP 控制。通过 DSP 采用总线电压和电机的运行电流，再通过控制算法实现对步进电机的电流闭环控制，即可实现对步进电机的精确控制，同时可以通过控制算法改善步进电机中低速的振动和噪声。如英纳仕的 EZM 系列步进驱动系统采用 DSP 控制，在中低速段可以获得接近伺服的运行性能。

基于 PLC 的控制通过 PLC 编程输出一定数量的方波脉冲，控制步进电机的转角进而控制伺服机构的进给量，通过编程控制脉冲频率来控制步进电机的转动速度，进而控制伺服机构的进给速度。

纯脉冲控制只能实现液压缸的位移控制模式，不能做力闭环控制，这实际是位移控制模式下的力判断，因此需要进行闭环控制，如图 6-36 所示。

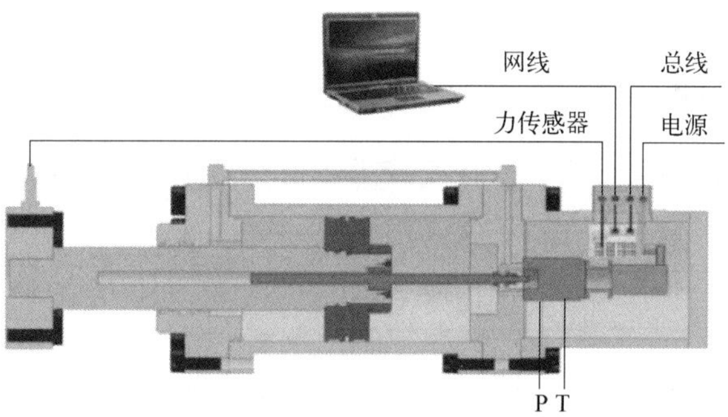

图 6-36　数字液压缸的力控制模式

（1）具有闭环内反馈的开环元件

数字液压缸是机械传动闭环内反馈的开环元件，这种机械式的闭环反馈是在数字液压缸中安装了滚珠丝杠，并与数字阀的阀芯连接，当步进电机或伺服电机驱动阀芯产生轴向位移时，阀芯打开，高压油进入油缸推动活塞运动，同时带动丝杠运动将阀芯推回零位，油缸活塞到达指令位置。关于滚珠丝杠如何将阀芯推回零位，目前有多种机构型式都可以实现，各有优缺点，不在这里详述。

（2）控制精度

数字液压缸的控制精度主要取决于机械反馈传动环节，具体来说就是滚珠丝杠的精度、阀芯与电机连接机构的精度，是机械精度决定了数字液压缸的控制精度（与此相比电机可以认为是精确的），目前一般采用的是 0.008mm/300mm 精度的滚珠丝杠，再考虑其他机械环节，测试结果是数字液压缸可以达到 0.015mm 左右的控制精度。

数字液压缸的控制精度之所以主要取决于机械反馈传动环节，是因为整个控制系统中其他环节的精度远远高于机械传动部分，如伺服电机编码器的精度、数模转换器的精度等与滚珠丝杠相比要高一个数量级。

（3）脉冲控制

电液伺服液压缸一般都有位移控制模式和力控制模式，有的还有加速度控制模式。但是步进电机如果采用纯脉冲控制，只能实现液压缸的位移控制模式。因为脉冲对应的是电机的角度，该角度直接对应着阀芯的位移和滚珠丝杠的位移。关键的是脉冲的频率都是定值的，用于位移控制模式时没有问题。纯脉冲控制无法进行力控制，因为力控制与弹簧刚度有关，所以这时必须采用力传感器进行闭环控制。

（4）频响范围

数字液压缸的频响问题一直是大家关注的，因为它将滚珠丝杠与液压缸耦合在一起了，加上即使是采用小惯量高转速伺服电机（8000r/min），其转动惯量还是比较大的。因此在应用时必须注意到这点。

（5）同步控制

无论是步进电机还是伺服电机，其同步控制精度都是非常高的，即使存在机械传动（如背隙、联轴器间隙）等环节，同步精度一般仍可以达到很高（微米级）。

（6）数字液压缸需要改进的问题

一是数字液压缸的标准化，数字缸需要有我国的行业标准或国家标准，以将我国技术与产品的发展固化下来。标准化可以结合现行的电液伺服液压缸标准，包括压力等级、尺寸、油路、密封等；也对滚珠丝杠等传动机构的加工精度、安装工艺建立规范，建立一套完整可靠的工艺保证体系，这是保证数字液压缸性能的关键。目前数字液压缸通用性差也是制约数字液压缸应用的因素。

6.6.4　数字液压缸的发展与应用

数字液压缸产品与应用自 20 世纪末以来一直比较活跃，国内产品与项目发展很多、很快，高校研究也很多。国内第一个船用数字液压缸标准 2010 年已经制定实施。目前的数字液压缸主要的产品型式是步进电机机械反馈数字液压缸，伺服电机机械反馈式数字液压缸也已经有产品提供。值得注意的是，也有成功地采用高速开关阀作为先导阀的数字液压缸，其中滚珠丝杠是采用位移传感器带动编码器作为反馈，如表 6-10 所示。

（1）数字液压缸的优点

① 实现了数字化。使开发的元件及系统与计算机技术联系起来，可以由控制器直接控制，扩展了控制能力，具备总线控制的能力。

② 结构简单。由于阀缸集成一体化，既简化了元件结构也简化了系统结构，有利于液压产品功重比的提高。

③ 动态性能提高。有利于液压控制的动态性能，减少管道的影响。

④ 控制精度提高。无论是步进电机还是伺服电机的控制精度都非常高，从而使液压控制的精度得到提高。

表 6-10　数字液压缸应用情况

<table>
<tr><td rowspan="2">序号</td><td colspan="3">步进电机数字液压缸</td><td>高速开关阀数字液压缸</td></tr>
<tr><td>滚珠丝杠内反馈</td><td>齿轮齿条外反馈</td><td>滚珠丝杠位移内反馈</td><td>磁致伸缩反馈或滚珠丝杠反馈</td></tr>
<tr><td>公司</td><td>北京亿美博</td><td>海军工程技术大学</td><td>上海尚晞数控科技</td><td>辽宁工程技术大学(磁致伸缩)
湖南师范大学(滚珠丝杠反馈)</td></tr>
<tr><td>阶段</td><td>产品＋项目</td><td>项目</td><td>产品＋项目</td><td>项目</td></tr>
<tr><td>产品结构特征</td><td>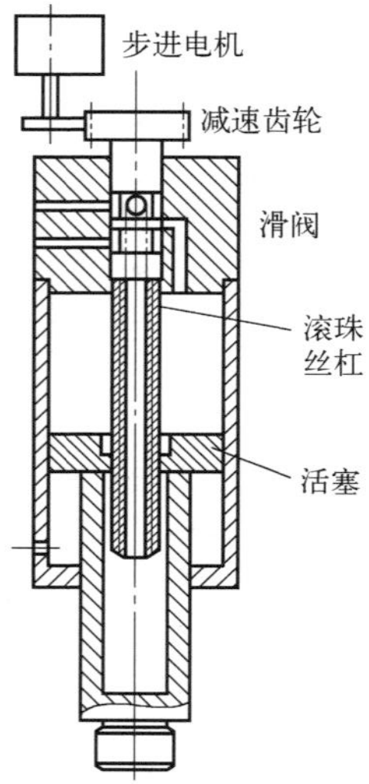</td><td>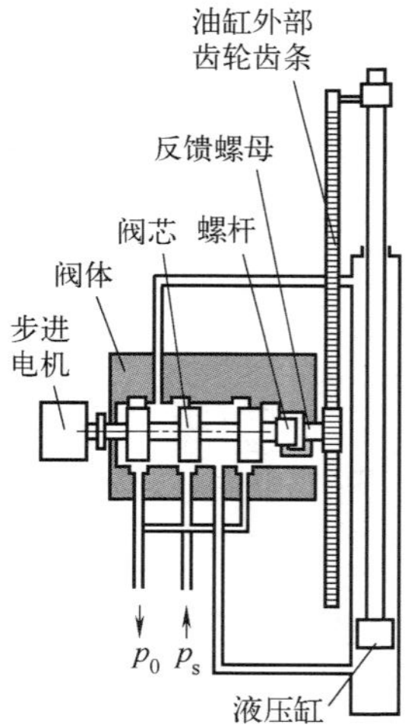</td><td>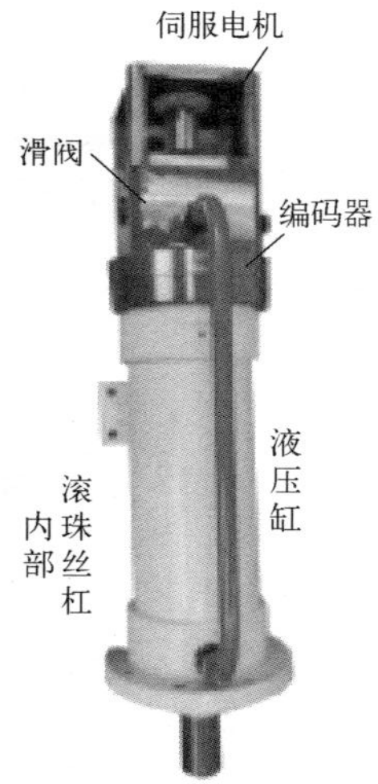</td><td>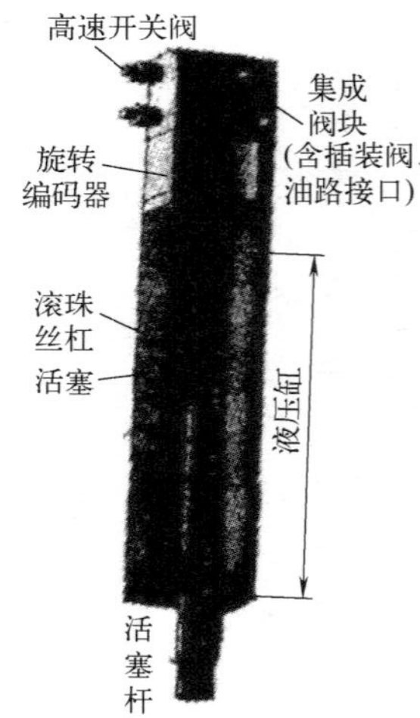(湖南项目液压缸)</td></tr>
<tr><td>应用领域</td><td>船用数字液压缸国家标准广泛应用于工业液压领域</td><td>
六自由度运动平台</td><td>
数控旋压机</td><td>辽宁项目:连铸机结晶器液面控制;水轮机调速;钢材无锯齿;导弹装弹机构同步;发动机多点位控制</td></tr>
</table>

续表

序号	步进电机数字液压缸			高速开关阀数字液压缸
	滚珠丝杠内反馈	齿轮齿条外反馈	滚珠丝杠位移内反馈	磁致伸缩反馈或滚珠丝杠反馈
关键参数	脉冲当量 0.01～0.2mm/脉冲	步距角 K_n=0.0031 反馈螺杆导程 t = 0.3 × 10^{-2}m 齿条齿轮传动比 20πrad/m	工作压力 17MPa，缸径 80～300mm，推力可达 120T，最大行程 3m，重复控制精度 0.025mm	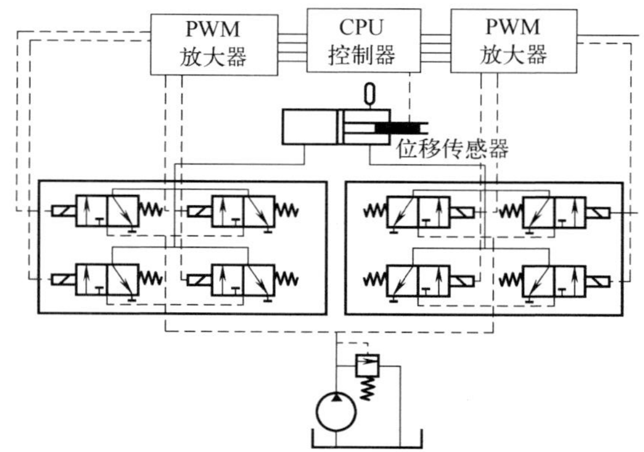 （辽宁项目系统图无滚珠丝杠和位移反馈磁致伸缩传感器）
性能指标	最低稳定速度≤20 脉冲当量/s； 最高速度≥2000 脉冲当量/s； 重复定位精度≤3 脉冲当量； 分辨率≤30 脉冲当量； 死区≤30 脉冲当量； 脉冲频率 10～3000Hz	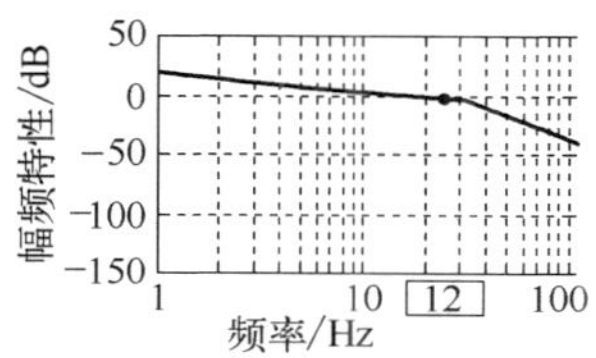 频响为 12dB	滚珠丝杠精度 0.008mm/300mm，数字液压缸可达 0.025mm 左右的控制精度，现在取决于伺服电机后编码器的精度；可以进行力闭环控制	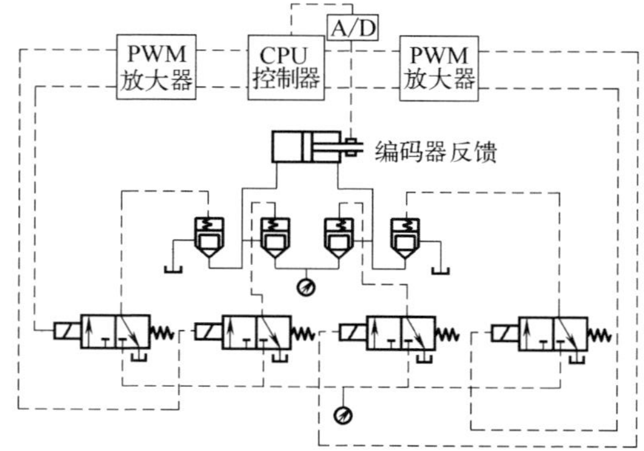 （湖南项目系统图滚珠丝杠将油缸位移转换成编码器角位移输出反馈到控制器）

⑤ 控制可靠性增加。电机的可靠性和安全性更好，抗污染能力更强，更易实现大流量下的应用。

(2) 数字液压缸存在的问题

① 滚珠丝杠等作为机械反馈增加了传动机构的加工和安装工艺，而安装工艺是保证数字液压缸性能的关键。

② 由于市场处于数字化前期，主机设备的网络化、智能化需求尚未充分体现出来，因此市场需求量未充分发挥出来。

③ 目前缺乏标准化。

④ 行业从业人员的知识结构需要提升。

6.6.5 伺服电机数字液压缸产品

国内生产数字液压缸的企业有不少，需要在发展中有更高的集中度，形成品牌。国内标准化也是一个需要跟进的环节，这里提供一些厂商产品性能参数。

(1) 成功用于旋压机的伺服数字液压缸

上海尚晞伺服电机数字液压缸如图 6-37 所示，其产品目录见表 6-11。

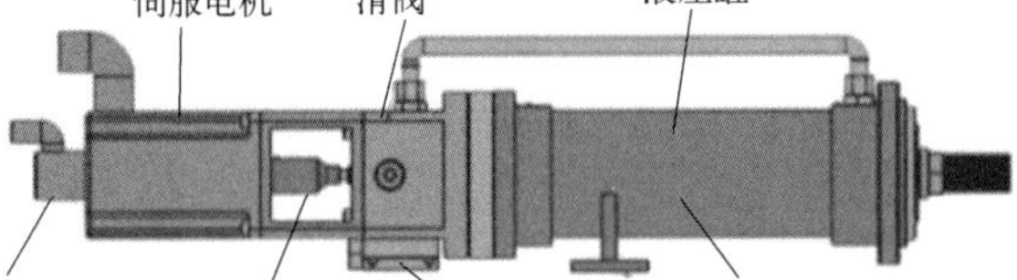

图 6-37 伺服电机数字液压缸（上海尚晞）

表 6-11 伺服电机数字液压缸产品目录（部分）

序号	缸径 /mm	杆径 /mm	行程 /mm	进油压力范围 /MPa	推力范围 /t	重复定位精度 /mm	控制方式	安装方式
1	80	45	≤1200	0.35～17	≤8.5	≤0.025	数控	F+L
2	100	50	≤1500	0.4～17	≤12	≤0.025	数控	F+L
3	200	85	≤2500	0.5～17	≤50	≤0.025	数控	选配
4	300	选配	≤3000	0.5～17	≤120	≤0.025	数控	选配

此数字液压缸采用直联集成一体化方式，把多个部件直接集成在液压缸上，采用标准化数控系统，具有故障率低、维护成本低、上手操作快、加工精度高等优势，现已用于各种轮毂旋压机、数控旋压机等主机产品上，也已应用于汽车、水处理、数控机械、核电、航空航天等领域。

(2) 数字控制直线液压缸和数字控制摆动缸

对于数字控制直线液压缸和数字控制摆动缸（可以数字输入及实现本摆动缸较大摆度以下的任何角度），东莞中冶数字液压伺服缸产品的技术参数可见表 6-12。该产品一般用步进电机、伺服电机，扭矩在 3N·m 左右。具有自编程功能，编程语言简单，触摸屏编程。程序举例如下：数字油缸以 200mm/s 的速度前进 200mm，然后再以 50mm/s 的速度前进 200mm，停止 2s。编程如下：1. speed200；2. g-len200；3. speed50；4. g-len200；5. delay2000（ms）；5. end。

表 6-12　数字液压伺服缸产品参数（中冶液压产品）

	压力/MPa	速度范围/(mm/s)	脉冲当量/mm	重复定位精度/mm	行程/mm	油缸内径/mm
A 级　超高精度型	21	0.01～15	0.01	0.01～0.02	0～3000	63～1000
B 级　高精度型	21	0.03～15	0.03	0.03～0.05		
C 级　工业精度型	21	0.05～15	0.05	0.05～0.1		
D 级　工业精度型	21	0.1～15	0.1	0.1 以上		

缸径/mm	40	50	63	80	100	110	125	140	150	160	180	200	220	250
杆径/mm	25	30	35	45	55	60	70	80	85	90	100	110	125	140
21.5MPa 负载	2700	4220	6700	10800	16878	20420	26370	33080	37970	43200	54680	67510	81680	105500
最高使用压力		31.5MPa												

第 7 章 数智液压元件的开端

7.1 数智液压就是液压元件“芯片化+ 软件化”

工业 4.0 已经使我们认识到的液压技术发展方向都指向一个需求，即计算机的智能性：碳中和需用液压元件或系统智能感受能量需求，运算后以最低损耗提供按需付出，达到要求的最高效率；无人化或多电化用液压元件或系统智能性满足在场景中所需要的控制与健康管理需求，实现无人化中内部控制与健康管理的作用；液压数字孪生就是让液压元件具备虚实结合，即液压系统可以以数据的形态作用于计算机虚拟世界的数字端，通过通信技术达到液压产品全生命周期管理的目的。这一切都从需求端说明液压元件需要与计算机即微处理器融合，形成具有嵌入式微处理器的液压元件产品。为了降低我们对这个问题认识的门槛，“芯片液压”是一个合适的名称，我们才容易理解“数字液压”与“数智液压”的基础就是“芯片液压”。但是芯片液压必须在软件方面发展，使数字液压元件接受芯片控制发展为具有自身的智能性，才是可以满足社会需求的“数智液压”。数智液压实际是现阶段以发展电液数字转换元件为主的“数字液压”，所以发展智液一体化的“数智液压”才是我们目前发展的趋势与方向（图 7-1）。

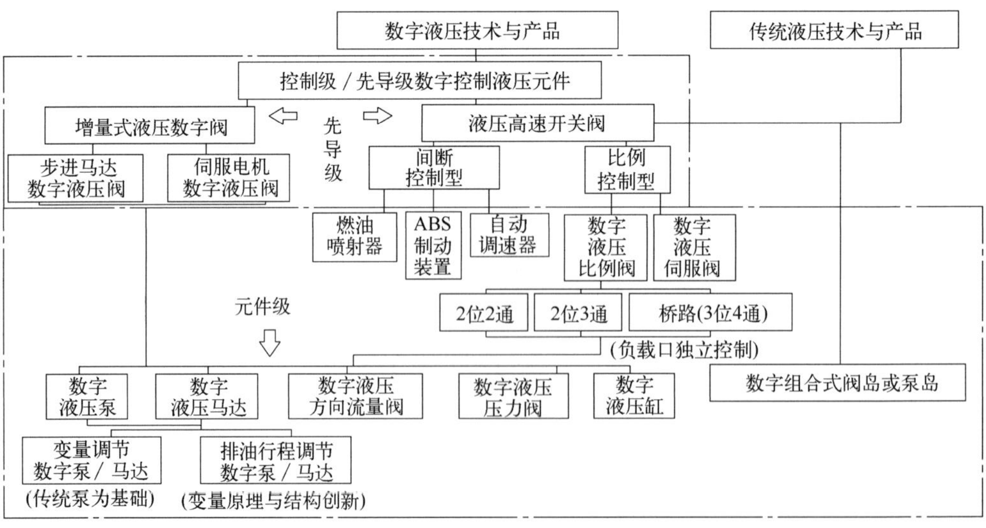

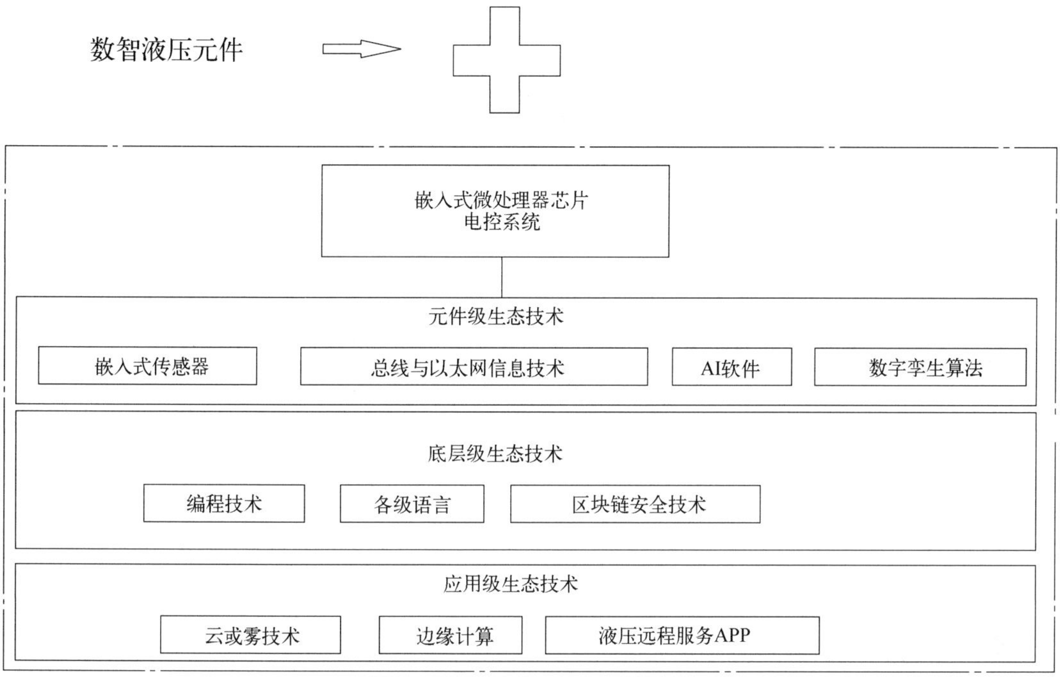

图 7-1　数智液压的内含构成

7.2　数字液压是数智液压的先驱

迄今为止，我们关注点在于数字液压元件本身的功能方面，寻求接受计算机控制器可以控制的电液数字转换元件，寻求“非模拟控制”的电液转换元件，例如要求元件输入的信号是 PWM 数字性、输出是否离散性、本身是否不再具有模拟电路控制的驱动放大控制器等。这些电液数字转换元件有步进/伺服电机、高速开关阀、阀岛等，这部分的详细元件情况就显示在图 7-1 的上半部分。

作为非模拟性液压元件研发与生产的产品，仍然是属于工业 3.0 时代电液一体化产物的延伸。当然，在这一阶段所有电液数字转换元件，都已经可以接受计算机控制，计算机控制与液压元件的有机结合并不是这一阶段行业技术与产品发展的重点，但已经说明这一阶段的数字液压产品是进入液压工业 4.0 所需的数智液压元件的前期工作。

随着工业 4.0 明确地提出，无人化、碳中和、多电化、数字孪生等社会需求使智能化成为我们技术发展的必然选择。数字液压元件在解决了电液数字转换元件的问题后，下一步就是元件的通信能力，与网络连接的问题，接下去要求更多的软件功能，数字液压元件才逐渐会发展到数智液压元件。这个发展过程是传统液压（模拟式控制液压）→数字液压（接受数字控制器的液压）→数智液压（嵌入式控制器具有软件指挥的液压），如图 7-2 所示。

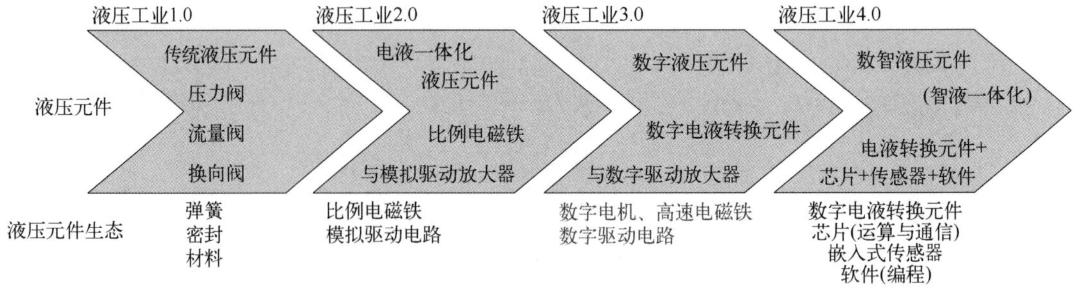

图 7-2　液压元件发展阶段

7.3　液压智能元件的雏形——液压比例多路阀 CMA

目前在市场上已经出现具有极其初步智能性控制方面的液压元件，其中 Danfoss CMA 比例多路阀产品是极为典型的（图 7-3）。这个产品按样本的介绍有三大革命性发展：负载口独立、达当前元件最高压力 44MPa、先导阀芯对中。负载口独立尽管确实是新产品的“特点”，但是这个特点并不一定是“革命性”的，因为只要采用数字液压元件（一般只有二位二通或二位三通）就一定会负载口独立。这个产品的三大革命性应该在于：一是具有负载敏感回路的智能化处理，由软件来定义负载敏感功能，这是液压元件至今未见的尝试；二是采用了前所未见的嵌入的溅射式压力传感器；三是采用了近年来几乎被忘却的力马达（音圈马达）。之所以厂商并不以“液压智能元件”自称，估计是其智能性局限于某一功能，同时并没有解决故障预测的智能管理难题。

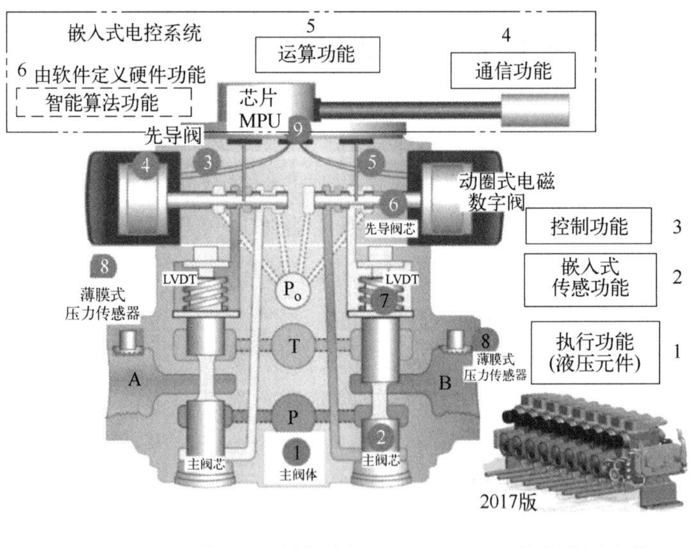

图 7-3　液压智能元件的雏形（Danfoss CMA 比例多路阀）

从图 7-3 可见，具有初步数智性的 CMA 比例阀具备智能液压元件所有的硬件与软件要素，具备液压元件本身的执行功能、嵌入式传感器的认知功能，具有微处理器（MPU）的运算功能、控制驱动放大功能以及内在的编程算法功能。后三个功能板集成到一起就成为嵌入式数字电控系统。

数智液压的几大优越性在于：

① 数智液压中嵌入式芯片（微处理器）是液压元件的硬件核心，它决定了元件的功能与性能。

② 数智液压中软件具有定义元件的功能，因此软件是液压元件的总体核心。

③ 数智液压中的传感器具有感知功能，是信息输入的基础，是软件运算的依据。

④ 数智液压将会急剧减少液压控制元件的品种与规格，有利于企业制造的自动化、智能化。

⑤ 数字孪生的解决将极大提升企业的液压元件全生命周期管理的服务与技术水平。

⑥ 对于效率管理、健康管理有了可以发展的基础。

⑦ 可以实现对云生态的直接利用，包括大数据、区块链、边缘计算等。

7.4　数智液压元件的前期创新产品

世界液压产品发展屈指百多年，各国建立液压工业也有六七十年。从液压元件 1.0 发展到液压元件 3.0 有一个比较漫长的与下游工业结合的过程，达到今天的市场规模。但是当今，工业 4.0 的提出只有不到 10 年，主机与市场之间处于彼此等待又急于各自争先的混沌时期，处于摸索与市场推广阶段。总体而言，Rexroth、Danfoss 以及其他跨国公司，市场上已经推出或者可以推出的数智液压产品，都有良好的进展。我国也一改长期“仿”的形态，具有数智液压特征的自身研发的产品不仅荣获机械工业科技进步奖一等奖，也应用于市场，是一个巨大的进步。但是数智液压元件产品也面临各种困境，各大主要跨国企业的数智液压产品类型差异很大，推广方式也不同，市场预期也有差异，在如何发展数智产品与如何推广数智液压元件与产品方面还没有共识。

表 7-1 列出了当前国内外液压公司在数智液压元件方面的范例。

目前已经推到市场上的高端数智元件产品要远远超过表 7-1 所列的，例如力士乐的 CytroForce（液压伺服执行器）、Danfoss 的 PVG（比例多路阀）、Eaton 的 AxisPro（数控比例阀）等。这些数智液压元件带给我们许多启示：

① 液压技术的发展已经进入数智技术时代。从液压泵、液压比例阀甚至最顶端伺服阀都得到突破性的改变，彻底打破了接近一个世纪以来人们对液压元件的传统概念。这种发展将随着数智液压的深入，会层出不穷。

② 创新的数智液压系统与元件的创新都体现在液压控制中，最大程度地减少液压阻尼在功率端的作用，从而体现液压的执行功能。

③ 所有的创新元件从硬件看全部集中在电液转换装置，不论是在功率级还是先导级。

④ 创新元件全部采用微处理器控制（芯片），这些芯片不仅完成运算，还包括通信在内。但是智能性只见端倪。说明液压行业需要加强对 AI 的理解与应用，需要智能液压这方面的基础性与工程性的研发。

⑤ 数智液压创新的目标有所侧重，包括碳中和、运动控制性能的提高、数智元件定制化也有利于成本降低。

⑥ 各企业的数智液压特点不同：Rexroth 利用自身伺服电机特色发展互联液压，在功

表 7-1　当前国内外液压公司在数智液压元件方面的范例

项目	Rexroth 公司(德国)	Danfoss 公司(丹麦)		Domin(英国)	浙工大(中国)	阀智宝(中国)
型号	CytroPak SytroNix	DDP	CMA	DDV S6 PRO	2D 阀	IDP
类型	互联液压、数字动力站 变速泵驱动装置	数字变量径向柱塞泵	比例多路阀	步进电机先导伺服阀	伺服比例阀 数智电磁阀、2D 泵	比例多路阀
数智性	液压系统与元件 数字组合，强通信能力	先导性 高速开关阀	音圈电机先导性 高速开关阀总线通信	旋转直驱数字 3D 打印	步进电机芯片 编程总线通信	高速开关阀芯片 编程 CAN 通信
创新性	互联液压新概念 提高效率新途径	概念颠覆性原理性创新 数智技术	智能雏形软件定义功能 (部分)	概念颠覆性工程性突破 数智技术	概念颠覆性原理性创新 系列性创新	自主性创新性能提高
参数性能	0.25～650kW 节能 50%减噪 30dB	42MPa 144L/min 效率 92%	44MPa 200L/min 负载敏感 饱和的智能方案	35MPa 1～1000L/min 频响 3ms 以上	3～31.5MPa 10～1000L/min 频响 180Hz	35MPa 100～250L/min 全开 0.3s
典型产品	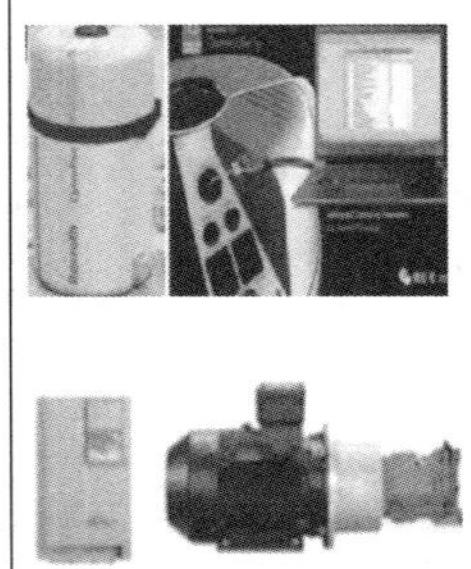	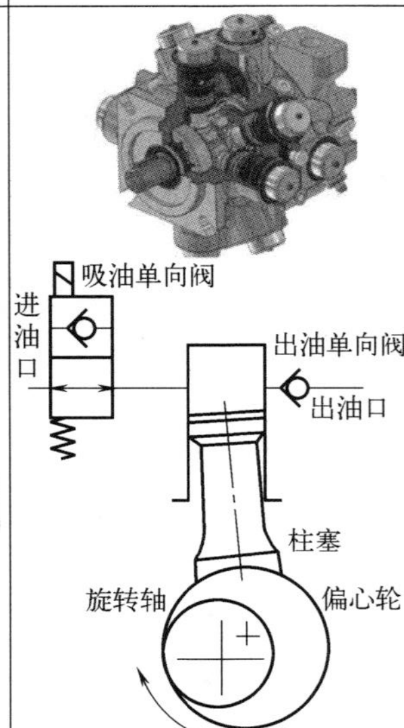	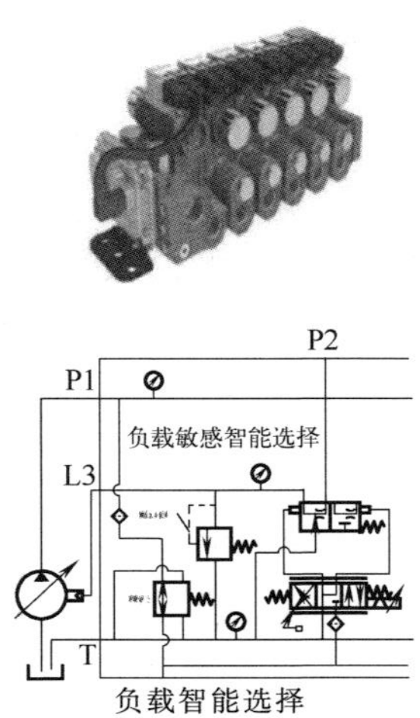	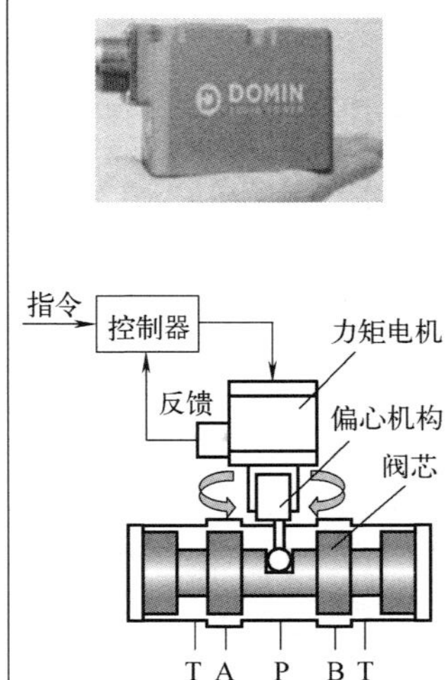	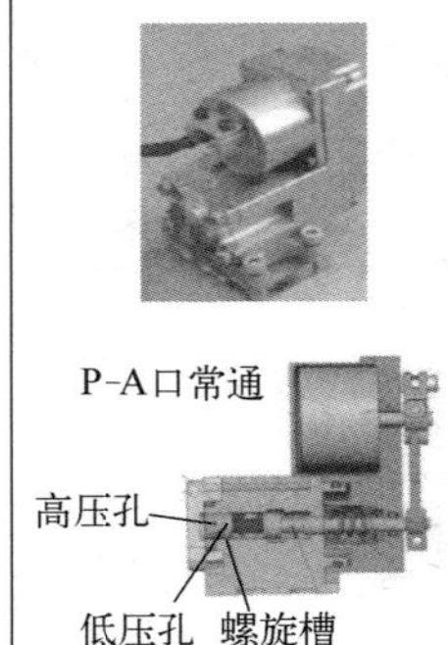	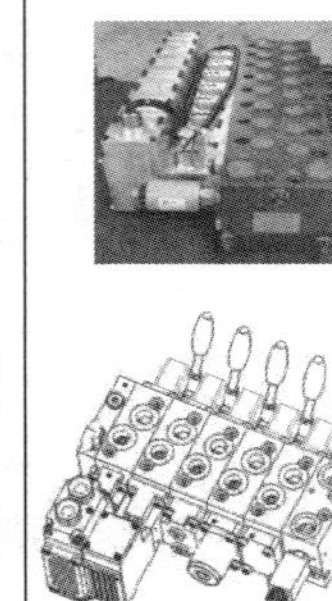
特点	重点在碳中和提高效率 提倡互联液压 伺服电机是博世强项	泵的综合效率最高	智能负载敏感 嵌入式传感器 音圈电机 负载口独立	重量减轻 85% 体积减小 1/4 流量提升 25%、价格下降 1/3	重量减少 2/3 成本可以降低 品种系列多 可扩展	闭环控制 滞环小、防爆
市场	工业应用	工业应用	工程机械液压	工业应用	工程机械液压 工业应用	工程机械液压

率级数智液压方面突出，直接有利于碳中和；Danfoss 的数智液压技术明显是采用先导级数字元件，例如高速开关阀技术有特点，充分利用数字电机的优势；其他包括我国在内的原创性数智液压元件采用步进电机为先导，步进电机在成本与制作方面是优势，相对难度系数低。

⑦ 现在市场上推出的数智液压产品是在模拟元件基础上采用数控来达到数字控制目的，如 AxisPro，这也是一条发展数智液压元件的途径。

目前数智液压产品在推广应用上存在诸多难点：

① 液压主机在向数智无人化方向发展方面，还在以解决外部的智能性问题为主，对于内部液压系统与元件的要求还没能深入与明确。因此双方处于相互促进、相互等待的阶段。

② 跨国公司在“数智液压产品”上强调元件局部性能的提高，而缺乏整个系统的配合。以 CMA 元件为例，不仅可减少泵车输送管晃动幅度、更智能地解决负载敏感饱和问题，所带来的优点还有所有控制智能性的提高等。

③ 数智液压产品作为新研发的产品，成本高、整个数智液压的生态环境没有建立，例如电液数字转换元件、芯片、软件、输入输出用件等都不是现成的。技术发展与用户体验带来的效益还不能匹配。

④ 从开发的数智液压元件可见，一些嵌入式传感器、电液转换器是这个行业陌生的，因此存在新的供应链问题与相应的生态技术问题，其中还包括例如语言、编程、算法、AI、总线、以太网、云等。

⑤ 用户端人才的限制。特别液压行业过去是一个硬件行业，对软件基本无知，现场的编程、调试都需要有这类的人才，目前极其缺乏。尽管从各公司样本来看，采用的语言、总线编程等对客户端都尽量友好，但是在工程应用中仍存在严重的培训问题。

数智液压的发展为液压行业系统与元件的发展打开了一条全新的途径，特别是今后智能性的采纳将会有颠覆性的变化，这是因为液压的功能将尽可能地交付微处理器完成，液压本身会变得十分简单。目前行业企业家与专家需要转变思维，数智液压的发展有待不断颠覆传统概念，才能不断地发展。

第 8 章 数智液压生态技术

液压元件功能的发展始终与生态技术的发展密不可分。在图 7-1 与图 7-2 中将液压生态技术的范围与内容指明了。在液压元件发展初期，弹簧、密封、电磁铁等是制约液压元件提高压力等级的瓶颈之一；在电液一体化阶段，比例电磁铁、模拟电路放大器等就是产品质量好坏的制约因素；数字液压阶段，数字电液转换元件及其控制驱动放大器就起了决定性作用。下一步数智元件的制约技术更泛、更广、更高科技，与工业 4.0 有关的高科技几乎都有所联系。图 8-1 中，已经清晰地将生态技术分为基础共性、元件级生态技术、底层生态技术、应用层生态技术，我们目前关注的液压生态技术还只是集中在与数智液压元件直接相关的生态技术上，如嵌入式芯片、嵌入式传感器、嵌入式软件与数字电液转换元件本身。

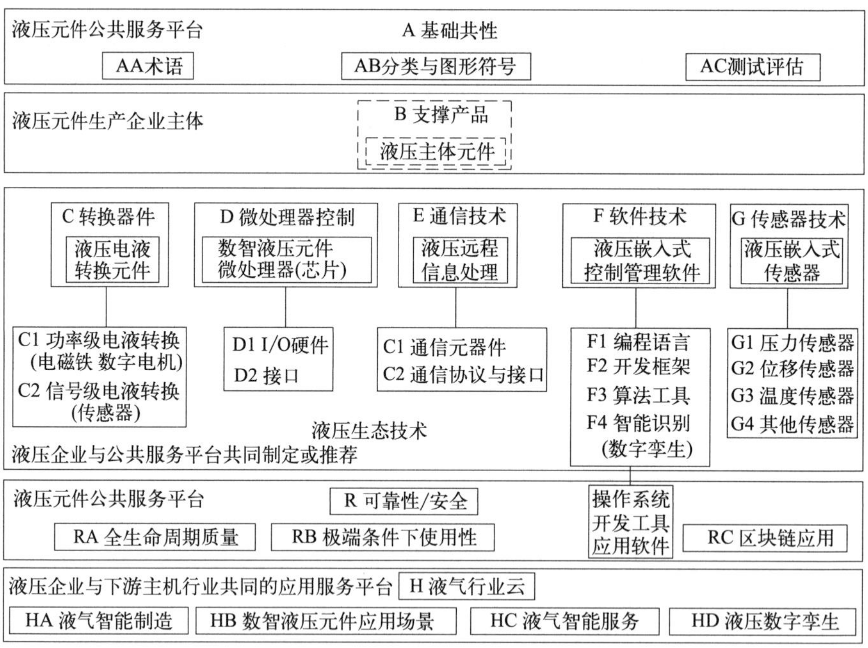

图 8-1　数智液压元件生态技术与产品标准体系

由于液压发展所涉及的生态技术存在深度越来越深、广度越来越宽、社会性越来越强，已经不像过去只介于一隅，因此产生了“技术生态体系”的问题。由此可以尽快整合资源与达成共识，以促进数智液压元件的发展。过去我国液压行业半个世纪发展基本是“模仿”，今后已经缺乏一个明确可仿的产品与技术，我们现在仍然处于到处找“仿”“满地找牙”的状态，因此我们必须重新认识液压发展的生态环境，去寻求“创”的源泉。

其实这里所谈的“数智液压元件生态技术体系”与国家工业和信息化部《产业关键共性技术发展指南（2017 年）》的思路是一回事，是从液压制造业创新发展的具体角度出发，推进供给侧结构性改革，发挥产业技术研发应用对创新驱动的引领和支撑作用，增强关键环节和重点领域的创新能力，实现中国液压行业由大变强下向中国创造转变，所设计的发展体系。

8.1　数智液压元件生态技术标准体系

8.1.1　体系架构

今后数智液压元件的创新活动会产生许多的技术与产品，但同时也会带来所采用的生态技术的无序，为了更有序地促进发展，以“标准化”的形式来规范采用的生态技术，使其使用有序化。

由图 8-1 可见，数智液压元件生态技术与产品标准体系共有五个部分：基础共性；主体元件；生态技术平台；可靠性；液气行业云。其中：

① 基础共性标准包括术语、分类与图形符号、测试评估三大类，位于数智液压元件生态技术与产品标准体系结构的最上端，支撑标准体系结构中其他部分。

② 液压主体元件技术与产品标准是整个生态技术与产品的主体支撑。

③ 电液转换器件是数智液压元件生态环境的基础，所有的生态技术与产品都以此为基础；微处理器控制是数智液压的核心，通用技术标准主要围绕其实施的功能确定所需要的外部硬件条件；通信技术为数智液压元件的应用提供技术支撑；软件技术是数智液压元件的关键；传感器技术是用于数智元件具有感知功能的部分，是智能性的首要基础。

④ 可靠性与安全位于数智液压元件生态技术与产品标准体系结构的最下端。它贯穿于整个体系，为数智液压元件的生产与应用提供安全保障与基础。

⑤ 行业云是数智液压元件发挥作用所依赖的整个生态大环境，它取决于物联网及其技术。

8.1.2　体系内容

（1）基础共性（标准 A）

基础共性标准 A 主要针对数智液压元件生态技术与产品基础进行规范，包括术语、参考架构、测试评估等部分。

① 术语标准。用于统一数智液压元件生态技术与产品相关概念、技术、应用行业场景，为其他各部分标准的制定和企业数智液压元件生态技术与产品研究提供支撑，包括数智液压元件生态技术与产品术语相关定义、范畴、实例等标准。

② 分类与图形符号。规范数智液压元件生态技术与产品相关技术的分类与图形符号，

为开展数智液压元件生态技术与产品相关标准研制工作提供定位和方向建议。

③ 测试评估标准。围绕数智液压元件生态技术与产品发展的成熟度、行业发展水平、企业能力等方面提取测试及评估的共性需求。包括与数智液压元件生态技术与产品相关的服务能力成熟度评估、人工智能通用性测试指南、评估原则，以及等级要求、企业能力框架与测评要求等标准。

基础共性标准建设重点：

① 术语标准。结合数智液压元件生态技术与产品发展现状，开展数智液压元件生态技术与产品术语标准制修订工作。

② 分类与图形符号。为指明数智液压元件生态技术与产品相关技术、应用及价值链的逻辑关系、相互作用、发展方向，制定数智液压元件生态技术与产品参考架构等标准。

③ 测试评估标准。开展与数智液压元件生态技术及产品相关的检测服务能力，并给出评估、技术或产品等级等研制标准。

这一部分意味需要有一个通用规则，需要统一术语、元件分类及其图形符号以及措施评估。特别是测试评估，涉及怎么测试？如何对其功能与性能作出统一的评价标准？

统一术语是当前发展产品的需要，什么是数字液压？什么是数字元件？是不是与微处理器集成一体的元件才是数字元件？什么是互联液压元件？是不是元件具有微处理器通信功能就是互联元件？什么是智能元件？是不是液压元件能够自主控制、自主健康管理功能就是智能元件？

数字液压要不要图形符号？要怎样的图形符号？怎样便于辨识产品的性质，还是无需辨别产品的性质？如图 8-2 所示，到底采用哪一种？

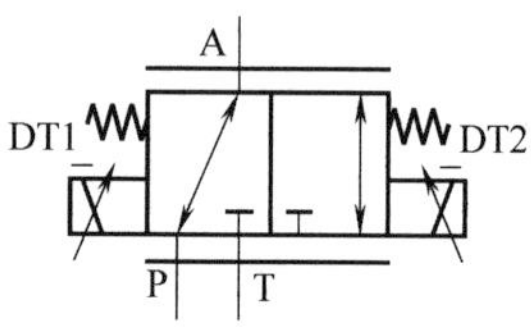

(a) 模拟式比例阀

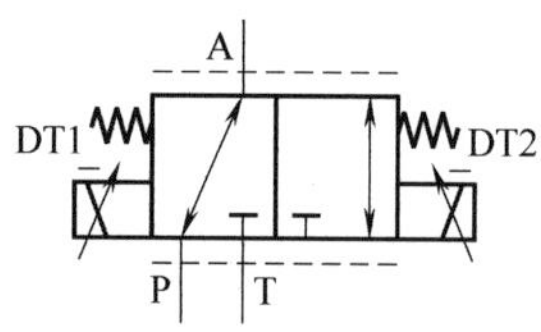

(b) 数字式比例阀

图 8-2 数字液压阀与模拟液压阀图形符号的区分

(2) 液压主体元件（标准 B）

作为支撑性液压产品标准 B 主要是液压元件本体。标准 B 可以较大程度上继承现阶段传统的液压元件技术与标准。随着智能液压元件的产生，会产生一些颠覆性的产品概念与形态，但是还处于概念性研发阶段，因此暂不纳入，不作为本标准体系的编制内容。

液压生态技术的确定来自智能液压元件的五大组成部分：传感、运算、软件、通信、驱动控制。由于要集成在一个元件体上，因此都需要是嵌入式形态。在这五个方面与液压元件联系密切的部分需要加以规范，通过表 8-1 可以表达出来。

表 8-1 液压生态技术所需规范的领域

生态技术领域	元件功能	液压规范	说明
认知	传感器输入	传感器使用条件，数据模态与处理	压力、位移、温度等参数
运算	运算驱动	芯片硬件参数，I/O 接口	运算速度与存储容量
软件	芯片编程	语言，开发框架，算法工具，智能识别	操作系统，智能性
通信	对内外通信	对内总线，对外以太网	协议，网关
控制	电液转换元件	数字型、模拟型，功率型、先导型	驱动放大

从图 8-3 与图 8-4 可以看出，数智液压元件的发展已经远远超出传统液压的各种概念。这些输入与输出的硬件与软件是一般传统液压不存在的。对于现在传统的液压系统调试，就是下载调试软件，根据数据记录可以进行故障诊断，也可以进行参数设置，所有的操作都需要在现场进行。而对数智液压而言，就可以进行远程服务，有更完善的数据监测与诊断，一切的基础是云平台。因此对这些生态技术需要加以推广，建立标准体系的过程就是规范发展新智能液压元件的过程。

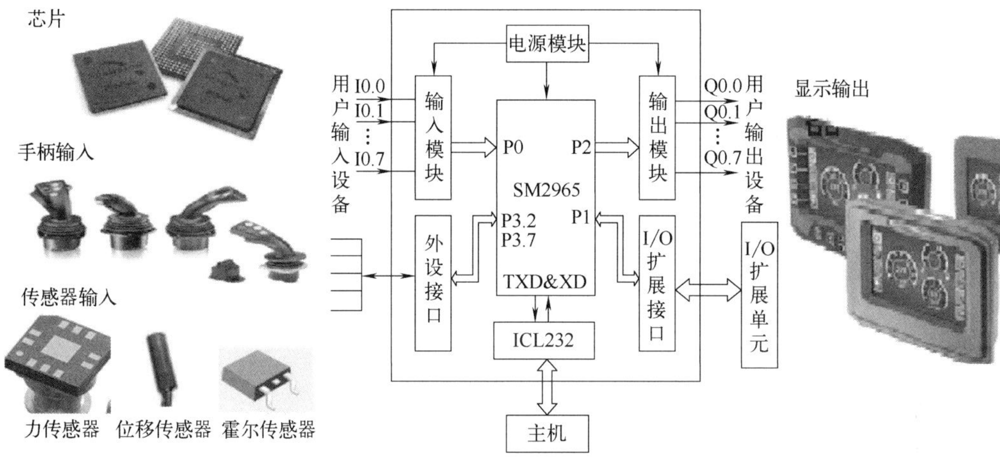

图 8-3　微处理控制器的输入与输出

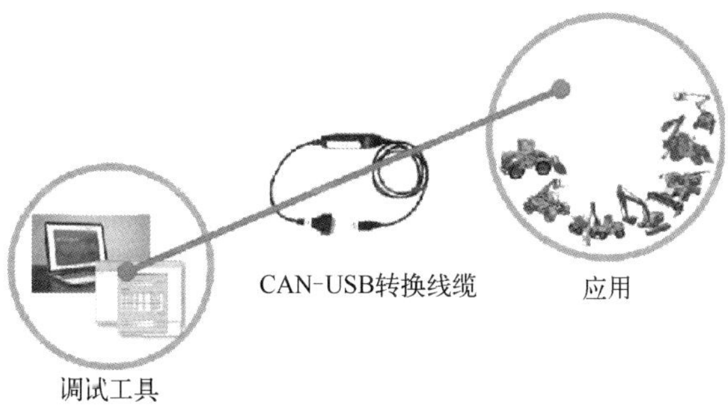

(a) 传统调试方法

(b) 数智化液压元件与系统调试

图 8-4　物联网通信的元件与系统调试

(3) 电液转换元器件(标准C)

数智液压元件的数智功能主要依赖电液转换元器件，功率级电液转换依赖电磁铁与数字电机，信号级电液转换依赖传感器。

随着数智液压元件一体化的发展，电磁铁、数字电机、传感器越来越从通用化走向液压定制化，更贴近液压元件功能与性能的要求，对提高液压元件的功重比、性价比起到更接近市场的效果。因此需要开展电液转换元器件的标准制定工作。

智能传感器与新型 MEMS 传感器相关标准的制定预判，为人工智能的液压元件发展提供标准支撑，包括传感器接口、性能评定、试验方法等标准。

(4) 微处理控制技术(标准D)

① 数智液压元件芯片定制化标准。规范智能计算芯片、新型感知芯片及相关底层接口等。包括指令集和虚拟指令集、芯片性能、功耗测试要求、数据交换格式、芯片操作系统的设计及检测等标准。重点开展智能芯片架构和设计、芯片性能、功耗测试要求、数据交换格式、芯片操作系统的设计及检测等标准研制。

② 数据存储及传输设备标准。重点开展 DAS 存储设备、网络存储及传输设备、存储备份系统相关标准研制。

③ 开发框架标准。包括数智元件框架和应用系统之间的开发接口、控制数学模型表达和压缩等标准。重点开展模型数字孪生应用开发接口，以及模型表达与压缩等标准研制。

(5) 通信技术(标准E)

数智液压元件涉及与物联网关联的标准，包括 C1 通信元器件与 C2 通信协议与接口的标准。为数智元件各类感知信息的采集、交互和互联互通提供支撑。重点在元件感知标准、设备感知标准，与此有关的接口和互操作等网络接口、感知与执行一体化模型标准、多模态和态势感知标准等。

通信分为有线通信与无线通信，因此在以上标准中也涉及有关网址或频谱资源管理、与芯片通信模块、工业网关等规范等。

(6) 嵌入式软件技术(标准F)

嵌入式软件技术是数智液压元件智液一体化的关键，因为在数智化元件中，软件能够定义硬件功能，这是有颠覆性概念的新发展。

液压控制与数字孪生的编程语言工具需要标准化(F1)，对开发的框架需要标准化(F2)，算法工具是核心(F3)，智能识别是智能控制(F4)的难点。

重点开展自适应或自组织的模式识别系统的特点、模型、技术要求和评价等标准的研制，芯片中的软硬件优化编译器、控制与健康管理的算子库、计算性能评测标准研制。

语言标准应该对于开源或闭源给予规范(F1)。

芯片内部程序的编译器标准属于软件技术的一部分(F2)，这部分是提供数智液压元件需要的工具或者采用 PC 机。

(7) 可靠性/安全(标准R)

安全保护标准包括元器件基础安全，数据、算法和模型安全，技术和系统安全，安全测试评估，产品和应用安全等五个部分。

① 元器件基础安全包括数智液压元件概念和术语、安全参考架构、基本安全要求等。

② 数智液压元件数据、算法和模型安全标准是针对数智液压元件数据、算法和模型中突出安全风险提出的，包括数据安全、隐私保护、算法模型可信赖等。

③ 数智液压元件技术和系统安全标准用于指导数智液压元件平台的安全建设，主要包括开源框架安全标准、安全工程标准、元件安全标准、安全技术标准。

④ 数智液压元件安全测试评估标准主要从数智液压元件的算法、数据、技术和系统、应用等方面分析安全测试评估要点，提出数智液压元件算法模型、系统和服务平台安全、数据安全、应用风险、测试评估指标等基础性测评标准。

⑤ 数智液压元件产品和应用安全标准主要是为保障数智液压元件技术、服务和产品在具体应用场景下的安全。

在数智液压元件中，液压元件已经不再是孤立在液压系统中的一个元件，而是“万物互联”的一部分，可以直接接受外来的数据信息也可以对外进行数据交流通信，这就产生了数据安全的问题。在物联网中数字孪生已经是未来的核心技术，这也关系到元件本身的全生命周期管理的水平。所以，安全可靠性与云服务平台的重要性就凸显出来，这需要采用网络有关的技术例如区块链等来进行保证，如图 8-5 所示。

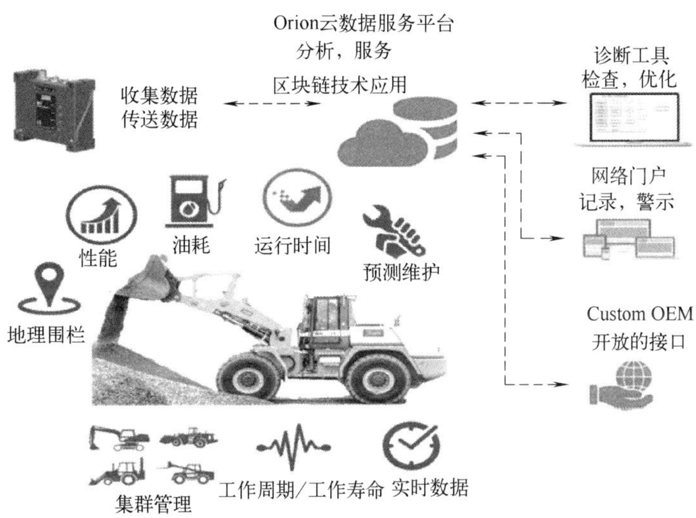

图 8-5　数智液压数据安全与智能服务

（8）液气行业云（标准 H）

HA 是液气智能制造，是抓取数智元件生产过程的基本生产数据与性能数据的标准。

HB 是数智液压元件应用场景的通信的实施标准。

HC 是液气智能服务，是关于数智液压元件在智能生产后进行全自动营销与跟踪服务的标准。

HD 是液压数字孪生的过程标准，包括云计算与云处理。

其中具有共性的有：

① 数据管理标准。涉及数据存储、处理、分析等大数据相关支撑技术要素，包括大

数据系统产品、数据共享开放、数据管理机制、数据治理等标准。重点开展面向数智液压元件算法和应用的数据服务接口、数据管理能力成熟度评估、数据开放共享要求、开放程度评估以及敏感行业数据治理等标准研制。

② 云计算标准。规范数智液压元件的云计算平台、资源及服务，为数智液压元件信息的存储、运算、共享提供支撑，包括虚拟和物理资源池化、调度，智能运算平台架构，智能运算资源定义和接口，应用服务部署等标准。

③ 边缘计算标准。规范数智液压元件应用涉及的端计算设备、网络、数据与应用。包括数据传输接口协议、智能数据存储、端端协同、端云协同等标准。重点开展云/边人工智能数据传输接口协议和规范。

④ 虚拟现实/增强现实标准。为用户提供视觉、触觉、听觉等多感官信息一致性体验的通用技术要求，便于指导现场的维修与装配性服务。重点开展内容制作、3D 环境理解、3D 交互理解等标准研制。

⑤ 数据存储及传输设备标准。用于规范数据存储、传输设备相关技术、数据接口等。

⑥ 智能商务领域。主要规范应用场景复杂的商务智能化领域，包括对服务模型的分类和管理、商务数据的智能分析，以及相应推荐发动机系统架构的设计要求。亟需制定推荐发动机系统架构、服务管理模型、商务数据识别技术、精准营销模型等方面的标准。

8.1.3 体系建立

(1) 建立我国数智液压元件生态技术标准体系

2020 年，国家标准化管理委员会制定了《国家新一代人工智能标准体系建设指南》，作为一种顶层设计与宏观指导，促进新成果与产业深度融合与协调配套。液压行业也可以在制定《数智液压元件生态技术标准体系》方面，为产业标准发展与市场应用之间搭建桥梁。在全国数字液压技术生态标准体系研讨会上开发数字比例多路阀的企业提议开发下列标准：高速开关阀产品的技术标准；高速开关阀驱动电路的技术标准；液压元件数字芯片应用的技术标准；数字元件编程平台的应用标准；数字液压元件软件开发标准；传感器应用到数字液压元件标准。

由此可见在目前迈向数智液压时代时，构建数智液压技术与产品标准化生态体系，形成可创新发展的标准应用新生态体系；通过此举，打造一个标准化应用服务生态系统；开展数智液压规范性研究；形成一个创新体系下通过此标准体系的一种共享经济的又一种模式。

(2) 世界上早有跨国公司建立了自己的数智液压元件生态技术标准体系

这里介绍 Danfoss 公司，其在非常早就开始建立了自己的数智液压元件生态技术的标准体系，整个标准体系的名称是“PLUS+1”。这个体系开始建立于 20 世纪，已经延续了 40 年，并在 21 世纪初形成了将此体系推向数智液压产品的全系列计划（图 8-6）。

在 Danfoss 为智能互联与控制的标准平台上，包括了控制器、电控手柄、显示器、远程解决方案与软件服务解决方案。对每一部分的产品与技术都有完整的方案。

图 8-6　CCS 智能互联与控制全球产品线结构

8.2　数智液压元件的电控单元

数智液压元件的电控单元（electronic control unit，ECU）是整个数智液压元件的“计算机与控制中心”，它利用内部存储的软件程序和数据（各种函数、算法程序、数据、表格）与硬件（各种信号采集处理电路、微控制器、功率输出电路、通信电路），处理从传感器输入的诸多信号，并以这些信号为基础，结合内部软件的其他信息，制定出各种控制命令送到各种执行器，从而实现对智能元件整个系统的控制。电控单元（ECU）型号与类型取决于液压元件的制造厂商，是今后各液压企业生产数智液压元件知识产权的保护核心。整个 ECU 的构造原理如图 8-7 所示。

8.2.1　电控单元 ECU

ECU 为数智液压系统的电控单元，取自汽车专用微机控制器。

ECU 和普通的电脑一样，由微处理器（CPU）、存储器（ROM、RAM）、输入/输出接口（I/O）、模数转换器（A/D）以及整形、驱动等大规模集成电路组成。

ECU 的电压工作范围一般在 6.5～16V（内部关键处有稳压装置）、工作电流在 0.015～0.1A、工作温度在 −40～80℃。能承受 1000Hz 以下的振动，因此 ECU 损坏的概率非常小。在 ECU 中 CPU 是核心部分，它具有运算与控制的功能，液压元件在工作

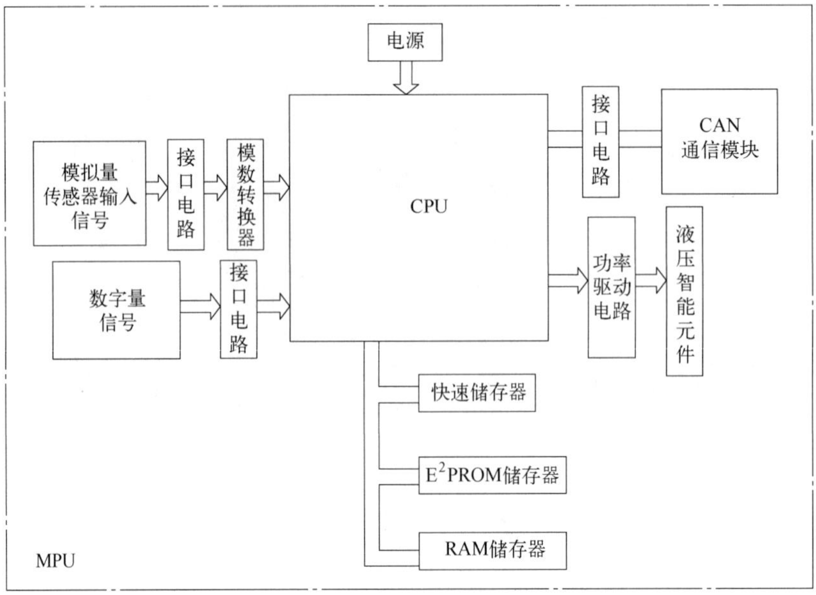

图 8-7 典型数智液压元件的 ECU 结构原理

时，它采集自身传感器的信号进行运算，并将运算的结果转变为控制信号，控制被控对象的工作；它还可实现对存储器（ROM/FLASH/EEPROM、RAM）、输入/输出接口（I/O）和其他外部电路的控制，存储器 ROM 中存放的程序是经过精确计算和大量实验取得的数据为基础编写出来的，这个固有程序在数智液压元件工作时，不断地与采集来的各传感器的信号进行比较和计算，把比较和计算的结果用来对液压元件的设定功能、要求的性能标准、产生的健康数据记录等多项参数进行控制。

ECU 一般都具备故障自诊断和保护功能，当系统产生故障时，它还能在 RAM 中自动记录故障代码，并采用保护措施从上述的固有程序中读取替代程序来维持元件的工作。同时，这些故障信息会显示在原有的位置上并保持不灭，可以使用户及时发现问题并处理。

正常情况下，RAM 也会不停地记录元件中工作的数据，成为 ECU 的学习程序，为适应主机工作提供最佳的控制状态，这个程序也叫自适应程序。

ECU 可以用于液压元件，也可以用于液压系统的方方面面。随着液压系统电子化、自动化程度的提高，ECU 将会日益增多，线路会日益复杂。为了简化电路和降低成本，液压系统的多个 ECU 之间的信息传递就要采用多路复用通信网络技术，将整个系统的 ECU 形成一个网络系统，也就是 CAN 数据总线。

8.2.2 中央微处理单元 CPU、微处理器单元 MPU 与片上系统 SOC 的关系

中央微处理单元 CPU（central processing unit）是计算机的大脑，起到运算数据的作用。CPU 发展出三个分支，一个是 DSP（digital signal processing/processor，数字信号处理）、MCU（micro control unit，微控制器单元即单片机）和 MPU（micro processor unit，微处理器单元）。而 CPU 的指令调用、数据传输、各个设备的工作状态都需要 CPU 通过 MPU 转接控制才能完成。图 8-8 显示了这些微处理器的基本形态。

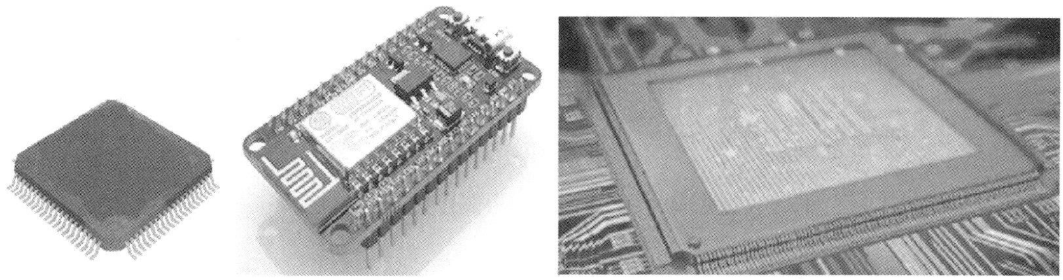

(a) CPU中央微处理单元　(b) MCU微控制器单元　(c) MPU微处理器单元

图 8-8　微处理器

MCU 集成了片上外围器件又称单片微型计算机（single chip microcomputer），简称“单片机”，是指随着大规模集成电路的出现及其发展，将计算机的 CPU、RAM、ROM、定时计数器和多种 I/O 接口集成在一片芯片上，形成芯片级的计算机，为不同的应用场合做不同组合控制。

MPU 不带外围器件（例如存储器阵列），是高度集成的通用结构的处理器，是去除了集成外设的 MCU；DSP 运算能力强，擅长很多的重复数据运算，而 MCU 则适合不同信息源的多种数据的处理诊断和运算，侧重于控制，速度并不如 DSP。

当今微处理器（MPU）和微控制器（MCU）形成了各具特色的两个分支。它们互相区别，但又互相融合、互相促进。与微处理器（MPU）以运算性能和速度为特征的飞速发展不同，微控制器（MCU）则是以其控制功能的不断完善为发展标志的。

SOC（system on a chip）系统级芯片即片上系统。其构成可以是系统级芯片控制逻辑模块、微处理器/微控制器 CPU 内核模块、数字信号处理器 DSP 模块、嵌入的存储器模块和外部进行通信的接口模块、含有 ADC/DAC 的模拟前端模块、电源提供和功耗管理模块，对于一个无线 SOC 还有射频前端模块、用户定义逻辑（它可以由 FPGA 或 ASIC 实现）以及微电子机械模块，更重要的是一个 SOC 芯片内嵌有基本软件（RDOS 或 COS 以及其他应用软件）模块或可载入的用户软件等。

CPU＝运算器＋控制器＋……　　计算机大脑，运算数据等
基本芯片
MPU＝CPU＋运算器＋控制器＋寄存器＋……　　数据处理和转接，数据处理功能
芯片级计算机
SOC＝CPU＋运算模块＋控制模块＋寄存模块＋前端模拟 A/D 模块＋射频模块＋……
系统级计算机

SOC 关键技术主要包括总线架构技术、IP 核可复用技术、软硬件协同设计技术、SOC 验证技术、可测性设计技术、低功耗设计技术、超深亚微米电路实现技术等，其中嵌入式软件移植、开发研究，是一门跨学科的新兴研究领域。SOC 技术，是一种高度集成化、固件化的系统集成技术。使用 SOC 技术设计系统的核心思想，就是要把整个应用电子系统全部集成在一个芯片中。在使用 SOC 技术设计应用系统时，除了那些无法集成的外部电路或机械部分以外，其他所有的系统电路全部集成在一起。因此它是由多个具有特定功能的集成电路组合在一个芯片上形成的系统或产品，其中包含完整的硬件系统及其承载的嵌入式软件。SOC 通常是客户定制的，或是面向特定用途的标准产品。因此今后数智液压元件与系统开发产品的形态对数智液压元件而言，可以是 MPU；对一个比较复杂的智能元件或系统，可以是 SOC。

8.2.3 数智液压元件电控单元（ECU）的主要功能

由图 8-8 可见，此电控单元包括了电源转换、信号输入与调制、微处理器及其输出控制、驱动放大电路、通信技术部分等。它要完成下列各项任务：

① 处理输入信息，将所输入的传感器等信息转换为微控制器所能接受的电平信号。

② 处理输出信息，将微控制器输出的执行命令转换成驱动智能液压元件的电平信号。

③ 存储数据信息，存储各种程序、测试数据等，供微控制器在合适的时刻使用和测试数据的本地保存。

④ 逻辑控制单元产生控制逻辑与算法，实现自诊断、自学习功能。

⑤ 总线数据交互，实现控制单元和外界数据通信。

⑥ 产生各种参考电压，通常需要 5V、3.3V、9V、12V 等。经过 DC/DC、滤波模块，提供微处理器和周围元器件的供电。

在处理信息方面，特别在输入、输出级中，可以采用硬件方式或软件方式来实现某一功能。一般来说，硬件处理的速度较快，可以改善系统的响应速度和性能，但会使系统的结构复杂；软件处理的速度较慢，系统的响应速度较低，但可以减少元件的数量。因此，控制结构中如何设计硬件和软件系统的配置是十分重要的，应按控制系统的要求进行选择并合理安排。

总的说，此控制结构可以分成以下三个部分。

① 输入机：A/D、整形、滤波、放大。

② 微型计算机：包括 CPU、总线、存储器、I/O 口。

③ 输出级：输出功率驱动放大、通信模块。

8.3 数智液压元件的微处理器

8.3.1 选择微处理器的基本要求

电控单元（ECU）中的微控制器是电控单元的核心。在数智液压元件中采用 MPU 承担整个电控单元的信号采集与处理、数据运算与分析、控制策略的实现、控制指令的产生、数据的通信与交换等功能。因此，它需要采用功能强大、运算速度高、能进行实时控制的微型机；在满足系统功能的前提下，应考虑其性价比；由于其工作环境恶劣（强振动、高温、粉尘、泥土、油污、电磁辐射等），要求有更高的可靠性与耐久性。其基本功能如下。

（1）实时处理能力

计算机控制系统需要实时性，主要是指在时间上能跟得上过程所提出的任务。为了达到实时控制的目的，计算机应从硬件上满足实时响应的运算速度要求，即在下一个任务尚未提出要求之前，计算机应在规定的时间内完成所有信息的采集、处理和指令输出工作。计算机的实时响应主要由计算机的时钟频率决定，为了保证一定的实时响应速度，应要求计算机的时钟有足够高的时钟频率。

（2）比较完善的中断系统

计算机控制系统除了要有实时的响应速度外，还必须能够及时处理系统中发生的各种紧急情况。系统运行时往往需要修改某些参数，改变某个工作程序或指出某规定时间间隔内的任务，在输入输出异常、出现故障或紧急情况时，应报警和处理等。处理这些问题一般都采用中断控制方式。当系统出现紧急情况需要处理时，可以向主机发出中断请求，计算机可以根据预先的安排，暂停原来的工作而去执行相应的中断服务程序，待中断处理完毕，计算机再返回原程序来工作。此外，在计算机控制系统中还有主机与外部设备交换信息、多机连接、与其他计算机通信等问题，这些也都需用中断方式解决，因此实时控制计算机应具有比较完善的中断功能。

（3）对指令系统的要求

计算机控制系统要求主机有较丰富的指令系统，其指令种类的多少及功能的强弱，不仅影响到编程的繁简，更影响解决复杂问题的能力。一般来说，指令越丰富、寻址范围越广、方式越多，编写程序就越简便、功能越强。

（4）对内存的要求

为了及时地进行控制，常常要求将那些常用算法及数据存放在计算机的内存中，因此应根据具体要求估算计算机的内存容量。当内存容量不足以存放程序和数据时，应扩充内存，或配置适当的外存储器，系统程序和应用程序可以保存在其内，需用时再调入计算机内存。除了要求有一定的容量外，还要求对内存有一定的保护功能，为了使控制稳定，不出事故，内存中的控制程序及数据在控制过程中不应被任何偶然的错误所改变和破坏，因此应对内存的某些单元加以保护。

8.3.2 对微处理器位数的选择

微处理器芯片的位数指的是一个机器周期时钟脉冲能处理的字长。目前有 4 位、8 位、16 位、32 位乃至 64 位单片机。目前 32 位成为趋势，带来的优缺点如下。

① 更多的内存：32 位架构意味着可直接访问 4GB 的内存空间而不需要采取特殊的技术，如内存分页。

② 更好的处理能力：新架构主要受益于更快的时钟和每个时钟周期增加的计算能力。平均来说，这意味通过 32 位架构可以处理更多的吞吐量以实现 90～100MIPS；而 8 位单片机最大只能达到 25～30MIPS。

③ 更高能耗效率：32 位架构往往利用新的电路结构和制造工艺，因此，它们必须在较低工作电压下来减少晶体管漏电流，如此换来的是能耗效率处理能力的提高。

④ 成本稍增：32 位平台与 8 位相比通常贵在功能相似的地方（如内存数量和外围组

件）。成本差别不明显，当产品量大了其差距就显示出来了。

⑤ 封装增大：8 位单片机可以应用在一些很小的封装，有些仅有 6 针。但微小的封装使得外部设备没有很多 I/O 可以进行处理。

⑥ 易于开发：制造商倾向将新的和更高级的功能方便地添加到他们的 32 位架构。更高级的功能可以导致不同的时钟速度，需要调整更多的配置寄存器来设置等。但 8 位系统相对而言往往是简单和容易的代码。如果应用程序不需要高级特性，实际上可以坚持使用一个 8 位架构。8 位和 32 位架构往往利用 C 语言编译器，而 8 位平台上可以使用汇编语言。

随着成本下降和更能处理复杂性需求，“连接所有”将由 32 位平台来实现而不是 8 位平台。未来是属于 32 位平台。

8.3.3 主副双微控制器

每个数智液压元件都有自己的 MPU 电控单元。但是由于在液压系统中同时存在两个或两个以上的数智液压元件时，为了同时完成对这些智能元件的运行管理，往往选择双微控制器组成此组合的智能元件的电控单元 ECU：一个微控制器为主控制器，负责元件组的运行管理，对元件组的运行方式及状态进行监控，其工作方式一般是扩展模式，选用专用芯片扩展内存和输入输出接口；另一个微控制器是副控制器，完成对具体的本地智能元件的控制，其工作模式为单片模式。主副控制器之间为高速数据传输通道，由主微控制器计算得到的流量分配模式或性能参数调节要求产生后，由高速通道传输给副微控制器，副微控制器实施具体的流量过程控制。如图 8-9 所示是数智液压比例多路阀的 ECU 框架概念图，采用了多个微控制器。随着微控制器技术的不断发展，控制功能不断增加，目前某些单个微控制器就可完成各种不同的功能。因此这种概念也在发展变化之中。

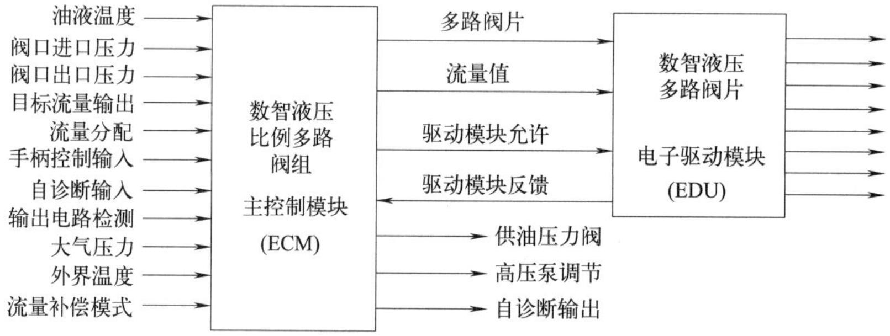

图 8-9　数智液压比例多路阀 ECU 主副双微控制器框架概念图

8.3.4 开源芯片

“开源芯片”是近期正在发展的新潮流，这是一个形成开放指令的生态系统，对于软硬件的发展都将有很大影响。目前在中国的“BAT”（Baidu 百度、Alibaba 阿里巴巴、Tencent 腾讯）三大互联网公司以及美国 GE、AE、F 等公司是基于开源平台的开源服务商。目前 CPU 领域有两个架构即 Intel 架构与 ARM 架构，前者在 PC 与服务器领域居于垄断，后者在移动与嵌入式等领域居垄断地位。因此要使用的付价会让中小企业与创新团队感到是较大负担。

开源（open source）称为开放源代码即软件的源代码公开，可被用户查看。它的PISC-V是免费开放的指令集架构，可以不存在知识产权的风险，软硬件环境工具也比较齐全，不受商业公司控制。开源软件有自己的知识产权，他们存在一个license（授权协议），在协议之外的情况都是需要收费的。而任何发现开源系统漏洞的人都能帮助修复该漏洞，这对开源系统的安全性也是有好处的。闭源就是指关闭源代码，开源是相对于闭源而言的。

开源操作系统（open source operating system）就是公开源代码的操作系统软件，可以遵循开源协议（GNU）进行使用、编译和再发布。在遵守GNU协议的前提下，任何人都可以免费使用，随意控制软件的运行方式。在国际开源操作系统中最著名的一种为“Linux操作系统”，是自由软件和开放源代码发展中最著名的例子。开源操作系统最大的特点就是开放源代码和自由定制，但也会因为使用者的技术水平等关系出现很多不可预知的情况及维护问题，并且由于多数硬件和软件厂商并不支持开源软件，所以在驱动和软件源方面有很大困难，这就要求个人用户在选择系统时需要注意根据自己的实际情况来选择，这也是目前个人使用开源操作系统较为困难的最主要原因。

在网站需要完善、改版的时候，使用开源商城系统只需在原程序上进行修改即可实现，对于自主拥有技术团队的企业可以节约时间。开源可以使程序员在代码基础上进行二次开发，表现出个性化的新功能，但是开源系统的社会风险在于碎片化与伪开源。

这个技术有助于数智液压元件的硬软件开发与使用环境，是值得采用的技术方向。需要开源开发的，可以参与“开源中国”平台，它是目前国内最大的开源技术社区，具有开源软件库、代码分享、资讯、协作翻译、码云、众包、招聘等几大模块内容，为IT开发者提供了开源技术的公共平台。其中的大型综合性的云开发平台——码云，可以提供团队协作、源码托管，代码质量分析，代码评审、测试，代码演示平台等功能。

8.4　数智液压元件的现场总线通信技术

液压行业的主机系统在实施自动化与智能化过程中，已经采用各种现场总线通信技术。在工程机械液压领域普遍采用CAN总线技术，例如目前在工程机械行业应用的数字液压比例多路阀中采用的就是CAN总线进行通信。

8.4.1　主流现场总线技术

FieldBus现场总线网络是当今自动化领域的热点技术之一，被誉为自动化领域的计算机局域网。主要解决工业现场的智能化控制器、执行机构等现场设备间的数字通信以及这些现场控制设备和高级控制系统之间的信息传递问题。它的出现标志着自动化控制技术又一个新时代的开始。现场总线是连接控制现场的仪表与控制室内的控制装置的数字化、串行、多站通信的网络。其关键标志是能支持双向、多节点、总线式的全数字化通信，使自控系统朝着“智能化、数字化、信息化、网络化、分散化”的方向进一步迈进，形成新型的网络通信的全分布式控制系统——现场总线控制系统 FCS（fieldbus control system）。然而，现场总线有 40 余种还没有形成统一的标准，主流 10 多种占市场 80%份额。其中 ProfiBus、CANbus、CC-Link 等多种标准并行存在，并且都有自己的生存空间。支持现场总线的仪表种类还比较少，可供选择的余地小，价格又偏高，用量也较小。

由于现场总线简单、可靠、经济实用等一系列突出的优点，成为自动化领域中底层数据通信网络，是全数字、双向、多站的通信系统。现场总线设备的工作环境处于过程设备的底层，作为工厂设备级基础通信网络，要求具有协议简单、容错能力强、安全性好、成本低的特点，具有一定的时间确定性和较高的实时性要求，还具有网络负载稳定，多数为短帧传送、信息交换频繁等特点。由于上述特点，现场总线系统从网络结构到通信技术，都具有不同上层高速数据通信网的特色。现场总线就是以数字通信替代了传统 0～5V 或 4～20mA 的电流模拟信号及普通开关量信号的传输。

从发展看，主流现场总线包括下列五种。

（1）基金会现场总线（foundation fieldbus，简称 FF）

该总线致力于开发出国际上统一的现场总线协议，在过程自动化领域得到了广泛应用，具有良好的发展前景。它以 ISO/OSI 开放系统互连模型为基础，取其物理层、数据链路层、应用层为 FF 通信模型的相应层次，并在应用层上增加了用户层。基金会现场总线分低速 H1 和高速 H2 两种通信速率。H1 的传输速率为 31.25Kbps，通信距离可达 1900m（可加中继器延长），可支持总线供电，支持本质安全防爆环境。H2 的传输速率为 1Mbps 和 25Mbps 两种，其通信距离为 750m 和 500m，物理传输介质可支持双绞线、光缆和无线发射，协议符合 IEC1158-2 标准。其物理媒介的传输信号采用曼彻斯特编码，每位发送数据的中心位置或是正跳变，或是负跳变。正跳变代表 0，负跳变代表 1，从而使串行数据位流中具有足够的定位信息，以保持发送双方的时间同步。接收方既可根据跳变的极性来判断数据的“1”、“0”状态，也可根据数据的中心位置精确定位。现在具有可完成物理层和部分数据链路层协议的专用芯片。

（2）LonWorks

这是又一具有强劲实力的现场总线技术，采用 ISO/OSI 模型的全部 7 层通信协议和面向对象的设计方法，通过网络变量把网络通信设计简化为参数设置。支持双绞线、同轴电缆、光缆和红外线等多种通信介质，通信速率从 300bit/s 至 1.5Mbit/s 不等，直接通信距离可达 2700m（78Kbit/s），被誉为通用控制网络。LonWorks 技术采用的 LonTalk 协议被封装到 Neuron（神经元）的芯片中，并得以实现。LonWorks 技术的不断推广促成了神经元芯片的低成本（每片价格 5～9 美元），而芯片的低成本又反过来促进了 LonWorks 技术的推广应用，形成了良性循环。为了支持 LonWorks 与其他协议和网络之间的互连与互操作，该公司正在开发各种网关，以便将 LonWorks 与以太网、FF、Modbus、DeviceNet、Profibus、Serplex 等互连为系统，见图 8-10。

另外，在开发智能通信接口、智能传感器方面，LonWorks 神经元芯片也具有独特的优势。LonWorks 已经建立了一套从协议开发、芯片设计、芯片制造、控制模块开发制造、OEM 控制产品、最终控制产品、分销、系统集成等一系列完整的开发、制造、推广、应用体系结构，吸引了数万家企业参与到这项工作中来，这对于一种技术的推广、应用有很大的促进作用。LonWorks 技术已经被美国暖通工程师协会、美国消费电子制造商协会采纳为该行业的有关标准。

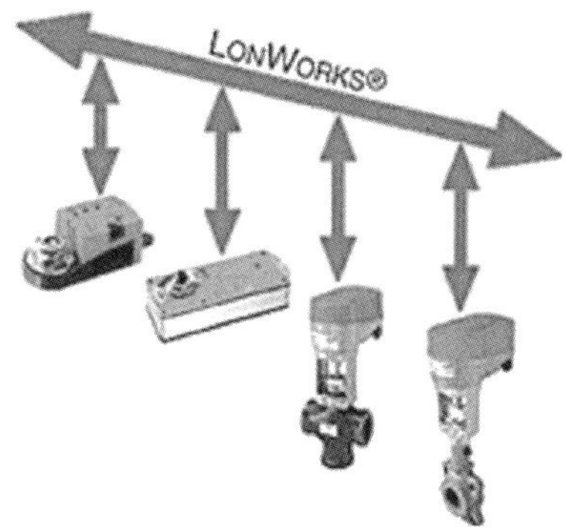

图 8-10　LonWorks 现场总线

（3）CAN（controller area network，控制器局域网）

最早由德国 BOSCH 公司推出，其总线规范已被 ISO 国际标准组织制定为国际标准，已广泛应用在离散控制领域。

CAN 协议也是建立在国际标准组织的开放系统互连模型基础上的，分为两层：物理层和数据链路层。其模型结构只有 3 层，只取 OSI 底层的物理层、数据链路层和顶上层的应用层。CAN 的信号传输介质为双绞线，采用短帧结构，传输时间短，具有自动关闭功能和较强的抗干扰能力。CAN 支持多主工作方式，并采用了非破坏性总线仲裁技术，通过设置优先级来避免冲突，通信距离最远可达 10km（速率低于 5Kbps），通信速率最高可达 1Mbps（通信距离小于 40m），网络节点数实际可达 110 个。已有多家公司开发了符合 CAN 协议的通信芯片。还有插在 PC 机上的 CAN 总线接口卡，具有接口简单、编程方便、开发系统价格便宜等优点。

（4）Profibus

Profibus 是作为德国国家标准 DIN19245 和欧洲标准 prEN50170 的现场总线。ISO/OSI 模型也是它的参考模型。它采用了 OSI 模型的物理层、数据链路层，由这两部分形成了其标准第一部分的子集。Porfibus 支持主-从系统、纯主站系统、多主多从混合系统等几种传输方式。主站具有对总线的控制权，可主动发送信息。对多主站系统来说，主站之间采用令牌方式传递信息，得到令牌的站点可在一个事先规定的时间内拥有总线控制权，并事先规定好令牌在各主站中循环一周的最长时间。按 Profibus 的通信规范，令牌在主站之间按地址编号顺序，沿上行方向进行传递。主站在得到控制权时，可以按主-从方式，向从站发送或索取信息，实现点对点通信。主站可采取对所有站点广播（不要求应答）或有选择地向一组站点广播。

Profibus 的传输速率为 96～12Kbps，最大传输距离在 12Kbps 时为 1000m、15Mbps 时为 400m，可用中继器延长至 10km。其传输介质可以是双绞线，也可以是光缆，最多可挂接 127 个站点。

（5）HART（highway addressable remote transduer）

HART 是可寻址远程传感高速通道的开放通信协议，其特点是在现有模拟信号传输线上实现数字通信，属于模拟系统向数字系统转变过程中工业过程控制的过渡性产品，因而在当前的过渡时期具有较强的市场竞争能力，得到了较好的发展。HART 通信模型由 3 层组成：物理层、数据链路层和应用层。物理层采用 FSK（frequency shift keying）技术，在 4～20mA 模拟信号上迭加一个频率信号，频率信号采用 Bell202 国际标准；数据传输速率为 1200bps，逻辑 0 的信号频率为 2200Hz，逻辑 1 的信号传输频率为 1200Hz。数据链路层用于按 HART 通信协议规则建立 HART 信息格式。其信息构成包括开头码、显示终端与现场设备地址、字节数、现场设备状态与通信状态、数据奇偶校验等。

现场总线技术的发展应体现为两个方面：一个是低速现场总线领域的继续发展和完善，寻求统一的现场总线国际标准；另一个是高速现场总线技术的发展。

目前现场总线产品主要是低速总线产品，应用于运行速率较低的领域，对网络的性能要求不是很高。

高速现场总线主要应用于控制网内的互连，连接控制计算机、PLC 等智能程度较高、处理速度快的设备，以及实现低速现场总线网桥间的连接，它是充分实现系统的全分散控制结构所必须的。这一领域还比较薄弱。因此，高速现场总线的设计、开发将是竞争十分激烈的领域，这也将是现场总线技术实现统一的重要机会，而选择什么样的网络技术作为高速现场总线的整体框架将是其首要内容。

今后 10 年内，FF 基金会现场总线将成为主流发展趋势，LonWorks 将成为有力的竞争对手，HART 作为过渡性产品也能有一定的市场。这 3 种技术是从这一领域的工业需求出发，其用户层的各种功能是专业连续过程设计的，而且充分考虑到连续工业的使用环境，如支持总线供电，可满足本质安全防爆要求等。在离散制造加工领域，由于行业应用的特点和历史原因，与主流技术会有一些差别，其中 Profibus 和 CAN 在这一领域具有较强的竞争力，已经在这一领域形成了自己的优势。

今后工业控制网络发展。工业以太网现场总线技术（industrial ethernet），用于离散制造控制系统的有 Modbus-IDA、Ethernet/IP、PROFInet 以及用于过程控制系统的 Foundation Fieldbus HSE。可是就目前而言，以太网还不能够真正解决实时性和确定性问题，大部分现场层仍然会首选现场总线技术。以太网技术不断渗透的现状还会维持一段时间。用户可以根据技术要求和实际情况来选择所需的解决方案，目前总线状态可以参考表 8-2 提供的信息。

表 8-2　各种总线的选择性

总线类型	技术特点	主要应用场合	价格	支持公司
FF	功能强大，实时性好，总线供电；但协议复杂，实际应用少	流程控制	较贵	Honeywell，Rosemount，ABB，Foxboro，横河，山武等
WorldFIP	有较强的抗干扰能力，实时性好，稳定性好	工业过程控制	一般	Alstone
ProfibusPA	总线供电，实际应用较多；但支持的传输介质较少，传输方式单一	过程自动化	较贵	Siemens
Profibus DP/FMS	速度较快，组态配置灵活	车间级通信、工业、楼宇自动化	一般	Siemens
Interbus	开放性好，与 PLC 的兼容性好，协议芯片内核由国外厂商垄断	过程控制	较便宜	独立的网络供应商支持
P-NET	系统简单，便宜，再开发简易，扩展性好；但响应应较慢，支持厂商少	农业、养殖业、食品加工业	便宜	PROCES-DATA A/S
Swiftnet	安全性好，速度快	航空	较贵	Boeing

续表

总线类型	技术特点	主要应用场合	价格	支持公司
CAN	采用短帧，抗干扰能力强，速度较慢，协议芯片内核由国外厂商垄断	汽车检测、运动控制	较便宜	Philips，siemens，Honeywell 等
LonWorks	支持 OSI 七层协议，实际应用较多，开发平台完善，协议芯片内核由国外厂商垄断	楼宇自动化、工业、能源	较便宜	Echelon

8.4.2 CAN 现场总线技术基本概念与特点

CAN 已经形成国际标准（ISO11898），是国际上应用最广泛的最有前途的现场总线之一。其典型的应用协议有：SAEJ1939/ISO11783、CANOpen、CANaerospace、DeviceNet、NMEA2000 等。在北美和西欧，CAN 总线协议已经成为汽车计算机控制系统和嵌入式工业控制局域网的标准总线，并且拥有以 CAN 为底层协议专为大型货车和重工机械车辆设计的 J1939 协议。图 8-11 展示了 CAN 现场总线的连接框架。

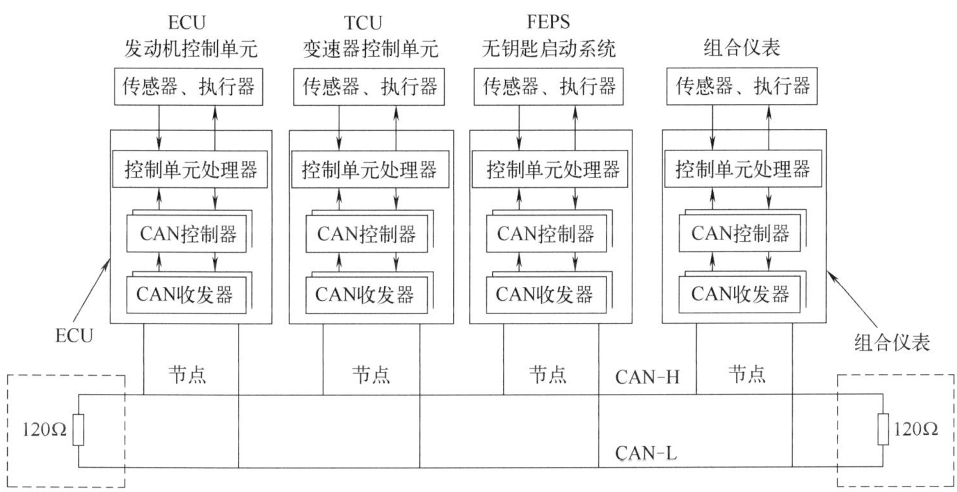

图 8-11 CAN 现场总线的结构（汽车 CB311）

由于 CAN 为愈来愈多不同领域采用和推广，导致要求各种应用领域通信报文的标准化。目前技术规范定义了标准的和扩展的两种 CAN 报文格式，能提供 11 位地址（CANOpen）与 29 位地址（CAN J1939），因此为高速通信控制器局部网 CAN 国际标准（ISO11898）的标准化、规范化推广铺平了道路。

图 8-12 显示了汽车用 CB311CAN 总线的结构，该 CAN 总线由 CAN 控制器、CAN 收发器、数据传输线、数据传输终端等组成。汽车 CB311 系统的 ECU（发动机控制单元）、TCU（变速器控制单元）、FEPS（无钥匙进入和无钥匙启动系统）、组合仪表四个电控单元通过 CAN 总线连接，CAN 控制器、CAN 收发器均集成在电控单元中。

CAN 控制器集成在电控单元内部，接收由控制单元微处理器传来的数据。CAN 控制器对这些数据进行处理并将其传递给 CAN 收发器；同样，CAN 控制器也接收收发器传

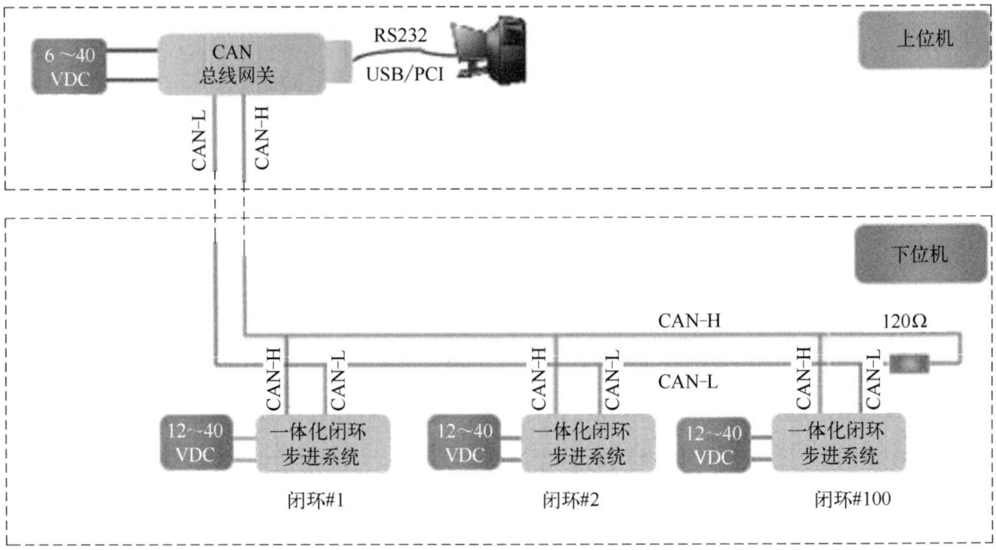

图 8-12　CAN 总线收发器两个输出端与物理总线的连接

来的数据，处理后传递给控制单元微处理器。

CAN 收发器也集成在电控单元内部，同时兼具接收、发送和转化数据信号的功能。它将 CAN 控制器发送来的电平信号数据转化为电压信号并通过数据传输线以广播方式发送出去。同时，它接收数据传输线发送来的电压信号并将电压信号转化为电平信号数据后，发送到 CAN 控制器。

数据传输线非常简单，为了减少干扰，CAN 总线的数据传输线采用双绞线（也可以是同轴电缆或光导纤维），其绞距为 20mm，截面积为 0.5m，称这两根线为 CAN-高线（CAN-H）和 CAN-低线（CAN-L），通信速率最高可达 1Mbps，如图 8-12 所示。两根线上传输的数据相同，电压值互成镜像，这样，两根线的电压差保持一个常值，所产生的电磁场效应也会由于极性相反而互相抵消。通过该方法，数据传输线可免受外界辐射的干扰；同时，向外辐射时，实际上保持中性（即无辐射），并且内部集成了错误探测和管理模块。

数据传输终端是一个电阻器，阻止数据在传输终了被反射回来破坏数据，一般数据传输终端为 120Ω 的电阻。CB311 的数据传输终端为两个 120Ω 的电阻，分别集成在 ECU 和组合仪表中。

CAN 总线的数据通信具有突出的可靠性、实时性和灵活性。

由图 8-11 可见，网络各节点之间的数据通信实时性强。CAN 总线通信接口中集成了 CAN 协议的物理层和数据链路层功能，可完成对通信数据的成帧处理，包括位填充、数据块编码、循环冗余检验、优先级判别等项工作。

CAN 网络内的节点个数在理论上不受限制。CAN 协议的一个最大特点是废除了传统的站地址编码，而代之以对通信数据块进行编码。采用这种方法的优点是可使网络内的节点个数在理论上不受限制，数据块的标识符可由 11 位或 29 位二进制数组成，因此可以定义 2 个或 2 个以上不同的数据块，这种按数据块编码的方式，还可使不同的节点同时接收到相同的数据，这一点在分布式控制系统中非常有用。数据段长度最多为 8 个字节，可满足通常工业领域中控制命令、工作状态及测试数据的一般要求。同时，8 个字节不会占用总线时间过长，从而保证了通信的实时性。CAN 协议采用 CRC 检验并可提供相应的错误处理功能，保证了数据通信的可靠性。CAN 卓越的特性、极高的可靠性和独特的设计，特别适合工业过程监控设备的互连，因此，越来越受到工业界的重视，并被公认为最有前途的现场总线之一。

CAN 可在各节点之间实现自由通信。CAN 总线采用了多主竞争式总线结构，具有多主站运行和分散仲裁的串行总线以及广播通信的特点。CAN 总线上任意节点可在任意时刻主动地向网络上其他节点发送信息而不分主次，因此可在各节点之间实现自由通信。CAN 总线协议已被国际标准化组织认证，技术比较成熟，控制的芯片已经商品化，性价比高，特别适用于分布式测控系统之间的数据通信。CAN 总线插卡可以任意插在 PC AT XT 兼容机上，方便地构成分布式监控系统。

CAN 传输距离和速率高。因为在 CAN 总线中：

① 数据通信没有主从之分，任意一个节点可以向任何其他（一个或多个）节点发起数据通信，靠各个节点信息优先级先后顺序来决定通信次序，高优先级节点信息在 134μs 通信。

② 多个节点同时发起通信时，优先级低的避让优先级高的，不会对通信线路造成拥塞。

③ 通信距离最远可达 10km（速率低于 5Kbps），速率可达到 1Mbps（通信距离小于 40m）。

④ CAN 总线传输介质可以是双绞线、同轴电缆。

CAN 总线适用于大数据量短距离或者长距离小数据量通信，实时性要求比较高，多主多从或者各个节点平等的现场中使用。

CAN 控制器工作于多种方式。网络中的各节点都可根据总线访问优先权（取决于报文标识符），采用无损结构的逐位仲裁的方式竞争向总线发送数据，且 CAN 协议废除了站地址编码，而代之以对通信数据进行编码，这可使不同的节点同时接收到相同的数据，这些特点使得 CAN 总线构成的网络各节点之间的数据通信实时性强，并且容易构成冗余结构，提高系统的可靠性和系统的灵活性。而在过去 RS-485（现场总线鼻祖）构成主从式结构系统中，通信方式以主站轮询的方式进行，造成系统的实时性、可靠性差很多。

CAN 避免了总线“死锁”状态。从图 8-12 可见，CAN 总线通过 CAN 收发器接口芯片的两个输出端 CAN-H 和 CAN-L 与物理总线相连，而 CAN-H 端的状态只能是高电平或悬浮状态，CAN-L 端只能是低电平或悬浮状态。这就保证不会出现在其他现场总线 RS-485 协议中的现象，即当系统有错误，出现多节点同时向总线发送数据时导致总线呈现短路，从而损坏某些节点的现象。而且 CAN 节点在错误严重的情况下具有自动关闭输出功能，以使总线上其他节点的操作不受影响，从而保证不会出现像在网络中，因个别节点出现问题，使得总线处于“死锁”状态。而且，CAN 具有的完善的通信协议可由 CAN 控制器芯片及其接口芯片来实现，从而大大降低系统开发难度，缩短了开发周期。

CAN 总线报文方式可靠灵活。CAN 以广播的方式从一个节点向另一个节点发送数据，当一个节点发送数据时，该节点的CPU把将要发送的数据和标识符发送给本节点的CAN芯片，并使其进入准备状态；一旦该CAN芯片收到总线分配，就变为发送报文状态，该CAN芯片将要发送的数据组成规定的报文格式发出。此时，网络中其他的节点都处于接收状态，所有节点都要先对其进行接收，通过检测来判断该报文是否是发给自己的。由于CAN总线是面向内容的编址方案，因此容易构建控制系统对其灵活地进行配置，使其可以在不修改软硬件的情况下向CAN总线中加入新节点。

总而言之，CAN总线的特点可以概括为：

① 多主机方式工作：网络上任意节点可在任意时刻向其他节点发送数据，通信方式灵活；

② 网络上每个节点都有不同的优先级，可以满足实时性的要求；

③ 采用非破坏性仲裁总线结构，当两个节点同时向网络上传送信息时，优先级高的优先传送；

④ 传送方式有点对点、点对多点、点对全局广播三种；

⑤ 通信距离可达6km，通信速率可达1Mbit/s，节点数可达110个；

⑥ 采用的是短帧结构，每帧有8个有效字节；

⑦ 具有可靠的检错机制，使得数据的出错率极低；

⑧ 当发送的信息遭到破坏后，可自动重发；

⑨ 节点在严重错误时，会自动切断与总线联系，以免影响总线上其他操作。

8.4.3 CAN现场总线技术原理

（1）位仲裁是CAN总线核心

要对数据进行实时处理，就必须将数据快速传送，这就要求数据的物理传输通路有较高的速度。在几个站同时需要发送数据时，要求快速地进行总线分配。实时处理通过网络交换的紧急数据有较大的不同。一个快速变化的物理量，如挖掘机负载的变化会比它的液压系统温度这种相对变化较慢的物理量更频繁地传送数据并要求更短的延时。

CAN总线以报文为单位进行数据传送，报文的优先级结合在11位标识符中，具有最低二进制数的标识符有最高的优先级。这种优先级一旦在系统设计时被确立后就不能再被更改，总线读取中的冲突可通过位仲裁解决。例如标识符0111111、0100100、0100111发生位仲裁时，0100100报文将会被跟踪，而其余报文会被丢弃。具体过程为：当几个站同时发送报文时，站1的报文标识符为0111111，站2的报文标识符为0100110，站3的报文标识符为0100111，所有标识符都有相同的两位01，直到第3位进行比较时，站1的报文被丢弃，因为它的第3位为高，而其他两个站的报文第3位为低。

站2和站3报文的4、5、6位相同，直到第7位时，站3的报文才被丢弃。注意，总线中的信号持续跟踪最后获得总线读取权的站的报文。在此例中，站2的报文被跟踪。这种非破坏性位仲裁方法的优点在于，在网络最终确定哪一个站的报文被传送以前，报文的起始部分已经在网络上传送了。所有未获得总线读取权的站都成为具有最高优先权报文的接收站，并且不会在总线再次空闲前发送报文。

CAN具有较高的效率是因为总线仅仅被那些请求总线悬而未决的站利用，这些请求是根据报文在整个系统中的重要性按顺序处理的。这种方法在网络负载较重时有很多优点，因为总线读取的优先级已被按顺序放在每个报文中了，这可以保证在实时系统中较低的个体隐伏时间。

对于主站的可靠性，由于 CAN 协议执行非集中化总线控制，所有主要通信，包括总线读取（许可）控制，在系统中分几次完成。这是实现有较高可靠性的通信系统的唯一方法。

（2）CAN 位仲裁分配方案比之其他通信方案优越

总线分配方法有两种：按时间表分配和按需要分配。在第一种方法中，不管每个节点是否申请总线，都对每个节点按最大期间分配。由此，总线可被分配给每个站并且是唯一的站，而不论其是立即进行总线存取或在一特定时间进行总线存取，这将保证在总线存取时有明确的总线分配。在第二种方法中，总线按传送数据的基本要求分配给一个站，总线系统按站希望的传送分配（如：EthernetCSMA/CD），因此，当多个站同时请求总线存取时，总线将终止所有站的请求，这时将不会有任何一个站获得总线分配，为了分配总线，多于一个总线存取是必要的。

CAN 实现总线分配的方法，可保证当不同的站申请总线存取时，明确地进行总线分配。这种位仲裁的方法可以解决当两个站同时发送数据时产生的碰撞问题。不同于 Ethernet 网络的消息仲裁，CAN 的非破坏性解决总线存取冲突的方法，确保在不传送有用消息时总线不被占用。甚至当总线在重负载情况下，以消息内容为优先的总线存取也被证明是一种有效的系统。虽然总线的传输能力不足，所有未解决的传输请求都按重要性顺序来处理。在 CSMA/CD 这样的网络中，如 Ethernet，系统往往由于过载而崩溃，而这种情况在 CAN 中不会发生。

（3）CAN 的报文格式特点

在总线中传送的报文，每帧由 7 部分组成。CAN 协议支持两种报文格式，其唯一的不同是标识符（ID）长度不同，标准格式为 11 位，扩展格式为 29 位。

在标准格式中，报文的起始位称为帧起始（SOF），然后是由 11 位标识符和远程发送请求位（RTR）组成的仲裁场。RTR 位标明是数据帧还是请求帧，在请求帧中没有数据字节。

控制场包括标识符扩展位（IDE），指出是标准格式还是扩展格式。它还包括一个保留位（ro），为将来扩展使用。它的最后四个位用来指明数据场中数据的长度（DLC）。数据场范围为 0～8 个字节，其后有一个检测数据错误的循环冗余检查（CRC）。

应答场（ACK）包括应答位和应答分隔符。发送站发送的这两位均为隐性电平（逻辑 1），这时正确接收报文的接收站发送主控电平（逻辑 0）覆盖它。用这种方法，发送站可以保证网络中至少有一个站能正确接收到报文。

报文的尾部由帧结束标出。在相邻的两条报文间有一很短的间隔位，如果这时没有站进行总线存取，总线将处于空闲状态。

（4）CAN 数据帧的组成

① 远程帧。由 6 个场组成：帧起始、仲裁场、控制场、CRC 场、应答场和帧结束。远程帧不存在数据场，且远程帧的 RTR 位必须是隐位。DLC 的数据值是独立的，它可以

是 0～8 中的任何数值，为对应数据帧的数据长度。

② 错误帧。由两个不同场组成，第一个场由来自各站的错误标志叠加得到，第二个场是错误界定符。错误标志具有两种形式：活动错误标志（active error flag），由 6 个连续的显位组成，认可错误标志（passive error flag）由 6 个连续的隐位组成，错误界定符包括 8 个隐位。

③ 超载帧。包括两个位场：超载标志和超载界定符。发送超载帧的超载条件：

a. 要求延迟下一个数据帧或远程帧；

b. 在间歇场检测到显位；

c. 超载标志由 6 个显位组成；

d. 超载界定符由 8 个隐位组成。

（5）数据错误检测

不同于其他总线，CAN 协议不能使用应答信息。事实上，它可以将发生的任何错误用信号发出。CAN 协议可使用五种检查错误的方法，其中前三种为基于报文内容检查。

① 循环冗余检查（CRC）：在一帧报文中加入冗余检查位可保证报文正确。接收站通过 CRC 可判断报文是否有错。

② 帧检查：这种方法通过位场检查帧的格式和大小来确定报文的正确性，用于检查格式上的错误。

③ 应答错误：如前所述，被接收到的帧由接收站通过明确的应答来确认。如果发送站未收到应答，那么表明接收站发现帧中有错误，也就是说，ACK 场已损坏或网络中的报文无站接收。CAN 协议也可通过位检查的方法探测错误。

④ 总线检测：有时，CAN 中的一个节点可监测自己发出的信号。因此，发送报文的站可以观测总线电平并探测发送位和接收位的差异。

⑤ 位填充：一帧报文中的每一位都由不归零码表示，可保证位编码的最大效率。然而，如果在一帧报文中有太多相同电平的位，就有可能失去同步。为保证同步，同步沿用位填充产生。在五个连续相等位后，发送站自动插入一个与之互补的补码位；接收时，这个填充位被自动丢掉。例如，五个连续的低电平位后，CAN 自动插入一个高电平位。CAN 通过这种编码规则检查错误，如果在一帧报文中有 6 个相同位，CAN 就知道发生了错误。

如果至少有一个站通过以上方法探测到一个或多个错误，它将发送出错标志终止当前的发送。这可以阻止其他站接收错误的报文，并保证网络上报文的一致性。当大量发送数据被终止后，发送站会自动地重新发送数据。作为规则，在探测到错误后 23 个位周期内重新开始发送。在特殊场合，系统的恢复时间为 31 个位周期。

但这种方法存在一个问题，即一个发生错误的站将导致所有数据被终止，其中也包括正确的数据。因此，如果不采取自监测措施，总线系统应采用模块化设计。为此，CAN 协议提供一种将偶然错误从永久错误和局部站失败中区别出来的办法。这种方法可以通过对出错站统计评估来确定一个站本身的错误，并进入一种不会对其他站产生不良影响的运行方法来实现，即站可以通过关闭自己来阻止正常数据因被错误地当成不正确的数据而被终止。

(6) 硬同步和重同步

硬同步只有在总线空闲状态条件下隐性位到显性位的跳变沿发生时才进行，表明报文传输开始。在硬同步之后，位时间计数器随同步段重新开始计数。硬同步强行将已发生的跳变沿置于重新开始的位时间同步段内。根据同步规则，如果某一位时间内已有一个硬同步出现，该位时间内将不会发生再同步。再同步可能导致相位缓冲段 1 被延长或相位缓冲段 2 被缩短。这两个相位缓冲段的延长时间或缩短时间上限由再同步跳转宽度（SJW）给定。

8.4.4　CAN 现场总线技术应用

(1) 现场总线系统的组成

现场总线系统主要由测量系统、控制系统、管理系统三个部分组成，而通信部分的硬、软件是它最有特色的部分。

① 现场总线控制系统：它的软件是系统的重要组成部分，控制系统的软件有组态软件、维护软件、仿真软件、设备软件和监控软件等。首先选择开发组态软件、控制操作人机接口软件 MMI。通过组态软件，完成功能块之间的连接，选定功能块参数，进行网络组态。在网络运行过程中对系统实时采集数据，进行数据处理、计算，优化控制及逻辑控制报警、监视、显示、报表等。

② 现场总线测量系统：其特点为多变量高性能的测量，使测量仪表具有计算能力等更多功能，由于采用数字信号，具有高分辨率，准确性高，抗干扰、抗畸变能力强，同时还具有仪表设备的状态信息，可以对处理过程进行调整。

③ 设备管理系统：可以提供设备自身及过程的诊断信息、管理信息，设备运行状态信息（包括智能仪表），厂商提供的设备制造信息。例如 Fisher-Rosemoune 公司推出的 AMS 管理系统，它安装在主计算机内，由它完成管理功能，可以构成一个现场设备的综合管理系统信息库，在此基础上实现设备的可靠性分析以及预测性维护。将被动的管理模式改变为可预测性的管理维护模式。AMS 软件是以现场服务器为平台的 T 型结构，在现场服务器上支撑模块化，功能丰富的应用软件为用户提供一个图形化界面。

④ 总线系统计算机服务模式：客户机/服务器模式是较为流行的网络计算机服务模式。服务器表示数据源（提供者），应用客户机则表示数据使用者，它从数据源获取数据，并进一步进行处理。客户机运行在 PC 机或工作站上，服务器运行在小型机或大型机上。它使用双方的智能、资源、数据来完成任务。

⑤ 数据库：它能有组织地、动态地存储大量有关数据与应用程序，实现数据的充分共享、交叉访问，具有高度独立性。工业设备在运行过程中参数连续变化，数据量大，操作与控制的实时性要求很高。因此就形成了一个可以互访操作的分布关系及实时性的数据库系统，市面上成熟的供选用的如关系数据库中的 Oracle、sybas、Informix、SQL Server，实时数据库中的 Infoplus、PI、ONSPEC 等。

⑥ 网络系统的硬件与软件：网络系统硬件有系统管理主机、服务器、网关、协议变换器、集线器，用户计算机等及底层智能化仪表。网络系统软件有网络操作软件（如：NetWarc，LAN Mangger，Vines)、服务器操作软件（如 Lenix，os/2，Window NT)、应用软件（数据库、通信协议、网络管理协议）等。

（2）CAN 总线高低速的应用场景

图 8-13 展示了现场总线的应用场景。CAN 与 Profibus 主要用于离散制造加工领域。同时也用于工程机械车辆之中，J1939 协议就是专为大型货车和重工机械车辆设计的底层协议。工程车辆作为现场级，而应用的液压系统的各个液压元件就相当于设备级。

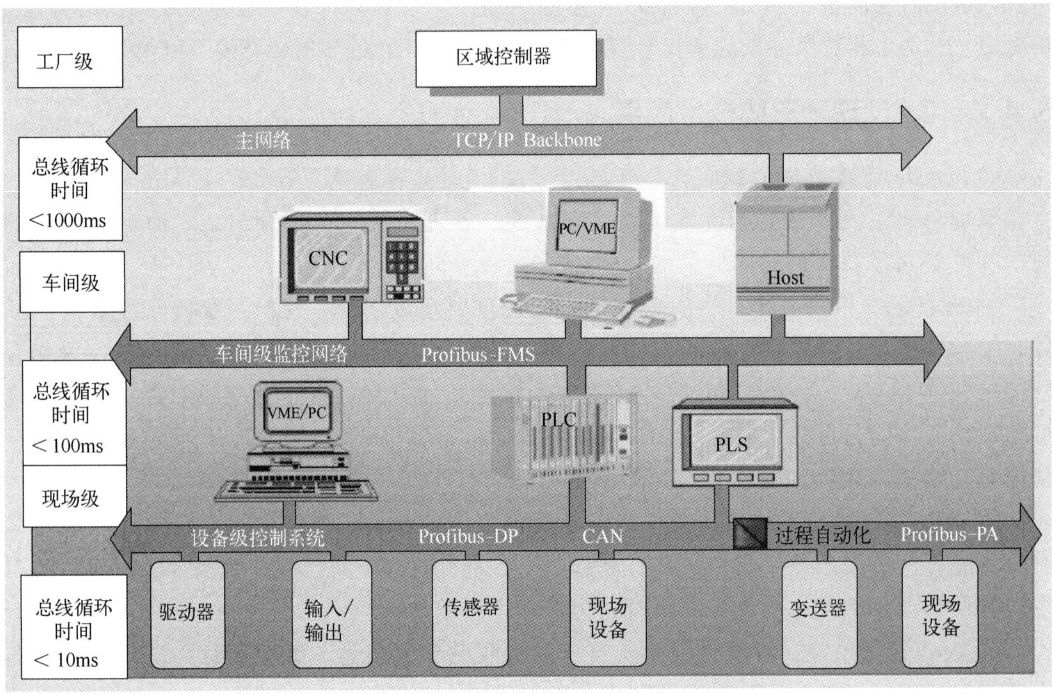

图 8-13　现场总线的应用场景

CAN 系统又分为高速和低速，高速 CAN 系统采用硬线是动力型，速度 500Kbps，控制 ECU、ABS 等；低速 CAN 是舒适型，速度 125Kbps，主要控制仪表、防盗等，可见图 8-14。

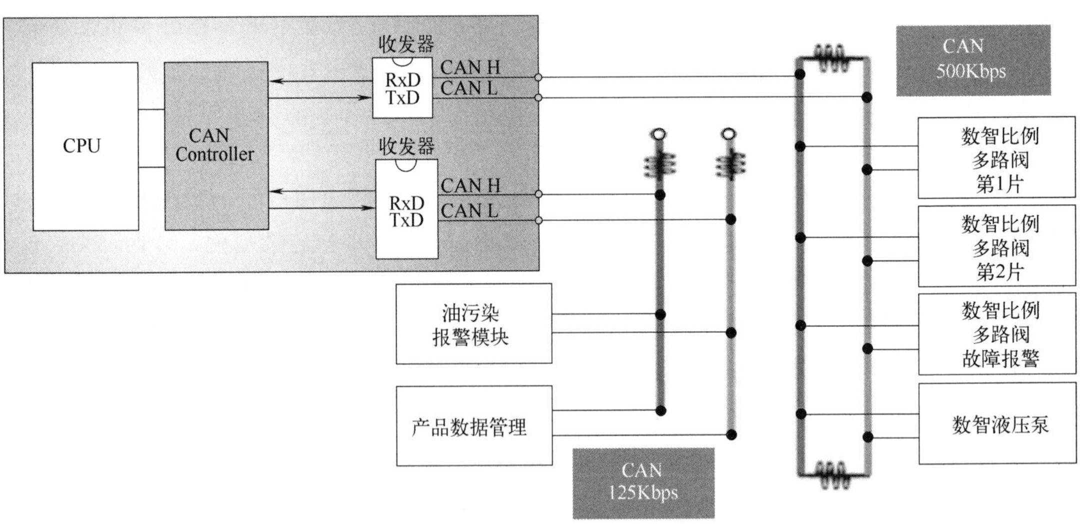

图 8-14　CAN 总线应用节点速度的分置

（3）数智液压比例阀组的主控制器与子控制器

目前提供的数智液压比例多路阀中由各元件组成阀组提供给用户使用。因此在某些情况下阀组自带主控制器，也具有收发器的功能。

对于车辆CAN总线节点ECU的硬件设计：车辆CAN总线研发的核心技术就是对带有CAN接口的ECU进行设计，其中ECU的CAN总线模块由CAN控制器和CAN收发器构成。CAN控制器执行完整的CAN协议，完成通信功能，包括信息缓冲和接收滤波。CAN控制器与物理总线之间需CAN收发器作为接口，它实现CAN控制器与总线之间逻辑电平信号的转换。

（4）现场总线的故障原因

在CAN总线系统中由各子控制系统连接起来就构成1个实时控制系统。指令发出去之后，必须保证在一定时间内得到响应，否则，就有可能发生重大事故。这在汽车CAN总线使用时，就要求汽车上的CAN通信网络有较高的波特率设置。另外，汽车在实际运行过程中，众多节点之间需要进行大量的实时数据交换。若整个汽车的所有节点都挂在1个CAN网络上，众多节点CAN总线进行通信，信息管理配置稍有不当，就很容易出现总线负荷过大，导致系统实时响应速度下降。这在实时系统中是不允许的，因此在对汽车上各节点的实性进行分析之后，根据各节点对实时性的要求，设计了高、中、低速3个速率不同的CAN通信网络，将实时性要求严格的节点组成高速CAN通信网络，将其他实时性要求相对较低的节点组成中速CAN通信网络，将剩下实时性要求不是很严格的节点组成低速CAN通信网络。并架设网关将这3个速率不同的3个通信网络连接起来，实现全部节点之间的数据共享。系统中CAN控制器、信息收发器、两个数据传输终端及两条数据传输总线，除了数据总线外，其他各元件都置于各控制单元的内部。分析CAN总线系统产生故障的原因一般有以下三种。

① 汽车电源系统引起的故障。汽车电控模块的工作电压一般在10.5～15.0V，如果汽车电源系统提供的工作电压不正常，就会使得某些电控模块出现短暂的不正常工作，这会引起整个汽车CAN总线系统出现通信不畅。

② 汽车CAN总线系统的链路故障。当出现通信线路的短路、断路或线路物理性质变化引起通信信号衰减或失真时，都会导致多个电控单元工作不正常，使CAN总线系统无法工作。

③ 汽车CAN总线系统的节点故障。节点是汽车CAN总线系统中的电控模块，因此节点故障就是电控模块的故障。它包括：软件故障即传输协议或软件程序有缺陷或冲突，从而使汽车CAN总线系统通信出现混乱或无法工作，这种故障一般会成批出现；硬件故障一般是电控模块芯片或集成电路故障，造成汽车CAN总线系统无法正常工作。

（5）现场总线在使用中需要注意的问题

① 通信距离。现场总线的通信距离一般有一定的要求，例如对于CAN的通信距离最远可达10km（速率低于5Kbps），通信速率最高可达1Mbps（通信距离小于40m）。通信距离有两层含义，第一个，是两个节点之间不通过中继器能够实现的距离，一般来说，距离和通信速率成反比；另一个，是整个网络最远的两个节点之间的距离。往往在厂家的介绍材料中对于此类的描述不够清楚，在实际使用中，必须考虑整个网络的范围，电磁波信

号在电缆中传递是需要时间的，特别在一些高速的现场总线中，如果增大距离，就必须对一些通信参数进行修改。

② 线缆选择。现场的环境决定现场总线的通信速度和通信介质。一般而言，现场总线采用电信号传递数据，在传输的过程中不可避免地受到周围电磁环境的影响。大多数现场总线采用屏蔽双绞线。必须注意的是，不同种类现场总线要求的屏蔽双绞线可能是不同的。现场总线的开发者一般规定一种特制的线缆，在正确使用这种线缆的条件下才能实现规定的速率和传输距离。在电磁条件极度恶劣的条件下，光缆是合理的选择，否则局部的干扰，可能影响整个现场总线网络的工作。

③ 隔离。一般来说，现场总线的电信号与设备内部是电气隔离的。现场总线电缆分布在车间的各个角落或车辆的各个部位，一旦发生高电压串入，会造成整个网段所有设备的总线收发器损坏。如果不加以隔离，高电压信号会继续将设备内部其他电路损坏，导致严重的后果。

④ 屏蔽。现场总线采用的屏蔽电缆的外层必须在一点良好接地，如果高频干扰严重，可以采用多点电容接地，不允许多点直接接地，避免产生地回路电流。

⑤ 连接器。现场总线一般没有对连接器做严格的规定，但是如果处理不当，会影响整个系统通信。例如，现场总线一般采用总线型菊花链连接方式，在连接每一个设备时，必须注意如何在不影响现有通信的条件下，实现设备插入和摘除，这对连接器就有一定的要求。

⑥ 终端匹配。现场总线信号和所有电磁波信号一样具有反射现象，在总线每一个网段的两个终端，都应该采用电阻匹配，第一个作用可以吸收放射，第二个作用是在总线的两端实现正确的电平，保证通信。因此，现场总线技术是控制、计算机、通信技术的交叉与集成，它的出现和快速发展体现了控制领域对降低成本、提高可靠性、增强可维护性和提高数据采集的智能化的要求。

（6）CAN 总线测试工具与错误处理

CAN 总线多用于工控和汽车领域。在开发测试阶段，需要对其拓扑结构、节点功能、网路整合等进行开发测试，需要虚拟、半虚拟、全实物仿真测试平台，同时必须测试各节点是否符合 ISO11898 中规定的错误响应机制等，因此 CAN 总线的开发需要专业的开发测试工具，并且在生产阶段也需要一批简单易用的生产线测试工具。

在 CAN 总线中存在 5 种错误类型，它们互相并不排斥，下面简单介绍一下它们的区别、产生的原因及处理方法。

① 位错误：向总线送出一位的某个节点同时也在监视总线，当监视到总线位的电平和送出的电平不同时，则在该位时刻检测到一个位错误。但是在仲裁区的填充位流期间或应答间隙送出隐性位而检测到显性位时，不认为是错误位。送出认可错误标注的发送器，在检测到显性位时也不认为是错误位。

② 填充错误：在使用位填充方法进行编码的报文中，出现了第 6 个连续相同的位电平时，将检测出一个填充错误。

③ CRC 错误：CRC 序列是由发送器 CRC 计算的结果组成的。接收器以和发送器相同的方法计算 CRC。如果计算的结果和接收到的 CRC 序列不同，则检测出一个 CRC

错误。

④ 形式错误：当固定形式的位区中出现一个或多个非法位时，则检测到一个形式错误。

⑤ 应答错误：在应答间隙，发送器未检测到显性位时，则由它检测出一个应答错误。

检测到出错条件的节点通过发送错误标志进行标定。当任何节点检测出位错误、填充错误、形式错误或应答错误时，由该节点在下一位开始发送出错标志。当检测到 CRC 错误时，出错标志在应答界定符后面那一位开始发送，除非其他出错条件的错误标志已经开始发送。

在 CAN 总线中，任何一个单元可能处于下列 3 种故障状态之一：错误激活状态（error active）、错误认可状态（error passive）和总线关闭状态（bus off）。

错误激活单元可以照常参与总线通信，并且当检测到错误时，送出一个活动错误标志。错误认可节点可参与总线通信，但是不允许送出活动错误标志。当其检测到错误时，只能送出认可错误标志，并且发送后仍为错误认可状态，直到下一次发送初始化。总线关闭状态不允许单元对总线有任何影响。

为了界定故障，在每个总线单元中都设有 2 个计数：发送出错计数和接收出错计数。这些计数按照下列规则进行。

① 接收器检查出错误时，接收器错误计数器加 1，除非所有检测错误是发送活动错误标志或超载标志期间的位错误。

② 接收器在送出错误标志后的第一位检查出显性位时，错误计数器加 8。

③ 发送器送出一个错误标志时，发送器错误计数器加 8。有两种情况例外：其一是如果发送器为错误认可，由于未检测到显性位应答或检测到应答错误，并且在送出其认可错误标志时，未检测到显性位；另外一种情况是如果仲裁器件产生填充错误，发送器送出一个隐性位错误标志，而检测到的是显性位。除以上两种情况外，发送器错误计数器计数不改变。

④ 发送器送出一个活动错误标志或超载标志时，检测到位错误，则发送器错误计数器加 8。

⑤ 在送出活动错误标志、认可错误标志或超载错误标志后，任何节点都最多允许连续 7 个显性位。在检测到第 11 个连续显性位后，或紧随认可错误标志检测到第 8 个连续的显性位，以及附加的 8 个连续的显性位的每个序列后，每个发送器的发送错误计数都加 8，并且每个接收器的接收错误计数也加 8。

⑥ 报文成功发送后，发送错误计数减 1，除非计数值已经为 0。

⑦ 报文成功发送后，如果接收错误计数处于 1～197 之间，则其值减 1；如果接收错误计数为 0，则仍保持为 0；如果大于 127，则将其值记为 119～127 之间的某个数值。

⑧ 当发送错误计数等于或大于 128，或接收错误计数等于或大于 128 时，节点进入错误认可状态，节点送出一个活动错误标志。

⑨ 当发送错误计数大于或等于 256 时，节点进入总线关闭状态。

⑩ 当发送错误计数和接收错误计数均小于或等于 127 时，错误认可节点再次变为错误激活节点。

⑪ 在检测到总线上 11 个连续的隐性位发送 128 次后，总线关闭节点将变为 2 个错误

计数器均为 0 的错误激活节点。

⑫ 当错误计数器数值大于 96 时，说明总线被严重干扰。

如果系统启动期间仅有 1 个节点挂在总线上，此节点发出报文后，将得不到应答，检查出错误并重复该报文，此时该节点可以变为错误认可节点，但不会因此关闭总线。

8.4.5 软件语言与编程

液压元件的数字化开启了液压元件与微处理器结合的契机，网络化开启了液压元件对内对外彼此通信的功能，智能化开启了液压技术中液压元件的功能通过软件设置的方法实现的先河。所有这一切都与计算机软件语言为基础的编程密不可分。目前“可编程液压元件”已经进入了市场阶段，对于过去只熟悉硬件技术的传统液压传动与控制行业，现在需要开始与计算机软件密切“握手”，首先涉及使用软件语言及其编程的问题。

（1）IEC 61131-3 的控制软件编程国际标准（GB/T 15969.1～15969.4）

液压元件功能与控制的可编程属于控制软件类，因此需要采用 IEC61131-3 的控制软件编程国际标准。IEC61131-3 用于规范可编程逻辑控制器（PLC）、DCS、IPC、CNC 和 SCADA 的编程系统的标准，应用 IEC61131-3 标准已经成为工业控制领域的趋势。在 PLC 方面，编辑软件只需符合 IEC61131-3 国际标准规范，便可借由符合各项标准的语言架构，进而能建立简洁的程序。IEC61131-3 规范的语法提出一套可跨不同目标平台的可编程控制器实现机制。规范中透过模组化的规划与设计，将控制动作分为逻辑运算与硬件动作两个部分，逻辑部分以共同的描述格式来统一 IEC 61131-3 所定义的各语法并加以实现，硬件动作则针对各硬件设计专属之固件函式库，使得控制逻辑可以在各目标平台上使用硬件资源，这样的设计使不同的控制芯片皆可执行以 IEC 61131-3 语法所设计的控制动作，而设计人员只需学会 IEC 61131-3 语法，便可使用所支援的控制芯片进行可编程控制器设计。此外，由于所设计的程式码可以在不同的目标平台间重复使用，因此，透过自行建立的函式库及利用重复使用的特性，更可缩短自动化流程的开发时程。

IEC 61131-3 有五种标准化编程语言：

a. 语句指令表（instruction list diagram，ILD）文本语言；

b. 梯形图（ladder diagram，LD）图形化语言；

c. 功能块图（function block diagram，FBD）图形化语言；

d. 结构化语言（structured text language，STL）文本语言；

e. 顺序功能流程图（sequential function chart，SFC）图形化语言。

采用 IEC 61131-3 提升了软件开发效率。在程序组织单元（program organization units，POU）或工作表（worksheets）中的程序设计可使用结构化的设计方法（图 8-15），透过功能及流程的区分建立程式。IEC 61131-3 支持自顶而下（top-down）的和自底而上（bottom-up）的程序开发方法。自顶而下时即用户可先进行总体设计，将控制应用划分若干个部分，定义应用变量，然后编各个部分的程序。自底而上时用户也可以先从底部开始编程，例如先导出函数和功能块，再按照控制要求编制程序。IEC 61131-3 所规范的编程系统独立于任一个具体的目标系统，它可以最大限度地在不同的 PLC 目标系统中运行。这样就创造了一种具有良好开放性的氛围，奠定了 PLC 编程开放性的基础。

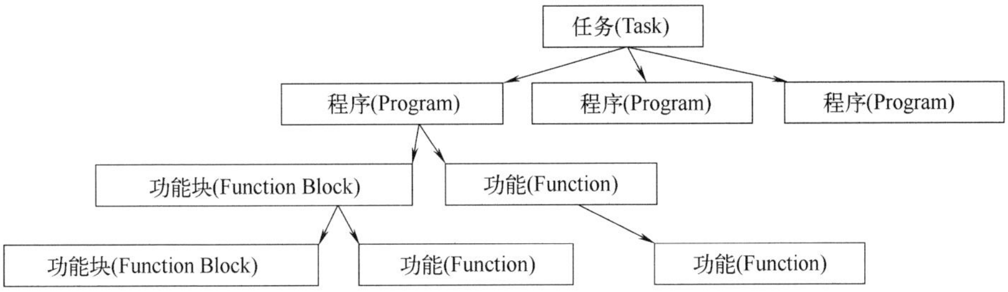

图 8-15　IEC 61131-3 PLC 标准软件模型（组织单元 POU's）

① 结构化文本语言（STL）编程实例。

本实例描述的是用功能块控制箱体中的流体。箱体可以通过注入阀与排空阀控制箱体中的液体被注满或排空。箱体质量可以用一个称重单元（传感器）进行感知。功能块通过比较两个输入值 Full Weight 与 Empty Weight 来确定箱体中的液体是否是满还是空的状态。

该功能块提供了一个“Command”的输入，该输入有四种状态：给箱体加水、保持不变、启动与清空箱体（图 8-16）。实现该功能块算法的结构化文本（ST）程序如图 8-17 所示。

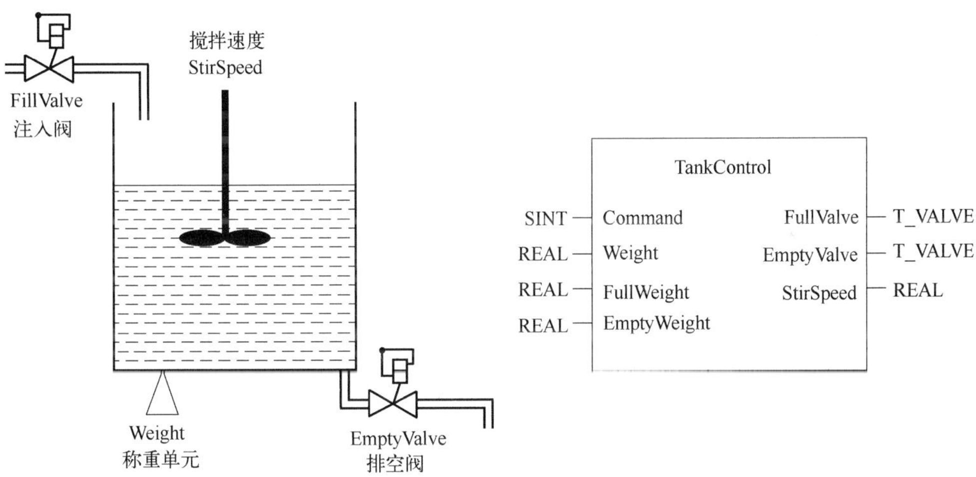

图 8-16　用结构化文本（ST）程序编功能块

② 语句指令表（Instruction List Diagram，ILD）编程举例。

ILD 是一种低级语言，与汇编语言很相似。

指令表包括四类操作符：一般操作符、比较操作符、跳转操作符和调用操作符。

一般操作符是指在程序中经常会用到的操作符：

a. 装入指令 LD N 等；

b. 逻辑指令 AND N（与指令）、OR N（或指令）、XOR N（异或指令）等；

c. 算术指令 ADD（加指令）、SUB（减指令）、MUL（乘指令）、DIV（除指令）、MOD（取模指令）等。

```
TYPE_T_STATE:(FULL,NOT_FULL,EMPTIED);          (*箱体状态*)
END_TYPE;
TYPE_T_VALVE:(OPEN,SHUT);                      (*阀门状态*)
END_TYPE;
FUNCTION_BLOCK TankControl;                    (*功能块*)
VAR_IN                                         (*输入状态变量*)
Command:SINT;
Weight:REAL;
FullWeight:REAL;
EmptyWeight:REAL;
END_VAR
VAR_OUT                                        (*输出状态变量*)
FillValve:T_VALVE:=SHUT;
EmptyValve:T_VALVE:=SHUT;
StirSpeed:REAL:=0.0;
END_VAR
VAR                                            (*过程变量*)
Stat:=T_STATE:=EMPTYIED;
END_VAR
```

图 8-17 控制箱体液体的结构化文本程序

d. 比较操作符即 GT（大于）、GE（大于等于）、EQ（等于）、NE（不等于）、LE（小于）、LT（小于）等；

e. 跳转操作符即 JMP C，N 等；

f. 调用操作符即 CALL C，N 等。

用指令表编写的两点之间距离的函数（图 8-18），此函数为 TRAVEL（），编程如图 8-19 所示。

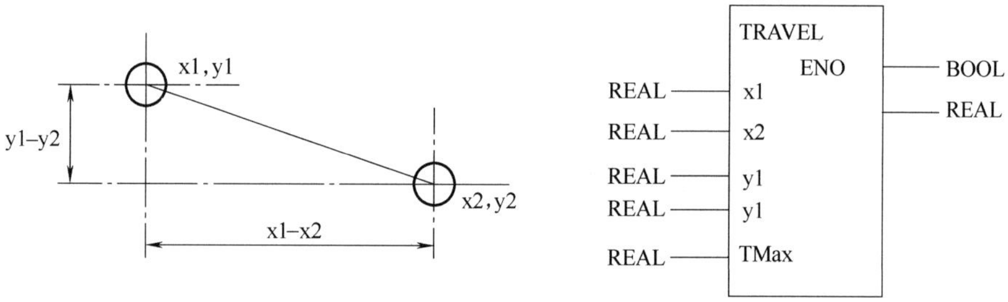

图 8-18 用语言指令表描述两点之间距离图形

③ 功能块图（FBD）编程实例。

功能块图是一种图形化的控制编程语言，它通过调用函数和功能块来实现编程，如图 8-20 所示。

④ 梯形图（LD）编程实例。

梯形图是三种图形化编程语言的一种，也是使用最多的 PLC 编程语言。来源于当初的继电器逻辑原理图。现在梯形图编程功能强大，在 DCS 系统也得到广泛使用。它的指令表示在图 8-21（a）中，而梯形图编程如图 8-21（b）所示。图形简洁明了，电气工程技术专业人员应非常熟悉。

```
用指令表编写的该功能的函数TRAVEL()如下:
FUNCTION TRAVEL:REAL
VAR_INPUT              (*点X,Y坐标*)
X1,X2,Y1,Y2:RE         (*最大移动距离*)
TMax:REAL
END_VAR
VAR                    (*中间值*)
Temp:REAL;
END_VAR
LD Y1                   (*计算Y2-Y1*)
SUB Y2                  (*将Y2-Y1值 存入Temp*)
ST Temp                 (*计算(Y2-Y1)的平方*)
MUL Temp
ADD X1                 (*计算(X1-X2)*)
SUB X2                 (*将(X1-X2)值 存入Temp*)
ST Temp                (*计算(X1-X2)的平方*)
MUL Temp               (*将两平方值相加*)
ADD TEMP               (*调平方根函数*)
CAL SQRT               (*设定计算结果*)
ST TRAVEL              (*比TMax大吗? *)
GT TMax                (*是,转到ERR执行*)
JMPC ERR               (*设定ENO*)
S ENO
ERR:                   (*错误返回,ENO不输出*)
RET
```

图 8-19　用语言指令表描述两点之间距离程序

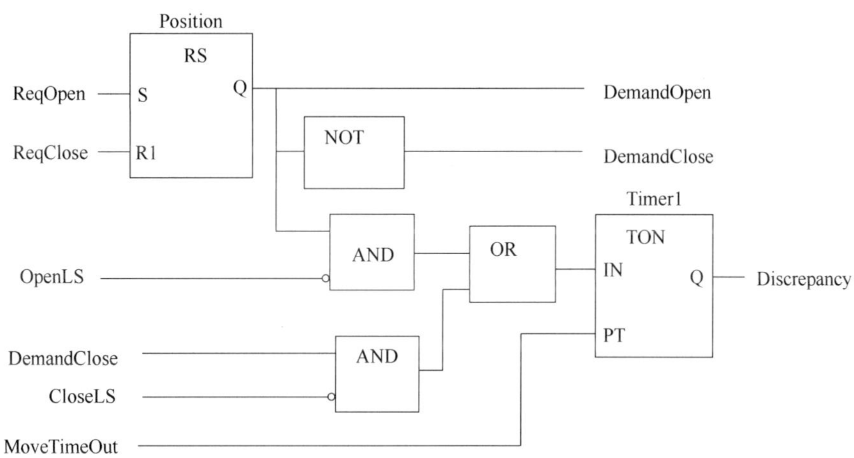

图 8-20　功能块图的程序表达

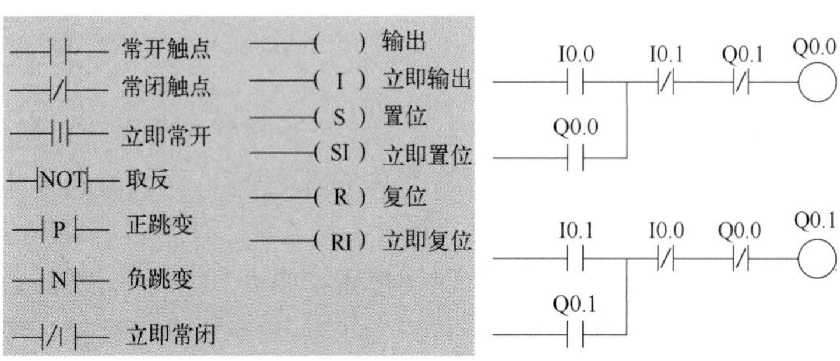

(a) 梯形图提令　　(b) 梯形图编程

图 8-21　梯形图指令与梯形图编程

⑤ 顺序功能流程图（SFC）图形化语言编程实例。

对于顺序控制系统最合适的编程语言是用 SFC。一般而言，用这类语言时（如 S7Graph 语言也属此类），先按照工艺要求编程一个功能块 FB1，并自动生成 FB1 的背景数据块 DB1。由编程软件的组织块 OB1 中调用 FB1 与 DB1 完成程序的组织。将程序下载到 PLC 中，再用相关编程软件的调试手段调试与运行程序（图 8-22）。

现在以液气自动钻床的控制为例，如图 8-23 所示，要求达到自动顺序控制的目的。

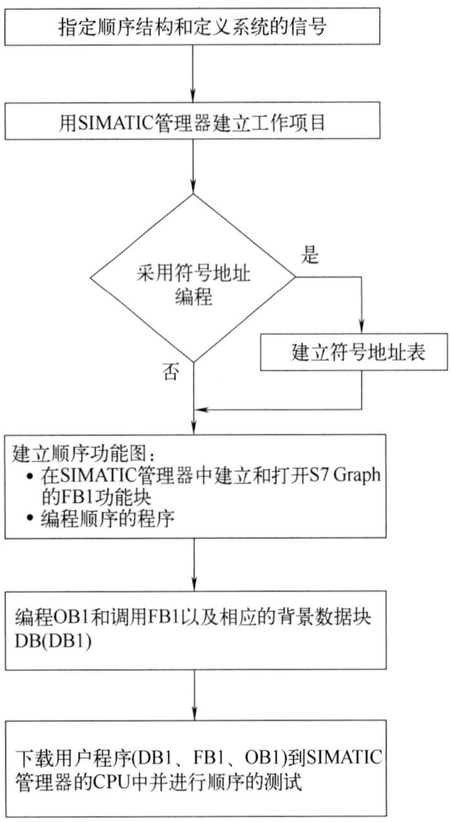

图 8-22　顺序控制系统编程与调试工作流程

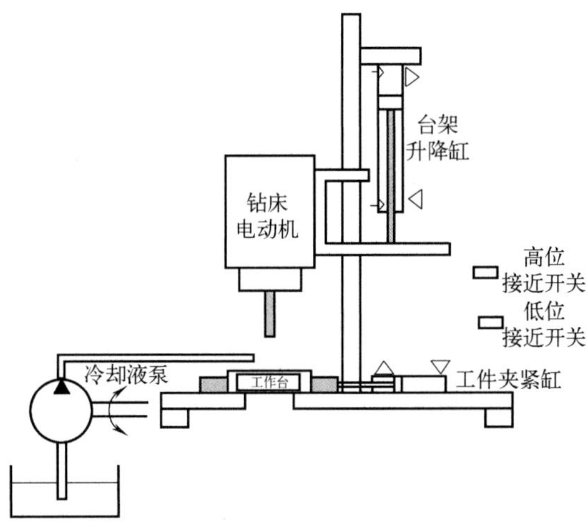

图 8-23　液气自动钻床顺序控制设置图

根据液气自动钻床的工艺流程图 8-24，将钻床工作划分为若干单步和若干控制条件，从图 8-24 可以看到钻床有 7 个单步，也就是图中的 S1～S7。而且对每一步必须规定一个或若干个作用。然后对每一步确定其必须满足的转移条件，使得过程能够从一个步转移到下一个步，在图 8-25 中是 T1～T6。在软件管理器如图 8-25 所示流程的运行下，按规则建立一系列的 I/O 定义与符号地址表后，可以对 FB1 功能块进行编程。编程的过程在图 8-25 上展示出来。

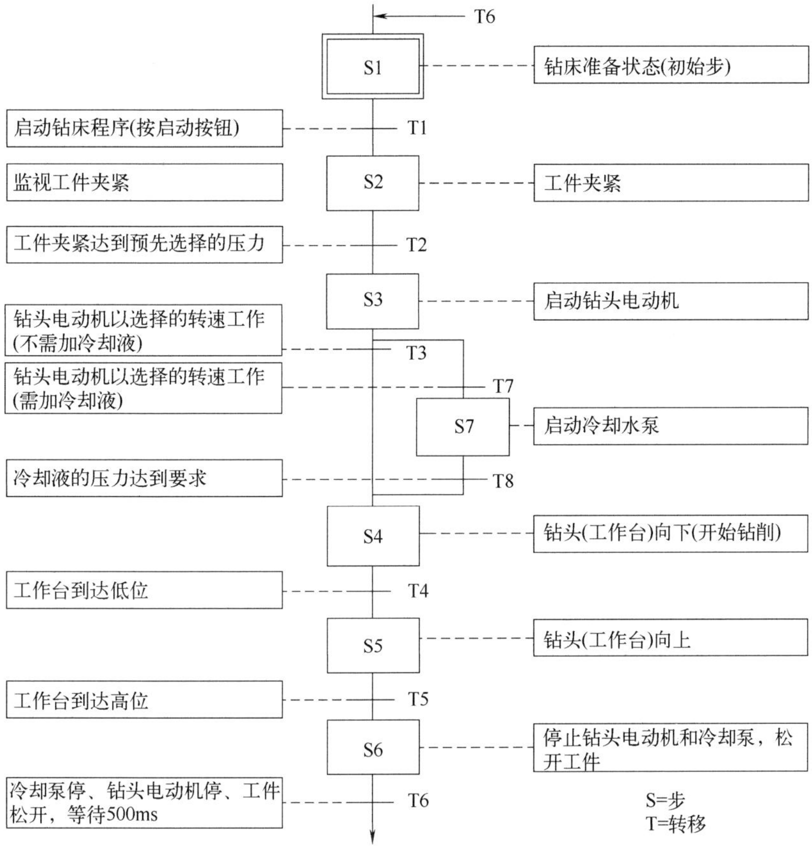

图 8-24　液气自动钻床工艺流程图

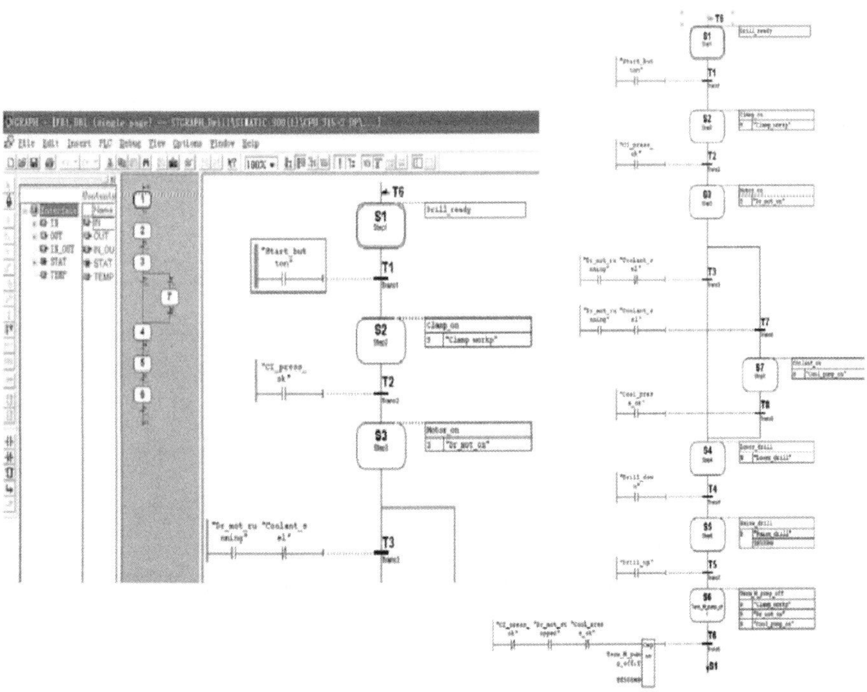

图 8-25　在软件管理器中 FB1 功能块程序图编程过程

图 8-26 表达了软件自动生成 FB1 与背景数据块 DB1 后在软件管理器 OB1 内的编程界面。编程到此基本完成，后续工作就可以进行调试应用了。

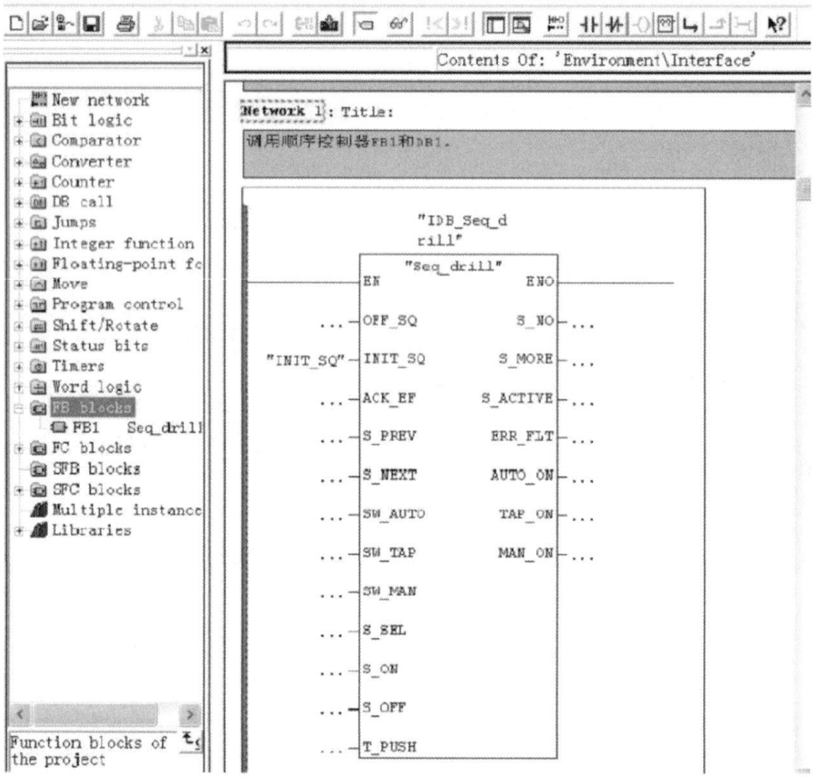

图 8-26　软件组织块 OB1 调用 FB1 功能块与数据块 DB1 后形成的编程

（2）CodeSys 工业控制软件编程工具

CodeSys（controlled development system）提供了可编程逻辑控制 PLC 的完整开发环境，是一种功能强大的 PLC 软件开发编程工具。应用领域涉及工厂自动化、汽车自动化、嵌入式自动化、过程自动化等。

CodeSys 软件商是德国 Smart software solution GmbH。全球有近 400 家的控制系统生产制造商是 CodeSys 的用户。许多国际著名 PLC 厂家都是使用 CodeSys 平台开发自己的编程软件的，例如 ABB、Bachmann、IFM 易福门、科控 KEBA、日立 HITACHI、三菱自动化 MITSUBISHI、欧姆龙 OMRON、研华科技等。也有不少运动控制厂家，如 Scheider Electric、Banchman、GoogolTech 正在使用 CodeSys 平台开发自己的编程软件。在液压行业内力士乐的 RC 系列控制器、Eaton 的 Pro-FX 工业控制器与编程软件也是以 CodeSys 为平台的。

CodeSys 许可证是免费的。图 8-27 展示了 CodeSys 的软件架构：

① 开发层。具有完善的在线编程和离线编程功能。提供编译器及其配件组件、可视化界面编程组件、可选的运动控制模块等功能。

a. IEC 61131-3 编辑器。CodeSys 提供了所有 IEC 61131-3 所定义的五种编程语言，如结构化文本（ST）、顺序功能图（SFC）、功能块图（FBD）、梯形图（LD）和指令表，

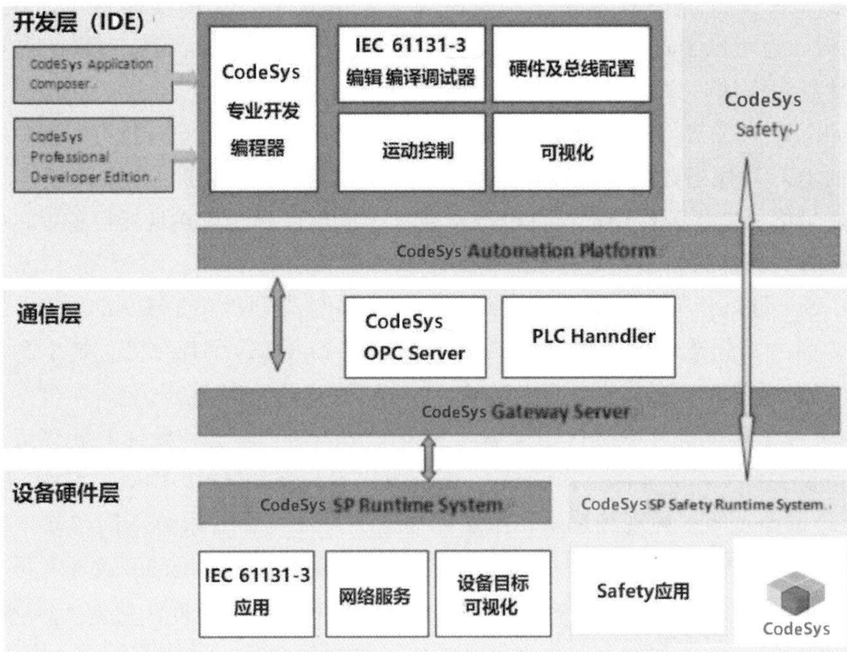

图 8-27　CodeSys 软件架构示意

此外还支持连续功能图（CFC）的编程语言。

b. 编译器。负责将 CodeSys 中的应用程序转换为机器代码并且优化可编程控制器的性能。当用户输入了错误的应用程序代码时，立刻会接收到编译器发出的语法错误警告及错误信息，让编程人员可以迅速做出相应纠正。用户可以不必改变编程方式，就可以使用不同的基于 CodeSys 编程的硬件装置（系统）进行工程开发。

c. 硬件/现场总线配置器。针对不同制造商的硬件设备及不同现场总线协议，该部分负责在 CodeSys 中对相应参数进行设定。

d. 可视化界面编程。直接在 CodeSys 中即可实现可视化编程（人机界面 HMI），系统已经集成了可视化编辑器。

e. 运动控制模块。运动控制功能已经集成在 CodeSys 中，形成了 SoftMotion（CNC）软件包，可将逻辑控制（SoftPLC）和运动控制（SoftMotion、SoftMotion CNC、HMI）合四为一，实现从单轴运动到复杂的多轴轨迹插补的编程和控制。基于 PLCopen 的工具包可以实现单轴、多轴运动，电子凸轮传动，电子齿轮传动，复杂多轴 CNC 控制等。

② 通信层。应用开发层和硬件设备层之间的通信是由 CodeSys 中的网关服务器来实现的，CodeSys 网关服务器中安装了 OPC 服务器。

a. CodeSys 网关服务器。作用在应用开发层和硬件设备层之间，可以使用 TCP/IP 协议或通过 CAN 等总线实现远程访问，是 CodeSys 开发工具包不可分割的一部分。

b. CodeSys OPC 服务器。对基于 CodeSys 进行编程的控制器，无需考虑所使用的硬件 CPU，已经集成并实现了 OPC V 2.0 规范的多客户端功能，且能同时访问多个控制器。

③ 设备层。在使用基于 IEC 61131-3 标准的编程开发工具 CodeSys 对一个硬件设备

进行操作前，硬件供应商必须要在设备层预先安装 CodeSys 的实时核（CodeSys runtime）。同时，也可以通过使用 CodeSys 的可选组件，如 CodeSys 目标可视化编程模块或网络可视化编程模块，来实现功能上的扩展。

④ CodeSys 软件架构中各层关系。CodeSys 代码执行机制是编译执行，用户在开发层编写完成的 IEC 程序通过集成的编译器编译为二进制代码，再通过以太网或串口下载至设备层中，最终该应用程序中的文件已经被转为二进制代码存放在目标设备中，根据用户设定的执行方式循环执行对应程序。CodeSys 软件的特点如下。

a. CodeSys 可以分为两个部分，一部分是运行在各类硬件中的 RTE（run time environment），另一部分是运行在 PC 机上的 IDE。因此 CodeSys 的用户既包括生产 PLC、运动控制器的硬件厂商，也包括最终使用 PLC、运动控制器的用户。

b. 不同的现场总线可以直接用于编程系统 CodeSys。该工具集成了最常见系统的配置器，它不仅支持 CAN open、Profibus、EtherCAT、SERCOS、Device Net、ProfiNet、Modbus、Ethernet 等多种现场总线，而且可根据客户的具体需求将不同自动化厂商提供的产品和系统进行组合配置后统一编程，从而真正实现了控制系统的开放性和可重构性。

c. CodeSys SP 软件包（the softPLC runtime system）可以将任何嵌入式系统或 PC 变成基于 IEC61131-3 国际标准的、功能强大的可编程控制器。其中 CodeSys Soft Motion 软件包可将逻辑控制（SoftPLC）和运动控制（Softmotion、Softmotion CNC、HMI）合四为一，完美地实现从单轴运动到复杂的多轴轨迹插补的编程和控制。除了支持 PLC 编程，还支持总线接口，驱动设备（特别是伺服、数控），显示设备，IO 设备等的编程。

d. 它支持 IEC 61131-3 标准 IL、ST、FBD、LD、CFC、SFC 六种 PLC 编程语言，用户可以在同一项目中选择不同的语言编辑子程序与功能模块等。在编程时，CodeSys 为强大的 IEC 语言提供了一个简单的方法，系统的编辑器和调试器的功能是建立在高级编程语言的基础上（如 Visual C＋＋）。最新的版本是 CodeSysV3，V3 在软件架构上有了很大的改善，朝安全软件的方向发展。

e. 支持 HMI 编辑，且支持编辑显示器界面（Visualization）。集成编辑器可帮助用户直接在编程系统 CodeSys 中创建复杂的可视化蒙版，并根据应用程序变量进行动画制作。为了简化程序，可以使用集成的可视化元素。可选的工具包使用户能够创建自己的可视化元素。在编程系统的在线操作过程中，创建的掩模用于应用程序测试和调试。与可选可视化客户端结合使用，面罩也可用于操作机器或工厂，例如带有集成显示器的控制器、Web 浏览器以及 Windows 或 Linux 下的便携式运行时间。

f. 达到风险分析后所需的安全完整性级别（SIL），所有系统组件都必须符合此安全级别。CodeSys 中的预认证软件组件使设备制造商能够轻松地将其控制器 SIL2 或 SIL3 认证。因此，CodeSys Safety 由编程系统和运行系统中的组件组成，而项目规划完全集成在 IEC 61131-3 编程环境中。

（3）MATLAB/Simulink

MATLAB 是 20 世纪 80 年代中期美国 MathWorks 公司推出的数值计算软件，主要包括 MATLAB 和 Simulink 两大部分。用于数值计算、数字信号处理、系统辨识、自动控制、时序分析与建模、优化设计、动态仿真、算法开发、数据可视化以及数据分析的高级技术计算语言和交互式环境。它将数值分析、矩阵计算、图形处理、数值分析、编程技术、科学数据可视化以及非线性动态系统的建模和仿真等诸多功能集成在一个易于使用的视窗环境中，为科学研究与工程设计中的工程计算、控制设计、信号处理与通信、图像处理、信号检测、金融建模设计与分析等领域提供了一种全面的解决方案，代表了当今国际科学计算软件的先进水平，软件成熟，应用广泛。

Simulink 是 MARLAB 的重要组成部分。它提供一个动态系统建模、仿真和综合分析的集成环境，广泛应用在控制理论和信号处理的复杂仿真和设计中，输出直观的图形界面。还可以用于离散、连续和混合的系统仿真。

MATLAB 开发环境是由数百个内部函数的主包和三十几种文件工具包组成，使用方便。工具包又可以分为功能性工具包和学科工具包。功能工具包用来扩充 MATLAB 的符号计算、可视化建模与仿真、文字处理及实时控制等功能。学科工具包专业性很强，包括控制工具包、信号处理工具包、通信工具包等都属于此类。MATLAB 对许多专门的领域都开发了功能强大的模块集和工具箱（Toolbox），包括数据采集、数据库接口、概率统计、样条拟合、优化算法、偏微分方程求解、神经网络、小波分析、信号处理、图像处理、系统辨识、控制系统设计、LMI 控制、鲁棒控制、模型预测、模糊逻辑、金融分析、地图工具、非线性控制设计、实时快速原型及半物理仿真、嵌入式系统开发、定点仿真、DSP 与通信、电力系统仿真等。

图 8-28 提供了 MATLAB 家族产品的构成。MATLAB 是产品家族的基础，提供基本的数学算法诸如矩阵运算、数值分析算法。MATLAB 集成了 2D 与 3D 的图形功能，以完成相应数值可视化工作。软件采用交互式高级编程语言——M 语言，用来编写脚本或者函数文件，实现用户自己的算法。

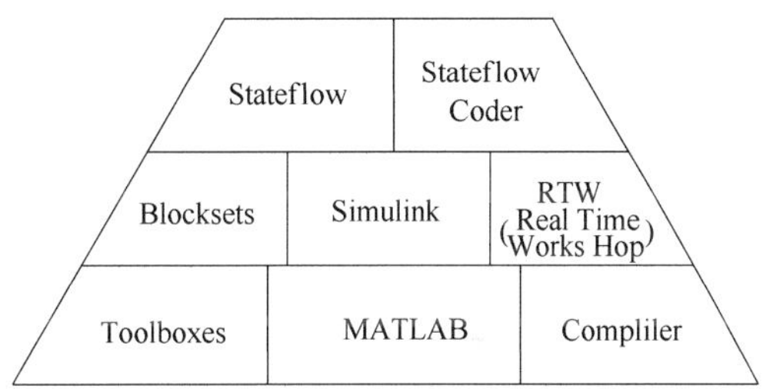

图 8-28　MATLAB 家族产品构成

MATLAB Compiler 是一种编译工具，可用 M 语言编写的函数文件生成为函数库、可执行文件、COM 组件等，从而扩展 MATLAB 功能，并可以与其他语言如 C/C++语言混合使用，取长补短，提高程序运行效率。也可用 M 语言开发专业工具箱函数供用户使用。

Simulink 是基于 MATLAB 的框图设计环境。用来对各种动态系统进行建模、分析和仿真。可以对连续、离散、条件执行、事件驱动、单速率、多速率和混合系统建模，用鼠标拖动的方式建立系统框图式模型建模。

Stateflow 是一个交互式设计工具，它基于有限状态机（Finite-statemachine，FSM）的理论，可以用来对复杂的事件驱动系统进行建模与仿真。

图 8-29 中的 RTW 与 Stateflow Coder 是自动化代码生成工具，可以直接将 Simulink 的模型框图和 Stateflow 的状态图转换成程序代码，此代码简洁可靠易读。整个代码的生成、编译与目标下载过程均自动完成，用户仅仅需要在几个按钮上点击鼠标即可。MathWorks 公司针对不同的实时或非实时操作系统平台，开发了相应的目标选项，配合不同

的硬软件系统，可以完成快速控制原型（rapid control prototype）开发、硬件在回路的实时仿真（Hardware-in-Loop）、产品代码生成等工作。

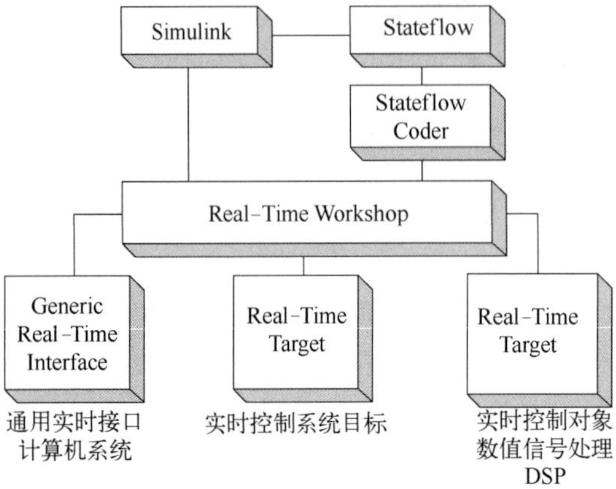

图 8-29　用户开发自定义嵌入式系统目标

另外，MATLAB开放性的可扩充体系允许用户开发自定义的嵌入式系统目标（图 8-29），利用 Real-TimeWorkshop Embedded Coder 能够直接将 Simulink 的模型变成效率优化的产品代码。代码不仅可以是浮点的，还可以是定点的。因此 MATLAB 会成为诸多领域的开发软件。MATLAB 结合第三方软硬件产品组成了在不同领域内的完整解决方案，实现了从算法开发到实时仿真再到代码生成与最终产品实现的完整过程。

因此 MATLAB 的典型应用包括控制系统的应用与开发，快速控制原型与硬件在回路仿真的统一平台；信号处理系统的设计与开发，全系统仿真与快速原型验证；通信系统设计与开发；机电一体化设计与开发，可以全系统的联合仿真等。

MathWorks 近期公告 MATLAB 现在可通过 GPU Coder（图形处理编码器）实现与 NVIDIA TensorRT（人工智能推理软件）集成。这有助于用户在 MATLAB 中开发新的人工智能和深度学习模型，且可确保性能和效率满足数据中心、嵌入式应用和汽车应用不断增长的需求。MATLAB 提供了一个完整的工作流程来快速训练、验证和部署深度学习模型。用户可以使用 GPU 资源，而无需额外编程操作，因此可以专注于应用本身而不是性能调优。NVIDIA TensorRT 与 GPU Coder 的全新集成使得可以在 MATLAB 中开发深度学习模型，然后以高吞吐量、低延迟的方式部署在 NVIDIA GPU 上运行。内部基准测试显示，MATLAB 生成的 CUDA 代码与 TensorRT 结合，在部署 Alexnet 模型进行深度学习推理时，性能比 TensorFlow 高 5 倍；在部署 VGG-16 模型进行深度学习推理时，性能比 TensorFlow 高 1.25 倍。这是因为不断发展的图像、语音、传感器和物联网（IoT）技术，使 MATLAB 以更好的性能和效率研究人工智能解决方案。现在 MATLAB 训练深度学习模型 NVIDIA GPU，可以将实时推理部署到从云端到数据中心到嵌入式边界设备等各种环境中。

8.5　数智液压元件中的人工智能（AI）

工业 4.0 时代的特征就是物联网与人工智能（artificial intelligent，AI）。工业制造又称为“工业智造”。但是“人工智能”仍然是当今人类探索的领域，所以它不仅是计算机学科的一个分支更是 21 世纪三大尖端技术（基因工程、纳米科学、人工智能）之一。简而言之，人工智能的定义“就是研究如何使计算机去做过去只有人才能做的智能工作。”这反映了人工智能学科的基本思想和基本内容。

8.5.1 人工智能发展的新特点

当前人工智能发展的状况呈现下列特点：过去的人工智能是以知识为基础上的人工智能，因此需要建立无穷的规则，这条路难行，因此新一代的人工智能主要是大数据基础上的人工智能，表现在深度学习、跨界融合、人机协同、群智开放和自主智能五个特点。从而一是从人工知识表达到大数据驱动的知识学习技术；二是从分类型处理的多媒体（界面与环境）数据转向跨媒体的认知、学习、推理；三是从追求智能机器到高水平的人机、脑机相互协同和融合；四是从聚焦个体智能到基于互联网和大数据的群体智能，它可以把很多人的智能集聚融合起来变成群体智能；五是从拟人化的机器人转向更加广阔的智能自主系统，比如智能工厂、智能无人机系统等。

2019 年是 5G 进入商业化预告的一年。5G 是第一个为传感器、机器人、自动驾驶汽车和其他设备提供服务的网络，这些设备将不间断地相互提供海量数据，让工厂、建筑工地乃至整个城市更少在时时刻刻的人工干预下运行。这个网络还将让虚拟现实和人工智能工具得到更广泛的应用。

由此可见，人工智能距离人类的实用越来越近了。但是现在人们从认知到实践还觉得有太多的困惑。目前还有更多的相互矛盾的观点：深度学习是未来人工智能的发展方向吗？

从目前尚未达到思考推理智能程度的弱人工智能的角度来看，人工智能就其本质就是对人的思维的信息过程的模拟。对于人的思维模拟可以从两条道路进行，一是结构模拟，仿照人脑的结构机制，制造出“类人脑”的机器；二是功能模拟，暂时撇开人脑的内部结构，而从其功能过程进行模拟。现代电子计算机的产生便是对人脑思维功能的模拟，是对人脑思维的信息过程的模拟。我们距离仿制人脑结构机制的距离还比较长，要知道人脑含有数亿个神经元，在“计算”某些问题时比目前计算机快，但是生物系统的时间常数在 1～100ms，传输率不超过 100Hz，而 VLSI 硅器件的时间常数小于 10ns，传输率超过 30MHz，单个神经元要比电子元件慢数百万倍，然而生物系统处理速度仍然比电子系统处理速度快数倍，因此生物系统组织构架方式与思维机制绝非寻常。人工神经网络是模仿生物系统的处理方式、组织结构和系统功能的简化系统，要达到与生物一样的程度，还是一个长期的、艰难的积累过程。

8.5.2 人工智能的具体途径

人工智能在计算机上实现时有 2 种不同的方式。一种是“工程学方法”即采用传统的编程技术，使系统呈现智能的效果；另一种是“模拟法”，它不仅要看效果，还要求实现方法也和人类或生物机体所用的方法相同或相类似。遗传算法（generic algorithm，GA）和人工神经网络（artificial neural network，ANN）均属后一类型。遗传算法模拟人类或生物的遗传-进化机制，需要人工详细规定程序逻辑，人工编程就非常烦琐，容易出错，适合解决比较简单的问题。人工神经网络则是模拟人类或动物大脑中神经细胞的活动方式，编程者设计的智能控制系统（一个模块）能够学习吸取教训，能渐渐地适应环境，应对各种复杂情况。这种方法入门虽难，但解决复杂问题更容易，在此过程中，美国也首创了模糊逻辑，它可以从不确定的条件下做出决策。

表 8-3 展示了人工智能应用与发展的途径。其中云端人工智能、深度强化学习、神经形态计算与元学习方面值得从事液压控制领域的工程技术人员给予关注以至于采纳。

表 8-3 新一代人工智能领域十大最具成长性技术（2018~2019 年）

序	名称	图解说明	内涵
1	对抗性神经网络	对抗性神经网络中产生数据与判别数据持续进行 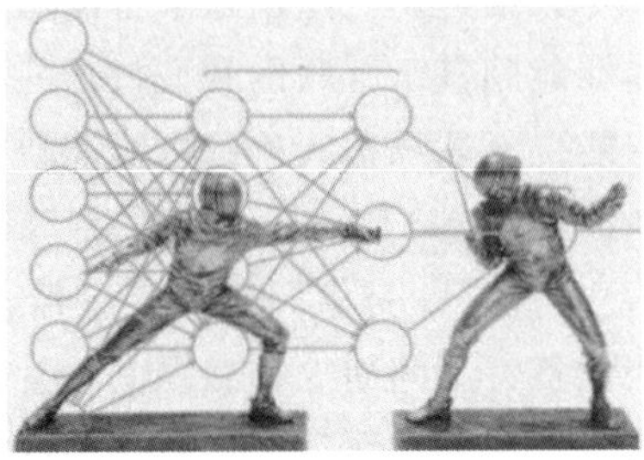	由一个不断产生数据的神经网络模块与一个持续判别所产生数据是否真实的神经网络模块组成的神经网络架构，创造出近似真实的原创图像、声音和文本数据的技术。该技术有望大幅提升机器翻译、人脸识别、信息检索的精度和准确性，随着三维模型数据序列能力的提升，未来将在自动驾驶、安防监控等领域产生可观的应用价值
2	胶囊网络	胶囊网络算法可以从不同角度识别同一物体 	在深度神经网络中构建多层神经元模块，用以发现并存储物体详细空间位置和姿态等信息的技术。该技术能使机器在样本数据较少的情形下，快速识别不同情境下的同一对象，在人脸识别、图像识别、字符识别等领域具有广阔的应用前景
3	云端人工智能	推出人工智能服务的主要云计算公司	将云计算的运作模式与人工智能深度融合，在云端集中使用和共享机器学习工具的技术。该技术将庞大的人工智能运行成本转移到云平台，能够有效降低终端设备使用人工智能技术的门槛，有利于扩大用户群体，未来将广泛应用于医疗、制造、能源、教育等多个行业和领域
4	深度强化学习	深度强化学习具有良好的结构特点 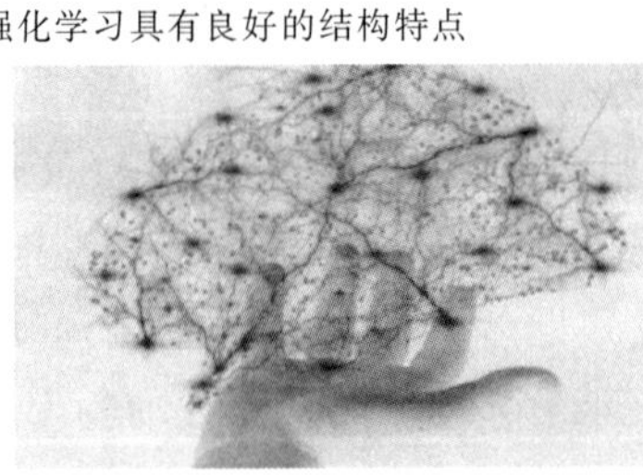	将深度神经网络和具有决策能力的强化学习相结合，通过端到端学习的方式实现感知、决策或感知决策一体化的技术。该技术具有无需先验知识、网络结构复杂性降低、硬件资源需求少等特点，能够显著提升机器智能适应复杂环境的效率和健壮性，将在智能制造、智能医疗、智能教育、智能驾驶等领域具有广阔发展前景

续表

序	名称	图解说明	内涵
5	智能脑机交互	智能脑机交互使人类沟通交流高效化 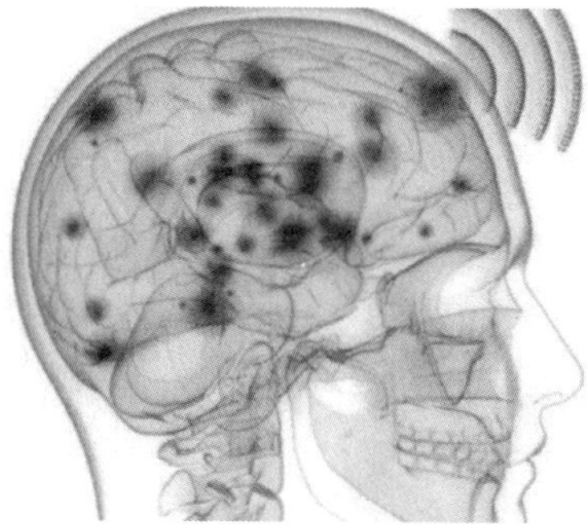	通过在人脑神经与具有高生物相容性的外部设备间建立直接连接通路，实现神经系统和外部设备间信息交互与功能整合的技术。该技术采用人工智能控制的脑机接口对人类大脑的工作状态进行准确分析，达到促进脑机智能融合的效果，使人类沟通交流的方式更为多元和高效，未来将广泛应用于临床康复、自动驾驶、航空航天等多个领域
6	对话式人工智能平台	对话式人工智能平台结构 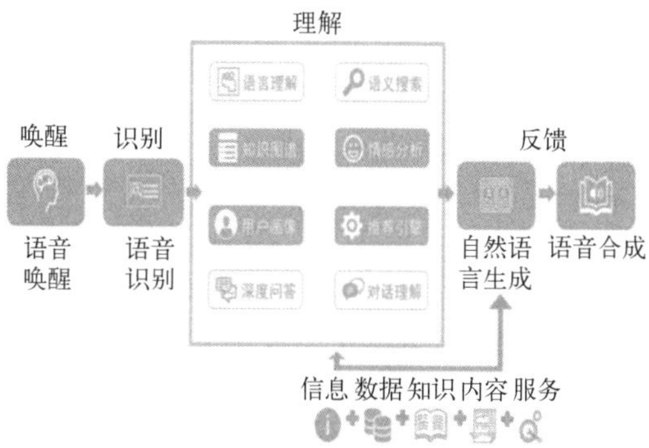	融合语音识别、语义理解、自然语言处理、语音合成等多种解决方案，为开发者提供具备识别、理解及反馈能力的开放式平台的技术。该技术能够实现机器与人在对话服务场景中的自然交互，未来有望在智能可穿戴设备、智能家居、智能车载等多个领域得到大规模应用
7	情感智能	情感智能技术将模拟人的情绪 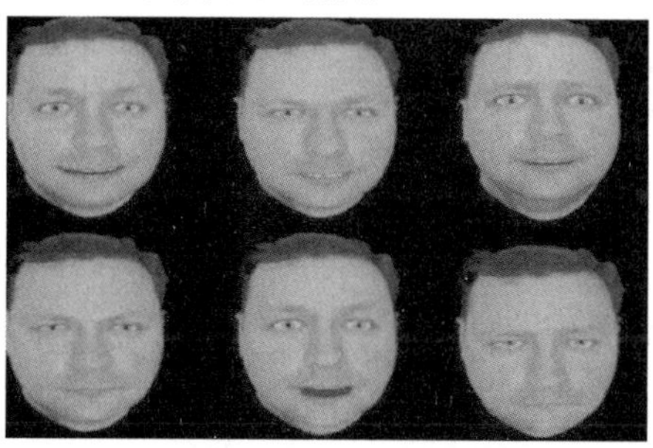	利用人工智能手段模拟表情、语气、情感等类人化情绪响应，以打造具有情绪属性的虚拟形象的技术。该技术可赋予机器设备更好的对人类情感的识别、理解和引导能力，为用户带来更具效率和人性化的交互体验，未来将在智能机器人、智能虚拟助手等领域得到更为频繁和深入的应用

续表

序	名称	图解说明	内涵
8	神经形态计算	神经形态计算的结构 （自旋-CMOS混合神经网络） 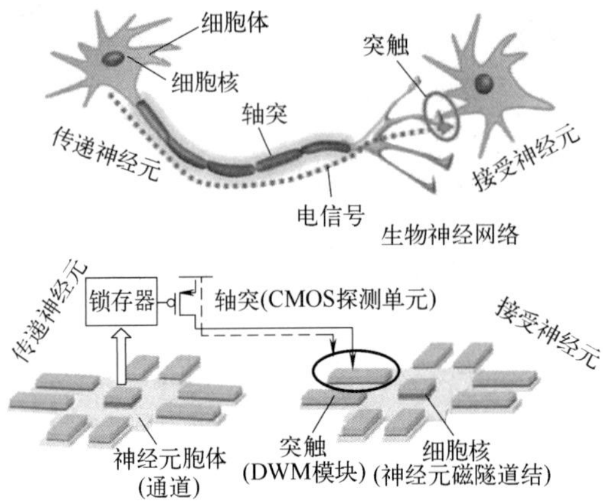 	仿真生物大脑神经系统，在芯片上模拟生物神经元、突触的功能及其网络组织方式，赋予机器感知和学习能力的技术。该技术的目标在于使机器具备类似生物大脑的低功耗、高效率、高容错等特性，将在智能驾驶、智能安防、智能搜索等领域具有广阔应用前景
9	元学习	元学习实现快速自主学习 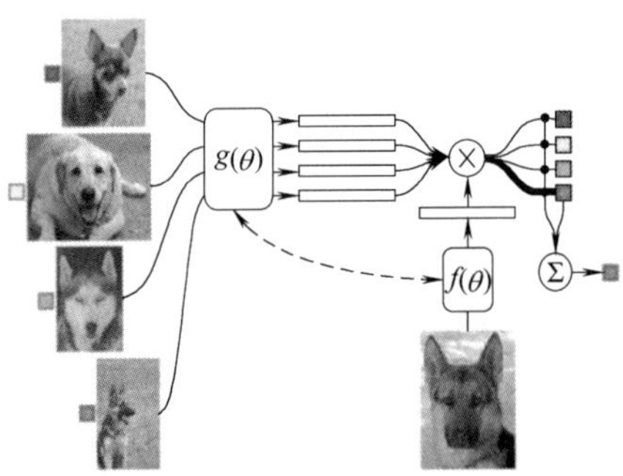 	将神经网络与人类注意机制相结合，构建通用算法模型使机器智能具备快速自主学习能力的技术。该技术能够使机器智能真正实现自主编程，显著提升现有算法模型的效率与准确性，未来的进一步应用将成为促使人工智能从专用阶段迈向通用阶段的关键
10	量子神经网络	量子神经网络结构示意 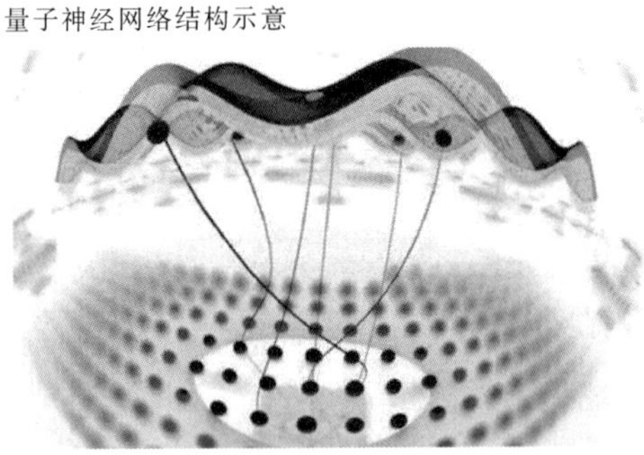	采用量子器件搭建神经网络，优化神经网络结构和性能的技术。该技术充分利用了量子计算超高速、超并行、指数级容量的特点，有效缩短了神经网络的训练时间，未来将在人脸识别、图像识别、字符识别等领域具有重要应用价值和广阔前景

人工智能在发展，其中的问题与困难也极其严峻。深度学习，是机器进行自我教育的一种方式，也是人工智能的主宰。在它成为主流以来的 6 年里，已经成为帮助机器感知和识别周围世界的主要方式。多年来，深度学习看上去越来越好，不可阻挡地让机器拥有像人一样流畅、灵活的智力。

但是一些人认为深度学习正在面临困境，因为它永远不会产生广义上的智能，一个孩子不需要看了几百万辆汽车后才知道“什么是汽车?”，这不仅仅是模式识别还需要推理，而这些深度学习系统不知道如何整合抽象知识。现在真正的推理在机器中是什么样子的呢？如果深度学习不能帮助我们达到目的，那什么可以呢？是否需要创造用更少的数据进行学习的人工智能，如果没有一些新的方法，深度学习可能永远不会突破目前的局限又怎么办呢？它是否需要一种推动力——补充或内置的规则，以帮助它对世界进行推理呢？

在深度学习推广数年后，人工智能发生了迄今为止的最后一次重要转变，即强化学习的兴起。机器学习算法可以分为三种：有监督的学习、无监督的学习，以及强化学习。

有监督的学习给机器提供已经标记过的数据，机器学习的哪些行为都是正确的行为。例如，标记过的花卉数据集告诉正在学习的机器模型，哪些照片分别是玫瑰、雏菊和水仙。而在给出一张测试图像时，机器应该把它和学习的数据进行对比，判断是玫瑰、雏菊还是水仙。

有监督的学习最适用于解决有参照背景的问题。例如物品分类，或是基于面积、位置和公交便利程度判断住宅价格。所以，它是最常用的也是最实用的机器学习算法。

标记数据集并不容易，所以也有无监督的学习。提供给无监督学习的数据集没有特定的期望结果，或是正确答案。机器需要自己提取特征和规律，来理解数据。

无监督学习的应用场景，包括银行通过账户异常行为判断虚假交易，电商通过已经加入到购物车的产品，推荐相关的其他产品等。

过去几年里，强化学习在研究领域的出现频率迅速提高。强化学习同样也采用未经标记的数据，但与无监督学习不同的是，强化学习还模拟了训练动物的过程，对进行学习的机器提供“奖惩机制”，在执行最优解时提供反馈。

和深度学习一样，强化学习也是通过里程碑式的突破，才引起了研究者的注意。2015 年，DeepMind 的 AlphaGo 在强化学习训练下，成长为可以击败代表人类最高水平的围棋棋手，让埋没数十年的强化学习再次走到大众视线中。

而游戏本身，也是强化学习最好的渠道——它的奖励机制足够明确。在机器做出了正确选择后，它会获得“胜利”的反馈，而这样的反馈越多，机器越能选择正确的策略。

从过去二十多年的经验来看，人工智能领域并没有出现什么明显的新技术。各种技术在研究界的地位起起落落，但热门的种种技术，许多都起源于同一时期，即 20 世纪 50 年代左右。以神经网络为例，它在 60 年代统治 AI 界，80 年代也有些存在感，而在 2012 年卷土重来之前，这一概念濒临灭绝。

每一个十年里，都有不同的技术统领 AI 研究，华盛顿大学教授“The Master Alogrithm”一书作者 Pedro Domingos 称，2020 年代也不会有什么不同，意味着深度学习的时代可能也很快就要终结。

目前我们还发现在“机器学习”中有一种无法用数学来解决的问题，称为“估计最大值”或“EMX”问题：如果你有向一群体育迷、汽车迷和运动爱好者等宣传的广告，但你不知道谁会访问这个网站，你如何选择一组广告，最大限度地增加你的目标观众数量？EMX 必须找出答案。因为 EMX 是机器学习中的一个新模型，我们还不知道它在开发真实世界算法方面的用处，机器学习研究人员遇到这样一个无法解决的问题也证明机器学习已经“作为一门数学学科成熟起来”。虽然机器学习算法在不断地改变着我们周围的世界，但是机器学习也不是万能的。

8.5.3 数智液压技术属于“机器学习”

人工智能涉及的范围极其广泛。液压技术作为一种传动与控制技术来看，对人工智能的应用更多会集中于“机器学习”方面，以及与其有关联的专家系统、智能控制、机器人学等。从这个角度而言，液压元件的智能化就是将过去需要液电一体化工程技术人员所做的工作由计算机来承担，这样的元件的根本特征就是“自主性”。由此数智液压元件的关键词是“自主”“学习”与“诊断”，或者说是“自学习”“自诊断”。

数智液压技术中“机器学习”的“深度学习”是今后发展的重点。图 8-30 清晰地表明了它们之间的连续。机器学习是一种实现人工智能的方法，机器学习最基本的做法，是使用算法来解析数据，从中学习，然后对真实世界中的事件做出决策和预测。与传统的为解决特定任务、硬编码的软件程序不同，机器学习是用大量的数据来“训练”，通过各种算法从数据中学习如何完成任务。

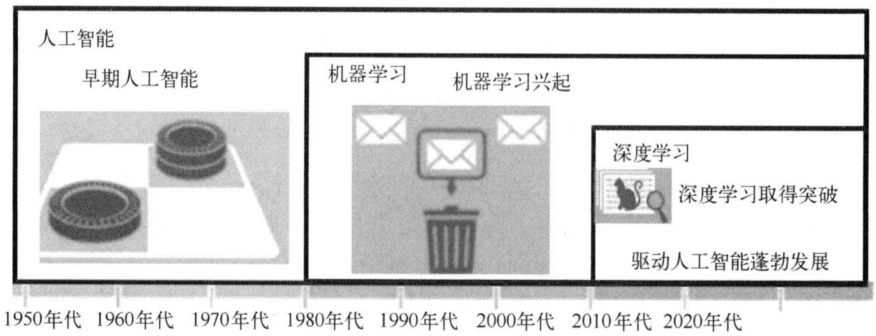

图 8-30　机器学习与深度学习之间的关系

而深度学习是利用深度神经网络来解决特征表达的一种学习过程，属于机器学习的一种分支，用特征来学习，也就是模拟人脑进行抽象，对于数据学习出很好的特征。深度神经网络为包含多个隐含层的神经网络结构，为了提高深层神经网络的训练效果，人们对神经元的连接方法和激活函数等方面做出相应的调整。普通神经网络由于训练代价较高，一般只有 3～4 层，而深度神经网络由于采用了特殊的训练方法与措施，可以达到 8～10 层。深度神经网络能够捕捉到数据中的深层联系，从而能够得到更精准的模型，而这些联系不容易被普通的机器学习方法所发觉。深度学习摧枯拉朽般地实现了各种任务，使得似乎所有的机器辅助功能都变为可能，使像无人驾驶汽车、预防性医疗保健等都近在眼前或者即将实现。

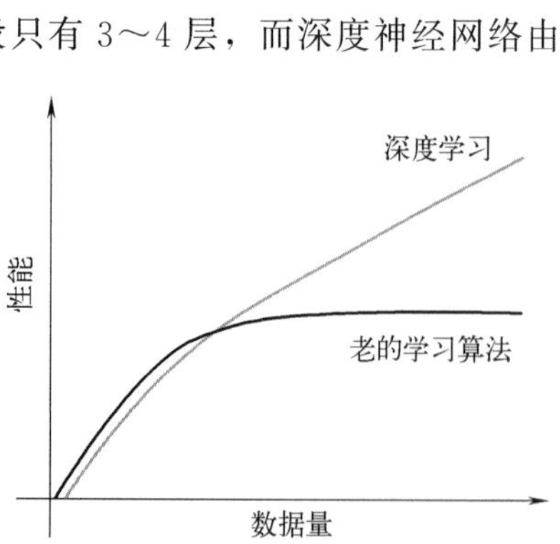

图 8-31　深度学习与数据量的关系

从图 8-31 的深度学习发展来看，其控制性能与大数据之间的联系产生的效果比较明显，作为现在的大数据时代，无疑是人工智能借助了互联网大数据的优势，相互促进。因此现在流行“大数据是生产力”的说法在这里也得到了印证。

8.5.4　数智液压元件的智能性探讨

液压行业是一个基础件行业，是一个生产液压基础元件的行业。数智液压元件是一个发展的方向以及市场的需求，并且智能元件功能对其本身与采用它的主机之间也有不可分割的联系。

在前面也分析过数智液压元件的构成与功能体现。如果将一个数智液压元件自从工厂制造出来以后，它就是作为一个数智液压元件“人”来观察，它的出生具有自己的身份证“二维码”，这个身份证可以像它从生产线测试合格后就授予“出生证”一样，有效期是它的全部使用工作期间即全生命周期管理。它可以具备“自主感知”的意识与“自主控制”的能力。同时它可以“自主学习”成长，也可以“自主诊断”已经产生的毛病。还要能够“自主交流”，通过云层与生产厂商进行运行监测与管理，去完成交给它的“已定职责”。

到目前为止还没有产生真正意义上的数智液压元件，那么到底什么是未来的数智液压元件也正是需要讨论的。

在目前的液压元件中智能性的因素在增加。在以上章节也已经阐述了数智液压元件的必要组成：自主感知——通过传感器，感知工况；自主控制——通过芯片，做出控制决策；自主交流——通过总线，传输数据，沟通信息；然后通过驱动放大去执行动作，完成“职责”。这些主要是从硬件来判断元件是否具有智能性的前提。然而一个元件的智能性主要体现在软件方面，并且由此软件所产生的功能方面体现出来。自主学习与自主诊断的问题是人工智能的核心，目前在液压工程技术的面前提出这类问题可能都难有解决方案，还处于探索阶段。

这里我们可以进一步来讨论数智液压元件的智能性问题。根据前述数智液压元件组成原理，传感器感知与 MPU 芯片运算功能是智能技术的必要因素。但是作为智能元件的关键是软件中的参数设置与调整功能、功能编程设置与故障诊断三大方面。

数智液压技术属于人工智能技术中的“机器学习”。根据“机器学习”的定义，本书论及的数智液压元件是使用了这样的算法，并根据传感器的感知，然后对液压系统中承担的功能通过感知数据而给予调节达到该阀的功能。因此可以认为是属于机器学习的原则。但是这种过程中智能控制往往存在的“训练”或者“学习”还很弱或者基本不存在。因此可以说在这种情况下的数智液压元件的智能性不是很充分。而功能编程设置在这种情况下，也不需要智能性的介入。

可以设想，今后的数智液压元件如果需要进行非线性自动校正、自校零、自校准、自补偿、自检验、噪声抑制等功能需求时，产品性能会因提升需求采用诸如人工智能、专家系统、神经网络等的算法，同时控制逻辑和功能也变得越来越复杂，元件嵌入式系统越来越倾向于使用完整的操作系统，这就使得元件嵌入式操作系统发展可以用局部来完成一部分目前只有系统能做的任务，而让系统的实时性与对外操作更强。也不排除今后在开发数智液压元件产品时，我们需要强化这个算法的效率时所做出的智能性训练，使元件的响应可以增强与加速。

而液压元件的故障诊断一直是液压元件质量的最薄弱环节无法解决，目前基本是依靠系统的参数来判断，而且又缺乏简单可靠的方法。因此我们采用许氏建模法很快获得它的一些常规系数，如流量系数、泄漏系数等，将元件作为一个原始白箱，仍然采用逆运算比较。由于逆运算可能存在静不定问题，这时采用在模型基础上的人工智能，以知识为基础的专家系统加以判断。这个思路简单实用。

因此理想的数智液压元件是嵌入式传感器、嵌入式微处理器和智能理论（人工智能技术、神经网技术、模糊技术）相结合的产品。它兼有检测、判断、网络、通信、执行和信息处理等功能，它具有思维、判断和信息处理功能，能对测量值进行修正、误差补偿，可提高控制精度；具有知识性，对多个元件参数进行综合处理；根据需要可进行自诊断和自校准，提高数据的可靠性；对测量数据进行存取，使用方便；有数据通信接口，能与微型计算机直接通信，实现远程控制；可在网上传送数据，实现全球监测与调整控制，并实施对元件健康管理与故障诊断；可实现无线传输；控制部分主要由嵌入式微处理器和软件组成，成本低。

智能控制模块是一个智能程序，它具有相关领域的大量专家知识，它可以模拟人类专家解决问题的思维过程，且解决问题的能力不低于人类领域的专家。该系统能进行有效的推理，具有一定的获得知识的能力，但是总的功能在某些方面远超过人类专家的能力。具有灵活性、透明性、交互性，有一定的复杂性和难度。智能控制模块通常由知识库（专家知识、经验值）、推理机、知识获取程序，综合数据库（原始数据及各种常用数据和各种参数）四部分组成，并存放在嵌入式微处理器中。利用知识库中的知识进行思维、判断、推理后做出判断，并对数智液压元件的各种参数进行修改、调整。

其中我们涉及的智能控制理论主要是模糊控制、神经网络与滑模变结构控制。模糊控制是一种以模糊集合论、模糊语言变量和模糊逻辑推理为数学基础的控制方法。由于该方法不需要依靠准确的数学模型，因此在复杂系统的控制中可以得到较好应用。在模糊控制中，知识的表述、模糊规则以及合成推理均是基于操作者经验或专家知识的。作为模糊控制的核心，模糊控制器主要通过计算机系统实现，因此它具有计算机控制的特点，对于被控对象所受扰动具有出色的抑制能力。神经网络是根据大量神经元按照某种拓扑结构学习和调整的控制方法，具有并行计算、分布存储、结构可变、高容错性、自我组织、自学习等特点。虽然该方法不善于表达显式知识，但对于非线性函数却具有很强的逼近能力，适用于对任意复杂对象，特别是单输入多输出以及多输入多输出系统的控制。同时，神经网络还可以与传统 PID 组合使用，发挥其自学习的特点，在线对 PID 参数进行整定，以实现更好的控制效果。滑模变结构控制作为一种新型控制方法，同样能够在系统准确模型未知的情况下实现良好控制。在工作时，该方法只需要获得系统参数及外界干扰的大致变化范围，具有解耦、降阶控制的能力，使系统同时具备良好的动态和静态特性。该种控制方法的主要缺陷在于系统状态轨迹将不可避免地在滑模开关线两侧来回穿越，导致控制过程出现抖振现象。

在机器学习中主要是由数据和特征决定，而模型和算法充分利用数据和特征，最大限度地从原始数据中提取特征以供算法和模型使用。或者说将收集到的数据转化为算法需要的数据形式。将原始数据转换为更好地代表预测模型的潜在问题的特征的过程，从而提高了对未知数据的模型准确性。能否结合这些概念将性能的调整与故障诊断结合起来，也许是一条新路子。

现在液压元件已经出现了“可编程”性，“可编程”的液压元件至少是“工业 4.0”元件或系统的雏形，或者至少是“具有互联功能”的新型液压元件，一般都有一定的智能因素，例如设置了传感器、所带芯片具有通信功能，还能根据感知的工况调整输出。今后液压元件的故障诊断仍然是个难点，其研发的迫切性与价值正在提高。

8.5.5　用于数智液压元件的压力传感器

传感器技术与通信技术、计算机技术构成信息产业的三大支柱之一，随着智能化科学技术的发展，作为数智液压技术需要嵌入式传感器，从而使传感器可以嵌入液压元件之内，提高数智液压元件的集成度。无论是数智液压元件还是嵌入式传感器及其结合都还是一个刚刚开始不久的新领域。

对于液压元件与系统智能化需要各种工作参数的传感检测。首当其冲的是压力传感器，根据许氏建模法证明液压系统（液压元件是液压系统的一种表现形态）的状态变量是两类即压力与速度（位移），因此对液压系统进行控制至少需要压力传感器与位移传感器（可以转化为速度数据），加上液压工作介质易受温度影响，因此温度传感器是不可少的。其他还有角位移、加速度、污染等传感器。本节主要介绍用于数智液压元件中的溅射式压力传感器。

（1）嵌入式压力传感器

由于液压元件与系统的性能可以通过系统连接点的压力与负载参数得到，因此压力传感器是实现液压控制的最重要的参数之一。压力传感器的种类很多，有以压阻效应为基本原理的压阻式压力传感器、陶瓷压力传感器、扩散硅压力传感器，也有对温度变化不敏感利用应变电阻式工作原理的蓝宝石压力传感器，以及压电式压力传感器测量动态压力等。

溅射薄膜式压力传感器是近几年来刚刚迈入市场的后起之秀。图 8-32 展示了其外形、内部结构、敏感电阻薄膜结构及应变电阻的惠斯顿电桥。

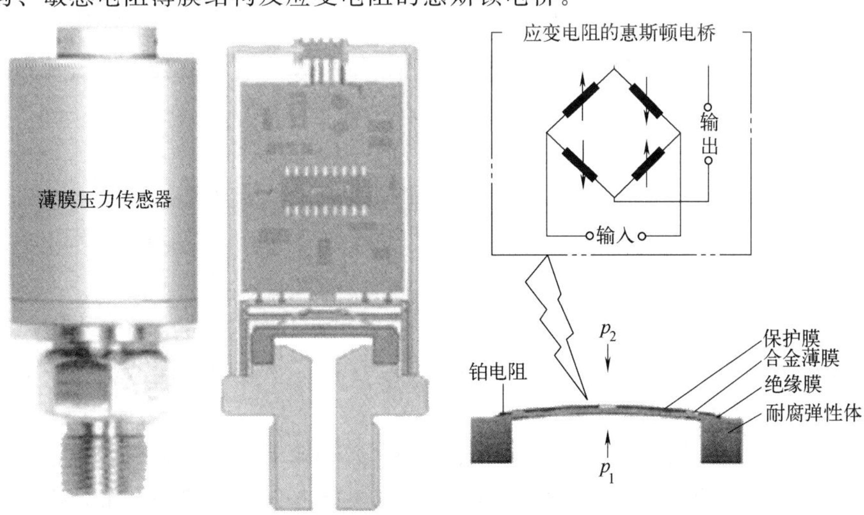

(a) 传感器外形　(b) 传感器内部结构　(c) 薄膜结构

图 8-32　溅射薄膜式压力传感器与测感原理

在敏感电阻和弹性体之间采用薄膜工艺淀积了绝缘介质薄膜用于隔离。金属弹性体上的典型薄膜结构分为四层，其中最底层是绝缘膜，上层依次为淀积电阻膜、为确保惠斯顿电桥桥臂电阻稳定可靠的引线电极金膜和钝化保护膜，如图 8-32（c）所示。图 8-32（c）上方展示了该应变电阻组成的惠斯顿电桥。溅射薄膜式压力传感器的工作原理为：当被测介质压力（p_1）作用于弹性不锈钢膜片一侧时，弹性膜片受到压力作用产生变形，位于另一面的惠斯顿电桥桥臂电阻薄膜的几何尺寸发生相应的变形，阻值随之相应改变，电桥因阻值改变而产生与压力成线性比例的输出信号，将此信号经放大调节等处理，再传输给处理电路（通常是 A/D 转换和 CPU）显示或执行机构。

离子束溅射薄膜压力传感器溅射薄膜压力敏感元件一般有两种形式，一种是直接在绝缘基底（如蓝宝石基底）上，先制作金属薄膜，再用光化学等方法生成应变图形和电极，从而制作成薄膜压力敏感元件；另一种是在金属弹性体上先制作一层绝缘介质层，再在其上制作金属薄膜，然后通过光刻、刻蚀的一系列的工艺形成应变图形和电极，一般制作好的敏感元件表面还需覆盖一层保护层。

溅射薄膜式压力传感器的突出特点是受温度影响小。在温度变化 100℃时，零点漂移仅为 0.5%，其温度性能远远优于其他类型压力传感器。其次，它的耐高温性也非常优越，工作介质温度可以直接测量范围为－20～420℃，比市面上一般的压力传感器适用温度范围更宽。

由于溅射工艺使惠斯顿电桥与弹性不锈钢膜片间形成很好的匹配并成为一体，而不存在任何胶黏剂，所以溅射式传感器比粘贴式传感器显示出高的长期稳定性与可靠性，其年稳定性可优于粘贴式 0.1%F. S/年。

由于溅射薄膜式压力传感器采用独特的电阻成膜技术，可以制作出高精度的敏感电阻，其精度、灵敏度更优于上述压阻式压力传感器、电感式压力传感器等，精度可达±0.15%。

压力敏感元件材料为 17-4PH 特种弹性不锈钢，与其焊为一体的压力接头材料为 316 不锈钢或 1Cr18Ni9Ti 不锈钢，可直接与一般的腐蚀性介质接触，因此溅射式传感器可用于腐蚀性介质的压力测量与控制，应用范围很广。除此之外，还具有输出信号大、工作寿命长、功耗低、无迟滞、重复性好等特点。耐受频繁压力冲击、振动与 5 倍以上压力过载，主要应用于高端工业现场和军事装备。

更可取的是此溅射薄膜式压力芯体可以单独提供，可以作为数智液压元件的嵌入式压力传感器，其尺寸在 $\phi 7$～12 可选，基本符合数智液压元件的要求，而且国内可以提供产品（如长沙钛合等）。图 8-33 即此溅射薄膜式压力芯体的外形图。

图 8-33 的溅射薄膜式压力芯体外径为 $\phi 8$，量程 5～120MPa，使用温度－65～＋200℃，输出灵敏度为 5mV/V，准确度为 0.05～0.2F. S 之间。置压力传感器于液压元件的阀芯之中，以这样的尺寸就成为可能。

作为数智液压元件的传感器，要求尺寸更小，目前市场选择余地很少。今后技术的发展还需要这些传感器的微型化，具有小体积和低功耗的特征。还希望有组合传感器，例如压力传感器、位移传感器与温度传感器组合，如何将更多种传感器集成组合起来是智能化发展的新要求。

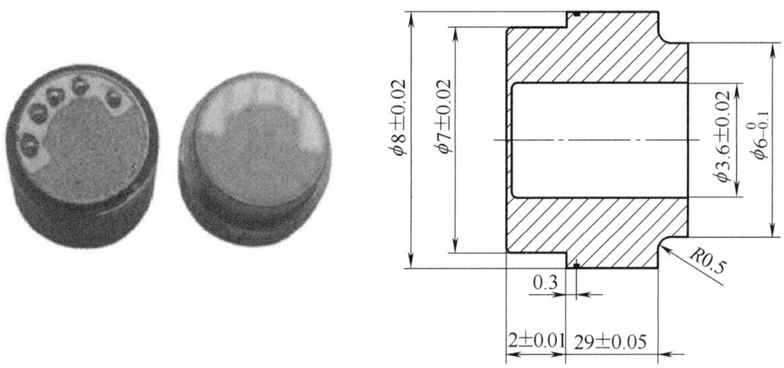

图 8-33　溅射薄膜式压力芯体及其外形尺寸

（2）位移传感器

液压控制阀中的位移传感器无论从反馈的角度还是感知的角度都是非常需要的传感器之一。目前的位移传感器的体积都比较大，要嵌入阀内结构上比较难以处理，对阀的体积与外形也有影响。因此未来的发展会更多地采用霍尔传感器以及采用无位移传感器的位置检测装置（图 8-34）。图 8-34（a）的霍尔传感器可以通过磁场的变化实时检测到当时的衔铁或阀芯的位置。而图 8-34（b）是采用电磁铁本身的线圈受阀芯位移的感应而作为检测装置，利用线圈自我检测来确定衔铁或阀芯位置的装置，这种装置可以做成电路板集成于阀体。随着 IoT 的发展无线传输也会进一步提出要求，带动未来传感器行业的提升。

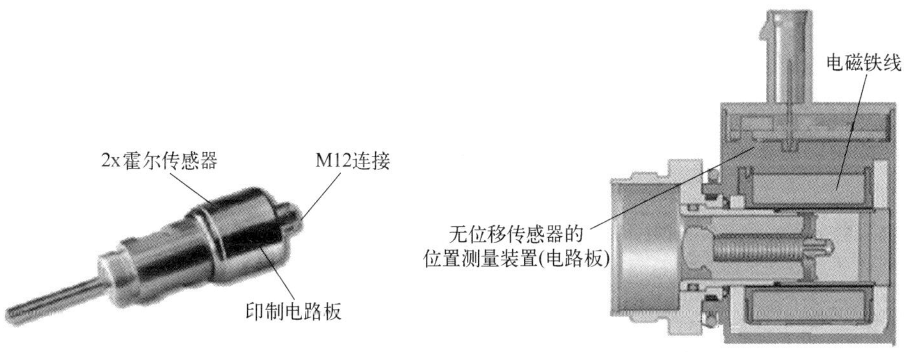

(a) 霍尔位移传感器　　(b) 无位移传感器的位置测量装置

图 8-34　未来的液压阀位置检测装置

8.5.6　多轴运动控制器在数智液压元件中的应用

轴控制器是指专门用于轴运动控制的（位置移动控制、旋转控制等），它的名称是相对 PLC 逻辑控制而言（现在的 PLC 也配备有专门的模块可以用于轴控制）。多轴运动控制器技术的出现有助于数智液压元件拓展其应用，来完成几个数智液压元件协同复杂动作下所产生的每个运动执行器的解耦后的动作。因此它对控制器来讲有更高的运算要求与速度要求。在这里所谓的运动控制（motion control）定义为在复杂条件下将预定的控制方案、规划指令转变成期望的机械运动，实现机械运动精确的位置控制、速度控制、加速度控制、转矩或力的控制。

从基本结构上看，一个典型的现代运动控制系统的硬件主要由上位机、运动控制器、功率驱动装置、液压阀、电动机执行机构和传感器反馈检测装置等部分组成（图 8-35）。其中的运动控制器是指以中央逻辑控制单元为核心、以传感器为信号敏感元件、以电机或动力装置和执行单元为控制对象的一种控制装置。

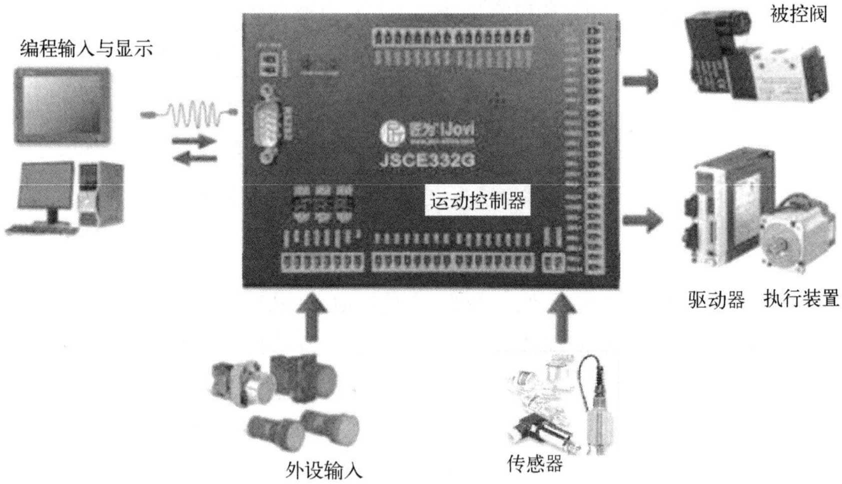

图 8-35　运动控制器及其组成

运动控制器可以分为三类：以单片机或微机处理器作为核心，成本低，在低速点位运动控制和轨迹要求不高的轮廓运动控制场合应用；以专用芯片作为核心处理器的运动控制器，这类运动控制器结构比较简单，对单轴的点位控制场合基本满足要求；基于 PC 总线的以 DSP 和 FPGA 作为核心处理器的开放式运动控制器，这类运动控制器以 DSP 芯片作为运动控制器的核心处理器，以 PC 机作为信息处理平台，运动控制器以插卡形式嵌入 PC 机，即“PC＋运动控制器”的模式。这样将 PC 机的信息处理能力和开放式的特点与运动控制器的运动轨迹控制能力有机结合在一起，具有信息处理能力强、开放程度高、运动轨迹控制准确、通用性好的特点。这类控制器充分利用了 DSP（数字信号处理器）的高速数据处理能力和 FPGA（现场可编程门阵列）的超强逻辑处理能力，便于设计出功能完善、性能优越的运动控制器。这类运动控制器通常都能提供板上的多轴协调运动控制和复杂的运动轨迹规划、实时的插补运算、误差补偿、伺服滤波算法，能够实现闭环控制。采用 FPGA 技术来进行硬件设计，方便运动控制器供应商根据客户的特殊工艺要求和技术要求进行个性化的定制，形成独特的产品。

一个运动控制器用以生成轨迹点（期望输出）和闭合位置的反馈环。许多控制器也可以在内部闭合一个速度环。一个驱动器或放大器用来将运动控制器的控制信号（通常是速度或扭矩信号）转换为更高功率的电流或电压信号。更为先进的智能化驱动可以自身闭合位置环和速度环，以获得更精确的控制。一个执行器如液压泵、液压缸、线性执行机构或电机用以输出运动。一个反馈传感器如光电编码器、LVDT、角位移传感器或霍尔效应设备等用以反馈执行器的位置到位置控制器，以实现和位置控制环的闭合。这些都符合液压比例多路阀的应用环境，因此在液压比例多路阀元件的系统中，采用运动控制器也充分利用这个原因（图 8-36）。对于由于数智液压元件在具体应用时会采用总线系列的运动控制

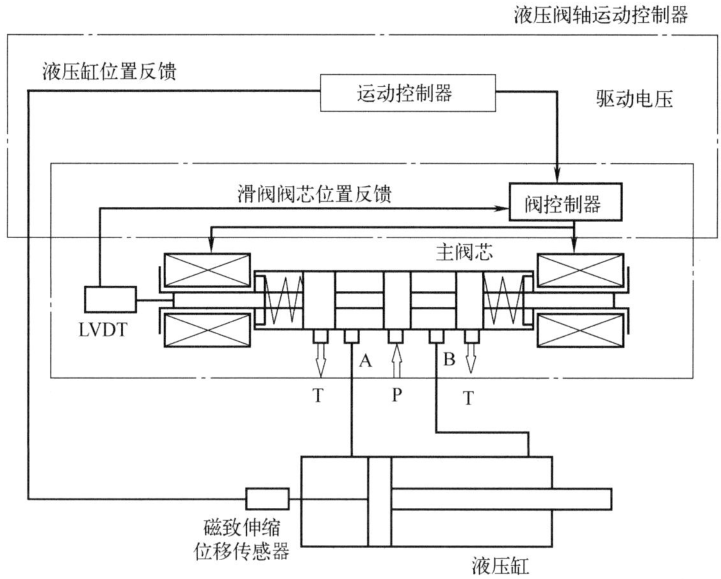

图 8-36　液压阀轴运动控制器

卡或模块，也有智能型系列的。

运动控制器的优点：

① 硬件组成简单，把运动控制器插入 PC 总线，连接信号线就可组成系统；

② 可以使用 PC 机已经具有的丰富软件进行开发；

③ 运动控制软件的代码通用性和可移植性较好；

④ 可以进行开发工作的工程人员较多，不需要太多培训工作，就可以进行开发。

机械制造 OEM 厂商应用运动控制器产品将成为未来的盈利增长点，为很多中小型的公司提供了市场机会。比如风力变桨距液压控制系统、抽油机与液压比例多路阀阀组等。

运动控制器的缺点：

① 采用板卡结构的运动控制器在多数环境较差的工业现场（振动、粉尘、油污严重），不适宜长期工作；

② PC 资源浪费，用户实际上仅使用少部分 PC 资源，还带来维护上的麻烦；

③ 整体可靠性难以保证，由于 PC 选择可以是工控机也可以是商用机，系统集成后可靠性差异很大，并不是由运动控制器能保证的；

④ 难以突出行业特点。

对于液压元件应用轴运动控制器的关注点在于执行器反馈方面，而对于液压系统应用的关注点更多在于通信方面。图 8-37 展示了用于液压主机的数智液压运动控制，它完全满足工业 4.0 要求，可以配备分散智能，也可以通过开放式通信接口与更高层级的控制系统或主系统进行通信。这是满足液压系统自动适应速度、力的变化，实时自主控制运动，并以模块方式无缝集成到机器概念内。这种与液压系统配套的运动控制与运动逻辑系统还有单轴控制器、IAC 多以太网协议阀与 SYDFED 泵控制系统、配备 IEC61131 标准编程工具的 HMC（数智液压运动控制）以至于可支持 32 个液压轴的 MLC。它们都是基于公司自身 IndraMotion 的工程平台，不仅简化了所有驱动技术下 PLC 与运动系统的处理方式，而且可以将液压、电气和混合轴使用同一软件工具进行调试。从工程、调试到诊断，IndraWorks 操作软件能够缩短从概念到完整解决方案的实现时间。

图 8-37 数智液压运动控制（博世-力士乐）

这类控制器具有适应于液压阀特点等的特性，通过 IndraWorks 操作软件的透明架构，简化了参数设置过程。利用参数设置向导为用户提供支持，向导会弹出提示框，让用户输入需要的所有系统数据，并提供参数设置建议。由于液压控制回路在 IAC 多以太网协议，阀内是集中或以分散的形式在 HMC 内闭环，减轻了控制系统的负担。通过这种方式，可以独立于 PLC 循环周期，实时操作多轴系统。

8.5.7 数智液压元件中的液压功能

数智液压元件具有六个功能部分，液压元件本身是主体、是载体、是执行功能部分。液压元件功能将回归到其本能即节流功能上来。这基于两个因素：液压控制的本质就只是阻尼，因此液压的功能就是产生不同的阻尼；而在什么情况下产生多少的阻尼也回归到微处理器通过运算后给定并完成。如果通俗简略地表达数智液压元件，可以说今后数智液压元件就是一个智能节流阀，可以完成液压系统所需要控制的一切功能，包括压力阀、流量阀与方向阀所需要的功能，也包括液压元件中性能要求最难的平衡阀功能。这时功能的实现不取决于液压元件，而是取决于数智节流阀中的软件。

这也就是“软件定义液压元件功能”的原理性写照。原理性的数智液压节流阀如图 8-38 所示。

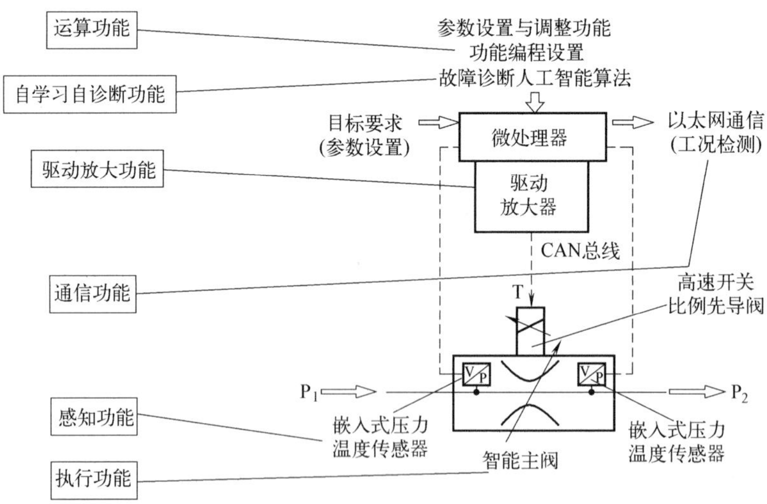

图 8-38 数智液压元件的组成原理

（1）数智液压元件的组成

图 8-38 比较完整地表达了数智液压元件的组成，以及组成各个部分的功能。由于具有这六个功能后，此液压元件就是一个智能化的元件。智能元件与传统普通元件最大的不同在于硬件上具有传感器与微处理器。传统液压元件的功能硬件由结构原理保证，而数智液压元件通过微处理器由软件保证。传感器让元件具有知觉，微处理器让元件具有大脑。

为了便于表达，我们将数智液压元件的功能符号表达为如图 8-39 所示。为了区分数智液压阀是采用高速开关阀还是模拟比例阀，在功能符号上也有实线与虚线的区别，如图 8-39（b）与图 8-39（c）所示。

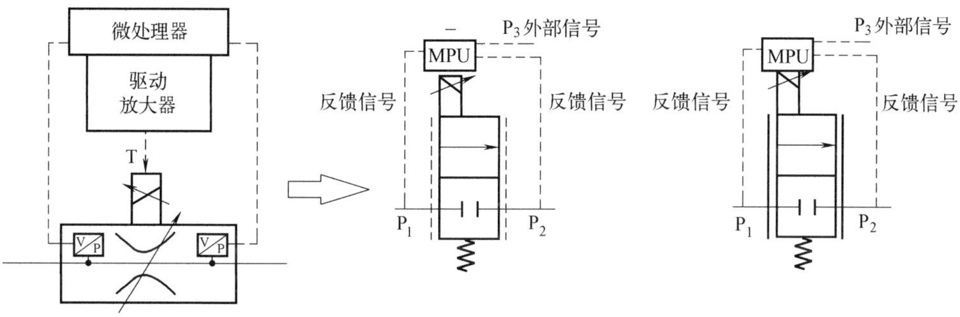

(a) 结构示意　(b) 数智液压比例阀功能符号　(c) 智能模拟比例阀符号

图 8-39　数智液压元件结构示意与功能符号

（2）数智液压元件控制工作原理

根据许氏建模理论，在液压系统建模中只需要三个基本子元件模型：液压缸的容抗数学模型、节流阀的阻抗数学模型与节流阀阻抗反馈模型。也就是说，对于所有的液压控制元件本质上都是节流控制。液压元件实际也可以等同于一个液压系统，我们可以将所有元件的工作原理用液压系统的方式表达出来。这在许氏建模理论中已经阐述过了。因此对于液压系统所需要的控制元件只有一个：节流元件或具有反馈功能的节流元件。因此我们需要开发的数智液压控制元件只需要一种阀——数智液压节流控制阀。我们采用数智液压控制元件就采用一种节流元件，而不同的功能的液压控制只是控制信号与参数的种类不一样，如果由不同种类传感器传出相同的标准输出信号，则我们可以用同一类元件完成几乎所有的控制功能。这个概念在液压变量泵上已经体现，即不管什么泵的变量都可以是恒压泵、负载敏感泵、恒功率泵等，它们只是输入控制参数的种类不一样而它的输出控制的就是泵斜盘的角度，我们用一个电子排量泵上的比例阀就可以实现所有的泵的变量形式是一个道理。在系统的控制中实际上只要一种节流阀就可以控制各种功能的液压参数，它的输出控制就是元件的流量。对于液压压力控制也是可以用流量控制转换而来。因此作为数智液压元件，首先是比例节流流量控制阀及其功能软件化，这是最基本的智能元件之一。

对于智能节流阀而言，它的数学模型就是伯努利方程基础上的节流公式［式（8-1）］。在智能控制数学模型应用此公式时要注意几个前提条件：理想不可压缩流体，稳定流动，质量力只是重力但是在液压传动与控制中已经忽略，质点沿一条特定流线运动，未考虑黏性。也就是说，在一般情况下，如果考虑黏性，需要对此公式作修正，特别是在应用中的温差特别大的情况下更应该考虑黏性的影响。

$$Q(\tau)=C_{\mathrm{T}}A(\tau)\Delta p^{1/\alpha} \tag{8-1}$$

式中 Q——节流阀流量；

C_{T}——节流阀流量常数；

Δp——节流阀前后的压差；

α——节流口结构形式系数。

为了说明问题，我们将此公式转化为一般液压节流元件的常用结构形式所对应的流量公式，如下所示：

$$Q(\tau)=CdA(\tau)\sqrt{2/\rho(p_1-p_2)} \tag{8-2}$$

式中 $Q(\tau)$——流量，随阀开口的变化（占空比变化）而变化；

$A(\tau)$——节流阀开口面积，与占空比成正比；

Cd——节流阀流量系数；

ρ——油液质量密度；

p_1——节流阀进口压力；

p_2——节流阀出口压力。

作为一般节流阀功能时，在按式（8-2）工作时，输入设定一定的占空比，此节流阀就在（p_1-p_2）下产生 $Q(\tau)$ 的流量。

（3）一种智能节流元件可以原理性实现所有流量、压力与方向控制

在这里进一步细化同一智能节流元件是如何实现对于所有流量、压力与方向的控制机理。实现的机理就是对于智能节流元件的微处理器给予不同的编程，有各自的算法，如表8-4所示。

表 8-4 数智液压节流元件的流量控制功能算法举例

数智液压节流比例阀	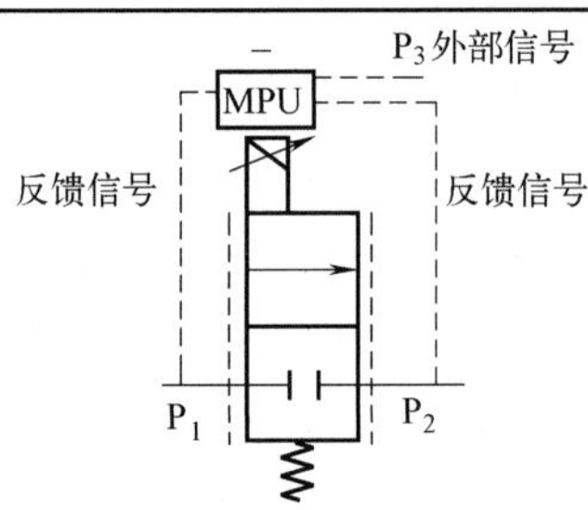	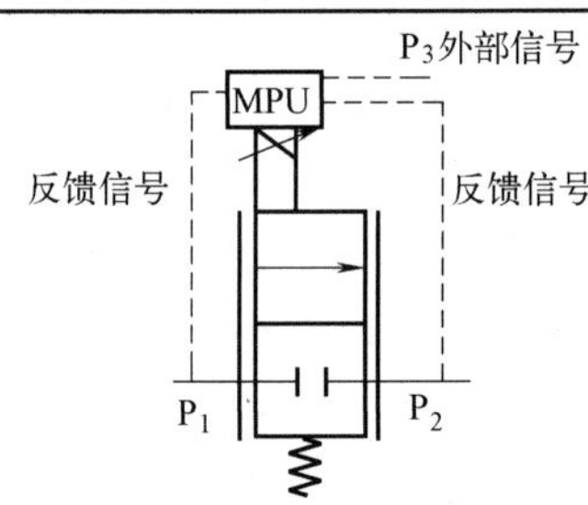	
控制原理	$Q(\tau)=Cd\cdot A(\tau)\sqrt{2/\rho(p_1-p_2)}$		
阀功能要求	节流阀功能	单向节流阀功能	调速阀功能
输入信号	p_1、p_2	p_1、p_2	p_1、p_2
控制规则算法	τ 给定	$p_1>p_2$ 时，τ 给定 $p_1\leqslant p_2$ 时，τ 最大	τ 变化保证： (p_1-p_2)=固定值给定
输出流量结果	按 τ 变化	$p_1>p_2$ 时按 τ 变化 $p_1\leqslant p_2$ 时 τ 最大，$Q(\tau)=Q_{\mathrm{MAX}}$	=恒定
阀的功能效果	节流阀	单向节流阀	调速阀
传统液压元件功能符号	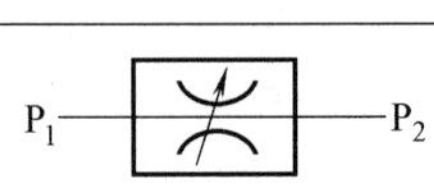	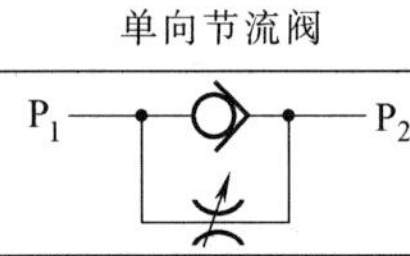	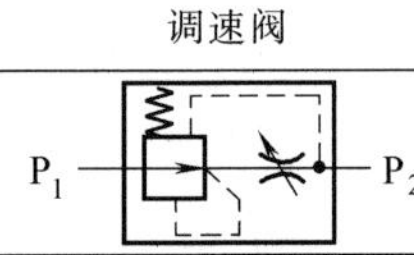

续表

数智液压元件符号	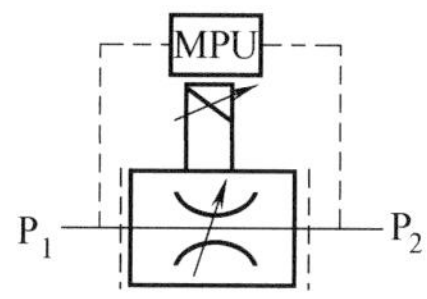	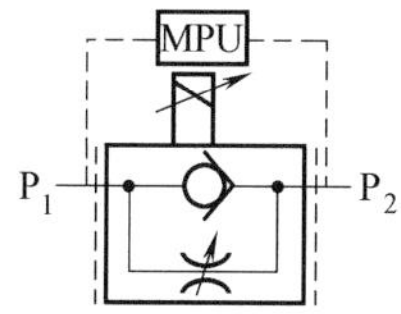	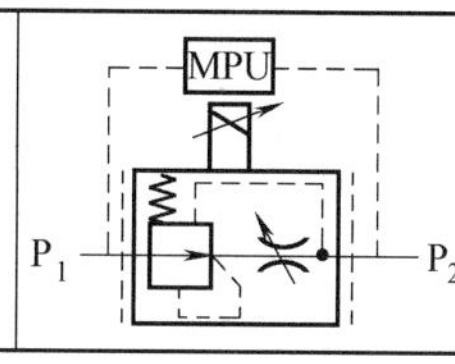

表 8-5　数智液压节流元件的压力控制功能算法举例

数智液压节流比例阀	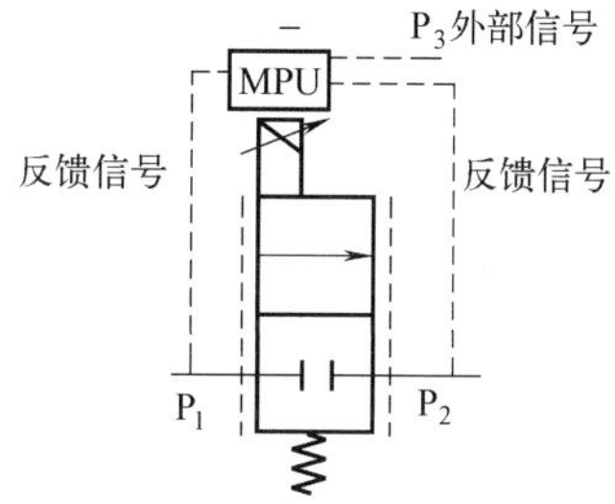 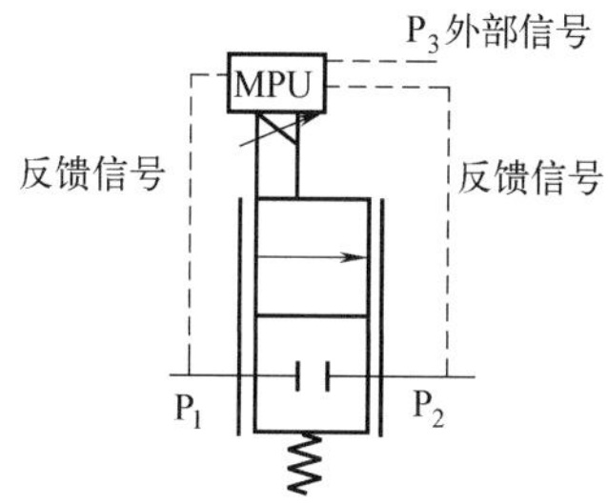		
控制原理	$Q(\tau)=CdA(\tau)\sqrt{2/\rho(p_1-p_2)}$		
阀功能要求	溢流阀功能	减压阀功能	平衡阀功能
输入信号	p_1,p_2	p_1,p_2	p_1,p_2,p_3
控制规则算法	$p_1 \leqslant p_0$(p_0 为设定压力) $Q(\tau)=0$	τ 变化时,$p_2=p_0$ (p_0 为设定压力)	$p_3 \leqslant p_0$(p_0 为设定压力) $Q(\tau)=0$ $p_3 \geqslant p_0$,$Q(\tau)$=恒定
输出压力结果	$p_1 \geqslant p_0$ 保持 $p_1 \leqslant p_0$	保持 $p_2=p_0$	$p_3 \leqslant p_0$,$Q(\tau)=0$ $p_3 \geqslant p_0$,$Q(\tau)$=恒定 $p_1 \leqslant p_2$ 时,τ 最大
阀的功能效果	溢流阀或顺序阀	减压阀	平衡阀
传统液压元件功能符号	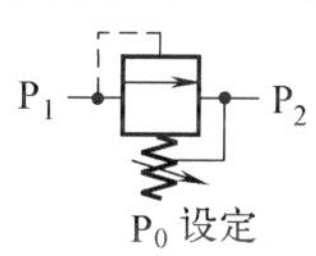	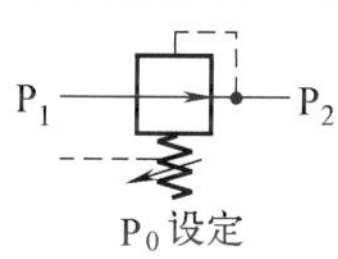	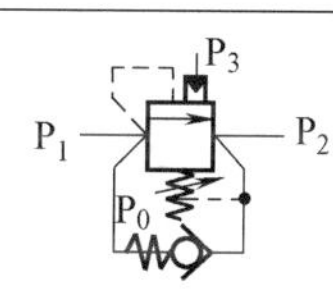
数智液压元件符号	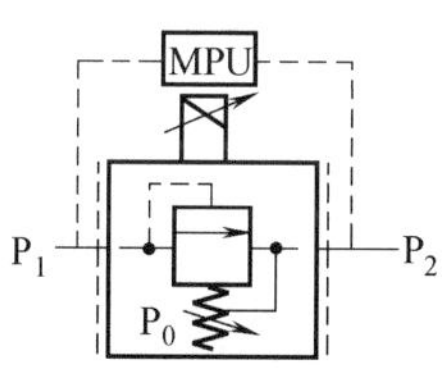	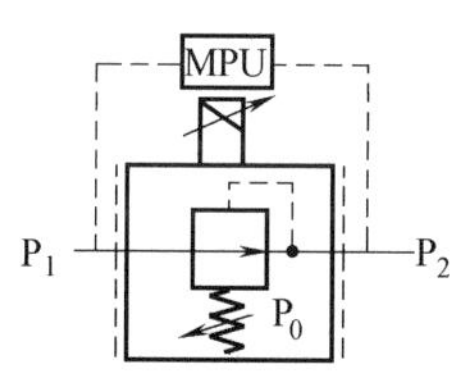	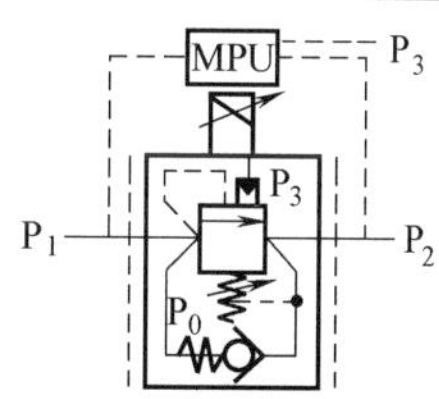

表 8-5 列举了数智液压节流元件的压力控制功能算法。

我们已经知道液压高速开关数字阀的结构特点是二位二通方向阀，它的性能特点是以时间为调节量的流量阀。因此这种二位二通高速开关数字阀就是一个数字比例节流阀，如果这种阀与微处理器 MPU（microprocessor unit）集成，形成的就是数智液压比例节流阀。在工作状态下，只要有不同的占空比 τ，就会产生相应的流量 $Q(\tau)$。

当此智能阀作为调速阀功能时，我们需要对微处理器进行功能编程，此微处理器在（p_1-p_2）下工作时，就要进行运算，使 $Q(\tau)$=常数（设定值）。

当此阀作为溢流阀功能时，我们需要微处理器在某一个压力控制值 p_0 之前 $Q(\tau)=0$（即节流阀处于关闭），以 $p_1-p_2=$常数来控制此节流阀的开口与否。这时阀的功能已经转化成溢流阀了（表 8-5）。

此阀甚至可以作为平衡阀使用，不过作为平衡阀时，我们需要增加一个压力值的检测，就是油缸另一侧的压力 p_3 要作为一个输入量进入此节流阀的微处理器参与控制。这时的平衡阀的控制性能能够比我们目前生产的任何平衡阀都简单，而且精度要高。

我们可以考虑到的其他液压阀种都会遵循这个基本工作原理。同步阀、缓冲阀等都可以用以上的基本原则进行必要的信号处理，得到需要的功能。

作为数智液压元件而言，只要功能与目标确定，都可以通过编程设置。节流阀能够根据识别的工况智能性地调节所要求的流量输出。

因此可以看到，液压元件的智能化会产生简化元件硬件结构，使功能软件化，从而使液压元件生产的品种大大简化，如表 8-4 与表 8-5 所示一样，在原理上它们可以是一种元件形成。这个优势对于市场会有很大的吸引力。

8.5.8 液压数智化的数字控制模拟比例元件

液压元件的数字化是以元件是否集成微处理器为标志。模拟比例元件采用数字控制器，这种数字液压的发展在当前传统的液压比例阀基础上结合，继承原有液压元件的资源与优势，这种数控模拟比例元件是液压数字化的另一条途径（图 8-40）。这类元件的研究国内 2010 年前后已经在进行，但是没有产品化。而这方面 Eaton 开发的 AxisPro 是一个范例。

发展数智液压的两条途径，一个是在数字电液转换元件基础上与微处理器结合形成；另一个是采用现有模拟电液转换元件基础上结合数字控制器形成。二者各有特点，前者原理、结构都简单，成本空间大；后者产品与市场现成，控制器需要增加 D/A 转换环节后，推广速度快，这二者开发途径的优劣在表 8-6 中进行了比较。

表 8-6 数智液压元件不同开发途径的比较

序号	指标	电液数字转换元件＋数字控制器（高速开关阀、步进/伺服电机等）	电液模拟比例转换元件＋数字控制器（现有比例/伺服元件）
1	输入信号	数字为主、模拟（传感器）	数字可接受、模拟（传感器）
2	驱动输出电路	数字直接驱动	A/D 转换后驱动
3	性价比	空间很大（有下降空间）	价格较高
4	流量	直接数字式高速开关阀流量在 6～8L/min；增量式步进电机流量可以很大	控制流量较大
5	压差损失	直接式采用时间开关调节流量，压差损失小，增量式压差损失与一般比例元件相同	压差要求在 1MPa 左右，伺服阀压差要求为 7MPa
6	市场成熟度	有成熟产品（PVG），创新的在开拓市场	模拟式占主流

续表

序号	指标	电液数字转换元件＋数字控制器（高速开关阀、步进/伺服电机等）	电液模拟比例转换元件＋数字控制器（现有比例/伺服元件）
7	频响	高速开关阀在 3ms 左右，2D 阀频响较高	NG10≤40ms
8	颤振信号	本身具有	需要
9	加工精度	要求较低	要求高
10	控制电压	12V/24V	24V
11	改进方面	增加流量能力，温升、噪声需改进	减小滞环、增强抗污染、抗电磁干扰能力

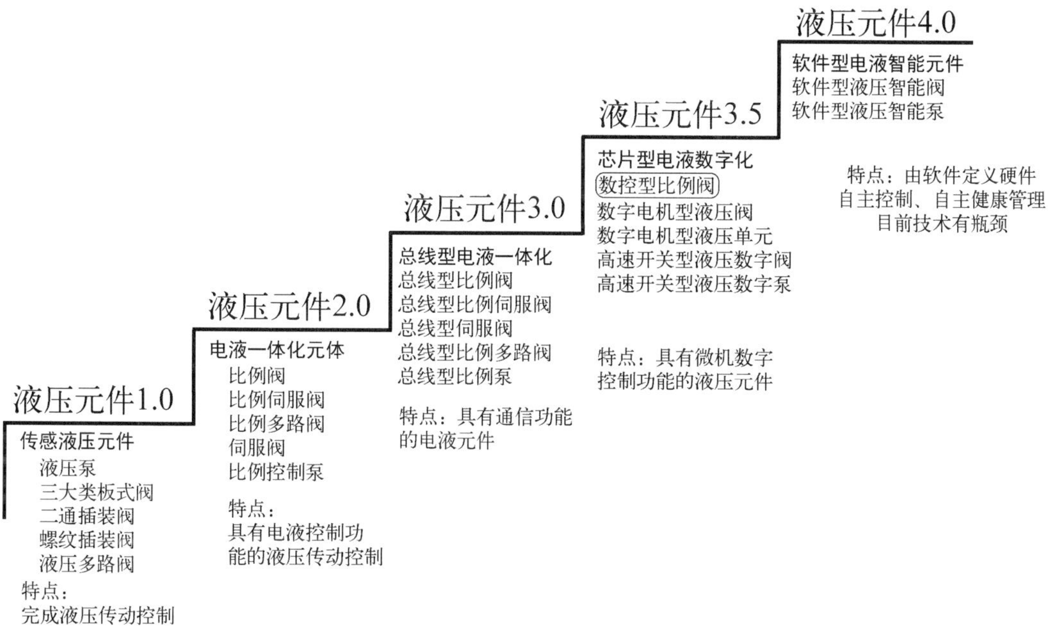

图 8-40　数字控制型比例阀所在发展阶段

Eaton 推出了自称是“革命性的一步”的 AxisPro 伺服性能比例阀，它是基于成熟的伺服比例阀技术，以达到解决任何运动控制应用，并达到个性化的程度。前者强调了此阀的频响极高，所以可以解决大部分运动控制；后者体现的个性化不一定是通过配置或编程的功能。这一切都说明 AxisPro 伺服性能比例阀具有一个强大的微处理器内核，加上它的传感器感知，因此是一个具有初步智能功能的液压数字元件，确实迈出了“革命性”的一步。目前它的应用多见于金属成型压铸和铸造、机床、船舶和海洋工程、压力机、冶金行业、橡塑行业、纸浆和造纸、测试设备和模拟、涡轮机控制、木材加工等。

（1）液压伺服比例阀具有数智性比例放大器的结构与功能

AxisPro 伺服性能比例阀之所以是“比例阀革命”的关键是采用了嵌入式微处理器轴控制器及其芯片，并且加上总线 CAN 的传输功能。这就使比例阀由原先的“纯液压加上模拟驱动放大器”蜕变为数字控制与数字通信。因此具有数智液压的功能，实现了数智电液一体化，如图 8-41 所示，图中全面展示了此数智放大器的几大部分组成：

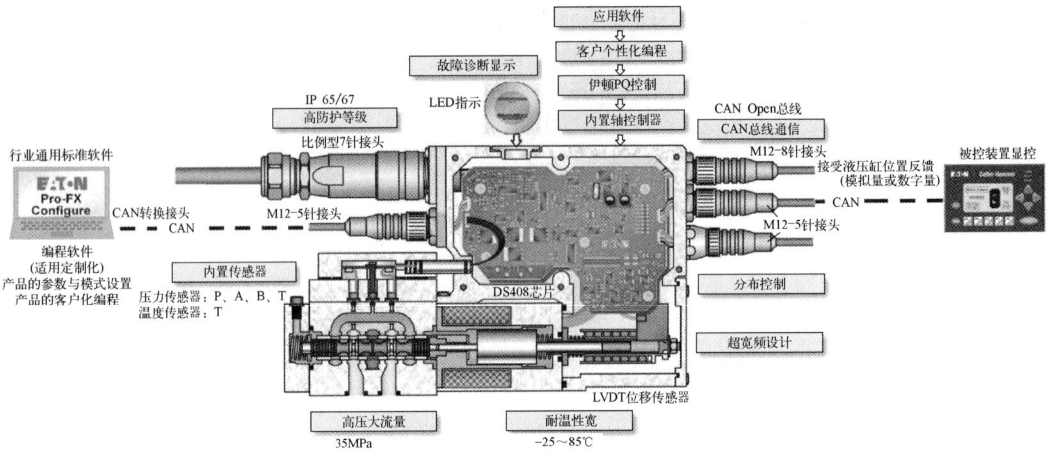

图 8-41　AxisPro 伺服性能数智比例阀所具有的数智比例放大器

① 液压元件执行部分。液压阀本身（基于原比例阀 KSDG）这部分比原有基型阀在压力流量参数上有所提升。AxisPro 高端比例阀支持更大流量、压力和更高防护等级，10 通径的比例阀额定流量在 70bar 的压降下达到 100LPM，最大流量可至 190LPM；适用于 85℃环境温度和液压油温度，达到最高等级；其防护等级也可达到 IP65 及 IP67。

② 传感器信息部分。这部分是本阀的又一特点，采用了嵌入式传感器，是整个控制系统参数的感知或者说是整个控制系统状态变量的感知部分。对于数字液压元件而言，是否具有嵌入式传感器是鉴别此元件只是数字元件还是可能是智能性元件的外部特征。这个新一代比例阀可通过 CAN 总线及内置传感器获取故障诊断数据，使设备诊断更加方便。

③ 运算部分。微处理器的作用就是可以通过配置或编程对被控对象进行人为需要的控制特性，其中包括逻辑运算与控制的解耦运算等，因为有解耦运算能力，所以需要轴控制级别的芯片。本比例阀的芯片由于解耦运算能力、内存容量因此称为“智能芯片”，它可以自动识别回路状态，实时诊断，确保设备可靠运转。

④ 驱动放大部分。微处理器输出的信息必须经过功率放大才能够驱动功率元件，即驱动比例电磁铁，目前驱动放大电流对液压比例元件而言在 2A 左右或以下（不计入峰值电流）。

⑤ 信息传输部分。液压元件的本身有信息传输要求，元件与被此元件控制的对象也存在信息传输部分（如反馈等），除此之外元件与主机之间也有信息传输的要求。在采用了微处理器后，已经不再是通过 PLC 来控制彼此之间的联系信息，而是可以通过总线和网络来进行信息传输。信息传输也有相应的芯片或集成在专用芯片之内。AxisPro 比例阀组成独特的分布式轴控制结构，可以减少布线、节约空间，更能降低 PLC 的设计复杂程度，从而使产品更加可靠耐用，并大大提升了控制性能及反应速度。图 8-42 的示意图体现了 CAN 总线的信息传输的接线状态。

⑥ 软件编程与调试部分。本元件采用了 Pro-FX 软件平台，可以进行元件的参数与模

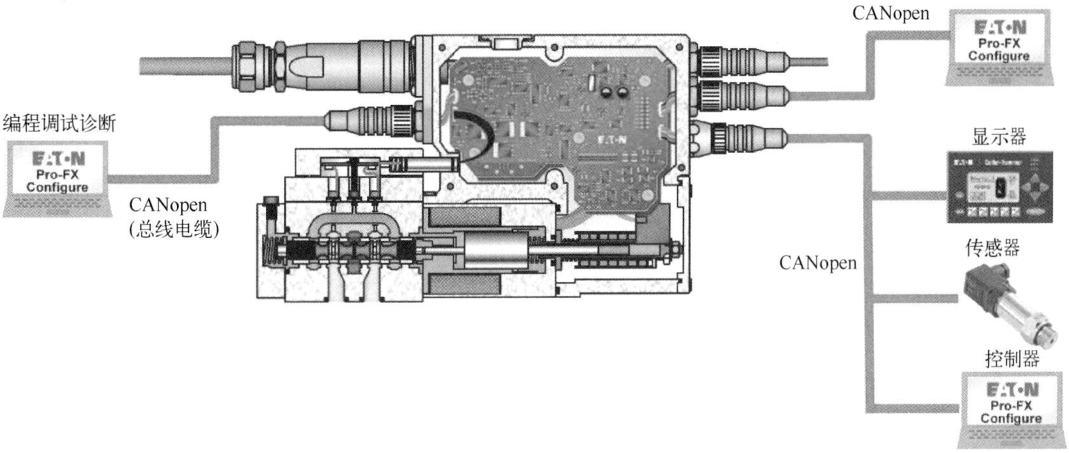

图 8-42　CAN 总线信息传输接线状态

式设置，包括调试与检验，也需要通过它进行客户的个体化编程，满足定制化的要求。AxisPro 比例阀具有四种等级控制设计，集软件和硬件于一体，摒弃了传统比例阀的固定曲线和特性，通过特有的 Pro-FX 编程软件可以进行自由配置曲线和编程，将客户对系统的独特理解和经验植入比例阀，以达到不同客户对细节和功能的不同需求，为客户提供包括软件和硬件在内的整体解决方案及个性化的应用选择。

因此，AxisPro 伺服性能比例阀从结构组成而言，采用内置的轴控制器和 CANopen 总线通信技术，实现数智电液一体化，已经具备液压元件智能化的构件要素，从这个角度看它是“革命性的元件”。但是从功能上而言，智能元件的全部应该是“自主感知、自主控制、自主健康管理、自主节能”的，整个 AxisPro 伺服性能比例阀具有智能必要要素，但是还没有达到智能功能的充分条件。也就是说 AxisPro 伺服性能比例阀达到了数字化互联化以及初级的智能性，也必然具备这些数智化带来的优越性。总之，AxisPro 伺服性能比例阀是一个模块更简易、响应更快速、安装更便捷、成本更节省、防尘防水等级更高、耐高低温更宽泛、自带 LED 诊断、使宕机时间最小化、可完全客制化编程的新一代元件。

（2）AxisPro 伺服性能数智比例阀的数字控制放大器的基本概念

根据 AxisPro 伺服性能数智比例阀样本，其数字控制方框图如图 8-43 所示。其控制主要采用微处理器芯片，属于轴控制功能的控制器。同时，执行机构端的传感器信号可以直接进入阀控制器。此微处理器既接受来自上位机的参数与模式设置，也可为客户所需的性能进行编程设置，从而达到定制化的目的。通过 Pro-FXControl 编程软件进行客户化的控制程序设计，这样可在 AxisPro 阀上直接完成位置/速度/力/压力闭环控制及复合闭环（压力速度闭环）控制等诸多控制模式。根据具体应用的实际需求，可灵活配置闭环控制模式，包括 DPC 位置控制、DSC 速度控制、DFP 力/压力控制、DPQ 压力/流量复合控制等。在图 8-43 中也显示了监控信号的输出，在微处理器内具有自动识别回路状态，实时诊断，确保设备可靠运转。为了展示数字控制器与模拟控制器的区别，图 8-44 显示了 4WRLE 型伺服比例阀的电路方框图。

由图 8-43 与图 8-44 的比较可以粗浅看到：二者的控制核心元件是不同的，一个是模

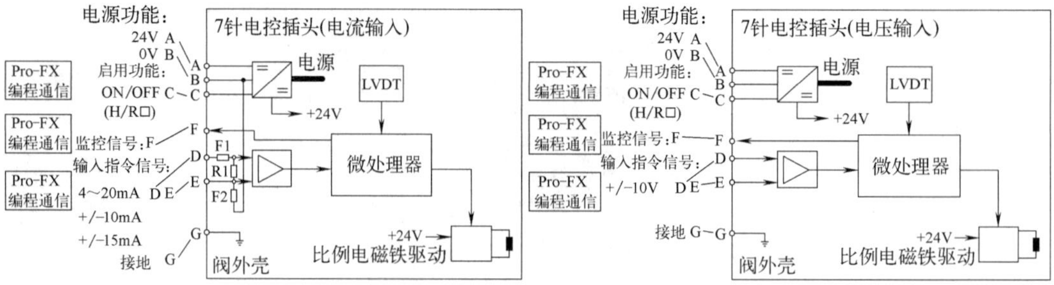

(a) 电流信号输入　　(b) 电压信号输入

图 8-43　AxisPro 伺服性能数智比例阀的数字控制方框图

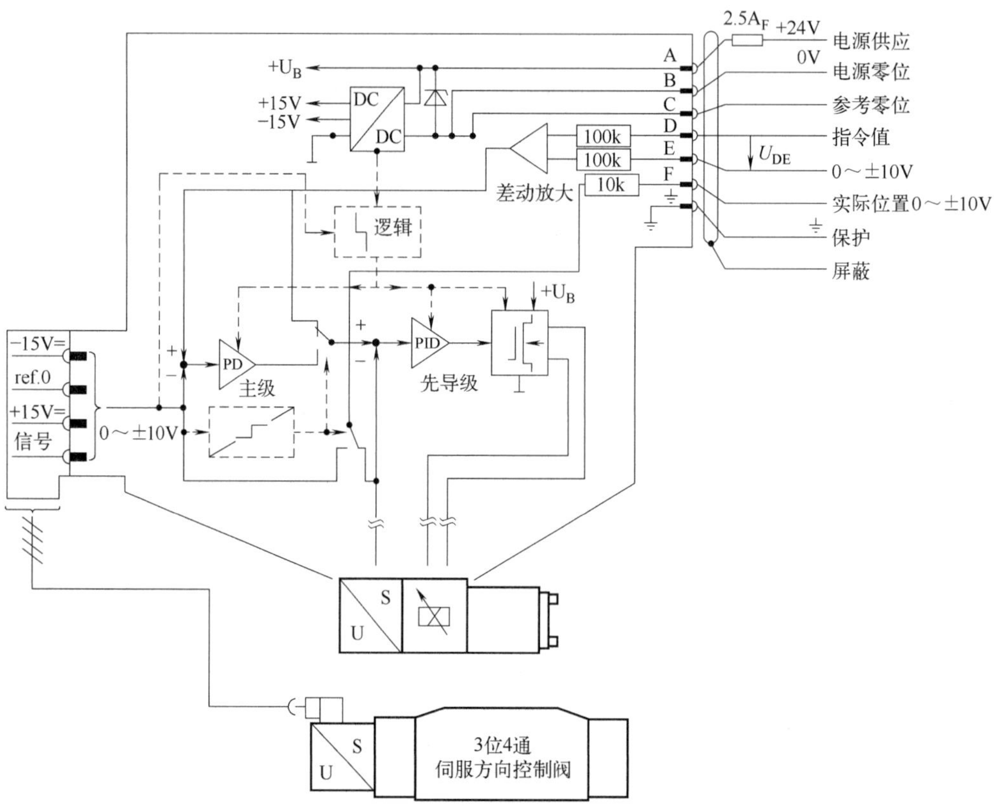

图 8-44　4WRLE 型伺服比例阀的电路方框图

拟电路，一个是微处理器数字电路；模拟电路需要非常注意线路的屏蔽，以免外磁场的干扰，而数字电路要求会有所降低；另外数字电路可以与上位机通信进行设置，模拟电路只可以进行自身的参数设置，而且受本身特性局限，不可能达到客户定制化的目的。

由于使用了总线技术，在 AxisPro 伺服性能数智比例阀的布线上与模拟电路有根本的不同。此数智比例阀可以利用其公司具有的 SmartWire-DT 智能布线系统的核心功能显著缩短布线时间，使安装人员能够将面板复制速度提高 7～10 倍，可对距离控制面板 600m 的机载组件进行无故障地安装和布线，与第三方 PLC 轻松集成。通过将复杂的电路布线整合到一根耐用的电缆中，降低了面板和机器布线的复杂性。

AxisPro 伺服性能数智比例阀的 CAN 总线通信系统不仅仅是局域网，还可以通过 SmartWire-DT 技术下的实时以太网关 EU5C-SWD-PROFINET，实现与 PROFINET 网络连接。只要按下网关上的配置按钮，即可开始自动组态的过程：扫描连接的 SmartWire-DT 网络，保存网络组网，SmartWire-DT 设备数据作为模块化的 IO 设备映射至 PROFINET，最终生成 GSDML 文件，用于在 PROFINET 控制器中配置；在在线状态下，网关可以提供 SmartWire-DT 诊断数据，方便地在现场进行快速调试。AxisPro 伺服比例阀通过 CANopen 转其他协议的网关，也可以实现阀和其他网络的连接及通信。该产品关于 ProfiNET 协议和工业以太网协议的 AxisPro 比例阀产品类型也正在开发之中。

对模拟与数智两种不同控制器产生的动态性能效果而言，表 8-7 将 KBFDG4V3（传统反馈型高性能比例阀）与 KBS1DG4V3（AxisPro 伺服比例阀）性能列出，可以比较二者的异同。从放大器诸如滞环、阶跃响应等方面来看，AxisPro 伺服比例阀动态性能有极大提高。图 8-45 为 AxisPro 伺服比例阀动态试验曲线。

表 8-7　KBFDG4V3（传统反馈型比例阀）与 KBS1DG4V3（AxisPro 数智伺服比例阀）性能比较

序	性能指标	KBFDG4V3(高性能闭环数字比例阀)	市场其他品牌模拟式伺服比例阀	KBS1DG4V3(AxisPro 数智伺服比例阀)
1	(额定压力/MPa)/[额定流量/(L/min)]	35/28($\Delta p=5$bar)	31.5/40	35/40
2	阶跃响应(单流道,达到阶跃 90%时间)/ms	15	10	6(全流量)
3	迟滞(最大行程计)/%	1		0.1
4	频响(行程的±25%,−3dB)/Hz	50	135	>150(幅频)

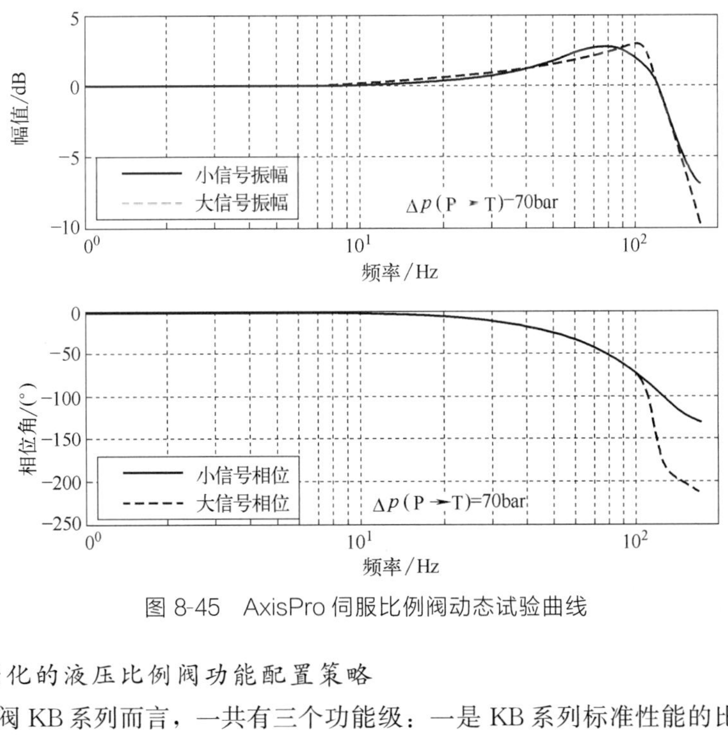

图 8-45　AxisPro 伺服比例阀动态试验曲线

（3）市场化的液压比例阀功能配置策略

对于比例阀 KB 系列而言，一共有三个功能级：一是 KB 系列标准性能的比例阀（基型），属于开环控制元件；二是 KBF 系列反馈型高性能比例阀，可以是开环或闭环控制；三是 AxisPro 数智放大器集成的 KBS 系列伺服比例阀，图 8-46 表达了该阀的结构特点：具有轴控制的数字放大板、可视性 LED 显示的故障类型，采用嵌入式压力与温度传感器的布置。

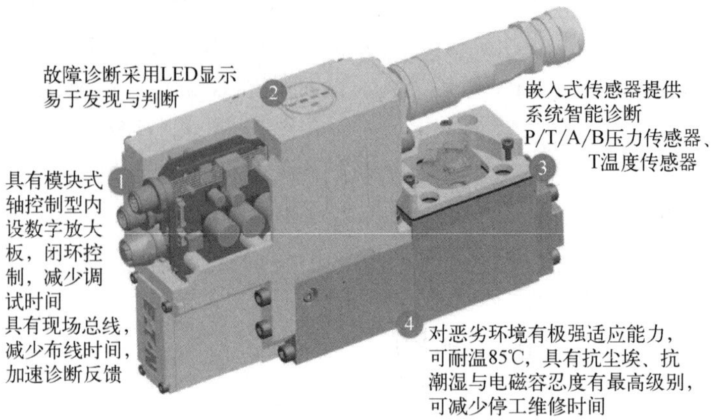

图 8-46　AxisPro 数智比例阀结构配置

AxisPro 数智伺服比例阀从应用需要出发，可以灵活地为任何运动控制提供解决方案，包括软件和硬件在内的个性化的应用选择。为此，AxisPro 阀功能配置共分为 4 个等级，等级 1 的高性能是自诊断、可灵活配置的信号类型，等级 2 和 3 的阀内置了轴控制器，等级 3 的阀体上还集成了 4 个压力传感器和 1 个温度传感器，而等级 4 是让等级 2 和 3 均可选配命名为“WhiteSpace”的“白空间”（数据中心）的资源，达到客户个性化设计的目的。如图 8-47 所示，可以清晰看到不同的配置与相应的功能。值得注意的是，元

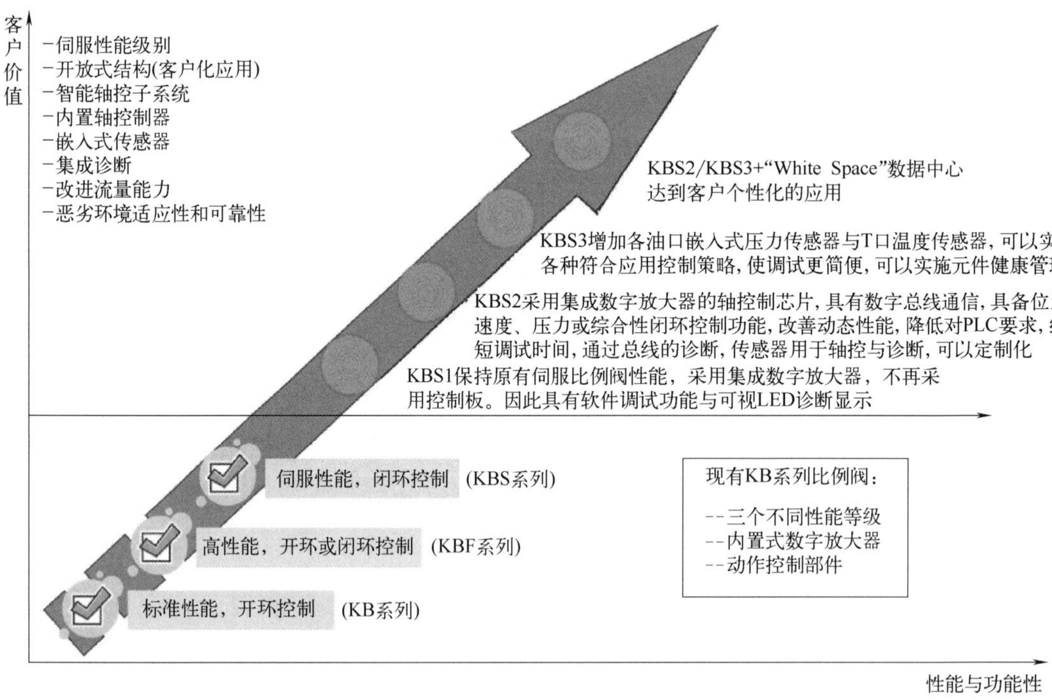

图 8-47　AxisPro 数智伺服比例阀系列的功能性配置

件达到客户个性化是采用软件达到的，从生产制造角度看实际会减少比例阀产生的品种，方便生产管理并且减少库存。

在此清晰地可见，AxisPro 数智伺服比例阀根据应用需要可以以不同的配置实现相应的控制需求，可以通过表 8-8 更明确地表达它们的配置与达到的功能。

表 8-8　AxisPro 数智伺服比例阀四个功能等级

等级功能	第 1 等级 KBS1/KBH1	第 2 等级 KBS2/KBH2	第 3 等级 KBS3/KBH3	第 4 等级 KBS2/3＋数据中心“WhiteSpace”	效果
集成数智放大器	√	√	√	√	数字化元件
LED 诊断指示	√	√	√	√	提升可靠性寿命
嵌入式传感器	×	×	√	×/√	智能自主感知
轴控制芯片	×	√	√	√	提升运算速度
CAN 总线	×	√	√	√	内部信息传输
Pro-FX 配置软件	√	√	√	√	参数及模式设置
Pro-FX 编程软件	×	×	×	√	客户化 PLC 编程
数据中心“White Space”	×	×	×	√	个体定制化
应用范围	速度控制	速度、位置与 PQ 控制	位置控制、压力控制、PQ 控制		闭环控制

(4) 由数智放大器集成的液压伺服比例阀的应用优势

如表 8-9 所示，AxisPro 数智伺服比例阀支持所有的控制架构，无论是模拟控制还是数字控制，从总的看，采用数字放大器以后，系统更容易设置、调试和排除故障，从而获得最佳的系统性能，产生良好效益。具体体现在如下几个方面：

表 8-9　AxisPro 数智伺服比例阀支持的控制架构

机器控制架构	轴控的性能	诊断功能	安全性	PLC 复杂性	安装
集中式模拟控制	受限于 PLC	无	有限的	中等	接线复杂，电缆成本高
分布式的现场总线	嵌入式控制，优于 PLC	有	提高型	低	接线以致系统更简单

① 由于数字放大器可以与计算机上位机通信，设置快速简便可扩展，可以实时更改，简化对 PLC 的要求，也简化对原有组件的要求；

② 可以进行任何控制架构下的运动控制，无论是集中控制还是分散控制；

③ 采用高性能芯片有利于元件提高动态性能；

④ 数字放大器采用 Pro-FX 软件技术平台，具有开放式架构设计，完全灵活地为任何运动控制应用创建定制解决方案；

⑤ 嵌入式压力、温度传感器不仅为元件的智能性提供了条件，也为元件带来实时数据、预测性健康监测以及诊断，使元件在恶劣环境下工作又提供了进一步的补充。

CAN 总线可以传输数据信息、地址信息与控制信息三种，也就是采用寻址的方式访问在总线上的所有设备，因此无需采用 PLC 端对端的通信方式，这样有利于进行分散控制方式，接线简洁，如图 8-48 所示。图 8-48（a）显示了多通道集中模拟控制器的接线方式，接线是点对点，因此接线不仅长而且需要施工时一一对应，费时费力；采用 CAN 总线后，由图 8-48（b）可见，由一根总线电缆将设备并联，形成分布式快速的环路闭合，减少信号干扰与失效，也有利于故障诊断。图 8-48（c）就是可配置的轴控制器用于闭环控制的接线图，而图 8-48（d）是用于多轴的分布式运动控制的接线图。从中可见，CAN 总线网络通信方式不仅更简单，而且传输速度更快，错误判断识别更容易。

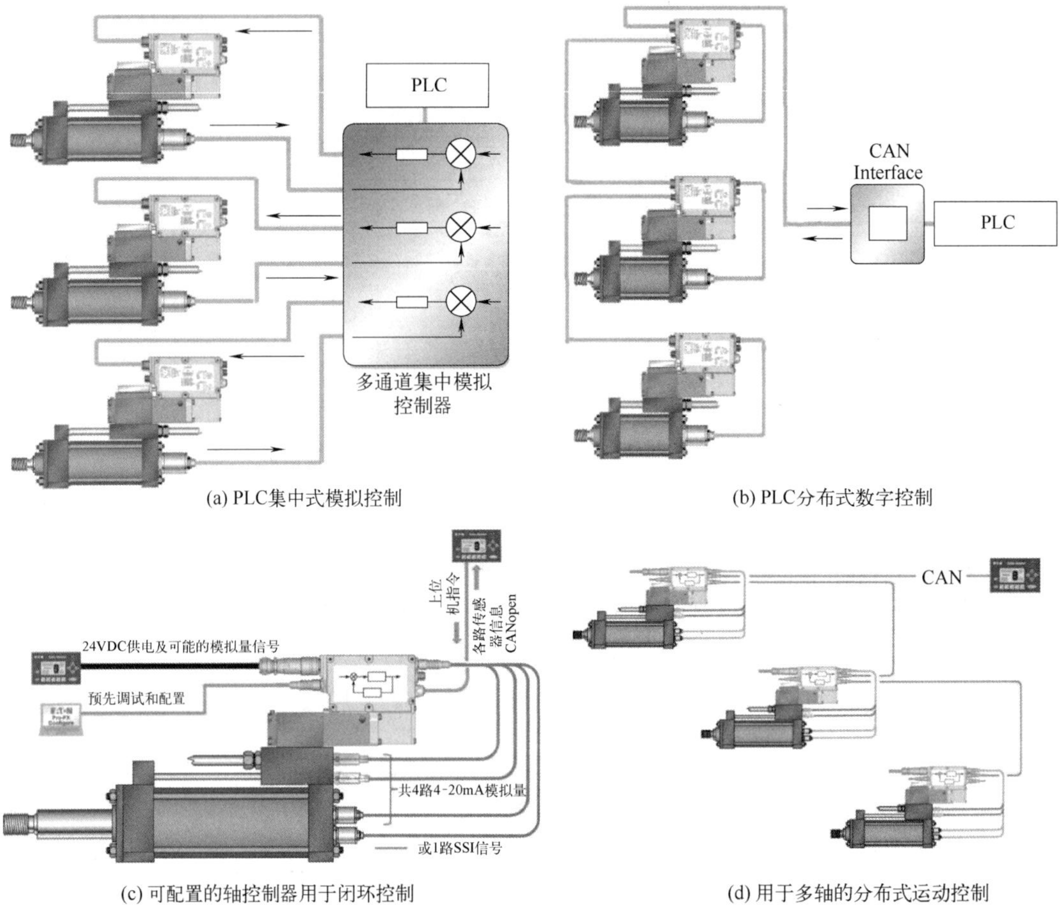

(a) PLC集中式模拟控制　(b) PLC分布式数字控制
(c) 可配置的轴控制器用于闭环控制　(d) 用于多轴的分布式运动控制

图 8-48　AxisPro 数智伺服比例阀所采用的数字控制架构

（5）数智放大器集成的 AxisPro 伺服比例阀的生态技术框架

AxisPro 数智伺服比例阀与传统伺服比例阀最大的区别就是放大器。传统比例阀模拟式驱动放大器对于液压技术而言，往往游离在“液压”与“电控”之间，对于模拟驱动放大器只要完成比例电磁铁动作的功能与液压技术中所涉及的性能、功能后，二者的关系就不大了，除去初期调试时涉及零点、控制速率或 PID 调节等设置。而采用数字放大器涉及上位 PC 计算机功能调试等，液压技术人员与用户对于涉及的生态技术就比过去要深入与广泛。同时对于生产厂而言，液压比例阀元件性能与数智放大器的关系更加紧密，因此作为产品不仅要考虑液压元件性能的标准，也要考虑与此性能密切相关的生态技术的使用标准。这些生态技术涉及集成在液压元件上的电控接口、电缆接线、LED 显示、软件、芯片及其语言、总线、术语等。

① 数智驱动放大器的 I/O 接口及其电缆与接头。在产品样本与使用手册中，会详细对接口使用的接头进行功能与性能的确认，以便保证在设计与施工中接线的正确性。

7 针电源接头的功能与接线在图 8-49 中已经描述。而 CAN 总线的 5 针接头有三个，它需要满足 CAN-H 与 CAN-L 以及它们之间连接端的 120mm 的规定，同时也要有 PC 的 CAN 总线转换接头，如图 8-51 所示，它们都符合 CiA（CAN in automation）DS102 协议；而可以改变节点 ID 与比特率的 LSS（layer setting service）都符合 CiA DSP305 协议。除此之外，还有同步串行接口（Synchronous Serial Interface Port，SSIP）与传感器接口。

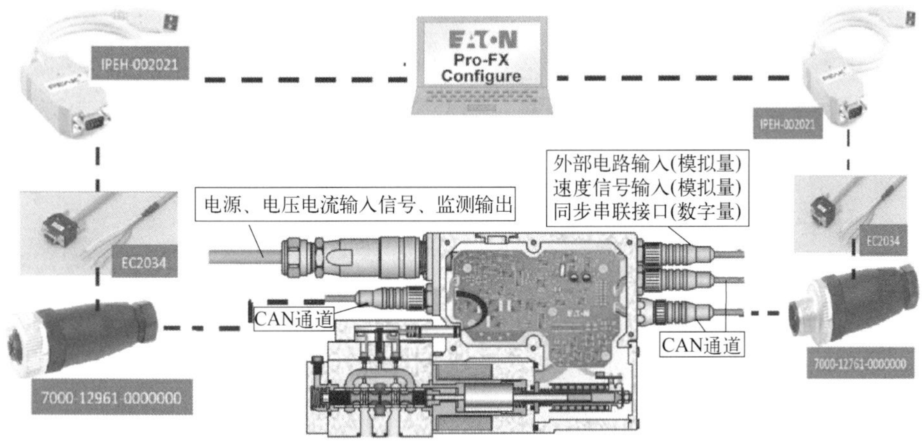

图 8-49 AxisPro 数智伺服比例阀 I/O 接口

② 显示故障的 LED 指示窗（图 8-50）。显示故障的 LED 指示窗满足 CiA DR303-3 显示规范协议。对于 CANopen 总线绿灯代表正常，红灯代表有严重的问题存在；对于故障诊断的显示也一样，主要反映比例阀的工作状态。

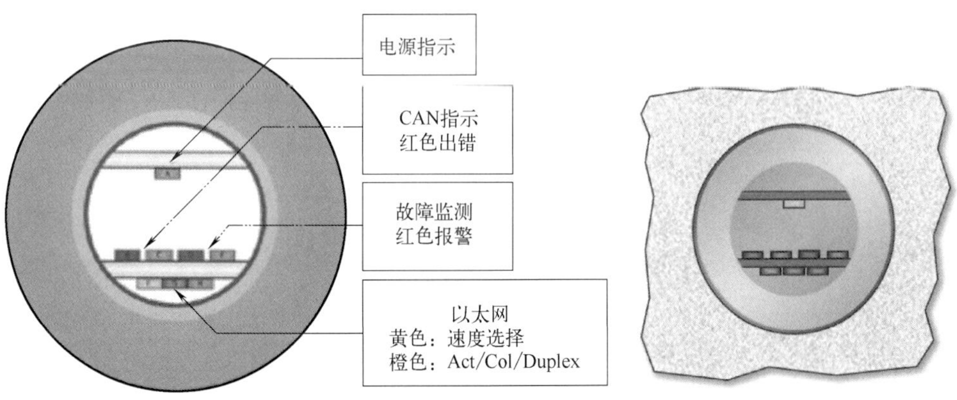

图 8-50 显示故障的 LED 指示窗

③ 行业通用软件 Pro-FX 的元件设置启动。软件 Pro-FX 是以 PC 机 Windows7 为基础的行业通用软件。本软件的启动可以通过 PC USB 外设的 CAN 总线转换接头的 PEAK-System 驱动程序等设置进行驱动。如果一切正常，选择波特率默认值就可以使软件 Pro-FX 在 CAN 总线连接条件下与该比例阀元件进行互联。否则按屏幕提示或修正。其流程

以图 8-51 行业通用软件 Pro-FX 在 AxisPro 数智伺服比例阀上的启动程序表示出。该软件应用时的页面可以从图 8-52 的 AxisPro 连接 CAN 总线页面、图 8-53 通过 Pro-FX 对 AxisPro 伺服比例阀进行图形参数设置的页面以及图 8-54 的 Pro-FX 设置的数据图形了解到。

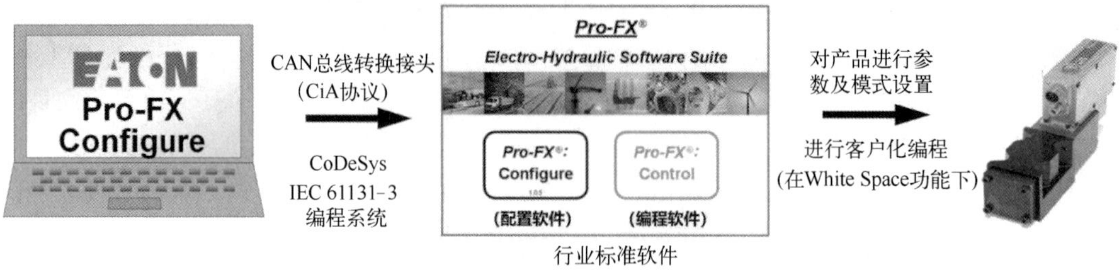

图 8-51　行业通用软件 Pro-FX 在 AxisPro 数智伺服比例阀上的设置启动

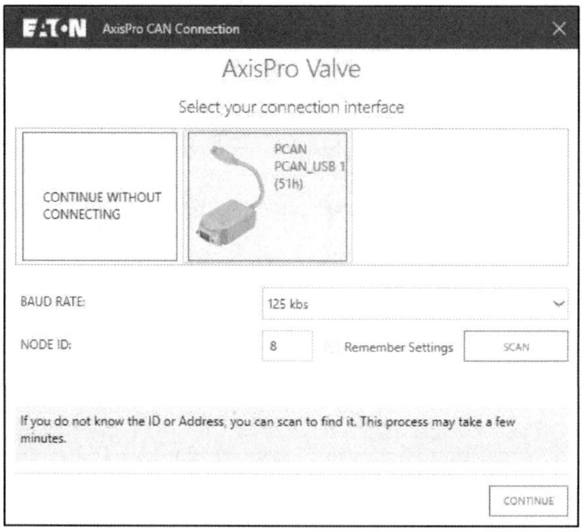

图 8-52　AxisPro 连接 CAN 总线页面

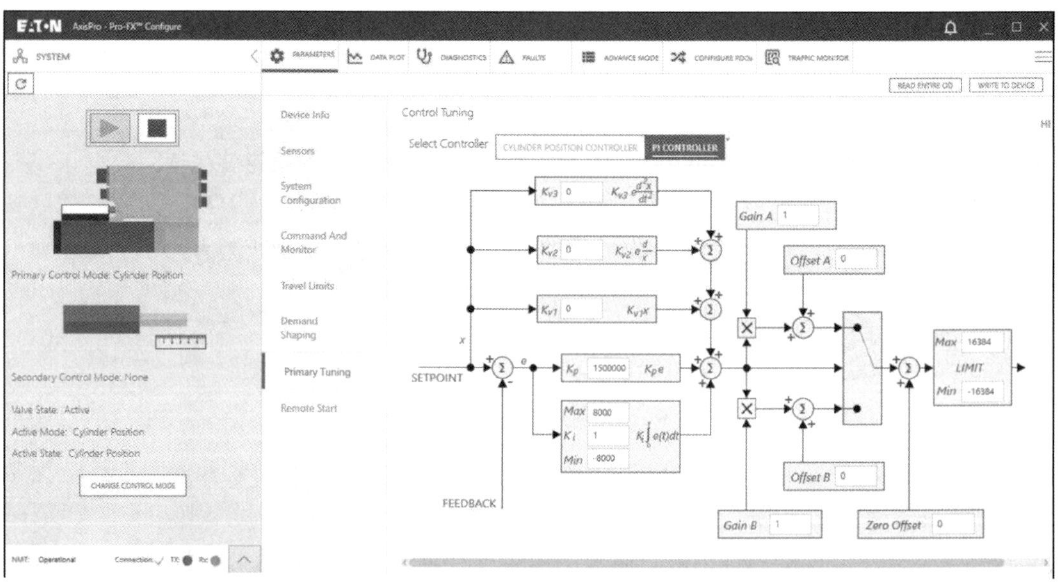

图 8-53　通过 Pro-FX 对 AxisPro 伺服比例阀进行图形参数设置的页面

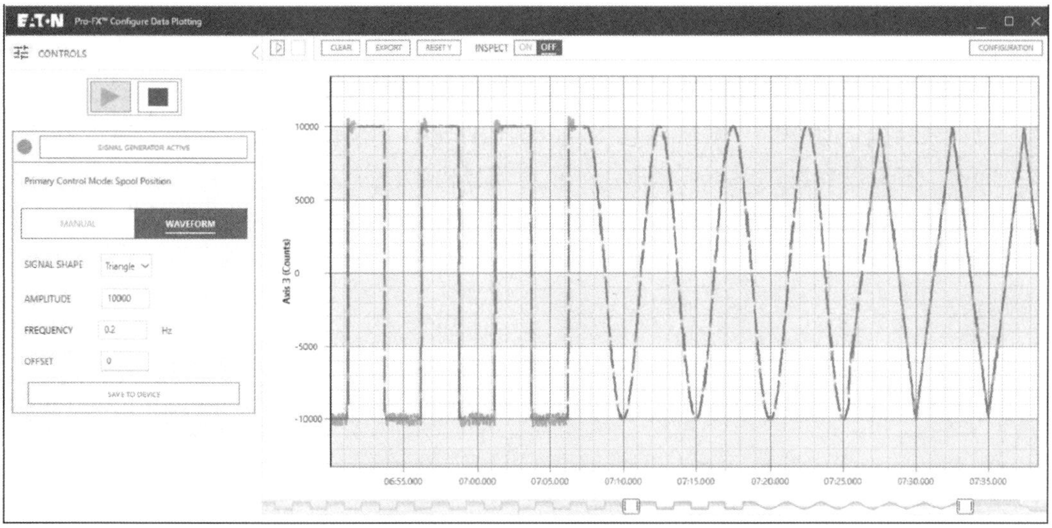

图 8-54　Pro-FX 设置的数据图形

④ 行业通用软件 Pro-FX 的功能与使用。

a. 主窗口页面有参数配置栏、调试示波器栏、诊断功能栏、故障管理栏、高级模式栏、总线配置栏，以及数据管理菜单。

b. 为保证被设置元件在 CANopen 网络中进行设置，首先要测试节点 ID（地址 255），而节点 ID 必须根据 LSS 协议（CANopen layer setting service）设置。

c. 软件会调用 AxisPro 比例阀的对象字典 OD（object dictionary）参数列表，它相当于一个固化于元件内的标准化的电子数据表（. EDS），集中了各个可以显示/修改/配置等的参数项，这些参数通常分组为通信参数、控制器参数、传感器参数等，它包括类似线圈电流值/斜坡时间/PID 控制器的关键系数等。通过对应的软件工具读取或者修改这里的数值，可以使得阀呈现不同的控制性能和使用功能。例如，同一个阀，通过配置可以是位置闭环阀、力/压力闭环阀、阀内阀芯位置闭环而阀外为开环控制的阀；通过配置，阀可以是电流指令型、电压指令型，甚至总线控制型等。

这个 OD 很重要，和元件的固件 firmware 及 EDS 文件相一致。EDS 文件是 CAN 总线协议要求的元件级的通信用文件，和元件内 OD 相对应，基本功能就是读写数据，实现有效通信。

最后对 AxisPro 比例阀生成一份元件的“设备配置文件”（. DCF），该 DCF 文件在架构上与元件电子数据 EDS 文件表一致，但是具有本元件设备的实际参数而不是原先 EDS 文件中的默认参数，这些都符合 CiA DSP306 标准。

d. 设备配置（DS408 流体动力文件）。AxisPro 比例阀可以实施 DS408 流体动力文件（CAN 协会规范的协议文件）中提及的设备控制几种模式。采用软件工具 Pro-FX Configure 监测工具菜单或控制工具菜单作为接口，按菜单指令读取参数。也就是说，通过其他 CAN 通信控制软件工具对比例阀读取相应的控制数据时，它们的状态指令和信号指令都会指定到确定的 OD 地址对应项，对应变量的数据类型和长度也都会是一样的。这时菜单上具有包括设备状态、设备控制、设备模式、设备本地编码、实际值等各种类型指令。

通过一系列操作流程，从而达到设备的配置监测、设备建立与设备工作三个目的。

e. Pro-FX Configure 图形模式设置器选择。AxisPro 伺服比例阀设置也可以采用图形设置方法，易于理解与使用。图形设置就是用鼠标点击该图形符号，采用图形设置可以应用于位移控制模式（DPC）图形设置器，示例如图 8-55 所示，也可以应用于速度控制模式（DSC）图形设置器，以及可以应用于压力流量控制模式（DPQ）中。以图 8-55 为例，可以从中看到，在软件工具中包含了配置阀及其闭环控制架构的各个环节，最后调节 PID 中的比例与积分增益，使控制器达到要求的阶跃响应值。对于速度控制器还要处理对传感器进行校正、存取、接口等方面的设置要求。

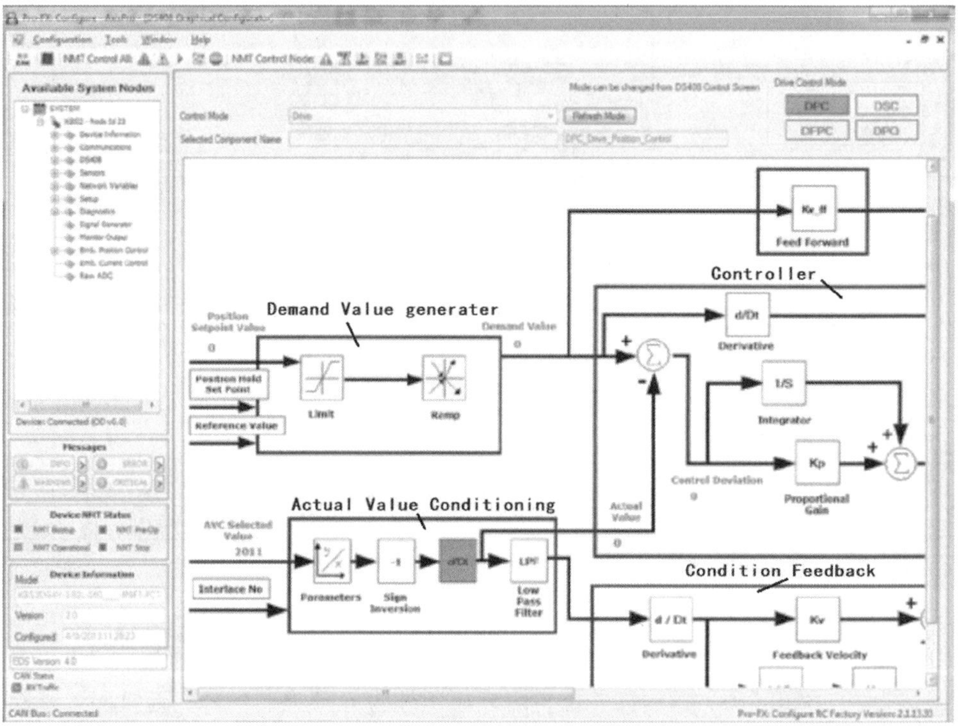

图 8-55　位移控制模式图形设置器示例

f. Pro-FX 软件还包括软件本身操作有关的指令。AxisPro 控制器包含各种传感器接口启用和校准、监测输出“自动操作”与“客户操作”的两种设置、数据同步设置、设置的诊断工具、临界情况定义、紧急事态、故障状态字符与存储字符、错误状态、用户诊断、用户错误水平设置、用户错误状态字符与存储字符等。

⑤ AxisPro 伺服比例阀的控制参数设置。Pro-FX 完成参数配置后，将它们保存到系统中，就可以对被控制的设备元件进行安装或者卸载。

使用 Pro-Fx 配置工具可以配置在 CoDeSys 主机的 Master 的设备节点 id 和波特率通道。顺序进行网关设置，CAN 总线也随之设置（也可以单独设置）。从而可以建立需要被控制元件的“控制方案”，直至完成所有的流程，包括调试纠错、总线连接与管理、总线遥控设备、可视化等。图 8-56 显示了可视化页面。图 8-56（a）是 CANOpen 从属的可视化选择示例，选择后各种设备元件参数利用这种形式安装。所属对象的特征被配置为显示/修改设备状态，如图 8-56（b）所示。图 8-57 显示了有关参数调节的界面。

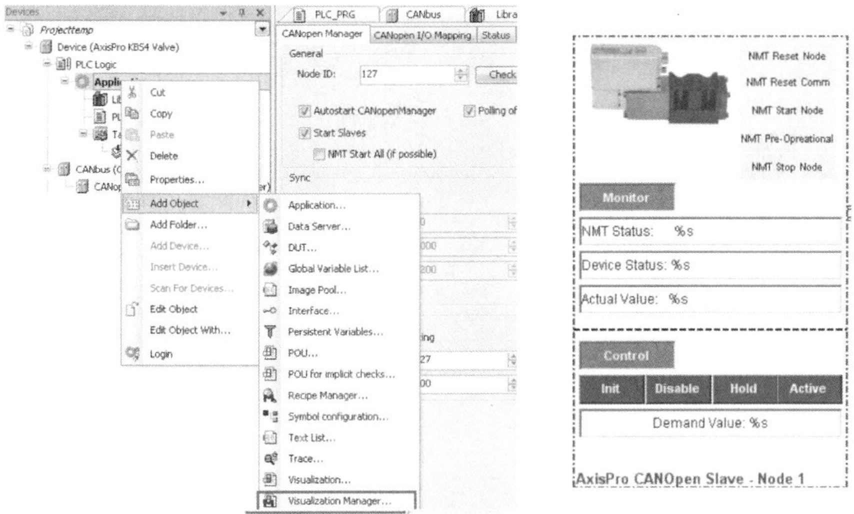

(a) 选择可视化的菜单　　(b) 可视化页面

图 8-56　AxisPro 伺服比例阀的控制参数设置

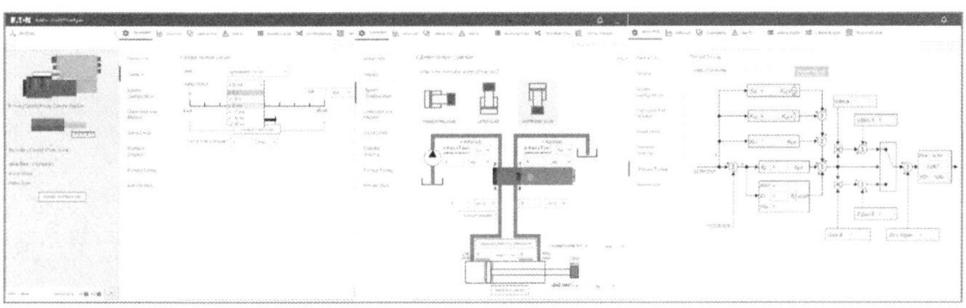

图 8-57　AxisPro 伺服比例阀的控制参数设置可视化

8.5.9　具有数字式比例放大器的液压比例阀

具有国内首创的励贝数字式比例放大器，用于液压高端比例阀与轴运动控制器至今已有十多年的努力，解决了行业内较大难度的技术问题，产品性能和可靠性已经过市场验证，打破了行业内此类产品一直被跨国企业品牌垄断的局面，有利于缓解市场这类产品成本高、货期长和服务难到位问题，有引领作用。

（1）数字式比例放大器

这类液压比例元件数字式控制器，在滞环、死区、控制电流稳定性、阀芯运动控制及可靠性方面全面超越传统的模拟式比例放大器。此数字控制器可以通过总线与上位机通信，实现参数的实时在线设置，非常方便于设备系统的调试。生产的数控比例放大器产品可配单/双比例、带/不带位移传感反馈、集成式、插头式等全系列各种款型，适用于各种比例阀与变量泵的控制，性能处于国内外领先地位。

用于液压比例阀或液压比例伺服阀的数字放大器提供了三种型式：插头式、模块式与集成式。在此介绍插头式与模块式，如表 8-10 所示。

表 8-10　数字控制比例放大器与数字控制比例阀（励贝）

序号	插头式数字控制器	模块式数字控制器	集成式数字控制器	数字控制器比例阀（集成式示例）
外形		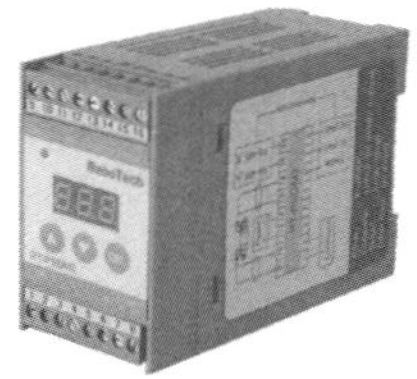		
安装特点	直接安装于电磁铁上，用于插装式元件等	安装在导轨上，用于控制不带/带位移反馈的各类比例阀	集成于比例阀阀体上	集成式数字控制器与液压阀一体化
参数设置结构图	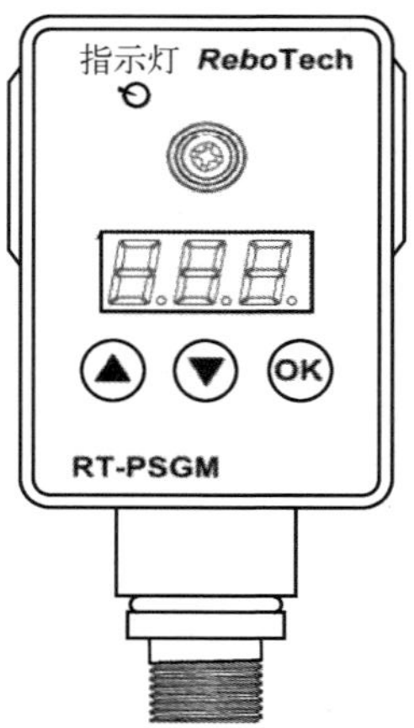	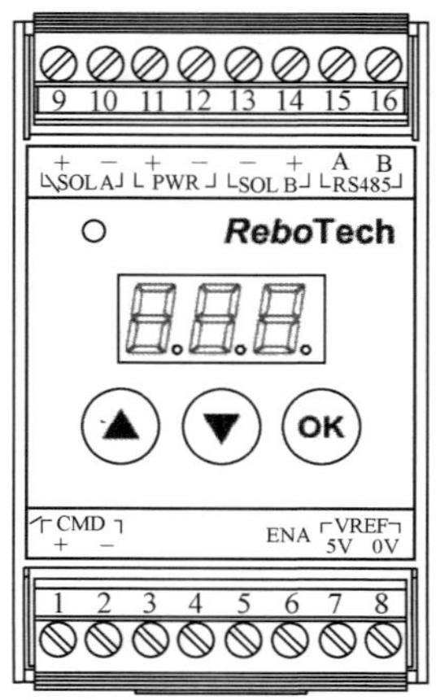	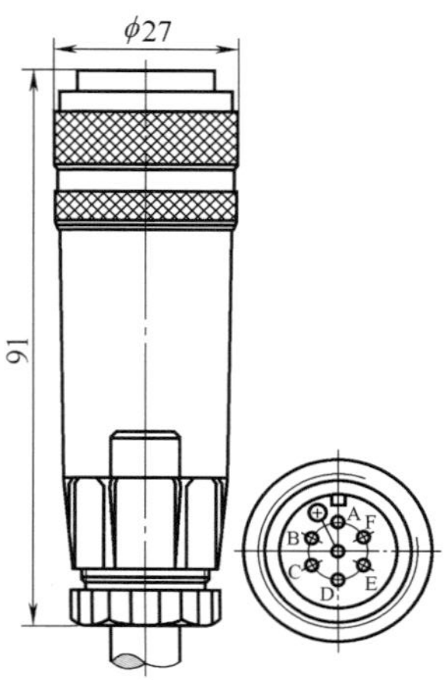	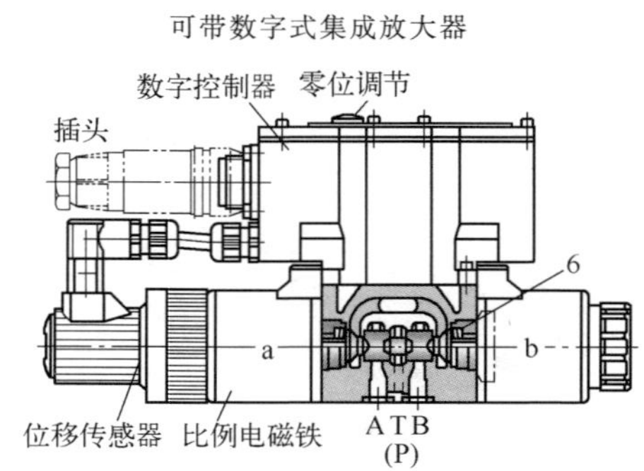

续表

序号	插头式数字控制器	模块式数字控制器	集成式数字控制器	数字控制器比例阀（集成式示例）
参数设置导航	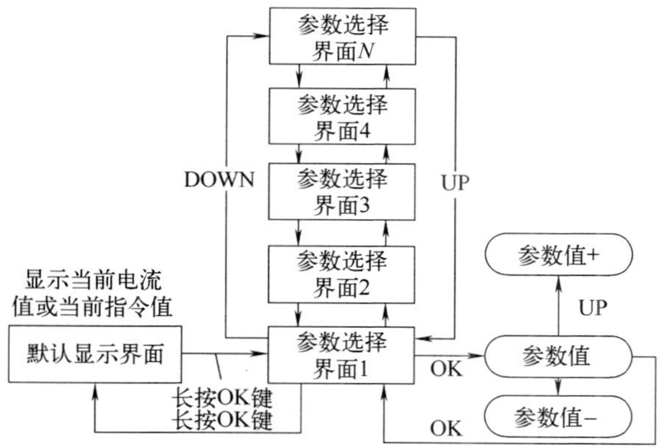		适用于力士乐型比例阀 USB接口：连接电脑进行参数配置 上位机软件：对参数配置 宽电压输入：19～35V 电位器：分别调节零位、增益、斜坡	带集成式放大器 可与欧美同类型产品互换 4WRLE-4X：通径 10～25，35MPa，60～400L/min（$\Delta p = 1\text{MPa}$）
接线示例	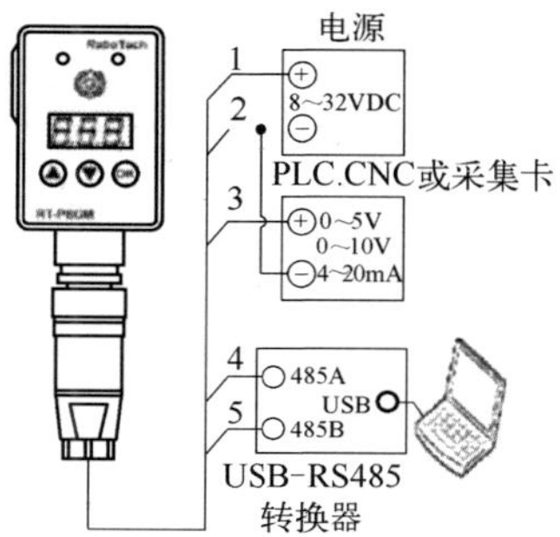	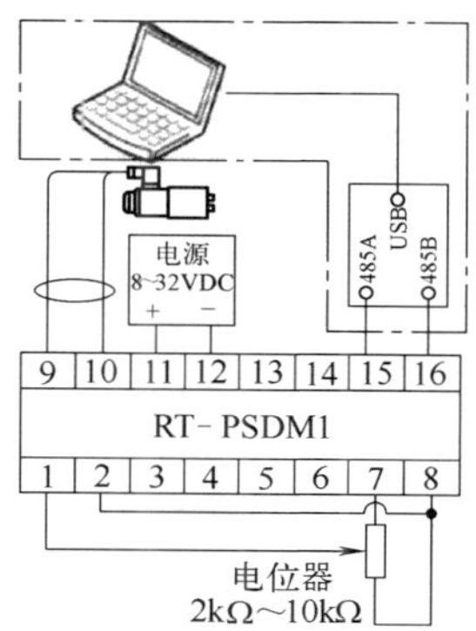	电源电压： A　24VDC（19～35VDC） B　0V， $I_{max} = 2A$ C　不接，差动输入 D　给定值±10V（A1）；给定值 4～20mA（F1） E　给定值基准电位 F　不接 PE　接阀体和低温物体	集成式数字放大器电路图 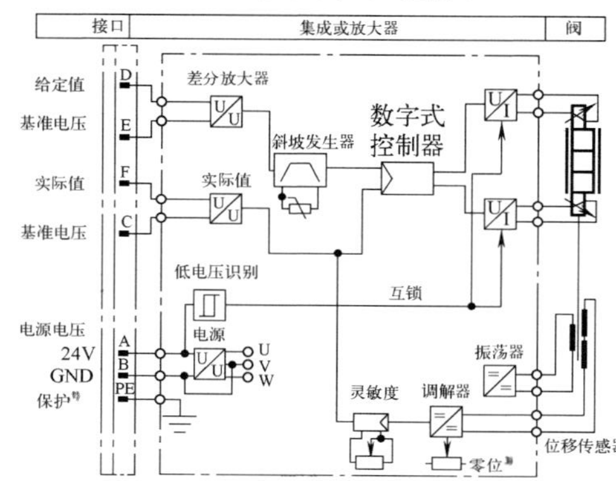

续表

序号	插头式数字控制器	模块式数字控制器	集成式数字控制器	数字控制器比例阀（集成式示例）
工作电压	8～32VDC		19～35VDC	
输入信号	0～5V，R_E≥100kΩ 0～10V，R_E≥100kΩ 4～20mA，R_E=250Ω		A1 型：±10V，输入阻抗≥100kΩ F1 型：4～20mA，输入阻抗=100Ω	
输出电流	0～3A		0～2.8/3	
线性度	1%		N/A	
分辨率	0.1%		N/A	
通信接口	RS485		MicroUSB	
通信协议	ModBus-RTU 多机通信		ModBus-RTU	
PC 端软件	EHC-Manager		配置	
故障诊断	对指令断线、过载，电磁铁断线、过流实时监测，并在数码管显示当前故障码，轻松定位故障点			

表 8-11 示出了 4WRLE-4X 阀，该阀的工作原理是当集成式数字放大器关闭或者未激活时，先导阀处于“安全位”，主阀芯在复位弹簧的作用下处于中位。在集成式放大器比较指令信号与阀芯位置反馈信号存在，且阀芯有控制偏差时，电磁线圈将被通电，通过改变线圈的电磁力，先导阀芯克服复位弹簧，控制先导油进入主阀芯控制腔完成修正调整。此时油液通过阀芯的台肩截面与控制信号相对应成比例。先导油可通过内控 P 或者外控 X 供给，先导回油可通过 T 口或者 Y 口返回油箱。当发生故障时，集成放大器控制线圈断电，先导阀芯回归到中位，释放主阀芯控制腔的先导油液，主阀芯在弹簧力的作用下返回中位。

4WRLE-4X 阀的动态工作性能（通径 10～25）可从表 8-11 看到，其响应时间为 25ms，滞环<0.1，这个指标可以从图 8-58（a）显示的时域响应曲线得到印证，以及

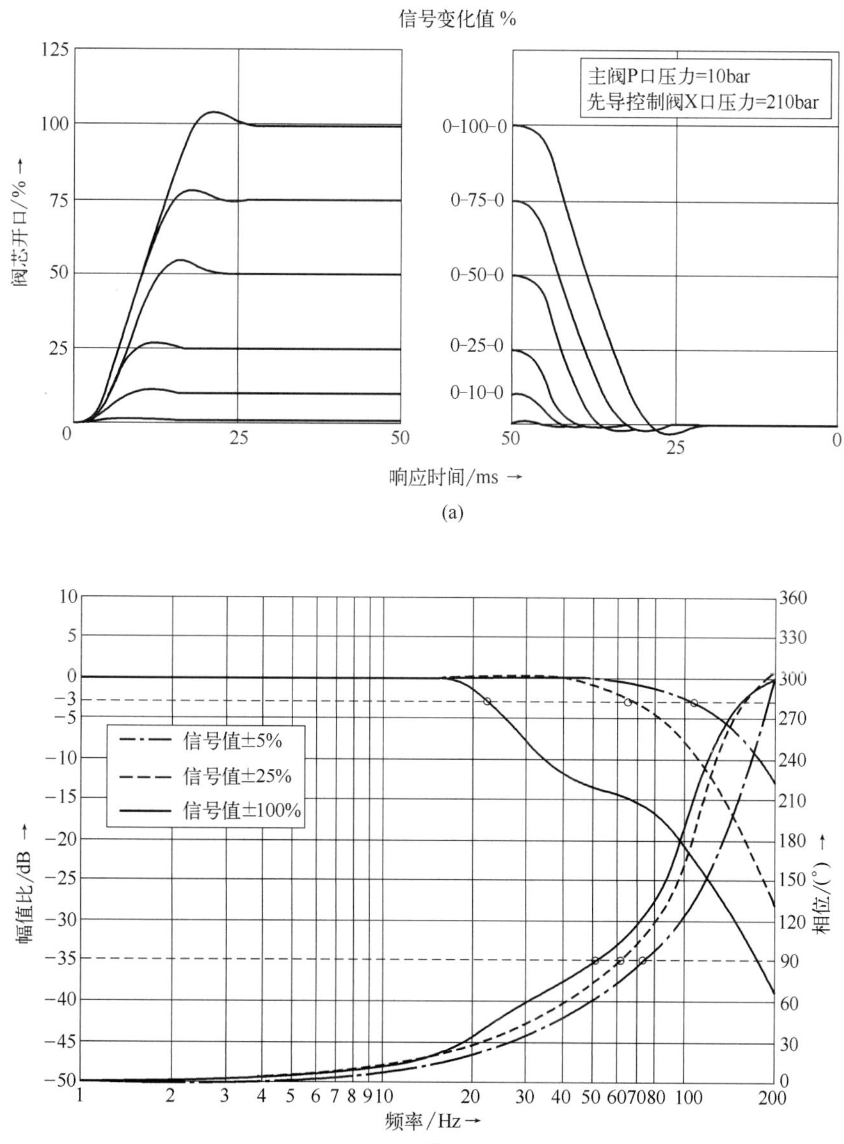

图 8-58　4WRLE-4X 阀的动态工作性能

图 8-58（b）显示的频域响应曲线图上获得，该阀的频响在信号值为 100%的情况下幅频为 23Hz、相频为 50Hz。

表 8-11　WRLE-4X 阀（通径 10-25）的动态工作性能

性能	滞环/%	回差/%	响应时间/ms	温漂(10℃)/%
指标	<0.1	<0.08	25	<0.25

（2）励贝轴运动控制器

励贝轴运动控制器就是在比例放大器和比例/伺服阀成功研制的基础之上，研发的一种通过控制比例/伺服阀来控制各种专用机床的工艺过程的闭环控制器，可用于精确控制执行机构的位置、速度和压力，设备性能参数可由上位机通过 EtherCAT、RS485、CAN 等总线发送给运动控制器，运动控制器按工艺性能参数要求来精确控制执行机构的速度、位置或压力。

根据液压电控元件软硬件和控制算法的经验积累，对比例/伺服阀控制，对系统的位置、速度及压力控制已研发出单轴、双轴控制器，可控制比例换向阀、比例伺服阀、比例流量阀和比例压力阀，对执行机构的控制精度达到了 1‰以上，工艺控制参数达到 11 段控制。可根据具体设备工艺要求研制各种设备专用运动控制器，其性能已达到国外主流同类产品水平。目前提供的运动控制器产品是 RT-HNC-1X 电液轴卡，此轴控制器已经用于注塑机的控制，其工作原理可见图 8-59。

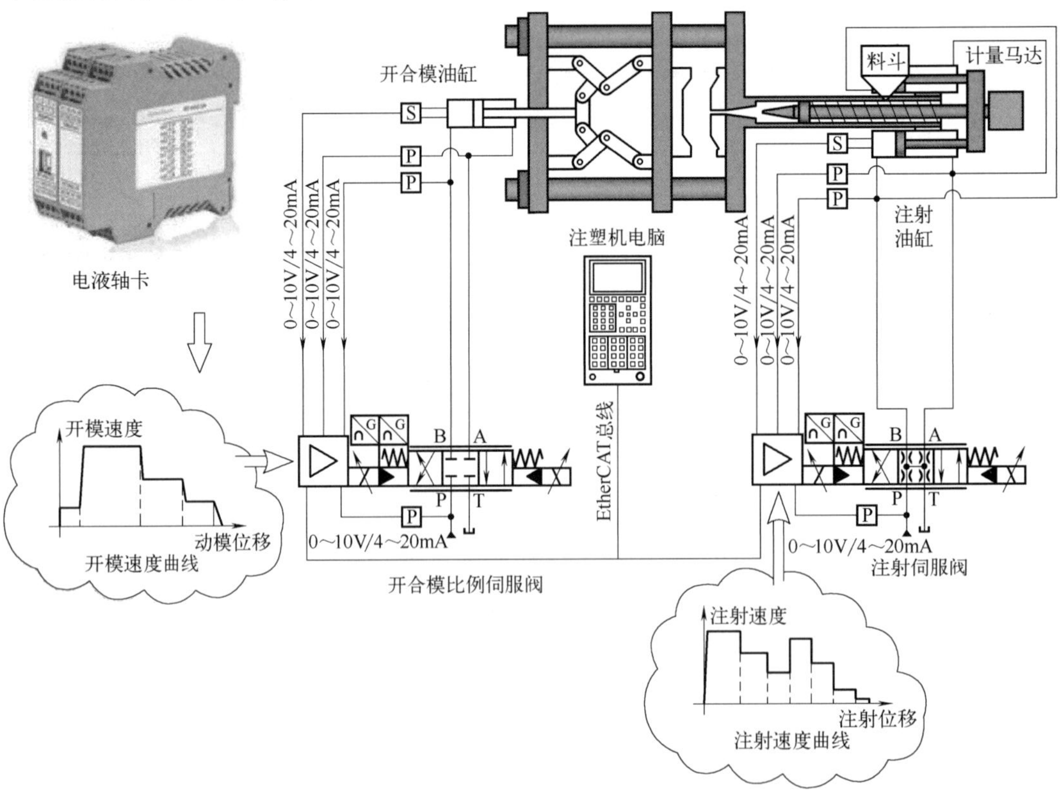

图 8-59　励贝电液轴控制器用于注塑机工作原理示意

8.5.10 可用于液压系统的分布式智能控制器

面对工程机械行业智能化的需求，20 世纪 80 年代发展起来的 PLC 已经是中低端技术与产品，难以满足网络与智能化要求。目前主流产品已为西门子（S7-300PLC 系列）、EPEC（芬兰具有 CAN 总线通信接口）、力士乐（BODAS）等产品所占据。国内产品少，三一重工开发了 SYMC 控制器，用于自产的起重机、挖掘机等，但确实迈开了一步。长沙赛搏也推出了 MIC7000 系列分布式智能控制器。

MIC7000 系列分布式智能控制器特点如下。

（1）适应智能时代需要（图 8-60）

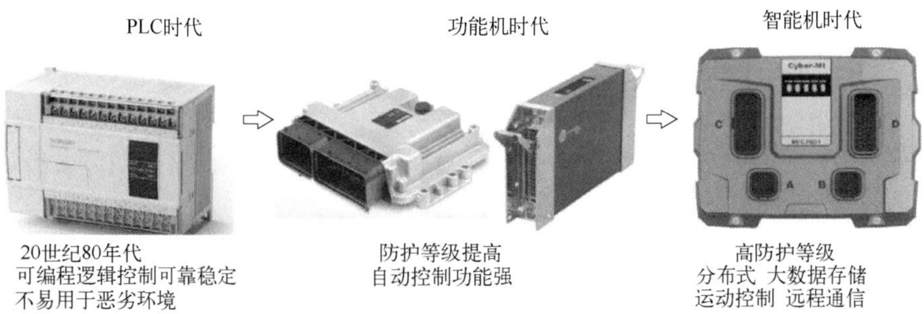

图 8-60 MIC7000 系列分布式智能控制器的功能发展

工程机械的控制器最初使用 PLC，对于工程机械的环境适应性较差，因此应提高防护等级以及加强工程机械的运动控制功能。但是在工程机械进入无人驾驶的时代，网络化的需求、远程通信的需求，以及群控等的需求在增加，因此分布式智能控制器就是适应这种场景。

（2）分布式、高可靠性（图 8-61）

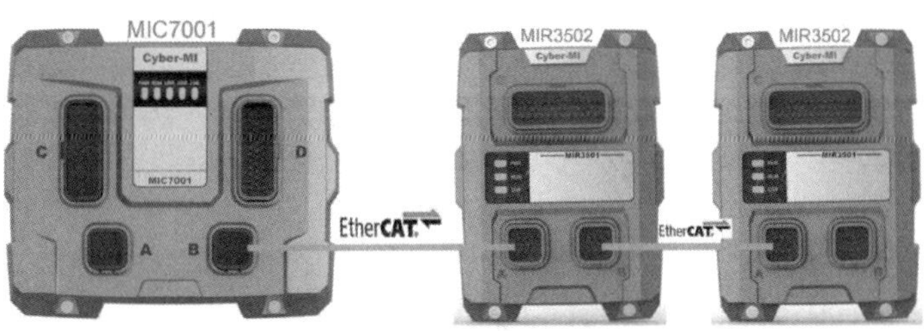

图 8-61 分布式的控制器

图 8-61 展示了分布式控制器的优点，通过以太网可以将不同控制器整合，以符合工程机械（例如群控施工等方面）的需求。在这种情况下，运动控制与远程通信都是十分需要的。分布式高可靠控制器可通过灵活组合满足各类型工程机械主机的不同需求，具有数据采集与大容量存储，具备数据采集、存储、传输和分析处理能力。

如果采用无线传输，传输距离＞2km（开阔地），在工地传输距离在 150m，响应延迟 50ms，优于有线 37%且能自动回避无线干扰。电池更是可以超长续航 90h，视线使用军工邦定减反技术夜间柔和且可视阳光，全数字手柄可以实现零漂移、零死区、零磨损，实现精准操控。

(3) 强大的数据采集、实时分析处理能力(图 8-62)

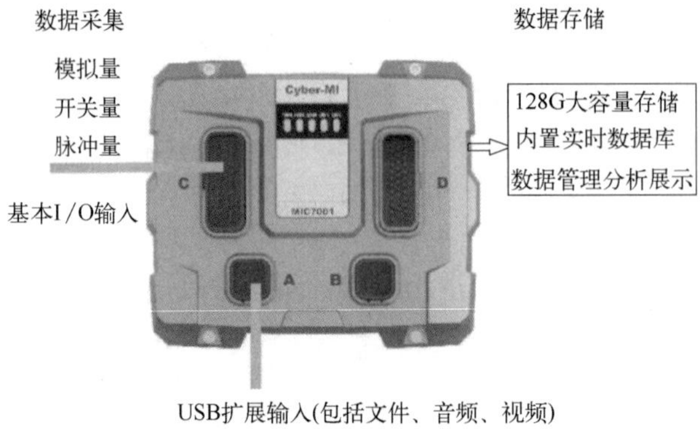

图 8-62 数据存储能力

此控制器可以提供数据采集、存储、传输和分析处理完整的服务。远程通信与监控可基于远程数据传输实时监控,避免主机设备失联。其中该产品最大的功能特点就是能够实现机器智能数据交互,更高清的显示,更精准的触控。

(4) 实现了电液混合运动的一体化控制(图 8-63)

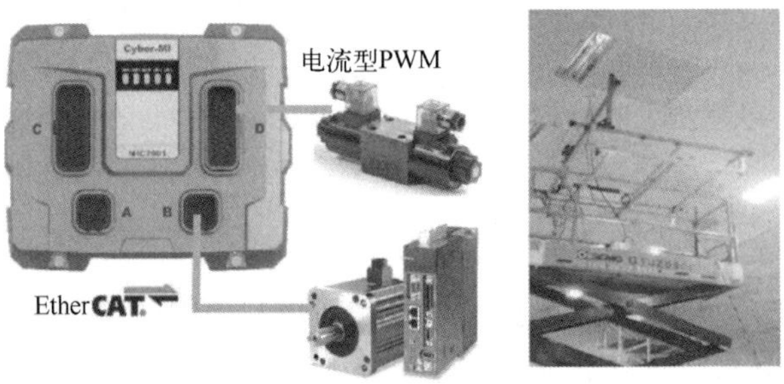

图 8-63 电液混合运动一体化控制

图 8-63 中的剪刀叉车是由液压驱动的底盘+伺服电机驱动的执行机构组成,可以利用此智能控制器进行电液混合多轴联合运动控制。

(5) 实时视频监测(图 8-64)

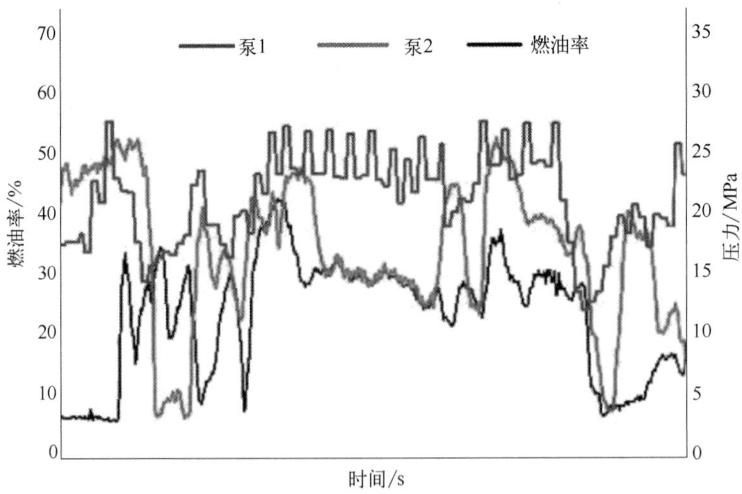

图 8-64 智能控制器实时视频监测

基于可视化功率智能匹配技术，在国内某厂家的中型挖掘机上实现节能 15%。

(6) 通过云的维护监测（图 8-65）

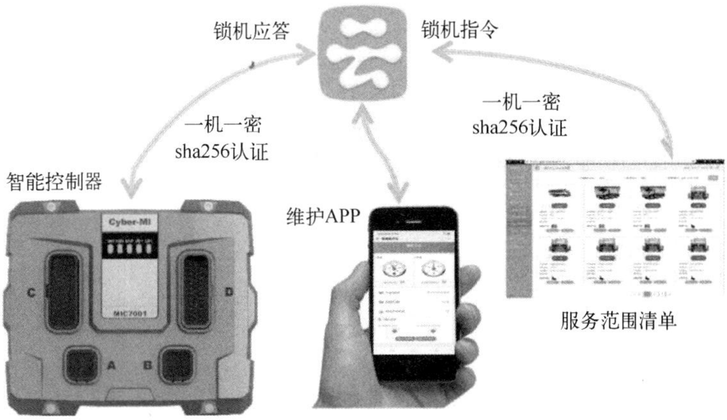

图 8-65　通过云维护监测

内置人机界面，随时 Wi-Fi 连接的人机界面更方便客户及售后人员监控系统运行状态。将主机客户通过维护 APP 云建立业务进行云维护监测。内置 GPRS 通信，实现开放式互联互通，定制 APP 快速、低成本地帮助进行维护监测。

(7) 助力厂商研发人员快速研发完善新产品（图 8-66）

开发、调试、维护均可通过无线或远程进行，摆脱束缚，提升效率，降低差旅成本。

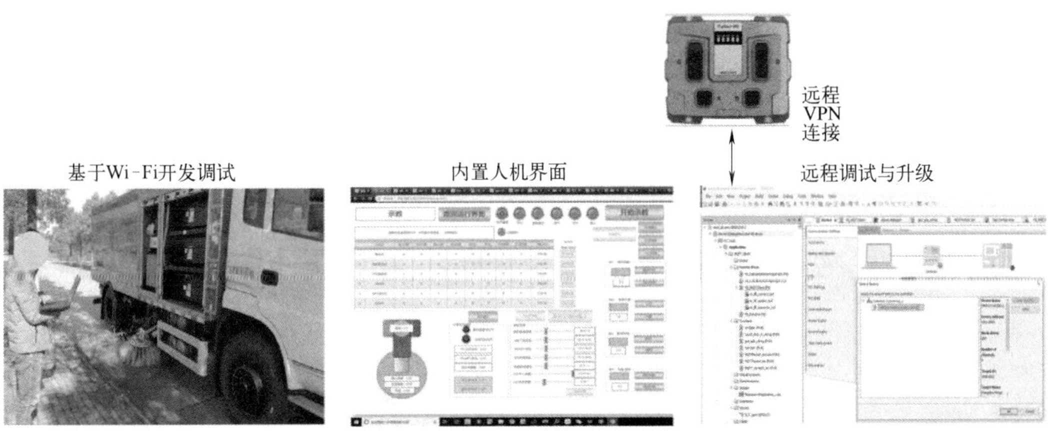

图 8-66　通过无线或远程开发、调试和维护

第 9 章 液压区块链测试技术

9.1 一种基于区块链技术的智能液压试验装置

一方面，由于涉及利益方，存在人为篡改和破坏液压测试数据的情况；另一方面，控制精度不够，导致测试精度与误差、测试数据不准确。以上两种情况导致人们对数据本身及试验系统不信任，阻碍了液压试验技术的应用与发展，也对液压技术的进步产生了不良影响。

一种去中心化、无需信任的数据真实性保障方法，就是利用区块链技术，将液压试验台全生命周期数据及其监测采集的传感数据用区块链进行真实性保护存储与共享，在现有智能液压试验装置（图 9-1）的基础上增加了区块链网络技术，将试验检测的初始数据上传到区块链网络，创建创世区块，后续数据的整理及修改将留下痕迹，防止数据被篡改，实现测试数据可溯源、实验报告可验证。

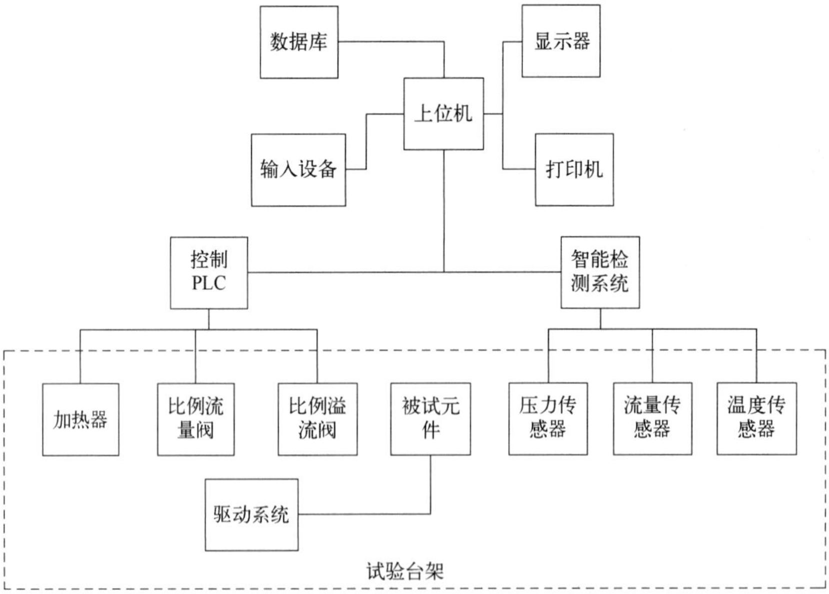

图 9-1 现有智能液压试验装置结构

同时针对当前网络储存数据存在的安全隐患，提出一种新的基于区块链的检测数据存证系统架构设计，通过将检测数据信息和被检测液压元件信息分别存储在关系型数据库和区块链上，然后根据索引将数据组合生成液压元件测试数据的方式，从而达到在不泄露元件厂技术秘密的情况下完成测试数据的共享。

9.2　液压试验大数据共享服务

近年来，随着液压元件的可靠性技术受到人们越来越多的重视，相关行业与院校均开展了液压元件可靠性的研究工作，编制符合中国国情的液压元件可靠性试验和评估方法，进行某些专项的可靠性试验。但国内缺少专用的液压元件可靠性试验与检测平台，为可靠性研究工作及液压元件的可靠性评估提供试验保障。因此建设国家级的液压元件可靠性试验检测公共服务平台，可用于国内液压件生产厂对产品的可靠性进行试验，以确定产品的可靠性，并找出影响可靠性的因素，通过改进设计、材料和加工工艺等手段，提高产品的质量和可靠性，是液压技术发展的趋势。在液压试验系统中，由于人们对试验技术的需求增加，需要在液压技术研发时对液压系统的试验指标更加完善，试验指标不仅仅局限于系统的流量、压力、温度等基本参数，还包括对系统运行时的电流、电压、转速、转矩等性能进行实时监测。完善的试验系统还需要对液压元件或系统可能出现的各种工况进行测试，得到极端工况下的性能测试数据。

基于区块链技术的智能液压试验系统及装备是由现代通信与信息技术、计算机网络技术、液压技术、智能控制技术汇集而成，并在液压系统或液压元件方面进行应用的智能集合。它是在现有智能液压试验装置的基础上增加区块链网络技术，将试验检测的数据上传到区块链网络，创建试验数据区块，确保试验数据的修改留下痕迹，防止随意对试验数据进行人为篡改，实现测试数据可溯源、实验报告可验证。这种区块链作为一种使数据库安全而不需要行政机构的授信，通过区块链各方可以获得一个透明可靠的统一信息平台，解决了数据的信任和安全问题。其更重要的一个技术特点叫智能合约。智能合约是基于这些可信的不可篡改的数据，可以自动执行一些预先定义好的规则和条款。例如试验中，有人可能怀疑数据被人为干预或修改，企业的测试数据客户不相信，要去找第三方检测评价等。因此，区块链技术的应用使得对“人”的信任改成了对机器的信任，任何人为的干预不起作用。

9.2.1　建立基于区块链技术的智能液压试验的检测联盟链

① 建立基于区块链的检测应用存证验证、可信操作与面向液压行业及工程领域的可信合约。

② 构建基于区块链的检测机构存证验证平台。

③ 形成基于区块链的技术监督执行与质检资质、监理资质的存证验证组织。

④ 实现液压行业区块链跨地域、跨行业、跨产业链的互认与可信保障机制。

⑤ 构建液压行业区块链基础平台，实现基于区块链的跨研、产、检、监、用的全链条协同保障、实施和标准，开展应用示范。

⑥ 液压试验测试精度的控制研究。

⑦ 智能控制液压检测的算法研究。

9.2.2 能实现的关键应用问题

① 实现测试数据真实客观、不可人为篡改，数据可溯源、报告可验证；实现数据可靠，为主机厂和元件厂之间搭建互信的纽带，建立液压行业可信的“工业信用”体系；实现液压检测社会资源的最大化利用，快速推进国产化液压元件的发展。

② 解决第三方实验室复检浪费的时间、电费、人工，提高社会运营效率。

③ 为主机厂筛选对比供应商提供可靠的有公信力的第三方网络服务平台。

④ 将接收到来自液压试验台的传感数据进行拆包和校验，检查数据来源的可靠性；存储传感数据至数据库，并利用哈希算法计算这些数据的数字指纹，存入加密数字区块链中，进行防篡改保护。

⑤ 数据存证溯源，为主机厂提供有公信力的液压元件故障检测和分析能力，系统匹配试验可以为主机系统液压元件的匹配性研究提供地面测试条件，提高主机液压系统匹配性的效率。

⑥ 设置和生成不同算法，进而智能判断算法优劣，优化测试。

⑦ 创立网络新媒体，以区块链技术整合行业资源，共享元件企业、代理商、分销商、服务商、第三方实验室、主机厂、高校与研究所等，形成线上线下全产业链服务（包括液压研发与检测共享）的液压生态服务平台；围绕发挥区块链数据共享、研发与检测共享、业务流程优化、运营成本降低、协同效率提升、可信体系建设（延伸到试验台测试数据共享，方便评价产品质量与可靠性）等方面的作用，以各类液压试验信息上链为基础，包括产品信息、测试信息、试验条件，数据故障等作为数据上云，加上全新的区块链高效液压生态服务平台（平台囊括液压行业上中下游企业，功能包括企业宣传、产品销售、产品维修、行业人才、行业互动、信息溯源等）。通过区块链的不可篡改和智能合约等特性，来保证平台上数据的透明性、安全性和交易的公平性。如图 9-2～图 9-5 所示。

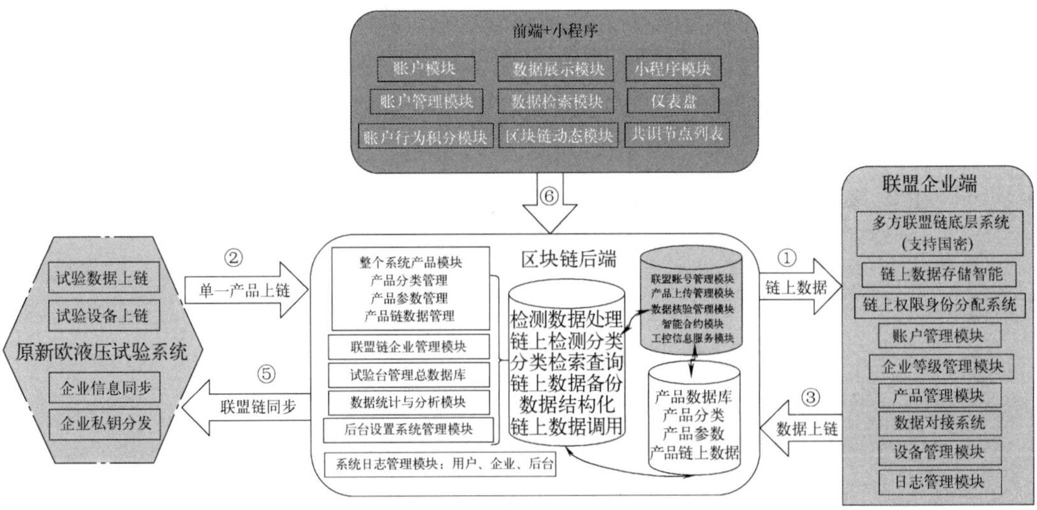

图 9-2　基于联盟链治理架构

图 9-3　联盟链核心功能模块

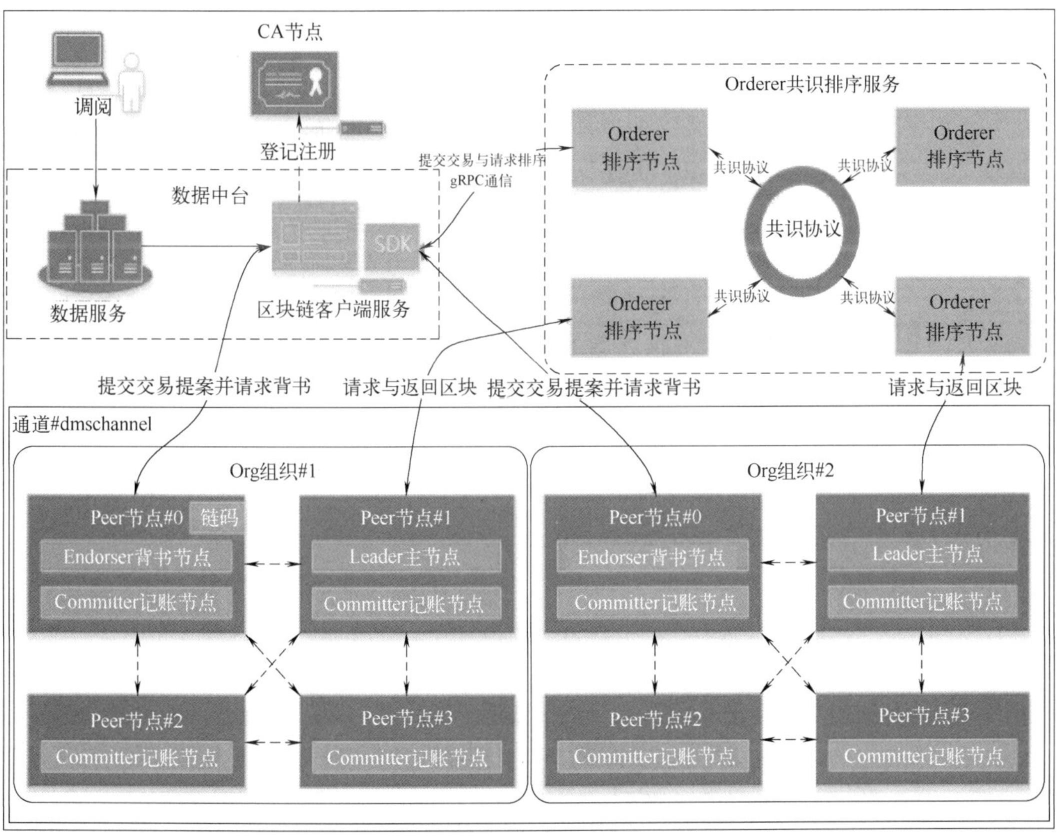

图 9-4　联盟链节点分布

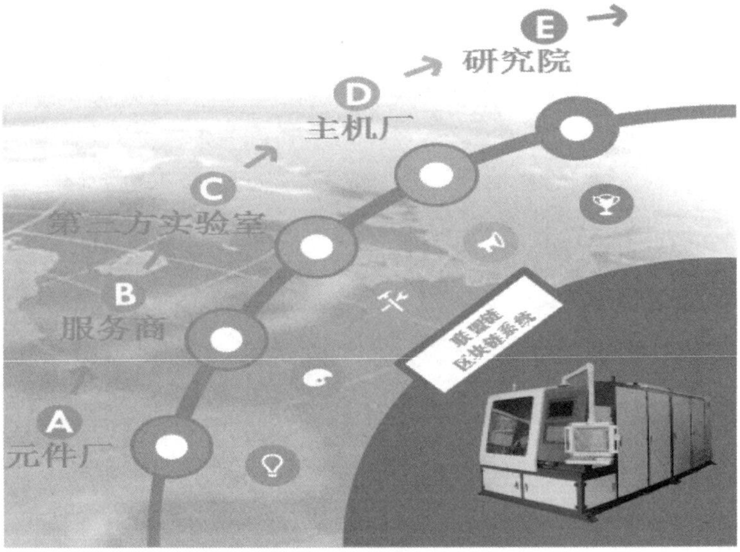

图 9-5　多方联盟链测试数据上链

9.3　应用区块链技术的意义

基于虚拟现实和半实物仿真技术，采用微电子、信息传感、现场总线等自动控制技术，结合计算机辅助测试数据采集处理系统和液压测量技术构成通用检测平台，实现对液压元件的巡检、临检、应急维修支援保障等应用，满足各类液压元件的性能检测要求，提升我国液压基础件及重大装备的自主创新能力，推进液压检测的全面自动化、智能化。大量液压测试数据的区块链处理上云端，为液压行业的大数据应用做支撑。

国内首次推出基于区块链技术的液压试验应用，大幅提升液压试验数据的安全可靠性，将对液压试验技术进步产生重大影响，是落实“中国制造 2025”规划的典型实例，具有重要的指导意义。同时，作为一种新技术的积极探索，可为我国同类技术改进提升积累经验，具有重要的示范意义。

第 10 章 数智液压技术创新及试验检测公共服务平台

10.1 世界各国数智液压技术创新及试验检测技术的发展态势

21 世纪是计算机技术、数字技术、信息技术的时代，液压技术与数字化和信息化技术相结合是液压技术发展的必然趋势。从世界范围看，先进数字液压技术大都集中在几个主要的制造业强国，如美国、日本、德国、法国等发达国家。国内业界学者对数智液压技术的基础研究取得了一定的成绩，如北京亿美博科技有限公司总工程师杨世祥研发的数智液压与国外的数智液压相比，在一定程度上已取得了技术突破。

集成一体化的系统结构对数智液压元件的综合性能提出了更高要求，使得对其进行系统全面的性能测试显得尤为重要。目前，液压 CAT 试验平台发展较为成熟，但是其测试对象一般为通用的比例伺服或电液伺服系统，尚无专门针对数智液压作动器的测试平台，更无数智液压试验检测公共服务平台。

随着 21 世纪我国工业整体竞争力的增强和参与国际竞争的加剧，当前很有必要率先发展创新、原始创新，打破发达国家在行业标准的垄断局面。目前，我国的数智液压技术和高端工程机械技术已经站在了国际先进行列，因此很有必要积极开展面向高端工程机械的数智液压技术创新，促进数智液压产业及产品试验检测技术基础服务能力的提升，早日形成数智液压技术的标准评价体系、力争走在国际前沿。因此，针对数智液压技术发展需求，构建一整套包含检测设备、检测评价体系以及检测评价数据库的技术基础公共服务平台，将会成为数智液压产业发展的必经之路。

10.2 我国数智液压技术基础公共服务存在的问题

（1）数智液压技术基础共性技术存在明显短板

我国的液压市场很大，用户对产品的要求各异，各种高品质、高性能的液压元件市场需求量很大。国内液压行业现有产品体系的结构性过剩与结构性短缺两个矛盾同时并存，在产品的多样性、层次分布性和市场适应性等方面亟待调整和改善。企业在产品更新、装备改造等方面的投入能力不足，在高技术产品及专用生产检测装备的系统开发和投入能力上尤为缺乏，因而也限制了企业在高技术产品发展上取得大的突破，对缩短与国际先进水平的差距带来影响。

数智液压技术在走向市场的过程中，也表现出了明显的短板，其上、下游企业有关技术实现批量化、标准化和产业化存在着明显的发展瓶颈。

（2）应用落地缺乏专业检验检测技术和平台支撑保障

数智液压技术目前仅有一些简单的检测设备，而集成一体化的系统结构对数智液压元件的综合性能提出了更高要求，使得对系统进行全面的性能测试显得尤为重要。目前，尚无专门针对数智液压作动器的测试平台，更无试验检测公共服务平台。亟需建立专业检验检测技术和平台支撑保障。

① 数智液压检测评价体系构建：构建液压元件动、静态检测评价、系统耐久性、高低温环境试验评价体系，并建立技术创新验证体系。

② 设计数智液压检测评价平台：包含 55～75t 级数智液压起重机整机模拟系统试验台，数智液压元件性能检测设备，高低温实验室零部件试验台，数字化、智能化数字液压耐久性台架试验台。

③ 研制数智液压综合检测服务平台：搭建数字液压关键技术及关键指标数据库。

（3）应用型、融合型人才供给较为匮乏

液压技术广泛应用于国民经济的各个领域，如冶金、机械、石油、航空、航海、军事等，已经形成了极为庞大的液压产业。近年来，我国数智液压技术包括数智负载敏感泵、各种数智阀、数智缸和马达发展迅速，应用这些技术的经典工程机械装备发展如数字挖掘机、装载机、起重机等也是山雨欲来，这在当前人工智能、大数据和物联网时代背景下，实质上已经形成了一个产业雏形。

当前加强面向高端工程机械的数智液压技术创新，加强数智液压零部件和主机产品的检验检测技术发展非常重要和紧迫，这需要我国早日构建数智液压和数智工程机械的产业生态，促进数智液压和数智工程机械的上下游产业、产学研用的协同创新发展。该过程中需要相应的应用型、融合型人才，可以满足数智液压技术在各个领域的应用，能够符合上下游相关产业需求。

（4）专业知识产权服务能力亟需增强

由于液压技术广泛应用于国民经济的各个领域，且该行业仍属于新兴产业，其上下游产业尤其是知识产权服务能力是数字液压技术发展的瓶颈，亟需加强。该服务范畴包括各领域数智液压技术，以及上下游产业相关的知识产权。

（5）行业标准体系尚待加速建立完善

数智液压技术发展需协同工程机械上下游企业共享价值创新，并将质量检验环节融入数智液压产品研发、设计、制造、检测、质保等产品全周期内，突破原有科研、检验、标准建立、品质提升等原本需要多环节、多部门协调，耗时长、投入大、易反复等的情况，构建新型研发及产业化发展的新模式，保持数智液压技术的领先地位，打通数智液压产业上下游技术协同的渠道，拓展数智液压技术的应用场景。数智液压产业发展需要有其配套的标准体系去做评价与分析以致应用，而目前标准化体系还十分匮乏，需要去建立和完善。

10.3　平台项目主要建设内容

围绕高端工程机械数字液压技术，以建设面向高端工程机械的数字液压技术创新及试验检测产业技术基础公共服务平台为目标，通过建立高端工程机械数智液压元件（泵、阀、缸）相关标准体系，以及建立数智液压各项功能的试验检测能力，进而提供第三方检测服务，为数智液压技术在高端工程机械行业中的应用提供平台支撑，建立支撑行业发展的产业技术基础公共服务功能，加快推进数智液压技术在高端工程机械、国防军工等行业中的应用。

图 10-1 为面向高端工程机械的数智液压技术创新及试验检测产业技术基础公共服务平台建设项目任务组成框图，具体包括构建检验检测平台、建立检验检测标准和评价体系、平台应用与服务、平台示范与推广等 4 个任务。

（1）构建检验检测平台

将完成数字化、智能化数智液压耐久性台架试验台、高低温实验室零部件试验台等平台设计和搭建工作，实现数智液压元件（缸、阀、马达）的静态、动态性能检测，同时建立 55～75t 级数智液压起重机整机模拟系统试验台。目前已有液压泵试验台、液压马达试验台、液压多路阀试验台、常规液压阀试验台、电磁伺服阀试验台、液压缸试验台、疲劳脉冲试验台；在建平台有高低温实验室数智液压零部件试验台，数智液压缸静态、动态性能检测试验台，数智液压阀静态、动态性能检测试验台，数智液压马达静态、动态性能检测试验台，数智液压泵静态、动态性能检测试验台；拟建平台有数智液压缸耐久性台架试验台，数智液压马达耐久性台架试验台，数智液压泵耐久性台架试验台，55～75t 级数智液压起重机整机模拟系统试验台。

（2）建立检验检测标准和评价体系

为完成数智液压平台的检验检测评价体系与标准的建设，首先要开发通用的数智液压元件，主要包括数智液压阀元件、数智液压缸元件、数智液压马达元件、数智液压泵元件。同时，要建立相应数智液压元件的测试方法，诸如数智液压阀元件、数智液压缸元件、数智液压马达元件、数智液压泵元件的测试方法，同时形成配套的液压元件装机测试方法，使得数智液压测试平台可以完成这几种数智液压元件的测试。

通过对数智液压阀元件、数智液压缸元件、数智液压马达元件、数智液压泵元件的测试，形成一套测试方法，包括每种液压元件所需要的测试设备、测试工具、测试规范、测试指标、测试条件，建立相应液压元件的测试规程和测试用例数据库，最终建立数智液压技术创新及试验检测关键指标数据库。通过对这些数智液压元件的测试，形成并联式数智液压泵的技术要求、二倍制编码控制阀组的技术要求、三倍制编码控制阀组的技术要求、并联式数智泵控制器的技术要求、数智液压换向阀的技术要求、数智液压调速阀的技术要求和高速开关式数智阀的技术要求。

（3）平台应用与服务

此产业技术基础公共服务平台可广泛应用于工程机械、国防军工、航空航天、石油化工、海洋工程、新能源等领域，主要提供的服务内容包括计量检测、技术咨询、标准验证、

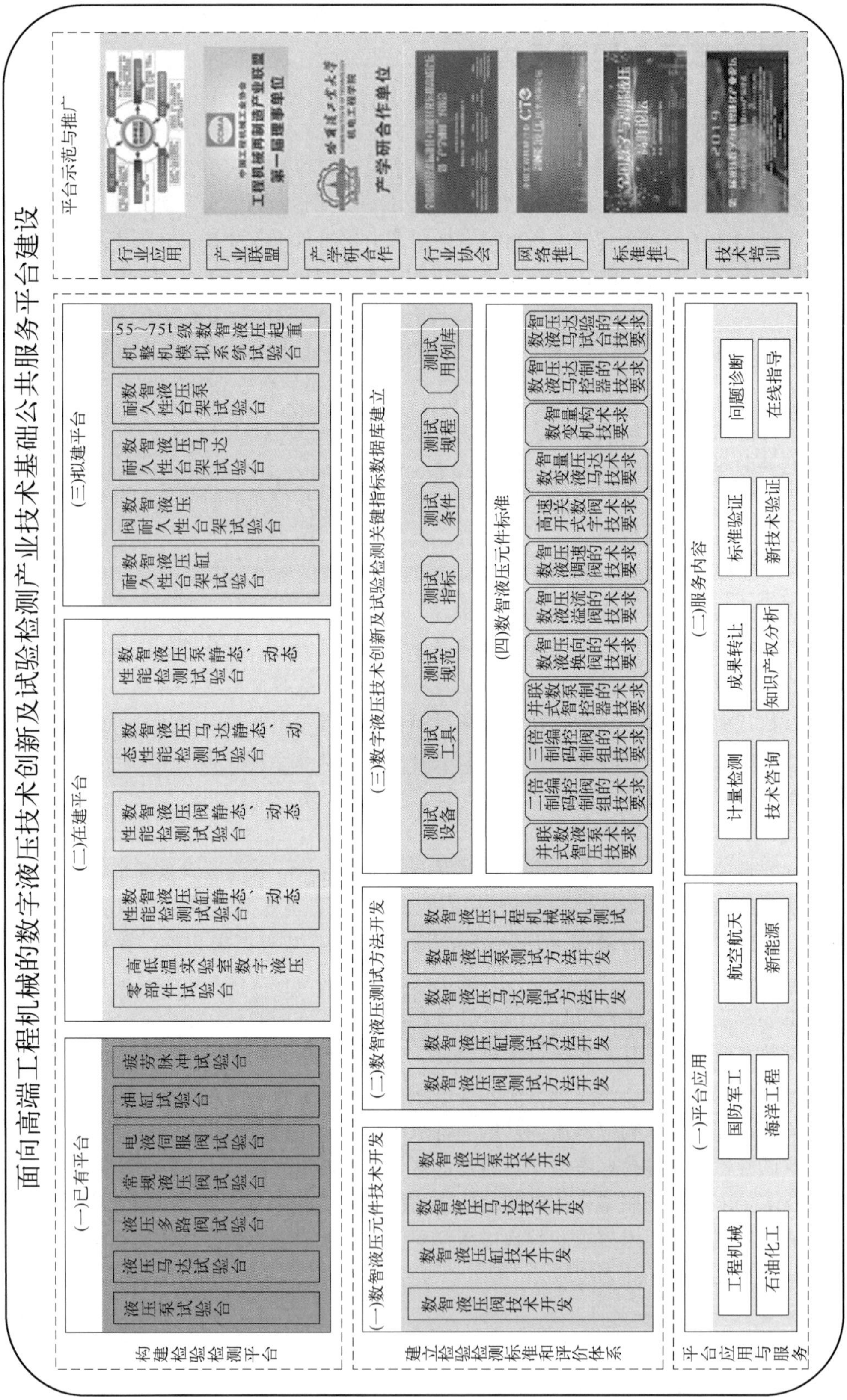

图 10-1 面向高端工程机械的数智液压技术创新及试验检测产业技术基础公共服务平台建设项目任务组成框图

新技术验证、知识产权分析、成果转让、问题诊断、在线指导等。

(4) 平台示范与推广

将在工程机械、国防军工、航空航天、石油化工、海洋工程、新能源等应用行业领域对服务平台进行示范推广，诸如液压机构的可靠性评估、新开发数智液压元件的性能评估、工业机器人的故障诊断等；同时，在产业联盟、产学研合作单位、行业协会等组织机构中推广平台服务内容，定期举办液压元件检测技术标准推广、技术培训等交流会，并通过网络平台宣传推广产业技术基础公共服务平台。

10.4　关键指标设定

10.4.1　总体目标

聚焦高端工程机械数智液压技术基础公共服务短板和国家产业技术基础公共服务重大战略需求，建平台、聚资源、打造生态，全方位、多层次和宽领域构建行业领先、区域引领、在国内有影响力的数智液压技术创新及检验检测产业技术基础公共服务平台，具体实施目标如下。

(1) 完成规定任务目标

① 建立高端工程机械数智液压技术创新及试验检测平台 1 个。

② 组织制定 12 个数智液压元件的标准和评价体系。

③ 搭建试验检测平台（含数字化、智能化液压耐久性台架试验台，高低温实验室零部件试验台等），完成 10 个数智液压元件（缸、阀、马达）的静态、动态性能检测。

④ 建立 55～75t 级数智液压起重机整机模拟系统试验台 1 套。

⑤ 建立 3 种数智液压元件 12 个关键指标数据库。

⑥ 完成 5 个品种的工程机械装机测试。

⑦ 申请国内外专利 6 项。

⑧ 发布该领域/行业知识产权分析报告 1 份。

⑨ 接受平台考核，且结果优良。

(2) 完成平台特色服务目标

① 组织数智液压技术领域高端论坛 4 次、开展检验检测技术培训 2000 人次。

② 提供数智液压技术公共服务个性化解决方案 20 个。

③ 建立数智液压检验检测验证用例库 1 个（含用例 30 个）。

④ 面向高端工程机械、国防军工等关键行业，每年服务企业 300 家。

⑤ 面向高校研究机构和企业，推广数智液压技术创新成果 20 项。

10.4.2　关键指标分解

研制的高端工程机械数智液压技术创新及试验检测平台应能够同时满足数智液压泵、数智液压马达、数智液压阀、数智液压缸等数智液压元件的耐久性试验、高低温试验、静态和动态性能试验等测试需求，如图 10-2 所示为其关键指标分解。

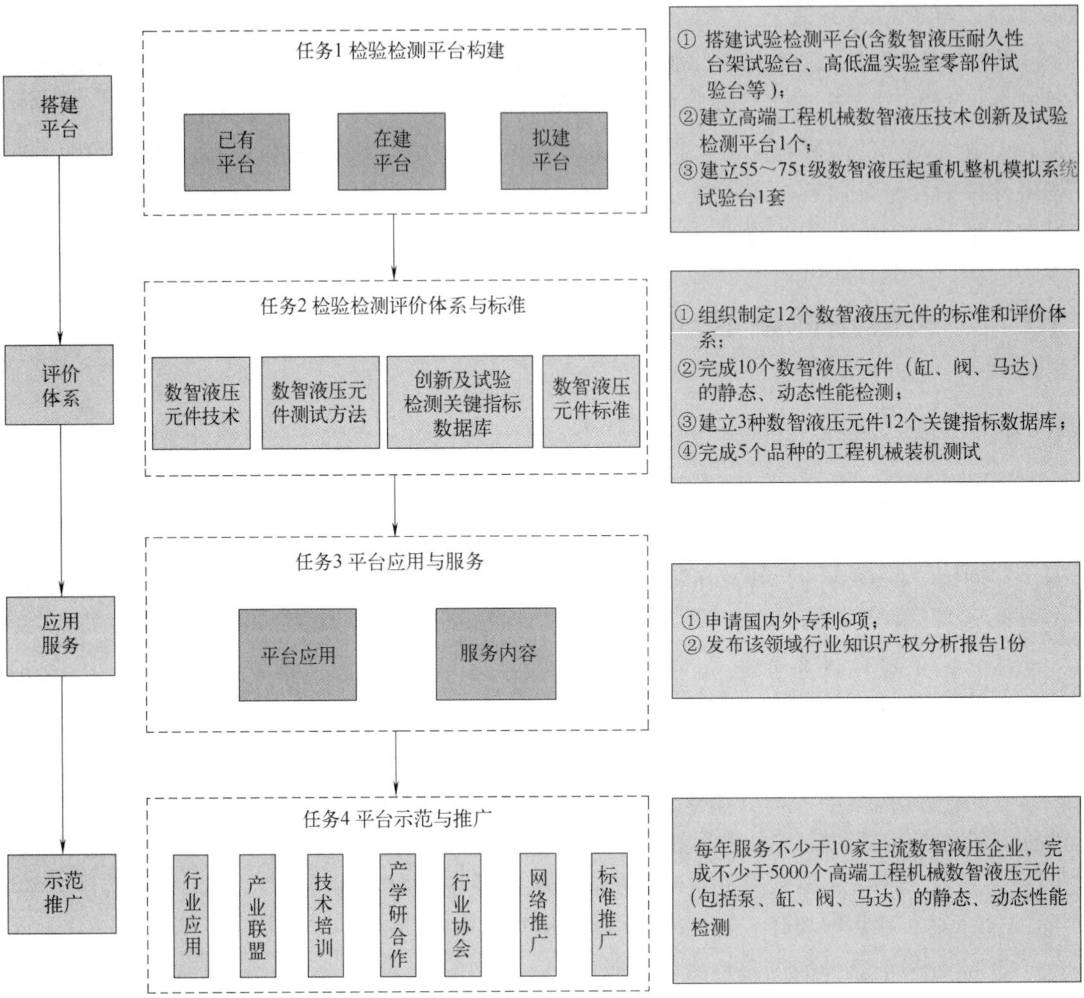

图 10-2　关键指标分解

10.5　技术实施方案

图 10-3 展示了项目的技术实施方案，将建立 4 类数智液压元件检测评价体系、融合 2 种应用技术工具、覆盖 6 大类服务项目、涵盖 6 大行业领域，如图 10-3 所示。

10.5.1　数智液压技术创新与试验检测平台建设

在已有平台基础上，开展资源整合与升级优化、完善健全在建平台、实现拟建平台的投入完工，其中的关键技术手段如下。

（1）试验检测平台搭建技术方案（图 10-4）

搭建开发数智液压泵控制特性测试实验台，包括液压油源、驱动电机及其控制器、数智泵快速装卸连接架、负载模拟马达及液压缸、加载测功机及加载液压缸系统。实验台主

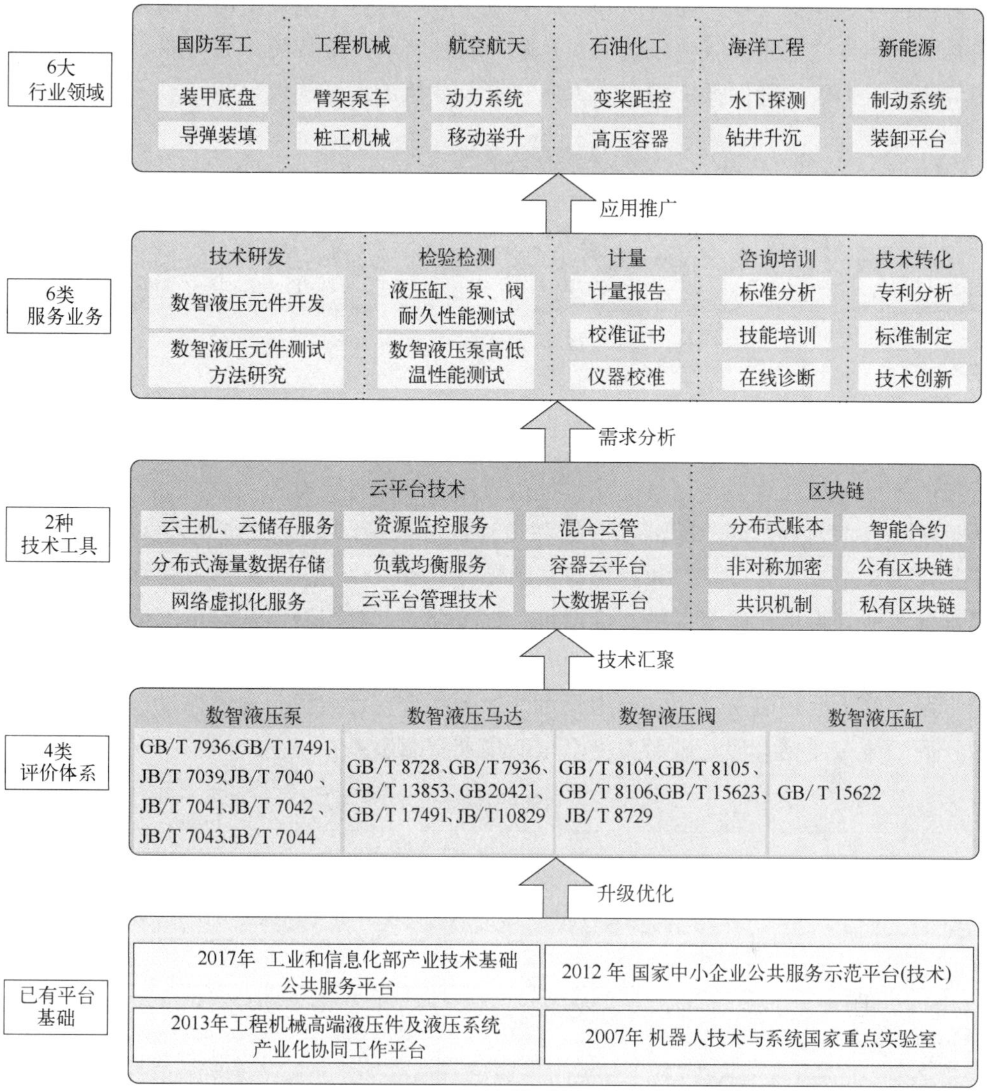

图 10-3　技术实施方案

要进行数智液压泵的工作原理验证、控制策略验证、控制特性检测和分析、动静态流量压力特性检测与分析等科目的实验测试。

开发数智液压泵元件及其控制阀组，研究控制流程开发控制程序。数智液压泵在实验台架进行测试，修正完善其控制系统结构和控制逻辑。数智液压泵拟开发不同排量的样机进行测试。根据数智泵流量分别开发相应的集成阀组，并尽可能统一阀组规格，采用插装式控制阀以利于产品集成。控制器目前阶段考虑使用通用的工程机械控制器进行开发，待控制系统完善之后再考虑开发专用控制器。

在完成数智泵及其控制阀组的测试之后，进行数智液压泵的工程机械装机测试。对5t 和 7t 两型装载机进行数智液压系统改造。项目周期内计划完成装载机转向系统和工作装置的独立数智泵系统实验，重点研究数智泵应用中的节能效果、控制平滑度、成本等问题。在数智液压泵变量基础上引入驾驶员操作意图判断、装载机工况判断和载荷条件判断，动态调整数智泵变量，在转向和工作系统中减少通过节流调整的有效流量；特别是在转向系统中，尝试利用数智液压泵的快速响应特性将转向等待流量大幅减小，从而极大地减小节流流量损失，降低无功功率，大幅提升装载机液压系统效率。

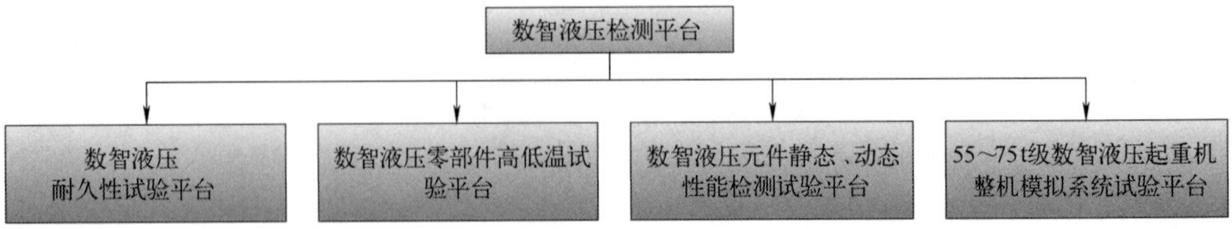

图 10-4　数智液压试验检测平台构成

（2）云平台技术实施方案

数智液压区块链应用云服务平台为数智液压技术创新及试验检测业务提供一体化的自主可控的弹性可扩展算力和存储支撑，提供应用开发运行支撑和大数据服务支撑，支持构建数智液压技术创新及试验检测私有云和搭建混合云等。如图 10-5 所示，云服务平台利用虚拟化等技术将计算、存储和网络等基础硬件资源，以逻辑方式形成弹性扩展、逻辑一体基础资源池，再将资源池提供的虚拟机、虚拟存储、虚拟网络或虚拟端口组等经过二次封装与组合、调度使用，形成面向工业互联网用户的虚拟主机服务、虚拟网络服务或者云存储等服务，为数智液压区块链应用提供资源和平台支撑服务；同时建设包括物理资源和虚拟资源的统一监控管理，进而提供全生命周期资源服务。

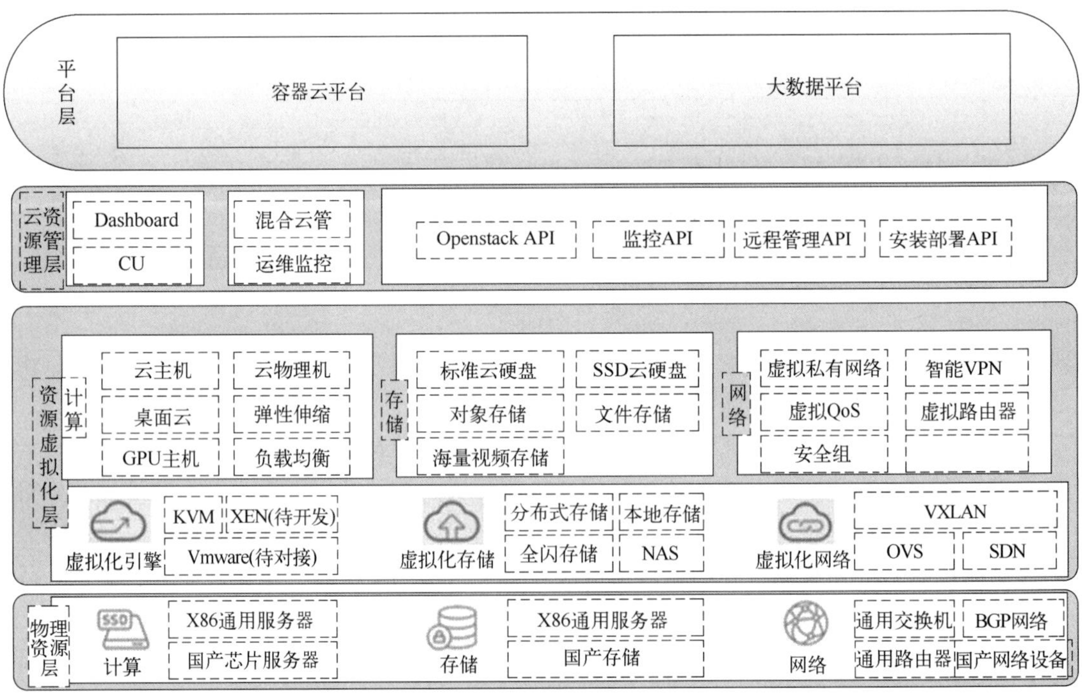

图 10-5　数智液压区块链应用云服务平台架构

① 物理资源层：物理资源层包括服务器、存储和网络等物理资源。可使用国产硬件芯

片服务器及国产网络设备，也可采用通用的 X86 服务器，另外针对客户自身的硬件环境要求、业务访问场景，以及已有基础设施，可进行灵活部署规划和充分利用以降低成本。

② 资源虚拟化层：虚拟化是云平台的核心技术之一，能同时实现计算虚拟化技术、存储虚拟化技术和网络虚拟化技术，形成资源池，从而让底层资源更好地支持上层云服务。

③ 云资源管理层：云资源管理层作为系统管理平台，支持内置的 Dashboard 和 CLI，同时可以对接电科云混合云管理平台及第三方云管理平台。系统管理平台既可以实现资源的自动管理和动态分配、部署、配置、重新配置以及回收，也可以自动安装应用；用户可以使用平台提供的虚拟基础架构，也可以自定义虚拟基础架构的构成，如服务器数量、存储类型和大小、网络配置等；云平台使用者可通过自服务界面提交请求，每个请求的生命周期由平台维护。

④ 平台层：提供容器云服务和大数据支撑服务，集成工业微服务、大数据服务、应用开发等功能。提供数据存储、计算，数据共享交换、数据分析大数据工具服务；提供快速构建、集成、部署、运行容器化应用的基础环境，从而提高应用开发的迭代效率，简化运维环节，降低运维成本。

（3）混合云管

混合云管理平台支持 IaaS、PaaS、传统设备的统一运维、运营的一体化管理平台。对接现有的存储资源和网络资源，组成统一的虚拟资源池、存储资源池、网络资源池。通过云管平台实现云数据中心的统一纳管、统一运维、统一运营。支持异地异构多云统一纳管，统一云租户管理，统一服务目录管理，虚机、容器统一编排调度，统一资源监控，具备运营中心、运维中心、开发者中心、应用中心的统一云管理。系统架构如图 10-6 所示

图 10-6　混合云管系统架构

（4）区块链网络技术实施方案

利用一种区块链智能液压试验装置，保证信息具有不可篡改性和可验证性；区块链智能液压试验装置可以接入到区块链网络中，通过区块链网络接收需要的文件。企业可以将

需要传送的文件发送至区块链网络，区块链网络对传送的文件加密后传输至网络模块，由网络模块将待传送的文件发送至区块链，区块链客户端接收到允许传送的文件并经过解密后使用或打印，通过区块链网络实现文件的传输，确保待传送文件的安全性，并且保证数据可溯源、报告可验证。区块链智能液压试验装置还设置有一个处理器以及输入设备，输入设备向上位机发送数据。需要试验数据的用户可以通过输入设备向区块链智能液压试验装置输入诸如待传送文件的编号、名称等信息，区块链智能液压试验装置可以通过区块链网络查找该文件并且将待传送的文件传送给用户，这样可以方便用户快捷地实现试验数据文件的获取，通过键盘输入待获取文件的编号，或者在将待获取文件上传至区块链网络以后，生成一个二维码，客户端通过扫描该二维码获取待获取文件的内容，实现文件的快速传输。针对数智液压的区块链网络技术如图 10-7 所示。

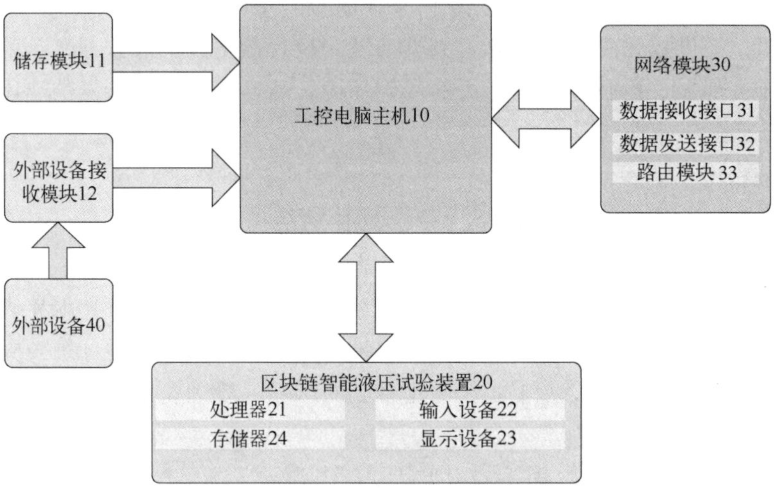

图 10-7　针对数智液压的区块链网络技术

利用数据上云，为数智液压元件大数据的应用与推广提供支撑，为数智液压区块链应用云服务平台运营打下基础，数智液压区块链应用云服务平台服务包括：

① 检测数据区块链上链、数智液压大数据的应用；

② 数智液压元件相关的标准和评价体系的网络推广及应用；

③ 开发数智液压元件；

④ 建立数智液压关键指标数据库；

⑤ 建立数智液压元件的标准和评价体系；

⑥ 申报数智液压国内外知识产权专利。

图 10-8 为数智液压区块链应用公共服务平台循环路线图，平台将形成“高校和研究院研发数智液压元件—液压件企业生产制造数智液压元件—实验室测试检验（性能与耐久性）—主机厂工程应用验证（功能与可靠性）—高校和研究院研发”的循环路线，最终反复循环达到完美。

平台同时衍生出不限于液压试验设备企业试验台研发制造业务、液压配件与服务商销售与服务业务、终端客户对高端数智液压元件与数智工程机械的采购业务等一系列产业链上的价值。

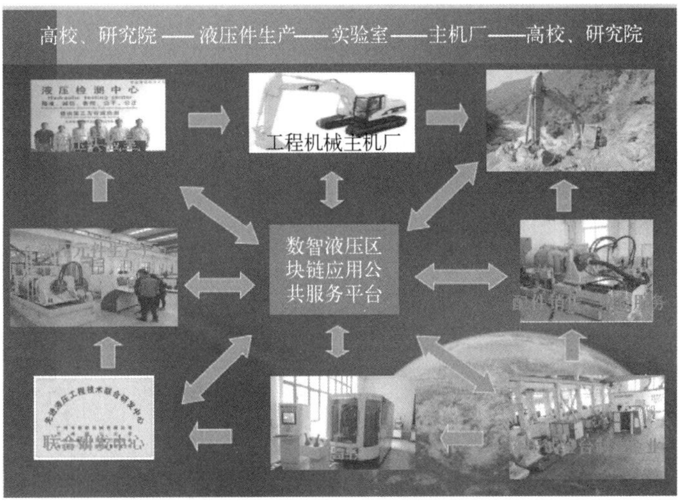

图 10-8　数智液压区块链应用公共服务平台循环路线

10.5.2　数智液压试验检测标准与评价体系构建

(1) 评价体系与技术指标研究方案

通过对数智液压缸、泵、阀和马达等元件的开发与测试方法研究，建立完善的数智液压检测评价体系。我国现行的数智液压检测标准评价体系如图 10-9 所示。本书中研究的数智液压关键元件试验检测技术指标如图 10-10 所示。

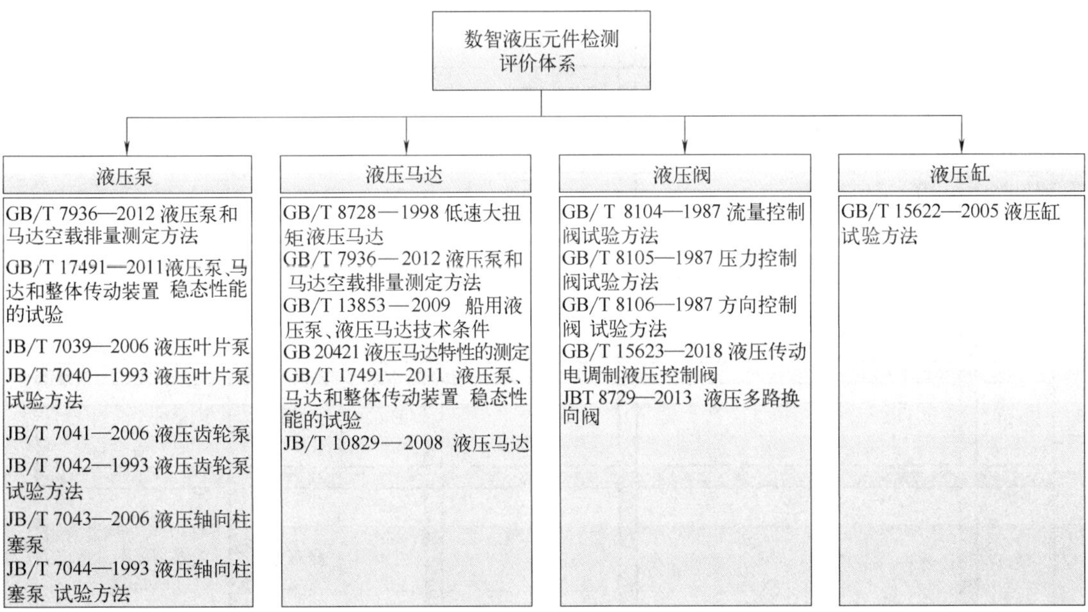

图 10-9　数智液压元件试验检测评价体系

基于数智液压元件评价体系与试验检测技术指标，可开展公共服务平台试验检测工作；针对不同数智液压元件试验检测项目与评价要求，制定相应的试验检测平台操作规范，如图 10-11 所示。

图 10-10 数智液压元件检测技术指标构成

	Leg 1	Leg 2	Leg 3	Leg 4	Leg 5
测试项目	性能测试	性能测试	静态测试	性能测试	性能测试
起始时间					
测试时间					
结束时间					
样件数量	2	2	2	2	2
样件类型	C4	C4	SAh	C4	C4
预测试	外观及功能检查	外观及功能检查	外观及功能检查	外观及功能检查	外观及功能检查
项目	精度 3	射电电源极性反馈性能 14	静态电流 15	E-01：长时间过压 16	E4S-01a：长时间过压抵抗能力 42
项目	功能 4			E-02：静态过压 17	E4S-02：静态过压 43
项目	保护功能 5			E-03：静态 18	E4S-03：电压器变到低限制范围对系统的功能限制 44

图 10-11 某数智液压元件试验检测流程与操作规范

(2) 数智液压元件标准制定

标准编写与制修订技术路线如图 10-12 所示。

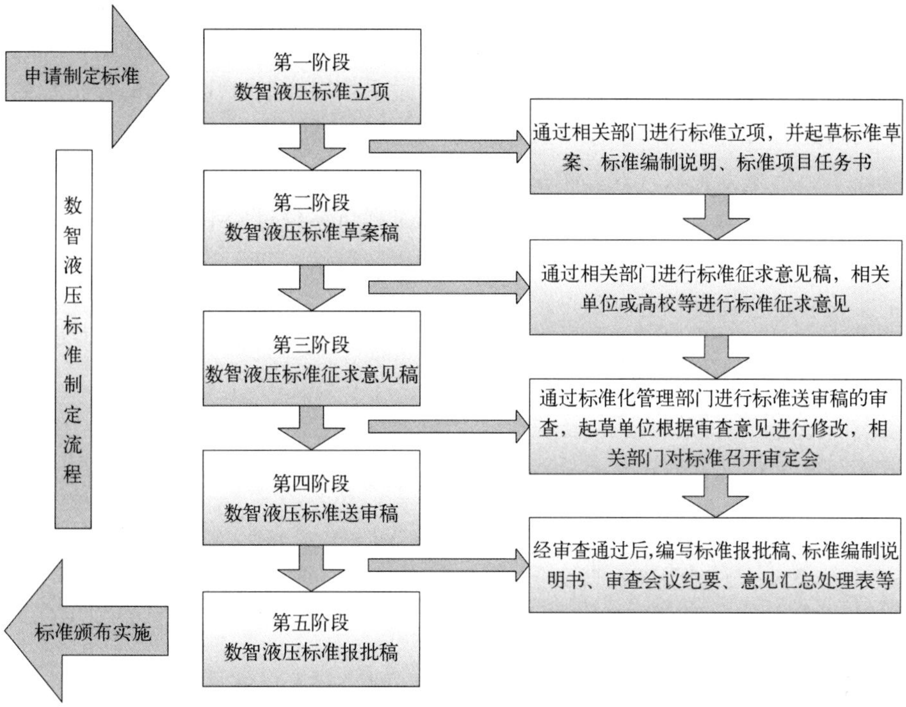

图 10-12　标准制定流程

① 立项阶段：立项阶段为标准化行政主管部门对提交的提案进行审批的过程，主要工作是对项目建议进行审查、征求意见（公示、质疑）与批准。

② 起草阶段：项目启动后直接进入起草阶段，参编单位群策群力共同完成，就有关内容要达成一致，不能产生分歧。草稿需要参编单位共同修改后提交标委会，标委会从形式到内容提前征询某些专家的意见，修改几轮后成为征求意见稿。

③ 征求意见阶段：编制组提交征求意见稿并经标委会审核后，正式书面征求意见，一个月后意见返回。编制组汇总征询意见，并与专家就征询意见进行沟通后，用一个月的时间进行修改，形成会审稿。如果编制组对征求意见稿准备不充分或者专家意见较多或分歧较大，修改后，第二次征集意见。

④ 审查阶段：编制组提交送审稿后，委员会秘书处组织函审或者会审，所以要严格遵照约定时间完成。会审结束后，编写组按照会审组意见进行标准文本的修改完善，形成报批稿。若会审不通过，从征求意见稿重新开始。

⑤ 报批阶段：必须在会审审查阶段之后进行。按照规定进行报批，等待发布实施。

(3) 数智液压元件装机测试技术方案

结合开发的数智液压元件，进行挖掘机、起重机、滑移装载机三类产品中相应液压元件的替换，并进行液压管路的调整和整机控制线束的改制，完成数智液压元件的装机与测试。行业内液压起重机目前普遍采用变量泵结合流量控制进行动力液压输出，采用定量马达、普通液压缸结合液控先导阀与多路阀进行回转与起重臂及提升机构的驱动与控制，虽可通过负载调节动力输出，但对于主机功能及作业速度的控制主要通过节流实现，能量损失严重的同时存在作业精度低、作业效率差的问题。为解决上述问题，一方面可通过对传统主泵、主阀、液压马达、液压缸等液压元件进行数字化改造升级，实现单个元件的性能与控制优化；另一方面，还需要对包括各数智液压元件在内的整机液压控制系统进行合理化的参数匹配与优化，以实现系统性能最优。通过采用对数智液压元件的分析和数智液压系统模型的搭建，可对其进行基于各元件的系统参数匹配分析，为样机的搭建打下基础。进一步通过系统选型方案设计及三维结构设计，可实现数智液压元件在主机产品的最优化布局，作为元件改进与实物装机的依据。最后通过样机系统试验平台及挖掘机、滑移装载机等测试样机的搭建，可对各元件及系统的性能进行测试、研究及验证，同时为数智液压元件的批量化装机应用提供验证。

10.5.3 公共服务平台应用

（1）试验检验

公共服务平台试验检验服务应用流程与各技术岗位职责如图 10-13 所示。

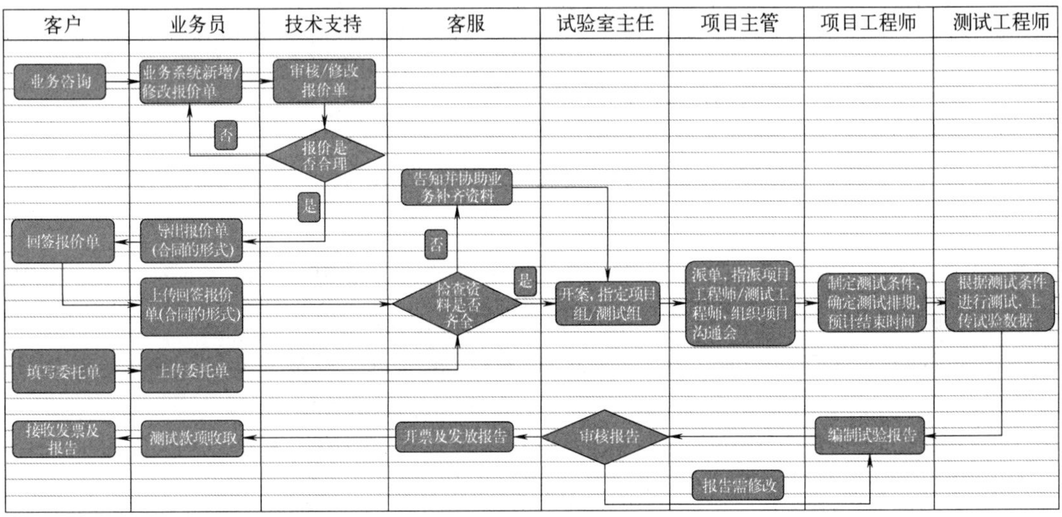

图 10-13　平台试验检验服务应用流程

数智液压试验检测服务的业务报价和咨询工作一般由业务人员和技术支持共同完成，具体流程如下：客户的建立与维护（由业务人员开发和维护的客户应录入系统并进行定期维护），报价单的建立、审核、生成、回签。

在完成试验检验服务后，平台为客户提供试验检验纸质证书报告和电子版证书报告。可为客户提供自助服务平台批量下载服务，为客户提供费用清单时可提供电子版清单，包含仪器名称、规格型号、出厂号、管理号、证书编号、价格等信息，便于客户对证书报告档案进行信息化管理。图 10-14 为检测报告样本与信息查询界面。

（2）现场培训与技术研讨

具有针对性的客户全体、产品类型分类，提供顾问咨询式培训服务流程。首先，进行需求调查、初步诊断、帮助企业明确真实需求，确定培训顾问并提出适合需求和实际情况的项目建议，明确需求。其次，通过数智液压专业试验检测方法进行深入诊断，并整理出诊断报告，从而设定培训方案，完成诊断过程。再次，根据服务对象对诊断报告的反馈情

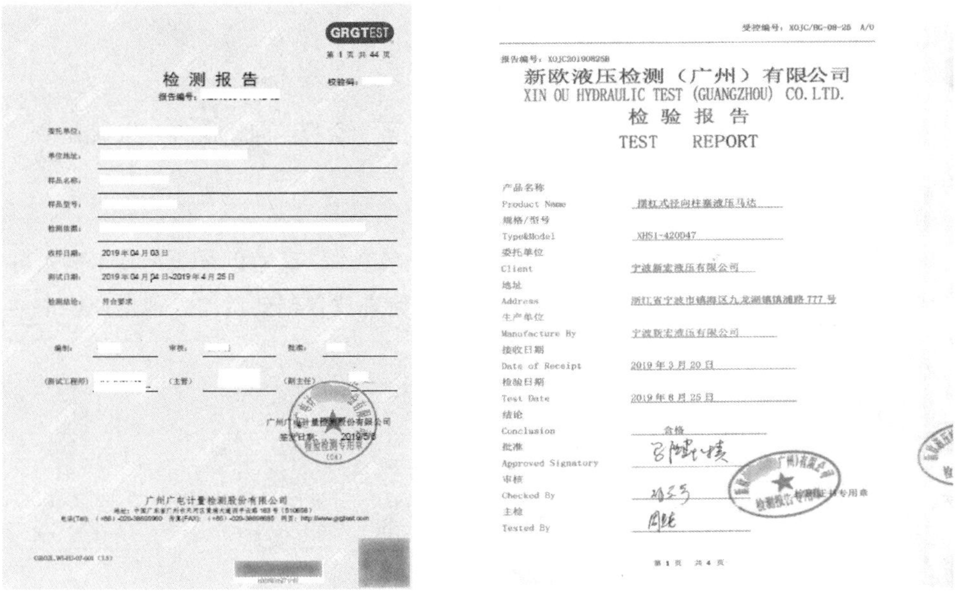

图 10-14　试验检验报告样本与信息查询客户端

况，并结合专家的建议对方案进行设计、研讨、修改、补充，从而确定详细培训方案。最后，根据实际状况分步、分项、分单元或者整体实施培训，并在实施过程中随时根据反馈情况进行调整，完成指导实施。图 10-15 为技术培训与研讨应用实例。

图 10-15　技术培训与研讨应用实例

数智液压零部件的检验检测、认证技术课程与咨询，主要通过实施数智液压的薄弱环节分析、技术优化、质量提升、工艺改进、整改建议等专项培训服务，解析行业与国家标准、宣贯检验检测新技术与征求意见稿等内容，实现专业培训服务对产品质量与人员专业技术水平提升的目的。

10.5.4 平台示范与推广技术

（1）线上宣传与推广

数智液压线上平台示范与推广包括门户网站展示、线上咨询、留言、微博互动、直播交流等技术手段。

（2）产学研合作机制

产学研合作是企业、科研院所和高等学校之间的合作，通常以企业为技术需求方，与以科研院所或高等学校为技术供给方之间的合作，促进技术创新所需各种生产要素的有效组合。产学研协同创新合作机制如图 10-16 所示。

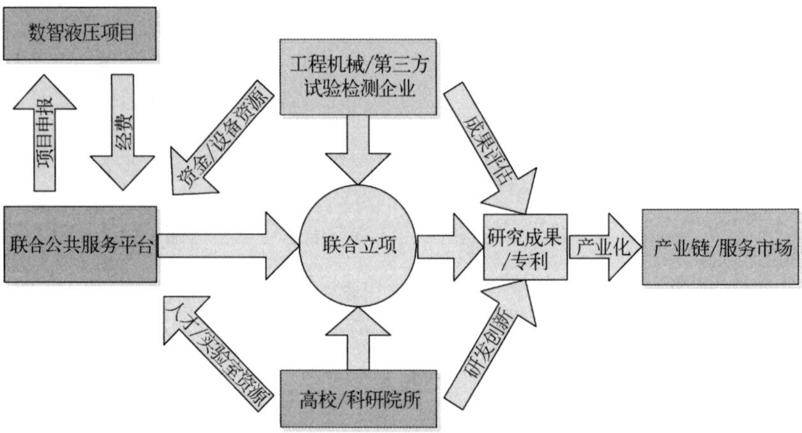

图 10-16　产学研协同创新机制

（3）产业联盟协作

数智液压联盟成员通过建立全面协作与分工的产业联盟体系，通过会员形式加入联盟，相互交流技术资料、分享联盟科研成果、协商共建或共享数智液压科研、检测、计量、试验、生产等基础设施。产业联盟组织架构一般如图 10-17 所示。

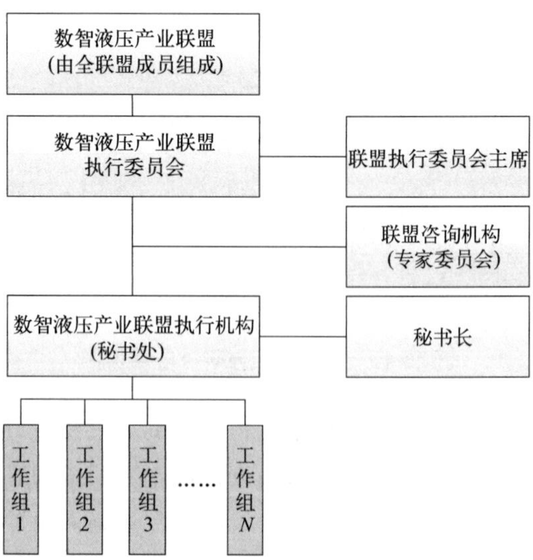

图 10-17　产业联盟组织结构

10.6　平台推广应用方案

面向高端工程机械的数智液压技术创新及试验检测产业技术基础公共服务平台构建以后，将遵循一站式全价值链服务作为推广应用模式（图 10-18），为高校、研究院所、液压产品制造企业、液压元件检验检测实验室、液压主机厂商等行业相关机构提供共享共性数智液压基础技术、为行业培养数智液压技术专业人才、提供知识产权服务等技术创新服务，以及数智液压元件标准与评价体系等咨询培训服务。

图 10-18　面向数智液压的一站式全价值链服务

通过搭建数智液压元件及装备试验检测网络平台，结合区块链应用、云服务架构等技术手段，为行业提供数智液压元件测试大数据查询服务，共享测试大数据，实现数智液压元件从设计、研发到制造、检测、应用多环节的循环完善与技术成果转化。

参考文献

[1] 郭锐等. 基于 ANFIS 的外啮合齿轮泵寿命预测研究［J］. 仪器仪表学报，2020，41（01）：223-232.

[2] 郭锐等. 单失效数据情形下蓄能器可靠性评估［J］. 中国机械工程，2018，29（16）：1891-1899.

[3] 杨尚尚等. 电功率回收液压马达试验台功率回收效率研究［J］. 液压与气动，2019（05）：30-37.

[4] 杨成刚，赵静一. 便携式有源液压测试仪及测试方法［P］：CN 200910148231. 6. 2011-06-15.

[5] 杨华勇. 智能制造与智能液压件的一些探索［J］. 液压与气动，2020（1）：4-12.

[6] 彭利坤等. 增量式数字液压控制技术［M］. 北京：机械工业出版社，2020.

[7] 许仰曾. 液压工业 4.0 下液压技术发展方向及其数智液压［J］. 液压气动与密封，2022（2）：5-11.

[8] 俞滨，金正国，王相吉，等. 增量式数字阀控缸位置控制系统动态性能分析及实验研究［J］. 工程科学与技术，2020，52（6）：187-193.

[9] 许仰曾. 液压工业 4.0-数字化网络化智能化［M］. 北京：机械工业出版社，2019.

[10] 王起新，黄志坚. 液压试验技术及应用. 第 2 版［M］. 北京：化学工业出版社，2024.

[11] 刘忠迅. 双转子构型液压变压器：设计・分析・实验・仿真・实例［M］. 北京：化学工业出版社，2024.

[12] 刘巧燕，闻德生. 多泵多速马达液压基本回路：设计・分析・实验・仿真・实例［M］. 北京：化学工业出版社，2024.

[13] 刘巧燕，闻德生. 双定子叶片式液压泵与马达：设计・分析・实验・仿真・实例［M］. 北京：化学工业出版社，2024.

[14] 刘忠迅，闻德生. 内外啮合构型齿轮泵与马达：设计・分析・实验・仿真・实例［M］. 北京：化学工业出版社，2025.